高等院校计算机教育系列教材

计算机科学导论

(第6版)

瞿 中 主 编

刘 玲 林丽丹 熊安萍 副主编

清华大学出版社

北 京

内 容 简 介

本书结合理论讲解和实际应用,参照美国计算机协会(Association for Computing Machinery, ACM)与美国电气和电子工程师协会(Institute of Electrical and Electronic Engineers,IEEE)、计算机学会(Computer Society,CS)的《计算学科教程 2020》(*Computing Curricula 2020*,*CC 2020*),对计算机科学与技术进行系统化和科学化阐述。本书具体介绍了体系结构与组织、程序设计语言、软件开发基础、算法与复杂度、信息管理、基于平台的开发、软件工程、操作系统、网络与通信、系统基础、并行和分布式计算、信息保障与安全、离散结构、计算科学、图形学与可视化、人机交互、智能系统、社会问题与专业实践 18 个知识体,目的是让读者了解计算机科学与技术学科的全貌。本书每章后均配有一定量的习题,以便读者巩固所学知识。

本书既可作为高等学校计算机科学与技术专业学生的基础课程教材,也可作为网络工程、信息安全、智能科学与技术、数据科学与大数据技术、人工智能、空间信息与数字技术、物联网工程、通信工程、电子科学与技术、自动化等相关专业学生的计算机教材。

图书在版编目(CIP)数据

计算机科学导论/瞿中主编. —6 版. —北京:清华大学出版社,2021.5(2023.8 重印)
高等院校计算机教育系列教材
ISBN 978-7-302-57647-1

Ⅰ. ①计… Ⅱ. ①瞿… Ⅲ. ①计算机科学—高等学校—教材 Ⅳ. ①TP3

中国版本图书馆 CIP 数据核字(2021)第 037439 号

责任编辑:章忆文 杨作梅
装帧设计:李 坤
责任校对:王明明
责任印制:杨 艳
出版发行:清华大学出版社
   网 址:http://www.tup.com.cn, http://www.wqbook.com
   地 址:北京清华大学学研大厦 A 座   邮 编:100084
   社 总 机:010-83470000   邮 购:010-62786544
   投稿与读者服务:010-62776969, c-service@tup.tsinghua.edu.cn
   质量反馈:010-62772015, zhiliang@tup.tsinghua.edu.cn
   课件下载:http://www.tup.com.cn, 010-62791865
印 装 者:北京国马印刷厂
经 销:全国新华书店
开 本:185mm×260mm 印 张:22.5 字 数:547 千字
版 次:2007 年 1 月第 1 版 2021 年 7 月第 6 版 印 次:2023 年 8 月第 7 次印刷
定 价:59.00 元

产品编号:088069-01

前　　言

　　"计算机科学导论"是计算机科学与技术专业学生进入大学学习的第一门专业基础课程，其目的在于用统一的思想，对该学科进行系统化和科学化阐述，让学生认识计算机科学与技术学科的本质。本书参照美国计算机协会(Association for Computing Machinery，ACM)与美国电气和电子工程师协会(Institute of Electrical and Electronic Engineers，IEEE)的《计算学科教程2020》(*Computing Curricula 2020*，*CC 2020*)，用逻辑严密的编写方式将读者引入本学科各个富有挑战性的领域之中。本书介绍了体系结构与组织、程序设计语言、软件开发基础、算法与复杂度、信息管理、基于平台的开发、软件工程、操作系统、网络与通信、系统基础、并行和分布式计算、信息保障与安全、离散结构、计算科学、图形学与可视化、人机交互、智能系统、社会问题与专业实践18个知识体，力求让读者对计算机科学与技术有比较深入的了解，树立专业学习的责任感和自豪感。

　　本书是在《计算机科学导论》(第5版)的基础上进行修订的，主要修订内容有：删减了一些复杂的理论知识，增加了信息保障与安全、基于平台的开发、并行和分布式计算、系统基础等内容。本书介绍了计算机科学与技术的核心内容，可使读者理解计算机系统的信息处理本质，掌握数据表达和数据加工表达的层次方法，了解计算机系统的功能组成，认识计算机科学与技术对人类社会发展的重要推动作用。

　　本书内容由浅入深、结构严谨，力求避免内容重复、结构松散等弊病。由于本书涉及的内容繁多，各高校任课教师可根据学生的情况，在学习本书时适当调整学时，对其中的一些章节也可以根据各高校的实际情况选用。本书配备有电子教案，任课教师可根据学生的实际情况进行修改。本书的课程大纲、授课计划、电子课件、习题答案和微课脚本请扫描二维码推送到邮箱下载。

教学资源

　　本书由瞿中任主编，刘玲、林丽丹、熊安萍任副主编。硕士研究生马飞宇、王彩云、尚雪、董晓宇、司志超、吴哲一、李明、高乐园、王莉莉、陈树伟、李艳馨、陈鑫、徐子健等参与了资料整理和文字校对工作，并对书中的实例及图表进行了校对。

　　书中介绍了部分著名学者的成果，如艾伦·麦席森·图灵(Alan Mathison Turing)、约翰·冯·诺依曼(John von Neumann)、姚期智(Andrew Chi-Chih Yao)、华罗庚等，还采用了一些学者的照片，以丰富本书的内容，在此向这些学者表示感谢。本书的顺利出版，得到了各级领导的大力支持和帮助，以及计算机界众多学者的关心，在此一并致谢。

　　由于计算机科学与技术的发展迅速以及受作者水平所限，书中难免存在疏漏之处，恳请广大读者特别是同行批评指正。在使用本书的过程中遇到任何问题，或者有好的意见和建议，请与编者联系，以便今后更好地修订本书，为广大读者服务。

编　者

目　　录

第 1 章 概 述

学习目标：

- 了解计算的起源、计算机的产生和发展阶段、计算机的应用领域和发展趋势、计算学科、计算机科学与技术学科的知识体系及教育、计算机产业。
- 掌握计算机的基本概念、计算机科学与技术学科的知识体系。

电子数字计算机(Electronic Digital Computer)简称电子计算机或计算机，即人们常说的电脑，是一种能按照事先存储的程序，自动、高速、精确地进行数据处理，并具有存储能力、逻辑判断能力、信息处理能力的现代化智能电子设备。计算机是 20 世纪人类最辉煌的成就之一，给人们的工作和生活带来了巨大变化，其应用涉及人类社会的各个领域。

1.1 计算的起源

为了能清楚地认识计算机，首先应了解数及记数方式，因为计算机产生之初的主要应用是科学计算。

1. 数的概念及记数方式的诞生

在原始社会，人们从事采集、狩猎、农作等活动，发现每天采集的野果、猎取的野兽在数量上存在差异。为了能计算每天的成果，人们开始掰手指记数，这就是最早的计算方法。由于手指记数在进行复杂计算方面存在着无法克服的局限性，于是人们开始使用石子记数、结绳记数、小木棍记数等。我国《周易》中记载的"结绳而治"，就是指"结绳记事"或者"结绳记数"，在希腊、波斯、罗马和南美的印加帝国等地也都有结绳记事的记载或实物标本。

结绳而治

2. 巴比伦数学及记数体系

巴比伦数学可以上溯至约公元前 2000 年的苏美尔文化,后续至公元 1 世纪的基督教创始时期。对巴比伦数学的了解，依据于 19 世纪初考古挖掘出的楔形文字泥板，有约 300 块是纯数学内容的，其中约 200 块是各种数表，包括乘法表、倒数表、平方表、立方表等。大约在公元前 1800—前 1600 年间，巴比伦人采用了 60 进制，与任何其他民族都不同。聪明的巴比伦人只用了两个记号，即垂直向下的楔子和横卧向左的楔子，通过排列组合，便可以表示所有的自然数。同时巴比伦人把一天分成 24 小时，每小时分成 60 分钟，每分钟分成 60 秒。这种

古巴比伦楔形文字泥板

计时方式后来传遍全世界，并一直沿用至今。

3. 古埃及数学及记数体系

古埃及是世界上文化发源最早的几个地区之一，古埃及人使用的是十进制数字，但并非位值制，每一个较高的单位是用特殊的符号来表示的，其分数还有一套专门的记法。古埃及人已经能解决一些属于一次方程和最简单的二次方程的问题，还有一些关于等差数列、等比数列的初步知识。《莱因德纸草书》(*Rhind Papyrus*)用了很大的篇幅来记载2/*N*(*N*从5到101)型的分数分解成单位分数的结果，至于这样分解的原因和分解的方法，至今还是一个谜。另外，《莱因德纸草书》中记载了计算圆面积的方法。

莱因德纸草书

4. 古印度数学及记数体系

在印度，整数的十进制值记数法产生于6世纪以前，用9个数字和表示零的小圆圈，再借助于位值制便可以写出任何数字。印度人由此建立了算术运算，包括整数和分数的四则运算法则、平方和立方的法则等。对于"零"，印度人不单是把它看成"一无所有"或空位，还把它当作一个数来参加运算，这是古印度算术的一大贡献。印度人用符号进行代数运算，并用缩写文字表示未知数。印度人承认负数和无理数，对负数的四则运算法则有具体的描述，并意识到具有实解的二次方程有两种形式的根。印度人的几何学是凭经验发展而来的，不追求逻辑上严谨的证明，只注重发展实用的方法，一般与测量相联系，侧重面积、体积的计算。

古印度记数

5. 我国古代记数体系及算术

从公元元年前后至公元14世纪，我国古代数学先后经历了三次发展高潮，即两汉时期、魏晋南北朝时期和宋元时期，并在宋元时期达到了顶峰。我国古代数学以创造算法特别是各种解方程的算法为主线，从线性方程组到高次多项式方程，乃至不定方程，我国古代数学家创造了一系列先进的算法(我国古代数学家称之为"术")，他们用这些算法去求解相应类型的代数方程，从而使用这些方程解决各种各样的科学和实际问题。《九章算术》(简称《九章》)是我国最重要的数学经典，在世界古代数学史上，《九章》与《几何原本》像两颗璀璨的明珠，东西辉映。

九章算术

几何原本

1.2 计算机的产生和发展阶段

计算机的产生和发展不是一蹴而就的，而是经历了漫长的历史过程。在这个过程中，科学家们经过艰难的探索，发明了各种各样的"计算机"，这些"计算机"顺应了当时历史的发展，发挥了巨大作用，推动了社会的进步。

1.2.1 计算机产生之前的计算历史

1. 算筹

算筹又称为筹、策、算子等，是我国古代人用来记数、列式和进行各种数与式演算的工具，最初它是小竹棍一类的自然物，然后逐渐发展成为专门的计算工具。

算筹在我国的起源很早，春秋战国时期的《老子》中就记载有"善数者不用筹策"。《史记·高祖本纪》中写的"夫运筹帷幄之中，决胜千里之外"的"筹"，就是指算筹。我国古代数学家祖冲之(429—500)借助算筹作为计算工具，经过长期的艰苦研究，计算出圆周率在 3.1415926～3.1415927 之间，成为世界上最早把圆周率数值推算到小数点后 7 位数字以上的数学家，比法国数学家弗朗索瓦·韦达(François Viète，1540—1603)的相同成就早了1100 多年。

算筹　　　　《老子》　　　　汉高祖　　　　祖冲之　　　François Viète

2. 算盘

算盘也称珠算，是我国劳动人民创造的一种计算工具，素有"我国计算机"之称，由古代"算筹"演变而来，最早见于汉末三国时代徐岳撰写的《数术记遗》。南宋时期的数学家杨辉编写的《乘除通变算宝》中有"九归"口诀。

算盘　　　　《数术记遗》　　杨辉算法　　　杨辉算法札记

3. 机械计算机

1614 年，英国数学家约翰·纳皮尔(John Napier 或 Neper，1550—1617)提出了对数的

概念，成为与17世纪出现的解析几何、微积分一样重要的数学方法。他的著作《极好用对数表的一个描述》(或译作《奇妙的对数表规律的描述》，拉丁语：*Mirifici Logarithmorum Canonis Description*)总共有37页的解释和90页的对数表，对于后来的天文学、力学、物理学、占星学的发展都非常重要。

纳皮尔开创的对数概念影响了一代数学家，英国牧师威廉·奥却德(William Oughtred，1575—1660)就是其中的佼佼者，他发明的乘法符号"×"一直沿用至今。奥却德发明的圆盘逐渐演变成圆柱，在公元18、19世纪成为工程师们最喜爱的"计算机"。

1623年，德国科学家威廉·契克卡德(Wilhelm Schickard，1592—1635)为天文学家约翰尼斯·开普勒(Johannes Kepler，1571—1630)制作了一台机械计算机，这是人类有史以来的第一台机械计算机，能完成6位数加减法，还能进行乘除运算。契克卡德是德国图宾根大学(University Tübingen)的教授，共制作了两个模型，可惜现在已不知遗落何处。1960年，根据他留下的设计示意图，契克卡德家乡的人们重新制作了这种机械计算机，印证了其强大的计算功能。

John Napier　　William Oughtred　　Wilhelm Schickard　　Johannes　Kepler

法国科学家布莱斯·帕斯卡(Blaise Pascal，1623—1662)是世界公认的制造出机械计算机的第一人。为了帮助年迈的任诺曼底省监察官的父亲计算税率税款，帕斯卡想到了要制造一台可以帮助计算的机器。帕斯卡先后做了3个不同的模型，1642年，他所做的第三个模型"加法器"获得成功。帕斯卡的"新式的计算机器"受到法国财政大臣的赞赏，"加法器"在卢森堡宫展出期间，来参观者络绎不绝，大数学家勒内·笛卡儿(René Descartes，1596—1650)也利用回国探亲的机会去观看。帕斯卡

Blaise Pascal

的加法器向世人昭示：用一种纯粹机械的装置去代替人们的思考和记忆，是完全可以做到的。1971年瑞士苏黎世联邦理工大学(Eidgenössische Technische Hochschule Zürich)的尼克莱斯·沃尔斯(Niklaus Wirth，1934—　)将自己发明的计算机通用高级程序设计语言命名为"Pascal 语言"，就是为了纪念帕斯卡在计算机领域做出的卓越贡献。沃尔斯一生还撰写了大量有关程序设计、算法和数据结构的著作，因此，他获得了1984年度的"图灵奖"。沃尔斯有一句在计算机领域人尽皆知的名言："算法+数据结构=程序"(Algorithm + Data Structures = Programs)。

德国哲学家、数学家戈特弗里德·威廉·莱布尼茨(Gottfried Wilhelm Leibniz，1646—1716)和英国物理学家、数学家艾萨克·牛顿(Isaac Newton，1643—1727)先后独立发明了微积分。莱布尼茨涉及的领域包括法学、力学、光学、语言学等40多个范畴，被誉为"17世纪的亚里士多德"。他后来研读了帕斯卡一篇关于"加法器"的论文，激发了他强烈的发明欲望，决心把这种机器的功能扩大到乘、除运算。在一些著名机械专家和能工巧匠的

协助下，莱布尼茨终于在 1674 年造出一台更加完善的机械计算机。莱布尼茨为计算机增添了一种名叫"步进轮"的装置，利用步进轮的转动使重复的加、减运算转变为乘、除运算。在著名的《不列颠百科全书》(Encyclopedia Britannica)里，莱布尼茨被誉为"西方文明最伟大的人物之一"，他对计算机的贡献不仅在于乘法器，还系统地提出了二进制的运算法则。公元 1700 年左右，莱布尼茨从我国的"易图"(八卦)里受到启发，最终悟出了二进制数的真谛。

René Descartes　　Niklaus Wirth　　Gottf ried Wilhelm Leibniz　　Isaac Newton

4. 提花机

西汉年间，我国的纺织工匠已能熟练掌握提花机技术，一个工匠平均 60 天即可织成一匹花布。法国机械师约瑟夫·杰卡德(Joseph Jacquard，1752—1834)大约在 1801 年完成了"自动提花编织机"的设计制作，真正成功地改进了提花机。1805 年，拿破仑·波拿巴(Napoléon Bonaparte，1769—1821)在法国里昂工业展览会上观看提花机表演后大加赞赏，授予杰卡德古罗马军团荣誉勋章。自动编织机被人们广泛接受后，还派生出一种新的职业——打孔工人，他们被视为最早的"程序录入员"。

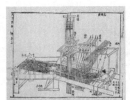 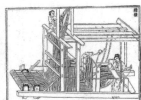  

提花机　　　　　　　　　　　Joseph Jacquard　Napoléon Bonaparte

5. 差分机和分析机

英国剑桥大学(University of Cambridge)著名科学家查理斯·巴贝奇(Charles Babbage，1792—1871)于 1822 年研制出第一台差分机，于 1833—1835 年研制出分析机。巴贝奇以他天才的思想，划时代地提出了类似于现代计算机的五大部件的逻辑结构，即齿轮式的"存储仓库"、"运算室"(即 Mill)、"控制器"，以及在"存储仓库"和"运算室"之间传输数据的输入/输出部件。1991 年，为了纪念巴贝奇 200 周年诞辰，英国肯圣顿(Kensington)科学博物馆决定根据这些图纸重新建造一台差分机。复制者采用公元 18 世纪中期的技术设备来制作，不仅成功地造出了机器，而且可以正常运转。

艾达·奥古斯塔·拜伦(Ada Augusta Byron，1815—1852)是计算机领域著名的女程序员。艾达是英国著名浪漫主义文学家乔治·戈登·拜伦(George Gordon Byron，1788—1824)的女儿，她没有继承父亲的浪漫，而是继承了母亲在数学方面的天赋。艾达为如何计算"伯努利数"(Bernoulli Numbers)写了一份规划,首先拟定了"算法",然后制作了"程序设计流程图",她被人们视为"第一个计算机程序员"。1975年1月,美国国防部提出研制一种通用高级语言。1979年5月最后确定了新设计的语言,海军后勤司令部的杰克·库柏(Jack Cooper)给这种新语言起名为Ada,以寄托人们对艾达的纪念和钦佩。

Charles Babbage　　　　　　　　差分机　　　　　　Ada Augusta Byron

6. 模拟计算机

19世纪末,被誉为"信息处理之父"的赫尔曼·霍列瑞斯(Herman Hollcrith,1860—1929)首先用穿孔卡完成了第一次大规模数据处理。霍列瑞斯雇用了一些女职员来处理穿孔卡,每人每天700张卡片,她们被视为世界上第一批"数据录入员"。1890年,霍列瑞斯创办了一家专业的"制表机公司",后来,弗林特(C. Flent)兼并了"制表机公司",改名为CTR(Computing Tabulating Recording)公司。1924年,CTR公司更名为IBM公司(International Business Machines Corporation),托马斯·约翰·沃森(Thomas John Watson,1874—1956)主持IBM的大局。

1956年老沃森去世后,小托马斯·沃森(Thomas Watson Jr.,1914—1993)接替了父亲的职务,通过自己的努力使IBM成长为真正的IT(Information Technology)巨人。

Herman Hollerith　　　　Thomas John Watson　　　　Thomas Watson Jr.

1873年,美国人鲍德温(F. Baldwin)利用齿数可变齿轮,设计制造出一种小型计算机样机(工作时需要摇动手柄)并立即申报了专利。两年后专利获得批准,鲍德温便开始大量制造这种供个人使用的"手摇式计算机"。

美国科学家万尼瓦尔·布什(Vannevar Bush,1890—1974)为了求解与电路有关的微分方程,制作了一台模拟计算装置帮助其求解。

1847年,英国数学家乔治·布尔(George Boole,1815—1864)出版了《逻辑的数学分析》一书。1854年,已是英国考克大学(University College Cork)教授的布尔出版了《思维规律的研究——逻辑与概率的数学理论基础》(*Research on the Laws of the Thinking—Logic and the Mathematical Theory of Probability*)。凭借这两部著作,乔治·布尔建立了布尔代数。

1938年,美国数学家克劳德·艾尔伍德·香农(Claude Elwood Shannon,1916—2001)

第一次在布尔代数和继电器开关电路之间架起了桥梁,以脉冲方式处理信息的继电器开关,从理论到技术彻底改变了数字电路的设计。1948 年,香农撰写了《通信的数学基础》(*Mathematical Foundation of Communication*)一书。由于香农在信息论方面的贡献,他被誉为"信息论之父"。1956 年,香农参与发起了达特默斯(Dartmouth)人工智能会议,率先把人工智能运用于计算机下棋方面,还发明了一个能自动穿越迷宫的电子老鼠,以此验证了计算机通过学习可以提高智能。

Vannevar Bush	George Boole	模拟计算机	Claude Elwood Shannon

1937 年 11 月,AT&T(American Telephone & Telegraph)贝尔实验室的乔治·斯蒂比兹(George R. Stibitz,1904—1995)运用继电器作为计算机的开关元件。1939 年,斯蒂比兹将电传打字机用电话线连接上远在纽约的计算机,异地操作进行复数计算,开创了计算机远程通信的先河。

1938 年,28 岁的德国建筑工程师、计算机发明家康拉德·楚泽(Konrad Zuse,1910—1995)完成了一台可编程数字计算机 Z-1 的设计,但由于无法买到合适的零件,Z-1 计算机实际上是一台实验模型,未能投入使用。1939 年,楚泽用继电器组装了 Z-2 计算机。1941年,楚泽的电磁式计算机 Z-3 完成。在一次空袭中,楚泽的住宅和包括 Z-3 在内的计算机物品统统都被炸毁。随后楚泽辗转流落到瑞士一个荒凉的村庄,一度转向研究计算机软件理论。1945 年,楚泽建造了 Z-4 计算机,并将其搬到阿尔卑斯山区一个小村庄的地窖里。1949 年,楚泽创立了"Zuse 计算机公司",继续开发更加先进的机电式程序控制计算机。

美国哈佛大学(Harvard University)的霍华德·海德威·艾肯(Howard Hathaway Aiken,1900—1973)研制成功的电磁式计算机叫 Mark I,也叫"自动序列受控计算机(Automatic Sequence Controlled Calculator,ASCC)",在计算机发展史上占据重要地位,是电子计算机产生之前的最后一台著名的计算机。

George R. Stibitz	Konrad Zuse	Howard Hathaway Aiken	Mark I

1.2.2 计算机的产生

计算机的产生不是偶然的,而是科学家们前赴后继投身科学研究的结果。

1. ENIAC 和冯·诺依曼

ENIAC

1946 年 2 月，美国宾夕法尼亚大学(University of Pennsylvania)成功研制出了电子数字积分机和计算机(Electronic Numerical Integrator and Calculator，ENIAC)，这是世界上第一台电子数字计算机。

早在第一次世界大战期间，"控制论之父"诺伯特·维纳(Norbert Wiener，1894—1964)曾来到阿贝丁试炮场，为高射炮编制射程表。1940 年，维纳提出现代计算机应该是数字式，由电子元件构成，采用二进制，并在内部存储数据。维纳提出的这些思想，为电子计算机的发展指引了正确的方向。

Norbert Wiener

1943 年，战争给电子计算机的诞生铺平了道路，阿贝丁试炮场再次承担了美国陆军新式火炮的试验任务。美国陆军军械部派数学家戈德斯坦(H. Glodstine)中尉从宾夕法尼亚大学莫尔学院召集了一批研究人员，帮助计算弹道表。莫尔学院的两位青年学者——36 岁的物理学家约翰·莫齐利(John W. Mauchly，1907—1980)和 24 岁的电气工程师布雷斯帕·埃克特(J. Presper Eckert，1919—1995)，向戈德斯坦提交了一份研制电子计算机的设计方案——"高速电子管计算装置的使用"。但是为支援战争赶制的这台机器最终没能在"二战"期间完成。

John W. Mauchly,
J. Presper Eckert

John Von Neumann

1944 年夏的一天，在阿贝丁火车站，戈德斯坦邂逅了著名数学家约翰·冯·诺依曼(John Von Neumann，1903—1957)，戈德斯坦向冯·诺依曼介绍了正在研制的电子计算机，冯·诺依曼非常感兴趣。几天之后，冯·诺依曼就专程参观还未完成的ENIAC，并参加了为改进 ENIAC 而举行的一系列专家会议。

冯·诺依曼成为莫尔小组的实际顾问，并逐步创立了电子计算机的系统设计思想。冯·诺依曼认为 ENIAC 致命的缺陷是程序与计算两分离，于是决定重新设计一台计算机，他起草了一份新的设计报告，命名为"离散变量自动电子计算机"(Electronic Discrete Variable Automatic Calculator，EDVAC)，人们通常称它为冯·诺依曼机。在报告中明确规定了计算机的五大部件，并用二进制替代十进制运算。EDVAC 方案的意义在于"存储程序"，以便计算机自动依次执行指令。1951 年 EDVAC 完成，被应用于科学计算和信息检索，耗电量和占地面积只有 ENIAC 的 1/3。

101 页报告封面

1946 年 6 月，冯·诺依曼、戈德斯坦和勃克斯回到美国普林斯顿大学 (Princeton University) 高级研究院 (Institute of Advanced Studies，IAS)，先期完成了另一台 IAS 电子计算机，他们联名发表了计算机史上著名的"101 页报告"，被认为是现代计算机科学发展里程碑式的文献。

1946 年，英国剑桥大学的莫里斯·文森特·威尔克斯(Maurice Vincent Wilkes，1913—2010)，到宾夕法尼亚大学参加冯·诺依曼主持的培训班，完全接受了冯·诺依曼存储程序的设计思想。1949 年 5 月，威尔克斯研制成了一台以 3000 只电子管为主要元件的计算机，命名为电子延迟存储自动计算机(Electronic Delay Storage Automatic Calculator，EDSAC)，他因此获得了 1967 年度的"图灵奖"。

Maurice Vincent Wilkes

2. 图灵

艾伦·麦席森·图灵(Alan Mathison Turing，1912—1954)被誉为"计算机科学之父"和"人工智能之父"。1912 年 6 月 23 日图灵出生于英国帕丁顿，1931 年进入剑桥大学国王学院，师从英国著名数学家戈弗雷·哈罗德·哈代(Godfrey Harold Hardy，1877—1947)，1938 年在普林斯顿大学取得博士学位。"二战"爆发后他返回剑桥大学，协助军方破解德国的著名密码系统 Enigma。图灵和同事破译的情报，在盟军诺曼底登陆等重大军事行动中发挥了重要作用，图灵因此在 1946 年获得"不列颠帝国勋章"。历史学家认为，图灵让"二战"提早了两年结束，至少拯救了 2000 万人的生命。

Godfrey Harold Hardy   Alan Mathison Turing   图灵纪念馆   Turing Award

1936 年，图灵在他的一篇具有划时代意义的论文——《论可计算数及其在判定问题中的应用》(On Computer Numbers with an Application to the Entscheidungs Problem)中，论述了一种假想的通用计算器，即理想计算机，被后人称为"图灵机"(Turing Machine，TM)。图灵认为只要为计算机编好程序，它就可以承担其他机器能做的任何工作。当世界上还没有人提出通用计算机的概念时，图灵已经在理论上证明了它存在的可能性。

1939 年，图灵根据波兰科学家的研究成果，制作了一台破译密码的机器——"图灵炸弹"(Bomba)，图灵称它为"罗宾逊"。根据图灵的提议，托马斯·弗劳尔斯(Thomas Flowers)协助他研制一台"捕鱼"的机器，1943 年 10 月，他们在布雷契莱庄园制造出第一台样机。

1950 年 10 月，图灵发表了《计算机和智能》(Computing Machinery and Intelligence)一文，进一步阐明了计算机可以有智能的思想，并提出了测试机器是否有智能的方法，被人们称为"图灵测试"(Turing Test)，图灵也因此荣膺"人工智能之父"称号。

1954 年，42 岁的图灵英年早逝，成为人类科学史上的一大遗憾。从 1966 年开始，每年由美国计算机协会(Association for Computing Machinery，ACM)颁发以其名命名的"图灵奖"(Turing Award)给世界上最优秀的计算机科学家，"图灵奖"有"计算机界的诺贝尔奖"之称，是计算机领域的最高荣誉。

3. 计算机先驱奖

以 ENIAC 的诞生为起点，到 1980 年，计算机发生了巨大变化。巨、大、中、小、微各个档次的计算机百花齐放，在各个领域发挥着巨大的作用，推动着社会文明和人类进步，把人类由原子能时代带入了信息时代。IEEE CS(Institute of Electrical and Electronic Engineers Computing Society)在 1980 年颁发了"计算机先驱宪章"(Computer Pioneer Charter)；1981 年设立了"计算机先驱奖"(Computer Pioneer Award)，以奖励为计算机的发展做出突出贡献的学者和工程师，它是计算机界最重要的奖项之一。同其他奖项一样，"计算机先驱奖"有严格的评审条件和程序。但

Computer Pioneer Award

与众不同的是，这个奖项规定获奖者的成果必须是在 15 年之前完成的。这样一方面保证了获奖者的成果确实已经得到时间的考验，不会引起分歧；另一方面又保证了获奖者是名副其实的"先驱"，是走在历史前面的人。

1.2.3　计算机的发展阶段

计算机的出现是 20 世纪最辉煌的成就之一，按照采用的电子器件划分，电子计算机的发展大致经历了四个阶段。

1. 第一代计算机(1946—1958)

第一代计算机的主要特征是逻辑器件使用了电子管，用穿孔卡片机作为数据和指令的输入设备，用磁鼓或磁带作为外存储器，使用机器语言编程。1949 年发明了可以存储程序的计算机，这些计算机使用机器语言编程，可存储和自动处理信息，存储和处理信息的方法开始发生巨大变化。第一代计算机体积大、运算速度慢、存储容量小、可靠性低，几乎没有什么软件配置，主要用于科学计算。尽管如此，第一代计算机却奠定了计算机的技术基础，其代表机型有 ENIAC、IBM650(小型机)、IBM709(大型机)等。

第一代计算机

2. 第二代计算机(1958—1964)

第二代计算机的主要特征是使用晶体管代替电子管，内存储器采用了磁芯体，引入了变址寄存器和浮点运算部件，利用 I/O 处理机提高了输入/输出能力。在软件方面配置了子程序库和批处理管理程序，并且推出了 Fortran、COBOL、ALGOL 等高级程序设计语言及相应的编译程序，降低了程序设计的复杂性。除应用于科学计算外，第二代计算机还开始应用在数据处理和工业控制等方面，其代表机型有 IBM7090、IBM7094、CDC7600 等。

第二代计算机

3. 第三代计算机(1964—1971)

第三代计算机的主要特征是用半导体中、小规模集成电路(Integrated Circuit，IC)作为元器件代替晶体管等分立元件，用半导体存储器代替磁芯存储器，使用微程序设计技术简化处理机的结构，这使得计算机的体积和耗电量显著减小，而计算速度和存储容量却有较大的提高，可靠性也大大增强。在软件方面则广泛地引入多道程序、并行处理、虚拟存储系统和功能完备的操作系统，同时还提供了大量的面向用户的应用程序。计算机开始走向标准化、模块化、系列化。此外，计算机的应用进入许多科学技术领域。其代表机型有 IBM360 系列、富士通 F230 系列等。

第三代计算机

4. 第四代计算机(1971 年至今)

第四代计算机

第四代计算机的主要特征是使用了大规模和超大规模集成电路，使计算机朝着两个方向飞速向前发展。一方面，利用大规模集成电路制造多种逻辑芯片，组装出大型、巨型计算机，推动了许多新兴学科的发展；另一方面，利用大规模集成电路技术，将运算器、控制器等部件集成在一个很小的集成电路芯片上，从而出现了微处理器。完善的系统软件、丰富的系统开发工具和商品化应用程序的大量涌现，以及通信技术和计算机网络的飞速发展，使得计算机进入了一个快速发展的阶段。

现在很多国家正在研制新一代计算机，新一代计算机将是微电子技术、光学技术、超导技术、电子仿生技术等多学科相结合的产物，能进行知识处理、自动编程、测试和排错，以及用自然语言、图形、声音和各种文字进行输入和输出。新一代计算机的研究目标是打破计算机现有的体系结构，使得计算机能够具有像人那样的思维、推理和判断能力。已经实现的非传统计算技术有超导计算、量子计算、生物计算、光计算等。未来的计算机可能是超导计算机、量子计算机、生物计算机、光计算机、纳米计算机或 DNA 计算机等。

1.2.4 我国计算机的发展历程

中国科学院华罗庚(1910—1985)是我国计算技术的奠基人和最主要的开拓者之一。当冯·诺依曼开创性地提出并着手设计 EDVAC 时，正在普林斯顿大学工作的华罗庚参观过他的实验室，并经常与他讨论有关的学术问题。1952 年，我国大学院系进行调整，华罗庚从清华大学电机系物色了闵乃大、夏培肃和王传英 3 位学者，在他担任所长的中科院数学所内建立了我国第一个电子计算机科研小组。1956 年，在筹建中科院计算技术研究所时，华罗庚担任筹备委员会主任。

华罗庚

1. 第一代电子管计算机研制(1958—1964)

1957 年，我国开始研制通用数字电子计算机，1958 年 8 月 1 日该机研制成功，可以表演短程序运行,标志着我国第一台电子计算机的诞生。为纪念这个日子,该机定名为八一型数字电子计算机。该机在738厂开始小批量生产,改名为103型计算机(即DJS-1型),如图1.1所示,共生产了38台。

图1.1　103机

1958年5月我国开始第一台大型通用电子计算机(104机)的研制,如图1.2所示。以苏联当时正在研制的БЭСМ-II计算机为蓝本,在苏联专家的指导和帮助下,中科院计算所、四机部、七机部和部队的科研人员与738厂密切配合,于1959年国庆节前完成了研制任务。

图1.2　104机

在研制104机的同时,中国科学院夏培肃领导的科研小组首次自行设计并于1960年4月研制成功一台小型通用电子计算机,即107机,如图1.3所示。1964年我国第一台自行设计的大型通用数字电子管计算机——119机研制成功,如图1.4所示。

图1.3　107机　　　　　　　　　　　图1.4　119机

2. 第二代晶体管计算机研制(1965—1972)

1965年,我国成功研制了第一台大型晶体管计算机(109乙机),如图1.5所示。随后对109乙机加以改进,两年后又推出109丙机,运行了15年,有效算题时间在10万小时以上,在我国两弹试验中发挥了重要作用,被誉为"功勋机"。

3. 第三代基于中、小规模集成电路的计算机研制(1973年至20世纪80年代初)

我国于20世纪70年代初期陆续推出大、中、小型集成电路计算机。1973年,北京大学与北京有线电厂等单位合作研制成功运算速度为100万次/秒的大型通用计算机。1983

年中科院计算所完成我国第一台大型向量机(757 机,如图 1.6 所示),计算速度达到 1000 万次/秒。同年,国防科技大学研制的银河-Ⅰ亿次巨型计算机,如图 1.7 所示,是我国高速计算机研制的一个重要里程碑。

图 1.5 109 乙机

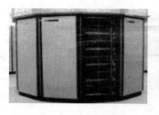  

图 1.6 757 机   图 1.7 银河-I

4. 第四代基于超大规模集成电路的计算机研制(20 世纪 80 年代中期至今)

与国外一样,我国第四代计算机的研制也是从微机开始的。20 世纪 80 年代初我国很多单位也开始采用 Z80、X86 和 M6800 芯片研制微机。1983 年 12 月电子部六所研制成功与 IBM PC 机兼容的 DJS-0520 微机。

从 20 世纪 90 年代初开始,国际上采用主流的微处理机芯片研制高性能并行计算机已成为一种发展趋势。1997 年,国防科学技术大学成功研制银河-Ⅲ百亿次并行巨型计算机系统,系统综合技术指标达到 20 世纪 90 年代中期国际先进水平。

国家智能计算机研究开发中心与曙光公司于 1997—1999 年先后在市场上推出具有机群结构的曙光 1000A、曙光 2000-Ⅰ、曙光 2000-Ⅱ超级服务器;2000 年推出浮点运算速度为 3000 亿次/秒的曙光 3000 超级服务器;2011 年推出浮点运算速度为 1271 万亿次/秒的曙光 6000 超级服务器,如图 1.8 所示。

2013 年 6 月 17 日,国际超级计算机 TOP500 组织在德国正式发布了第四十一届世界大型超级计算机 TOP500 排行榜的排名,第一名为国防科学技术大学研制的天河二号(见图 1.9),第十名为国防科学技术大学研制的天河一号。

2016 年 6 月 20 日,在法兰克福(Frankfurt)世界超算大会上,国际超级计算机 TOP500 组织发布的榜单显示,我国研制的"神威·太湖之光"超级计算机(见图 1.10)系统荣登榜单之首;2016 年 11 月 14 日,在美国盐湖城公布的 TOP500 榜单中,"神威·太湖之光"以较大的运算速度优势轻松蝉联冠军;2016 年 11 月 18 日,"神威·太湖之光"超级计算机的应用成果首次荣获"Gordon Bell"奖,实现了我国高性能计算应用成果在该奖项上零的突破。2018 年 7 月 22 日,"天河三号 E 级原型机系统"(见图 1.11)进入开放应用阶段。

2017 年 11 月 13 日,全球超级计算机 500 强榜单公布,"神威·太湖之光"以每秒 9.3 亿亿次的浮点运算速度第四次夺冠。

图 1.8　曙光 6000　　　图 1.9　天河二号　　　图 1.10　神威·太湖之光　　　图 1.11　天河三号

1.3　计算机的应用领域和发展趋势

1.3.1　计算机的应用领域

计算机对科学技术的发展产生了巨大影响，其应用领域也越来越广泛，主要包括以下几个方面的应用。

1. 科学研究和科学计算

使用计算机来完成科学研究和工程技术领域所提出的大量复杂的数值计算问题，称为科学计算，也称为数值计算，是计算机的传统应用之一。科学计算通常的步骤为构造数学模型、选择计算方法、编制计算机程序、计算、分析结果。

2. 信息传输和信息处理

信息传输是指在计算机内部的各部件之间、计算机与计算机之间、计算机与其他设备之间等进行数据传输。信息处理是使用计算机对数据进行输入、分类、加工、整理、合并、统计、制表、检索、存储等，又称为数据处理，如座席预订与售票系统、零售业中的应用、办公自动化等。

3. 生产过程的自动化控制和管理自动化

使用计算机进行自动化控制和管理自动化可大大提高控制的实时性和准确性，提高劳动效率、产品质量，降低成本，缩短生产周期。实时控制也称过程控制，实时控制能及时地采集检测数据，使用计算机快速地进行处理并自动地控制被控对象的动作，实现生产过程的自动化，目前被广泛用于操作复杂的钢铁工业、石油化工业、医药工业等生产中。

4. 计算机辅助设计/辅助制造/辅助教学

(1) 计算机辅助设计。计算机辅助设计(Computer Aided Design，CAD)是使用计算机辅助人们完成产品或工程的设计任务的一种方法和技术。

(2) 计算机辅助制造。计算机辅助制造(Computer Aided Manufacturing，CAM)是使用计算机辅助人们完成工业产品的制造任务，能通过直接或间接地与工厂生产资源接口的计算机来完成制造系统的计划、操作工序控制和管理工作的计算机应用系统。

(3) 计算机辅助教学。计算机辅助教学(Computer Aided Instruction，CAI)是使用计算机作为教学媒体，学生通过与计算机对话进行学习的一种新型教学方法和技术。

5. 娱乐

随着计算机、网络、多媒体、动画、计算机视觉等技术的不断发展，计算机能够以文字、声音、图形、图像等形式向人们提供最新的娱乐方式。计算机娱乐已经成为人们日常生活的一个重要组成部分，网络游戏(Online Game)、动漫(Animation & Comic)、网络文学(Network Novel)、MSN(Microsoft Service Network)、腾讯 QQ(简称 QQ)、微博(MicroBlog)、Twitter、微信(WeChat)、Facebook 等改变了人们交流的方式。

MSN

腾讯 QQ

新浪微博

Twitter

腾讯微信

Facebook

1.3.2 计算机的发展趋势

计算机技术的飞速发展，给社会的进步带来了一系列变化。计算机的发展也朝着微型化、巨型化、网络化、智能化和新型计算机等方向发展。

1. 微型化

20 世纪 70 年代以来，由于大规模和超大规模集成电路的飞速发展，微处理器芯片连续更新换代，微型计算机连年降价，加上丰富的软件和外部设备，操作简单，使微型计算机很快普及到社会各个领域并走进了千家万户。同时，个人计算机(Personal Computer，PC)正逐步由办公设备变为电子消费品。人们要求计算机除了保留原有的性能之外，还要有时尚的外观、轻便小巧、便于操作等特点。1976 年，史蒂夫·乔布斯(Steve Jobs，1955—2011)、斯蒂夫·沃兹尼亚克(Stephen Wozniak，1950—)和罗·韦

Steve Jobs

恩(Ron Wayne，1934—)等人创立苹果公司。苹果公司于 2010 年发布了 iPad，它是一款介于手机和笔记本电脑之间的平板电脑。

2. 巨型化

社会在不断发展，人类对自然世界的认识活动也越来越多，很多情况下要求计算机对大量数据进行运算，如数学命题的证明、行星轨迹的计算以及航天飞机、宇宙飞船的设计等，这些应用对计算速度的要求越来越高。"巨型化"在这里并不是通常意义上的大小，而是指高速运算、大存储容量和强大功能的巨型计算机。

3. 网络化

网络化是电子计算机技术与通信技术日益发展并密切结合的产物，其目的是使广大用户能够共享网络中的所有硬件、软件、数据等资源。由于资源共享，可以充分发挥各地资源的作用和特长，实现协同操作、提高可靠性、降低运行费用和避免重复投资。计算机网络化使多个计算机系统结合在一起，不受地理环境的限制，可以同时为多个用户服务。

因特网(Internet)改变了人们的生活方式。网络具有虚拟和真实两种特性。网上聊天和

网络游戏等具有虚拟的特性，而网络通信、电子商务、网络资源共享则具有真实的特性。

4. 智能化

智能化是指事物在网络、大数据、物联网和人工智能等技术的支持下，所具有的能动地满足人的各种需求的属性，是现代人类文明发展的趋势。智能化使计算机在人们的生活中扮演着重要的角色，要求计算机能模拟人的感觉和思维能力，如智能家电、交通等。

5. 新型计算机

新型计算机将由以处理数据信息为主，转向以处理知识信息为主(如获取知识、表达知识、存储知识、应用知识等)，并有推理、联想、学习等人工智能方面的能力(如理解能力、适应能力、思维能力等)，能帮助人类开拓未知的领域和获取新的知识。

1.4 计 算 学 科

1.4.1 计算学科的定义

计算学科是指利用计算机再现、预测和发现客观世界运动规律和演化特征的全过程，包括对理论分析、设计、效率、实现、应用等进行的系统研究。它来源于对算法理论、数理逻辑、计算模型、自动计算机器的研究，并与存储式电子计算机的发明一起形成于 20 世纪 40 年代初期。

计算学科的研究包括从算法与可计算性的研究到根据可计算硬件和软件的实际实现问题的研究。这样，计算学科不但包括从总体上对算法和信息处理过程进行研究的内容，也包括满足给定规格要求的有效而可靠的软、硬件设计，即所有科目的理论研究、实验方法和工程设计。

1.4.2 计算学科的本质

计算学科的根本问题是"什么能被有效地自动进行"，讨论的是与可行性有关的内容，其处理的对象是离散的，因为非离散对象(连续对象)是很难进行处理的。因此，能行性决定了计算机本身的结构和它处理的对象都是离散型的，许多连续型的问题也必须在转化为离散型问题以后才能被计算机处理。

Herbert Alexander
Simon

计算学科已发展成为一个极为宽广的学科，所有分支领域的根本任务就是进行计算，其实质就是字符串的变换。

1975 年"图灵奖"的获得者希尔伯特·亚历山大·西蒙(Herbert Alexander Simon, 1916—2001)和艾伦·纽厄尔(Allen Newell, 1927—1992)认为，认知是一种符号处理过程，人类的思维过程也可用某种符号来描述，即思维就是计算，认知就是计算的思想。西蒙是 20 世纪科学界的一位奇特的通才，在众多的领域深刻地影响着这个时代。纽厄尔是计算机科学和认知信息学领域的科学家，是信息处理语言(Information Processing

Allen Newell

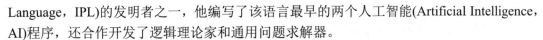

Language，IPL)的发明者之一，他编写了该语言最早的两个人工智能(Artificial Intelligence，AI)程序，还合作开发了逻辑理论家和通用问题求解器。

ACM 和 IEEE CS 发布了《计算学科教程 2020》(*Computing Curricula 2020，CC 2020*)，提取了计算学科中具有方法论性质的 12 个核心概念，即绑定(Binding)、大问题的复杂性(Complexity of Large Problems)、概念和形式模型(Conceptual and Format Models)、一致性(Consistency)和完备性(Completeness)、效率(Efficiency)、演化(Evolution)、抽象层次(Levels of Abstraction)、按空间排序(Ordering in Space)、按时间排序(Ordering in Time)、重用(Reuse)、安全性(Security)、折中(Tradeoff)和结论(Consequences)。这些核心概念在学科中多处出现，在各分支领域及抽象理论和设计的各个层面都有很多示例，在技术上有高度的独立性，一般都在数学科学和工程中出现。它们表达了计算机学科特有的思维方式，在整个学科教学过程中起着纲领的作用，是计算学科中具有普遍性、持久性的重要思想、原则和方法。

1.4.3 计算学科的三个过程

计算学科的实质是学科方法论的思想，其关键问题是理论、抽象和设计三个过程相互作用。理论、抽象和设计三个学科形态概括了计算学科的基本内容，是计算学科认识领域最原始的概念。人类的认识过程是从感性认识(抽象)到理性认识(理论)，再从理性认识回到实践的过程。对工程设计而言，由感性认识上升到理性认识的过程是通过在理论的指导下，在具体的设计中实现对客观世界的理性认识。认识的一般过程体现在具体研究中，就是要在其理论的指导下，运用抽象工具进行各种设计工作，最终的成果是计算机的软、硬件系统及其相关资料。

1. 理论

理论是数学的根本。应用数学家们认为，科学的进展都是基于纯数学的，其研究内容表现在两个方面：一方面是建立完整的理论体系；另一方面是在现有理论的指导下，建立具体问题的数学模型，从而实现对客观世界的理性认识。应用数学是用数学的方法推动经验科学和工程学的发展，同时又不断地刺激其对新数学的需要，为纯理论数学提出新的问题。

2. 抽象

抽象(模型化)是自然科学的根本。科学家们相信，科学进展的过程基本上都是先形成假设，然后用模型化过程去求证。其研究内容表现在两个方面：一方面是建立对客观事物进行抽象描述的方法；另一方面是要采用现有的抽象方法建立具体问题的概念模型，从而实现对客观世界的感性认识。

3. 设计

设计是工程的根本。工程师们认为，工程进展基本上都是先提出问题，然后通过设计去构造系统，以解决问题。其研究内容表现在两个方面：一方面是在对客观世界的感性认识和理性认识的基础上，完成一个具体的任务；另一方面是要对工程设计中所遇到的问题进行总结，提出问题，再用理论去解决它。同时也要将工程设计中所积累的经验和教训进行总结，最后形成方法。

计算处于应用数学、科学和工程三者的主要过程的交叉路口。这三个过程在本学科中也同等重要，计算是理论、抽象和设计三者唯一的交汇点。

1.4.4　计算学科新的应用领域

近年来，由于计算机科学技术的迅速发展，特别是网络技术、多媒体技术和人工智能的飞速发展，使计算机的应用领域不断拓展。通信技术与计算机技术的结合，产生了计算机网络和 Internet；卫星通信技术与计算机技术的结合，产生了全球定位系统(Global Positioning System，GPS)、地理信息系统(Geographic Information System，GIS)；多媒体技术的发展更是如日中天，在音乐、舞蹈、电影、电视和娱乐、虚拟现实、3D(Three Dimensions)、4D(Four Dimensions)等方面得到了广泛的应用。

1. Internet 带来的深刻影响

自 20 世纪 90 年代以来，计算机网络技术得到了飞速发展，信息的处理和传递突破了时间和地域的限制，网络化和全球化成为不可抗拒的世界潮流。Internet 极大地促进了现代社会信息化、全球化的进程，给社会政治、经济、生活带来了深刻的影响。

2. 信息处理

信息处理又称信息管理，是指用计算机对信息进行收集、加工、存储和传递等工作，其目的是为有各种需求的人们提供有价值的信息，作为管理和决策的依据。例如，人口普查资料的分类、汇总，股市行情的实时管理等。目前，计算机信息处理已广泛应用于办公自动化、企业管理、情报检索等诸多领域之中。

3. 科学计算

科学计算又称数值计算，是指计算机用于数学问题的计算，是计算机最早的应用领域。在科学研究和工程设计中，经常会遇到各种各样的数学问题，例如，求解具有几十个变量的方程组，解复杂的微分方程等。计算机速度快、精度高的特点以及自动化准确无误的运算能力，可以高效率地解决这类问题。

4. 过程控制

过程控制是指用计算机对工业生产过程或某种装置的运行过程进行状态监测并实施自动控制。用计算机进行过程控制可以改进设备性能，提高生产效率，降低人们的劳动强度。将计算机信息处理与过程控制结合起来，便产生了计算机管理下的无人工厂。

5. 军事

在当今世界，许多科学的新发现、新成就大都首先应用于军事。第一台计算机正是为计算导弹的弹道轨迹而研制的，之后的每一代产品也几乎都是首先为军事服务的。目前计算机在军事上的应用主要包括军队自动化指挥系统、计算机作战模拟、军事信息处理武器的自动控制、精确制导武器、军用机器人、数字化部队、后勤保障等。

6. 网络技术与信息高速公路

随着信息技术的迅速发展，世界各国都在加紧进行信息基础建设。计算机网络是把分布在不同地域的独立的计算机系统用通信设施连接起来，以实现数据通信和资源共享。Internet 是一个非常典型的广域网，它的业务范围主要有远程使用计算机、传送文件、收发电子邮件、资料查询等。

7. 多媒体技术带来的新的应用领域

随着电子科学与技术特别是通信技术和计算机技术的发展，计算机多媒体系统不仅有计算机的存储记忆、高速运算、逻辑判断、自动运行的功能，还能将符号、文本、音频、视频、图形、动画、图像等多种媒体信息有机地集成于一体，构成多媒体(Multimedia)，使人通过多个感官获取相关信息，可以提高信息的传播效率，同时由于多媒体的图形交互界面和窗口交互操作，使人机交互能力大大提高，从而实现信息的双向交流。

8. 嵌入式系统

随着信息化的发展，计算机和网络已经渗透到人们日常生活的每个角落。对每个人来说，不仅需要放在桌上处理文档、进行工作管理和生产控制的计算机，还需要从小到大的、各种使用嵌入式技术的电子产品，小到 MP3(Moving Picture Experts Group Audio Layer III)、个人数据处理机(Personal Digital Assistant，PDA)等微型数字化产品，大到网络家电、智能家电、车载电子设备、数字仪器等。目前，各种各样的新型嵌入式系统(Embedded System)设备在应用数量上已经远远超过了通用计算机。

9. 人工智能

人工智能是指计算机模拟人类某些智力行为的理论、技术和应用。人工智能由不同的领域组成，如机器学习、计算机视觉、自然语言理解、神经网络、遗传算法、专家系统、机器翻译、机器人、定理自动证明等。

1.5　计算机科学与技术学科的知识体系

1.5.1　计算机科学与技术学科的形成与发展

20 世纪 80 年代及 90 年代初期开展的关于计算机科学教育的争论，重点都放在如何讲授问题求解技巧及编程语言的选择上，而忽略了计算机科学教育目的本身。

CC 2020 教程鼓励在计算机科学和工程中教学计划的多样性，并要求有公共内核，该内核被定义为一系列知识单元，可用这些知识单元组合课程，其目的在于为学生提供设计与构造计算机系统的基本原理，通过程序设计语言训练学生掌握自动处理数据与信息的算法过程，其重点放在计算机应用的软件、硬件工具的开发上，而不是那些应用本身。

1.5.2　计算机科学与技术学科的定义

计算机科学借鉴数学的公理化思想，全面阐述了计算学科的科学问题，抽象、理论和设计三个学科形态，计算学科的核心概念、科学方法等，阐明了计算学科各领域发展的基本规律及各领域的内在联系，构建了一个系统化、逻辑化的认知模型，让人们清晰透彻地了解学科脉络，从整体上把握学科的学习、研究方法。计算机科学方法论有助于人们正确理解计算学科中所蕴含的科学思维方法，总结和提升计算学科所积累的各种方法和经验，树立正确的思想原则，把握正确的研究方向。

计算机科学与技术是研究计算机的设计与制造和利用计算机进行信息获取、表示、存储、处理、控制等的理论、原则、方法和技术的学科，包括科学与技术两个方面。科学侧重研究现象、揭示规律；技术则侧重研制计算机和研究使用计算机进行信息处理的方法和技术手段。计算机科学技术除了具有较强的科学性外，还具有较强的工程性。因此，它是一门科学性与工程性并重的学科，表现为理论性和实践性紧密结合的特征。

1.5.3 计算机科学与技术学科的根本问题及研究范畴

计算机科学与技术学科的根本问题是什么能被有效地自动化。问题的符号表示及其处理过程的机械化、严格化的固有特性，决定了数学是计算机科学与技术学科的重要基础之一。数学及其形式化描述、严密的表达和计算是计算机科学与技术学科所用的重要工具，建立物理符号系统并对其实施变换是计算机科学与技术学科进行问题描述和求解的重要手段。

计算机科学与技术学科的研究范畴包括计算机理论、硬件、软件、网络及应用等，按照研究的内容，可将其划分为理论基础、专业基础和实际应用三个层面。

计算机理论研究包括离散数学、算法分析理论、形式语言与自动机理论、程序设计语言理论和程序设计方法学；计算机硬件研究包括元器件与存储介质、微电子技术、计算机组成原理、微型计算机技术和计算机体系结构；计算机软件研究包括程序设计语言的设计、数据结构与算法、程序设计语言翻译系统、操作系统、数据库系统、算法设计与分析、软件工程学和可视化技术；计算机网络研究包括网络结构、数据通信与网络协议、网络服务和网络安全；计算机应用研究包括计算机应用的研究、软件开发工具、完善既有的应用系统、开拓新的应用领域、人机工程、研究人与计算机的交互和协同技术。

1.5.4 计算机科学与技术知识体系的核心内容

计算机科学在加强自身课程体系建设的同时，也要注意与其他计算学科进行合作。既要开发一致的计算机科学课程集，促进计算机科学课程体系的发展，又要准备教授更多的服务课程集，以便与学习者的知识架构相联系、相适应。计算机科学为读者提供一个整体的课程方案，使他们适应未来的技术背景，这就要求计算机科学运用一般科学技术方法论，建构既有弹性又有核心课程集的课程体系。计算机科学课程体系的教学内容可归结为以下18 个知识体。

1. 体系结构与组织(Architecture and Organization，AR)

计算机在计算中处于核心地位。该领域的主要内容包括计算机体系结构的发展、数值数据、非数值数据、数据的机器级表示、数字逻辑与数字系统、计算机系统的组成、存储系统的组织结构、接口与通信、多核技术、高性能计算机、并行计算机、分布式系统等。

2. 程序设计语言(Programming Languages，PL)

程序设计语言是程序员与计算机交流的主要工具。程序员不仅要知道如何使用一种语言进行程序设计，还应理解不同语言的程序设计风格。该领域的主要内容包括程序设计语言概述、声明和类型、程序设计方法、基本类型系统、词法分析、语法分析、语义处理、中间代码生成及优化、目标代码生成、编译技术的新发展的基本知识、程序设计语言设计的基本内容等。

3. 软件开发基础(Software Development Fundamentals，SDF)

程序设计是每一个计算学科专业的学生都应具备的能力，是计算学科核心科目的一部分，程序设计语言还是获得计算机重要特性的有力工具。该领域的主要内容包括程序设计的基本概念、程序开发方法的基本概念及内容、高级语言的基本语义和语法、基本的查找和排序方法、程序正确性、简单重构、现代编程环境、软件开发方法的基本知识等。

4. 算法与复杂性(Algorithms and Complexity，AC)

算法是计算机科学和软件工程的基础。该领域的主要内容包括算法的概念和特性、算法的描述工具、评价、算法设计策略、分布式算法、可计算性理论基础、NP 问题、自动机理论、加密算法、几何算法、并行算法等。

5. 信息管理(Information Management，IM)

信息系统几乎在所有使用计算机的场合都发挥着重要的作用。该领域的主要内容包括信息管理概念、数据库系统、数据模型、索引、关系数据库、查询语言、事务处理、分布式数据库、物理数据库设计、数据挖掘、信息存储与检索、多媒体系统等。

6. 基于平台的开发(Platform-Based Development，PBD)

基于平台的开发是指特定软件平台上的软件设计与开发。该领域的主要内容包括 Web 平台、移动平台、工业平台以及游戏平台等。

7. 软件工程(Software Engineering，SE)

软件工程是关于如何有效地建立满足用户和客户需求的软件系统理论知识和实践的学科，并将其应用于小型、中型、大型系统。该领域的主要内容包括软件工程过程、软件项目管理、需求工程、软件设计、软件构建、软件验证与确认、软件演化、软件可靠性、形式化方法以及工具和环境等。

8. 操作系统(Operating System，OS)

操作系统定义了对硬件行为的抽象，程序员用它对硬件进行控制。操作系统还管理着计算机用户间的资源共享。该领域的主要内容包括操作系统概述、操作系统的发展、操作系统的分类、操作系统的功能、操作系统的体系结构、并发、调度和分发、安全和防护、文件系统、容错性、系统性能评估、脚本、主流操作系统、操作系统的新发展等。

9. 网络与通信(Networking and Communication，NC)

计算机和通信网络的发展，尤其是基于 TCP/IP 网络的发展使得网络技术在计算学科中更加重要。该领域的主要内容包括数据通信基础、计算机网络基础、网络应用程序、可靠数据传输、路由和转发、局域网、资源分配、移动性、社交网络、区块链、5G 网络等基本概念等。

10. 系统基础(Systems Fundamentals，SF)

底层硬件和软件基础设施以及在其上构建的应用程序被统称为"计算机系统"。计算机系统横跨操作系统、并行和分布式系统、通信网络以及计算机体系结构等子学科。这些子学科在各自的核心内容中越来越多地共享一些重要的共同基本概念，该领域的主要内容包括计算范式、状态与状态机、并行性、评估技术、资源分配与调度技术、虚拟化与隔离、冗余下的可靠性、定量评估等。

11. 并行与分布式计算(Parallel and Distributed Computing，PDC)

过去十年，多处理器计算，包括多核处理器和分布式数据中心方面，呈现爆炸式的发展。该领域的主要内容包括并行基础、并行分解、并行算法、并行体系结构、分布式系统和云计算等。

12. 信息保障与安全(Information Assurance and Security，IAS)

信息技术已经成为当今世界的重要支撑，在计算机科学教育中也起着关键作用。该领域的主要内容包括信息保障与安全的基本概念、信息安全面临的威胁与攻击、网络安全的相关内容和密码学的一些基本知识等。

13. 离散结构(Discrete Structures，DS)

计算学科是以离散型变量为研究对象。该领域的主要内容包括集合、关系与函数、基础逻辑、证明方法、计数基础、数和图、离散概率等。

14. 计算科学(Computational Science，CS)

从计算学科的诞生之日起，科学计算的数值方法和技术就构成了计算机科学研究的一个主要领域。该领域的主要内容包括建模与仿真基本知识、处理、图像处理技术、数据及信息和知识、数值分析等。

15. 图形学和可视化(Graphics and Visualization，GV)

图形学和可视化计算主要包括图形学的基本概念、图形系统、计算机视觉和可视化、图形用户界面、图形绘制、图像通信、几何建模、计算机动画的基本知识等。

16. 人机交互(Human-Computer Interaction，HCI)

人机交互的重点在于理解人与交互式对象的交互行为。该领域的主要内容包括人机交互技术基础、人机交互模型、人机系统交互界面的构架、数据交互、语音交互、图像交互、行为交互、多媒体系统的人机交互、多媒体计算机的基本概念以及 3D、4D 打印等。

17. 智能系统(Intelligent Systems，IS)

智能系统必须知其环境，合理地朝着指定的任务行动，并与其他代理和人进行交互。该领域的主要内容包括人工智能系统的概念、知识表达及推理、搜索技术、自然语言处理、计算智能、机器学习方法、机器人学等基本概念、人工智能的应用等。

18. 社会问题与专业实践(Social Issues and Professional Practice，SP)

人们需要懂得计算学科本身基本的文化、社会、法律和道德问题，还需要提出有关计算的社会影响这样的严肃问题，以及具备对这些问题的可能答案进行评价的能力。此外，人们还需要认识到软、硬件销售商和用户的基本法律权利，也应意识到这些权利的基本基础——道德价值观。该领域的主要内容包括计算的社会环境、分析工具、职业道德、知识产权、隐私和公民自由、专业交流、可持续性、历史、计算经济性、安全政策、法律和计算机犯罪。

1.6 计算机科学与技术学科的教育

计算机科学与技术学科的发展速度非常快，计算机软、硬件系统不断更新，使有限的在校时间与不断增长的知识的矛盾更为突出。

影响计算机科学与技术学科变化的因素来自技术的进步。戈登•摩尔(Gordon E. Moore，1929—，Intel 公司创建人之一)曾预言微处理器的处理能力每 18～24 个月将增加 1 倍，这个定律就是"摩尔定律(Moore's Law)"，实际情况证明这一定律是正确的。

计算机科学与技术学科的教育除了受计算机技术发展的影响外，同时还受文化与社会发展的影响。新技术带来教学法的改变，使得人们对计算机技术有了更多、更新的认识，包括计算机技术增长的经济影响、学科的拓宽和教育观念的变化等。

Gordon E. Moore

1.6.1 教育的目的和基本要求

计算机教育的目的是培养在计算机领域的工作能力，包括面向学科的思维能力和使用工具的能力。面向学科的思维能力是指发现本领域新的特性(这些特性会导致新的活动方式和新的工具)，以便使这些特性能被其他人所用；使用工具的能力是指利用计算机作为工具有效地在其他领域进行实践活动。培养计算机能力的过程有以下五个步骤。

(1) 激发学习计算机的激情。

(2) 阐明计算机的应用领域。

(3) 揭示计算机的特色。

(4) 弄清计算机特色的历史根源。

(5) 实践计算机的特色。

计算机科学与技术学科最初来源于数学学科和电子学科。学生除了要掌握本学科各个知识领域的基本知识和技术外，还必须具有较扎实的数学功底，掌握科学的研究方法，熟悉计算机如何得以实际应用，并具有有效的沟通能力和良好的团队工作能力。

1.6.2　理论与实践相结合

计算机学科的学习是一种多层面、多需求的学习模式。它要求以理论为基础，以实践为手段来完善计算机学习。基于此，在计算机课程的学习过程中，要求在出色把握好理论基础的层次上更进一步提高自己的计算机专业技能水平和实际应用能力，以及采取全新的方法和手段，以培养计算机自学能力为目标，使自己很好地掌握所学知识，提高操作能力，适应社会发展的需要。

计算机课程既具有很强的理论性，又具有很强的实践性。它要求学生不仅要很好地掌握理论知识，而且还要把所学的知识应用到操作实践中，并在操作实践中不断地发现问题、分析问题、解决问题。因此，它在培养动手动脑能力上具有很好的作用。然而，在传统的教育教学理论中，教育实践的主要目标是传授知识。在这种理论的指导下，学生在学习计算学科时，老师在课堂上花费大量的时间讲授理论知识，只有少量的时间来上机实践，致使许多学生面对计算机时手足无措。这种理论基础与实践能力的脱离，或只重视理论而忽视实践的做法，势必导致学生学习效率低下，学习死板，难以面对和解决新的问题。

1.6.3　学习方法

计算机是一门以实践为主的学科，这与人们接触到的许多纯理论学科的学习方法有很大差异。因此，在学习时，方法必须有所突破，才能有好的学习效果。在计算机科学与技术课程的学习过程中，主要有以下几种学习方法。

1. 学习计划的制订

计划是学习策略的具体化，学习策略决定后，就要通过制订计划来体现。

2. 常规学习方法

常规学习方法就是依次按照"课前预习→上课听讲→课后复习→作业与操作→小结"五个环节推进。这五个环节形成一个周期，各个周期衔接交替，不断地循环往复。一般来说这五个环节一个都不能缺少，先后次序也不能颠倒。

3. 理论、抽象、设计三个过程的学习方法

计算机专业的学生如果能在大学期间系统地接受学科方法论的指导，了解研究工作的一般程序、操作、技术与正确的思维方法，无疑有助于自己的成长。

计算机科学与技术学科的学习是一个极其复杂的过程。要把学习过程的各个环节有机结合起来，以保证学习过程的统一性、完整性和高效性，概括起来就是理论、抽象、设计三个过程的学习方法，这和计算学科的三个过程是一致的。

(1) 第一个过程——理论。计算机理论与数学的方法类似，其要素是定义和公理、定理、证明、结果的解释。

(2) 第二个过程——抽象。抽象来源于实验科学，其要素是数据采集法和假设的形式说明、模型的构造和预测、实验设计、结果分析。

(3) 第三个过程——设计。设计来源于工程学,用来开发求解给定问题的系统或设备,其主要要素是需求说明、规格说明、设计和实现方法、测试和分析。

4. 确定有计划的学习方法,提高学习质量

确定有计划的、有效的学习方法,对于提高学习成绩非常重要。学习时应该根据学习者掌握知识的深度、广度和智能的发展水平而采取多样化的方法,不能千篇一律。学习方法应根据本人的特点,并借鉴他人的经验而有所创新,不能生搬硬套。

1.7 计算机产业

随着国民经济和社会信息化进程的加速,我国计算机产业实现了规模和效益同步增长,对国民经济的贡献率逐步提高。以信息化带动工业化的发展方针,大大促进了我国计算机制造业和服务业的发展,一批计算机企业实施了有效的"走出去"和"做大做强"战略,大大增强了在国际计算机产业中的竞争力,增强了对产业链的控制能力。

我国计算机要实现产业化,主要依赖于产业环境的完善程度,包括:市场需求环境(市场目前容量、市场增长情况、用户需求特点、地区及行业需求情况等)、竞争对手的情况(竞争对手的市场份额、产品情况、销售渠道、技术支持及服务、配套软硬件等)、资本的供应市场(创立公司的资金、生产与科研的再投入等资金)、技术发展的水平及持续的发展能力(目前的技术水平、把握国际发展方向的能力、人力资源情况、获取相关的技术信息的能力等)、生产产品的能力(生产配件的供货渠道、产品的质量控制、扩大生产规模的能力等)、配套技术(硬件配套技术、软件配套技术、网络设备技术)、产业政策(国家鼓励程度、科研投入、市场规范情况、市场保护政策、税收情况等)、人力资源(管理人才、技术人才、营销人才)等多个方面。

Andrew
Chi-Chih Yao

2009 年 10 月 12 日,在由"图灵奖"获奖者——姚期智(Andrew Chi-Chih Yao,1946—)院士(美国国家科学院外籍院士、美国艺术与科学院外籍院士、中国科学院院士、香港科学院创院院士)发起的研讨会上,提出了"中国计算机科学 2020 计划"。

"2019 世界计算机大会"在湖南长沙召开,我国作为全球最大的计算机制造基地,目前计算机产业规模位居世界首位。

本 章 小 结

计算机科学是以计算机为研究对象的一门科学,全面地了解计算机科学的研究范畴,对读者而言是十分必要的。计算机科学的研究范畴包括计算机理论、硬件、软件、网络及应用等。读者应该对计算机科学与技术知识体系有一个大致的了解,了解信息化社会的特征以及信息化社会对计算机人才的需求,明确今后学习的目标和内容。

通过本章的学习,读者应了解计算的起源、计算机的产生和发展阶段、计算机的应用领域和发展趋势、计算学科、计算机科学与技术学科的知识体系及教育、信息化的挑战和计算机产业的基础知识,掌握计算机的基本概念、计算机科学与技术学科的知识体系。同时，读者应树立学好计算机课程的自信心和强烈的社会责任感，为计算机的发展和国家的繁荣贡献自己的力量。

习　　题

一、选择题

1. 电子计算机从诞生之日起，经历了四个发展阶段，目前所使用的第四代计算机的主要特征是(　　)。

    A. 逻辑器件使用电子管，用穿孔卡片机作为数据和指令的输入设备，用磁鼓或磁带作为外存储器，使用机器语言编程

    B. 使用晶体管代替电子管，内存储器采用磁芯体，引入变址寄存器和浮点运算硬件，利用 I/O 处理机提高输入输出能力

    C. 用半导体中、小规模集成电路作为元器件代替晶体管等，用半导体存储器代替磁芯存储器，使用微程序设计技术简化处理机的结构，在软件方面则广泛地引入多道程序、并行处理、虚拟存储系统和功能完备的操作系统，同时还提供了大量的面向用户的应用程序

    D. 使用了大规模和超大规模集成电路

2. 设计并制造了世界上第一台机械计算机的是(　　)。

    A. 约翰•纳皮尔   B. 布莱斯•帕斯卡

    C. 威廉•契克卡德   D. 尼克莱斯•沃尔斯

3. 19 世纪末，被誉为"信息处理之父"的是(　　)。

    A. 克劳德•艾尔伍德•香农   B. 康拉德•楚泽

    C. 托马斯•约翰•沃森   D. 赫尔曼•霍列瑞斯

4. 2000 年图灵奖的获得者是(　　)。

    A. 彼得•诺尔   B. 姚期智

    C. 弗雷德里克•布鲁克斯   D. 尼克莱斯•沃尔斯

5. 世界上第一台电子数字计算机是(　　)。

    A. ENIAC   B. CTR   C. EDVAC   D. ACE

6. 冯•诺依曼的主要贡献是(　　)。

    A. 发明了微型计算机   B. 提出了存储程序概念

    C. 设计了第一台电子计算机   D. 设计了高级程序设计语言

7. 供科学研究、军事和大型组织用的高速、大容量计算机是(　　)。

    A. 微型计算机   B. 小型计算机   C. 大型计算机   D. 巨型计算机

    E. 个人计算机

8. 计算机硬件由五个基本部分组成，不属于这五个基本组成部分的是(　　)。

    A. 运算器和控制器   B. 存储器

    C. 总线   D. 输入设备和输出设备

9. 通常将运算器和控制器集成在一个大规模集成电路板上，被称为(　　)。

A. CPU　　　　　B. 主板　　　　　C. 存储器　　　　D. 输入/输出设备

10. 冯·诺依曼体系结构的设计思想可以归结为(　　)。

　　A. 二进制替代十进制　　　　　　B. 采用存储程序的思想

　　C. 计算机从逻辑上划分为五大部分　　D. 提出了测试机器是否智能的方法

11. 能对二进制数码进行加、减、乘、除等算术运算和与、或、非等基本逻辑运算，实现逻辑判断的是(　　)。

　　A. 运算器　　　　B. 控制器　　　　C. 存储器　　　　D. 输入/输出设备

12. 在计算机中，用于存放原始数据、中间数据、最终结果和处理程序的是(　　)。

　　A. 运算器　　　　B. 控制器　　　　C. 存储器　　　　D. CPU

13. 计算机系统必须具备的两部分是(　　)。

　　A. 输入设备和输出设备　　　　B. 硬件和软件

　　C. 键盘和打印机　　　　　　　D. 以上都不是

14. 1KB 表示的位数是(　　)。

　　A. 1024　　　B. 2048　　　C. 4096　　　D. 8192

15. 挑战国际象棋世界冠军卡斯帕罗夫的计算机是(　　)。

　　A. 深蓝　　　B. 银河-I　　　C. 天河二号　　　D. 曙光 4000L

16. 摩尔定律的内容是(　　)。

　　A. 微处理器的处理能力每 18～24 个月将增加 1 倍

　　B. 微处理器的处理能力每 11～17 个月将增加 1 倍

　　C. 微处理器的处理能力每 5～10 个月将增加 1 倍

　　D. 微处理器的处理能力每 1～5 个月将增加 1 倍

17. 计算机辅助教学的英文简称是(　　)。

　　A. CAD　　　B. CAM　　　C. CAI　　　D. CAF

18. 计算学科的根本问题是(　　)。

　　A. 什么能被有效地自动进行　　B. NP 问题

　　C. 工程设计　　　　　　　　　D. 理论研究实验方法

19. 目前，加快了社会信息化的进程，并且迅猛发展的技术是(　　)。

　　A. Novell　　　B. Internet　　　C. ISDN　　　D. Windows NT

20. 计算机科学技术的研究范畴包括(　　)。

　　A. 计算机理论　　B. 硬件　　　C. 软件　　　D. 网络及应用

二、简答题

1. 举例说明石子记数的过程。
2. 简述计算机的发展阶段。
3. 简述我国计算机的发展历程。
4. 举例说明计算机微型化的最新产品。
5. 什么是计算机系统？
6. 简述计算机硬件系统的五大部分。
7. 解释冯·诺依曼所提出的"存储程序"概念。

8. 控制器的主要功能是什么？

9. 简述 CPU 和主机的概念。

10. 什么是计算机软件？计算机软件的分类有哪些？

11. 计算机有哪些主要的特点？

12. 简述计算机系统的主要技术指标。

13. 计算机的分类有哪些？

14. 简述计算机的基本工作方式。

15. 计算机有哪些主要用途？

16. 简述计算机的发展趋势。

17. 简述计算学科的定义、计算学科的本质、计算学科的三个过程。

18. 简述计算机科学与技术学科的定义。

19. 简述计算机科学与技术学科的根本问题及研究范畴。

20. 简述计算机科学课程体系的核心内容。

三、讨论题

1. 计算机的产生是 20 世纪最伟大的成就之一，具体体现在哪些方面？根据你对计算机的认识请列出计算机的应用。

2. 在信息社会，如何才能在计算机产业中做出自己的贡献？

第 2 章　体系结构与组织

学习目标:

- 了解计算机体系结构的发展、数值数据、非数值数据、数据的机器级表示、数字逻辑与数字系统、计算机系统、存储系统的组织结构、接口与通信、多核技术、高性能计算机、并行计算机、分布式系统。
- 掌握数值数据的表示和计算、非数值数据的编码、数字逻辑与数字系统、计算机系统的组成。

本章主要学习数值数据在计算机中的表示与运算、非数值数据的表示、数据的机器编码、数字逻辑与数字系统、计算机系统的组成等与计算机相关的基础知识。

2.1　计算机体系结构的发展

计算机体系结构是指根据属性和功能不同而划分的计算机理论组成部分及计算机基本工作原理、理论的总称,即指适当地组织在一起的一系列系统元素的集合,这些系统元素相互配合、协作,通过对信息处理而完成预先定义的目标。计算机体系结构是程序员所看到的计算机的属性,即计算机的逻辑结构和功能特征,包括其各个硬部件和软部件之间的相互关系。对计算机系统设计者而言,计算机体系结构是指研究计算机的基本设计思想和由此产生的逻辑结构;对程序设计者而言,计算机体系结构是指对系统功能的描述(如指令集、编制方式等)。亚当(Adam)等人为了说明和研究从程序设计角度所看到的计算机的属性(外特性),在 1964 年率先提出计算机系统结构的概念,至今经历了四个不同的发展阶段。

1. 第一阶段

20 世纪 60 年代中期以前,是计算机体系结构发展的早期。在这个时期通用硬件已经相当普遍,软件却是为每个具体应用而专门编写的,大多数人认为软件开发无须预先计划。这时的软件实际上就是规模较小的程序,程序编写起来相对容易,没有系统化的方法也没有进行任何管理,除了程序清单之外,根本没有保存其他文档资料。

2. 第二阶段

从 20 世纪 60 年代中期到 70 年代中期,多道程序、多用户系统引入了人机交互的新概念,开创了计算机应用的新境界,使硬件和软件的配合上了一个新的层次。实时系统能够从多个信息源收集、分析和转换数据,从而使得进程控制能以毫秒而不是分钟来进行。在线存储技术的进步引来了第一代数据库管理系统的出现。这个阶段的一个重要特征是出现了"软件作坊",广泛使用产品软件。但是,"软件作坊"基本上仍然沿用早期形成的个体化软件开发方法。许多程序的个体化特性使得它们最终成为不可维护的产品,"软件危机"开始出现。1968 年北大西洋公约组织(North Atlantic Treaty Organization，NATO)的计算机科学家在联邦德国召开国际会议，讨论软件危机课题，正式提出并使用了"软件工程"这个名词，一门新兴的工程学科就此诞生了。

3. 第三阶段

从 20 世纪 70 年代中期到 80 年代中期，计算机技术又有了很大进步。分布式系统极大地增加了计算机系统的复杂性，局域网、广域网、宽带数字通信以及对"即时"数据访问需求的增加，都对软件开发者提出了更高的要求。但是，这个时期软件仍然主要在工业界和学术界应用，个人应用还很少。这个时期的主要特点是出现了微处理器，以微处理器为核心的"智能"产品精彩纷呈，个人计算机(Personal Computer，PC)逐渐成为大众化的商品。

4. 第四阶段

从 20 世纪 80 年代中期开始，人们感受到的是硬件和软件的综合效果。由复杂操作系统控制的强大的桌面机及局域网、广域网和 Internet 网，与先进的应用软件相配合，已经成为当时的主流。计算机体系结构已迅速地从集中的主机环境转变成分布式环境，集群、网络、云计算等概念层出不穷。软件产业在世界经济中已经占有举足轻重的地位，专家系统和人工智能软件从实验室中走出来进入了实际应用，解决了大量的实际问题。

2.2 数 值 数 据

计算机只能识别二进制编码的指令和数据，其他的如数字、字符、声音、图形、图像等信息都必须转换成二进制的形式，计算机才能识别和处理。二进制只有两个状态(即 0 和 1)，这正好与物理器件的两种状态相对应，如电压信号的高与低、门电路的导通与截止等；而十进制电路则需要用 10 种状态来描述，这将使电路十分复杂，处理起来也非常困难。因此，采用二进制将使得计算机在物理实现上变得简单，且具有可靠性高、处理简单、抗干扰能力强等优点。

2.2.1 数的表示及数制转换

十进制数是日常生活中常用的，一直伴随着人们的生活。在商代时，我国就已采用了十进制。十进制的记数法是古代世界中最先进、最科学的记数法，对世界科学和文化的发展起着不可估量的作用。正如李约瑟(Joseph Terence Montgomery Needham，1900—1995)所说的："如果没有这种十进制，就不可能出现我们现在这个统一化的世界了。"除了十进制外，其他进制，如十二进制(时钟)等也在生活中广泛使用。在计算机内所有的数据都是以二进制代码的形式存储、处理和传送，但是在输入/输出或书写时，为了用户的方便，也经常用到八进制和十六进制。

Joseph Terence
Montgomery Needham

在十进制系统中，进位原则是"逢十进一"。由此可知，在二进制系统中，其进位原则是"逢二进一"；在八进制系统中，其进位原则是"逢八进一"；在十六进制系统中，

其进位原则是"逢十六进一"。为了弄清进制概念及其关系，有必要掌握各种进位制数的表示方法以及不同进位制数相互转换的方法。

1. 数制的相关概念

在进位记数的数字系统中，如果只用 R 个基本符号(如 0, 1, 2, $\cdots$, $R-1$)来表示数值，则称其为"基 R 数制"。在各种进制中，基和位权这两个基本概念对数制的理解和多种数制之间的转换起着至关重要的作用。

(1) 基。称 R 为数制的"基数"，简称"基"或"底"。例如，十进制数制的基 $R=10$。

(2) 位权。数值中每一固定位置对应的单位称为"位权"，简称"权"。它以数制的基为底，以整数为指数组成。例如，一个十进制数制的位权为 10^{n-1}, $\cdots$, 10^3, 10^2, 10^1, 10^0, 10^{-1}, 10^{-2}, 10^{-3}, $\cdots$, 10^{-n}。

对十进制数，$R=10$，它的基本符号有 10 个，分别为 0, 1, 2, $\cdots$, 9。对二进制数，$R=2$，其基本符号为 0 和 1。

进位记数的编码符合"逢 R 进位"的规则。各位的权是 R 为底的幂，一个数可按权展开成多项式。例如，十进制数 523.47 可按权展开如下。

$$523.47 = 5 \times 10^2 + 2 \times 10^1 + 3 \times 10^0 + 4 \times 10^{-1} + 7 \times 10^{-2}$$

因此，可将任意数制的数 N 表示为以下通式：

$$(N)_R = D_m \cdot R^m + D_{m-1} \cdot R^{m-1} + \cdots + D_1 \cdot R^1 + D_0 \cdot R^0 + D_{-1} \cdot R^{-1} + \cdots + D_{-k} \cdot R^{-k} = \sum_{i=-k}^{m} D_i R^i$$

式中，$(N)_R$ 表示 R 进制的数 N，数共有 $m+k+1$ 位，且 m 和 k 为正整数；D_i 可以是 R 进制的基本符号中的任意一个；R^i 为该进制的权，R 为基数或"底"。

在计算机中常用的数制有十进制、二进制、八进制、十六进制数制，它们的基、位权及基本符号总结如表 2.1 所示。

表 2.1　各种进制的基、位权及基本符号

进制名称	基 R	位　　权	基本符号
十进制	10	$\cdots, 10^3, 10^2, 10^1, 10^0, 10^{-1}, 10^{-2}, 10^{-3}, \cdots$	0,1,2,$\cdots$,9
二进制	2	$\cdots, 2^3, 2^2, 2^1, 2^0, 2^{-1}, 2^{-2}, 2^{-3}, \cdots$	0,1
八进制	8	$\cdots, 8^3, 8^2, 8^1, 8^0, 8^{-1}, 8^{-2}, 8^{-3}, \cdots$	0,1,2,$\cdots$,7
十六进制	16	$\cdots, 16^3, 16^2, 16^1, 16^0, 16^{-1}, 16^{-2}, 16^{-3}, \cdots$	0,1,2,$\cdots$,9,A,B,C,D,E,F

2. 数制的表示

数制的表示方法有很多种，常用的有以下两种。

1) 下标法

下标法是指用小括号将所表示的数括起来，然后在括号外的右下角写上数制的基 R。

例 2.1　$(862)_{10}$、$(1010.11)_2$、$(356)_8$、$(93BF)_{16}$ 分别表示一个十进制数、二进制数、八进制数和十六进制数。

2) 字母法

字母法是指在所表示的数的末尾写上相应的数制字母。对应的进制与字母如表 2.2 所示。

表 2.2　进制与字母

进制	十进制	二进制	八进制	十六进制
所用字母	D	B	Q	H

由于生活中常用的数制为十进制，因此，对于十进制数，有时可以省略其后的字母 D。

例 2.2　862D 或 862、1010.11B、356Q、93BFH 分别表示一个十进制数、二进制数、八进制数和十六进制数。

3. 数制间的基本关系

十进制、二进制、八进制和十六进制数制之间的基本关系如表 2.3 所示。

表 2.3　数制间的基本关系

十进制	二进制	八进制	十六进制
0	0000	00	0
1	0001	01	1
2	0010	02	2
3	0011	03	3
4	0100	04	4
5	0101	05	5
6	0110	06	6
7	0111	07	7
8	1000	10	8
9	1001	11	9
10	1010	12	A
11	1011	13	B
12	1100	14	C
13	1101	15	D
14	1110	16	E
15	1111	17	F

4. 数制之间的转换

二进制、八进制、十六进制和十进制数制之间的相互转换有一定的规律，只要掌握了它们之间的基本规律，就很容易进行这些数制之间的相互转换。

1) 其他进制数转换为十进制数

其他进制转换为十进制的具体转换方法：相应位置的数码乘以对应位的权，再将所有的乘积进行累加，即得对应的十进制数。

例 2.3　$(1001.101)_2=(1\times2^3+0\times2^2+0\times2^1+1\times2^0+1\times2^{-1}+0\times2^{-2}+1\times2^{-3})_{10}$

$\qquad\qquad\quad =(8+0+0+1+0.5+0+0.125)_{10}$

$\qquad\qquad\quad =(9.625)_{10}$

例 2.4　$(8A.F)_{16}=(8\times16^1+10\times16^0+15\times16^{-1})_{10}$

$\qquad\qquad\quad =(128+10+0.9375)_{10}$

$\qquad\qquad\quad =(138.9375)_{10}$

2) 二进制数、八进制数、十六进制数之间的转换

八进制数和十六进制数是从二进制数演变而来的。其具体转换方法：由 3 位二进制数组成 1 位八进制数，由 4 位二进制数组成 1 位十六进制数。对于同时有整数和小数部分的数，则以小数点为界，对小数点前后的数分别进行分组处理，不足的位数用 0 补足，对于整数部分将 0 补在数的左边，对于小数部分则将 0 补在数的右边。

例 2.5　$(1\,001.111\,1)_2=(001\,001.111\,100)_2=(11.74)_8$

例 2.6　$(1\,1011.1001)_2=(0001\,1011.1001)_2=(1B.9)_{16}$

例 2.7　$(5A.F3)_{16}=(0101\,1010.1111\,0011)_2=(1011010.11110011)_2$

3) 十进制数转换为其他进制数

(1) 整数的转换方法：除基取余法。即用十进制整数除以要转换的进制数的基，取余数，从低位向高位逐次进行，然后对商继续这一操作，直到商为零为止。

例 2.8　现以 $(156)_{10}$ 为例，利用除 2 取余法将其转换为二进制整数的过程如下。

$$
\begin{array}{ll}
2\underline{|\quad 156} & \cdots\cdots\cdots x_0=0 \\
2\underline{|\quad 78} & \cdots\cdots\cdots x_1=0 \\
2\underline{|\quad 39} & \cdots\cdots\cdots x_2=1 \\
2\underline{|\quad 19} & \cdots\cdots\cdots x_3=1 \\
2\underline{|\quad 9} & \cdots\cdots\cdots x_4=1 \\
2\underline{|\quad 4} & \cdots\cdots\cdots x_5=0 \\
2\underline{|\quad 2} & \cdots\cdots\cdots x_6=0 \\
2\underline{|\quad 1} & \cdots\cdots\cdots x_7=1
\end{array}
$$

即 $(156)_{10}=(x_6\,x_5\,x_4\,x_3\,x_2\,x_1\,x_0)_2$

$\qquad\quad =(10011100)_2$

将除 2 取余法推广开来，可以得到将十进制整数转换为其他进制数的方法。

(2) 小数的转换方法：乘基取整法。即将十进制小数乘以要转换的进制数的基，取整数，然后对小数点后的数继续这一操作，直到小数点后为零或达到所要求的精度为止。

例 2.9　以 $(0.5625)_{10}$ 转化为二进制数为例，说明其转换过程。

$$
\begin{array}{l}
0.5625 \\
\underline{\times\quad 2} \\
1.1250 \quad \cdots\cdots x_{-1}=1 \\
0.1250 \\
\underline{\times\quad 2} \\
0.2500 \quad \cdots\cdots x_{-2}=0 \\
0.2500
\end{array}
$$

$$\frac{\times \quad 2}{0.5000 \quad \cdots\cdots x_{-3}=0}$$

$$0.5000$$

$$\frac{\times \quad 2}{1.0000 \quad \cdots\cdots x_{-4}=1}$$

即 $(0.5625)_{10}=(0 \cdot x_{-1}x_{-2}x_{-3}x_{-4})_2$

$\qquad\qquad =(0.1001)_2$

(3) 十进制混合小数的转换：将十进制数的整数和小数分别按上述方法进行转换，然后再组合到一起。十进制混合小数由整数和纯小数组成。将十进制数的整数部分按除 R 取余法转换为 R 进制的整数部分，将十进制的纯小数部分按乘 R 取整法转换为 R 进制的小数部分，然后再将 R 进制的整数部分和小数部分组合起来构成 R 进制混合小数。

例 2.10 十进制混合小数 $(156.5625)_{10}$ 的整数部分是 156，其纯小数部分是 0.5625。将 156 用除 2 取余法转换得到二进制数 $(1011100)_2$，将 0.5625 用乘 2 取整法得到二进制数 $(0.1001)_2$，再将 $(1011100)_2$ 和 $(0.1001)_2$ 相加，可以得到 $(156.5625)_{10}= (1011100.1001)_2$。

总之，各种进制之间的相互转换关系如图 2.1 所示。

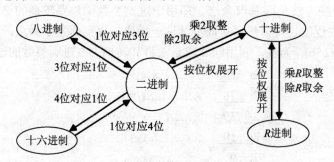

图 2.1　各种进制之间的相互转换关系

5. 计算机使用二进制的优点

(1) 二进制数的状态简单，容易实现。二进制中只有 0 和 1 两个状态，很容易用物理器件实现。例如，在计算机中常用电位的"高"和"低"、脉冲的"有"和"无"、晶体管的"导通"和"截止"来表示"1"和"0"。在磁盘中，用铁氧体磁芯沿不同方向的磁化等来表示"1"和"0"两种状态。在光盘中，用激光是否在光盘上烧制小的凹坑来表示"1"和"0"。

(2) 逻辑操作简单。二进制的"1"和"0"两个数码正好与逻辑命题中的"是"和"否"、"真"和"假"相对应，而布尔代数中，正好与二进制的操作相对应。因此，用二进制转换为布尔代数来进行研究，为程序中的逻辑判断和实现计算机中的逻辑运算提供了便利条件，同时也为计算机的逻辑线路设计提供了方便。

(3) 二进制的运算规则简单。在做任何进位制的四则运算时，都需要记住两个整数的求和及乘积的规则。对于 R 进制，需要记住 $R\times(R+1)/2$ 个和与积的运算规则，如对于十进制数制需要记住 $10\times(10+1)/2=55$ 个和与积的运算规则(加法表和九九表)。但如采用二进制，由于 $R=2$，所以需要记住的运算规则数为 $2\times(2+1)/2=3$。同时，0 和 1 这两个数进行相加或相乘的运算极其简单。

2.2.2 数的原码、反码和补码

一个数值数据要在计算机中进行表示，也应该与实际使用中的要求相同。数值数据在计算机中的表示必须明确指明符号表示方法和小数点的位置表示方法。

在计算机中，数值数据的符号表示方法简单，计算机中使用二进制 0 和 1，正好与正号"＋"和负号"－"相对应。因此，在计算机中，表示一个数值数据的符号的方法是占用一位二进制数位，用"0"表示正号，用"1"表示负号。为了区别符号和数值，二进制数值数据在计算机中有原码、反码和补码三种表示方法。

1. 真值与机器数

机器数是指数在计算机中的表示形式。为了表示普通的数与机器数的对应关系，将普通的数称为机器数的真值。因此，在计算机中只有机器数，不存在数的真值。

例如，两个数 N_1 和 N_2 的真值分别为

$$N_1: +1011011$$
$$N_1: -1011011$$

则所对应的机器数分别为

$$N_1: 01011011$$
$$N_2: 11011011$$

2. 原码

原码是一种简单的机器数表示法，其符号位用 0 表示正号，用 1 表示负号，数值部分按二进制书写。

其表示方法：对于最左边的符号位，若为正数，则原码符号位为 0；若为负数，则符号位为 1，其余的数值位不变，写到符号右边。

整数的原码用公式定义如下：

$$[X]_原 = \begin{cases} X, & 0 \leqslant X < 2^n \\ 2^n - X = 2^n + |X|, & -2^n < X < 0 \end{cases}$$

小数的原码用公式定义如下：

$$[X]_原 = \begin{cases} X, & 0 \leqslant X < 2^n \\ 1 - X = 1 + |X|, & -1^n < X < 0 \end{cases}$$

即 $[X]_原 = 符号位 + |X|$。

例 2.11

$$X = +1110, \qquad [X]_原 = 01110$$
$$X = -1110, \qquad [X]_原 = 11110$$
$$X = +0.1110, \qquad [X]_原 = 0.1110$$
$$X = -0.1110, \qquad [X]_原 = 1.1110$$

原码的特点：数的原码与真值之间的关系比较简单，且与真值的转换也方便。在进行

乘除法运算时，可将符号位和数值位分开处理，运算结果的符号可用参加操作的两个操作数符号进行异或运算求得，运算结果的数值可由操作数原码的数值部分按乘除规则运算获得，因此，原码适合于乘除运算。它的最大缺点是在机器中进行加减法运算时比较复杂。

3. 反码

反码就是把二进制数按位求反。如果 $X_i = 1$，则反码 $\bar{X}_i = 0$；如果 $X_i = 0$，则反码 $\bar{X}_i = 1$。在 X_i 上面加一横线表示反码的意思。

表示方法：对于正数，符号位为 0，后面的数值位不变；若为负数，符号位为 1，数值位按位求反。

整数的反码用公式定义如下：

$$[X]_反 = \begin{cases} X, & 0 \leqslant X \leqslant 2^{n-1} - 1 \\ 2^{-(n-1)} - 1 + X, & -\left(2^{n-1} - 1\right) \leqslant X < 0 \end{cases}$$

小数的反码用公式定义如下：

$$[X]_反 = \begin{cases} X, & 0 \leqslant X < 1 \\ 2 - 2^{-(n-1)} + X, & -1 < X < 0 \end{cases}$$

即 $[X]_反 = \left(2 - 2^{-n}\right) \times 符号位 + X \bmod \left(2 - 2^{-n}\right)$，其中，$n$ 为小数点后有效位数。

例 2.12 $X = +1110$， $[X]_反 = 01110$

$X = -1110$， $[X]_反 = 10001$

$X = +0.1110$， $[X]_反 = 0.1110$

$X = -0.1110$， $[X]_反 = 1.0001$

反码的特点：反码进行加减运算时，若最高位有进位，则要在最低位加 1，此时要多进行一次加法运算，既增加了运算的复杂性，又影响了速度，因此很少采用。

4. 补码

补码是一种很好的机器数表示法。补码可以把负数转化为正数，将减法转换为加法，从而将正负数的加减运算转化为单纯的正数相加的运算，简化了判断过程，提高了计算机的运算速度，并相应地节省了设备开销。因此，补码是应用最广泛的一种机器数表示方法。

表示方法：对于正数，符号位为 0，后面的数值位不变；若为负数，符号位为 1，数值位按位求反，然后在最末位加 1。

整数的补码用公式定义如下：

$$[X]_补 = \begin{cases} X, & 0 \leqslant X < 2^n \\ 2^{n+1} + X = 2^{n+1} - |X|, & -1 \leqslant X < 0 \end{cases}$$

小数的补码用公式定义如下：

$$[X]_补 = \begin{cases} X, & 0 \leqslant X < 1 \\ 2 + X = 2 - |X|, & -1 \leqslant X < 0 \end{cases}$$

即 $[X]_补 = 2 \times 符号位 + X (\bmod 2)$

例 2.13　　$X = +1110$，　　　　　　　$[X]_\text{补} = 01110$

　　　　　　　$X = -1110$，　　　　　　　$[X]_\text{补} = 10010$

　　　　　　　$X = +0.1110$，　　　　　　$[X]_\text{补} = 0.1110$

　　　　　　　$X = -0.1110$，　　　　　　$[X]_\text{补} = 1.0010$

补码的特点：与原码相比，补码在正数轴方向上表示数的范围与原码相同，在负数轴方向上表示数的范围比原码增大了一个单位。

5. 三种码制的比较

数值数据的原码、反码和补码的表示方法有许多共同点和相异点。

三种码制的共同点如下。

(1) 三种码制主要是解决数值数据的符号在机器中的表示问题。正数的原码、补码和反码都等于真值；而对于负数，表示方法各有不同。

(2) 三种码制中的最高位都表示符号位，其中真值为正数时，符号位用"0"来表示；真值为负数时，符号位用"1"来表示。

三种码制的相异点如下。

(1) 原码的符号位和数值位运算必须分开进行，运算完后再组合到一起，计算上不方便；补码和反码的符号位可以和数值位一起参与运算，方便了计算机的处理。

(2) 原码和反码对于数值零各自都有两种表示方法：$[+0]_\text{原} = 00000000\text{B}$，$[-0]_\text{原} = 10000000\text{B}$ 以及 $[+0]_\text{反} = 00000000\text{B}$，$[-0]_\text{反} = 11111111\text{B}$。而补码则只有唯一的表示法：$[0]_\text{补} = 00000000\text{B}$，这使得补码的运算更方便。

(3) 当需要将较短字长的代码向高位扩展为较长字长的代码，或代码向右移位时，原码、补码和反码采用的处理方法不同。原码的方法是符号位固定在最高位，扩展位或数值位右移后空出的位填 0；而补码和反码的方法，则是符号位固定在最高位，扩展位或数值位右移后空出的位填写"与符号位相同的代码"。

(4) 原码和反码能表示的正数和负数的范围相对于零是对称的。例如，对于整数的表示，都是 $\pm\left(2^{n-1}-1\right)$。然而补码的负数表示范围比正数表示范围要宽，能够多表示一个最小负数。例如，对于整数的表示，其值等于 -2^{n-1}。

2.2.3　定点数和浮点数

对于数值数据的小数点表示方法，在计算机中分为定点数和浮点数两种表示形式。

1. 定点数

定点数是指计算机在运算过程中，数据中小数点的位置固定不变。小数点的位置是由计算机设计者在机器的结构中指定一个不变的位置，并不一定都必须具有小数点的指示装置。定点数一般有小数和整数两种表示形式。

定点整数是指所表示的数都为整数，而小数点则固定在数值位最低位之后，其格式为

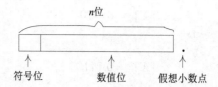

符号位　　　　　数值位　　假想小数点

即定点整数用 n 位二进制表示一个数，一般选择最左边一位作为符号位。若该位为1，则表示该数为负数；若为 0，则表示该数为正数。由于小数点在最低位之后，最低位的位权值为 2^0，因此它所表示的数都为整数。

定点小数是指所表示的数都为小数，它的小数点固定在符号位与最左边的数值位之间，其格式为

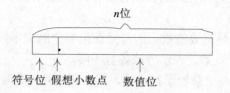

符号位 假想小数点　　数值位

定点小数的小数点位置在数值位的最左端，即在符号位之后。由于小数点右边各位的位权值分别为 2^{-1}，2^{-2}，…，因此它所表示的数只能是小数。

如果计算机采用定点整数表示，则要求参加运算的数都是大于或等于 1 的整数。如果参加运算的数有小数部分，则在送入计算机运算之前，要乘以一个大于 1 的比例因子，将其放大后变为整数。如果计算机采用定点小数表示，则参与运算的数都是小于 1 的数。如果参加运算的数有整数部分，在送入计算机运算之前，要乘以一个小于 1 的比例因子，将其缩小后变为小数。

无论是定点小数还是定点整数，由于小数点始终固定在一个确定的位置，所以计算机在运算时可以直接进行加减运算而不必对位。因此，对于参与运算的数值本身就是定点数的形式时，计算就会简单且方便。但若需要对参加运算的数进行比例因子的计算时，就会增加额外的计算量。

2. 浮点数

在科学计算和数据处理中，经常需要处理和计算非常大或者非常小的数值。定点表示法表示的数值有范围大小的限制，不能够精确地完成这种数值的表示。为了表示更大取值范围的数，可以采用如下所示的表示方法：

$$N = M \cdot R^E$$

式中，N 为浮点数；M 和 E 为带符号的定点数，E 为阶码；R 称为"阶的基数(或底)"。

尾数 M 可用原码、反码和补码三种码制中的任意一种来表示，可以是整数，也可以是小数。目前大多数计算机都把 M 规定为纯小数，把阶码 E 规定为纯整数。M 中的小数点可以随 E 值的变化而左右浮动。所以把这种表示法叫作数的浮点表示法，而这样的数又称为浮点数。

例 2.14　十进制数 0.00012345 可以写成：

$F = 0.00012345$

$= 0.00000012345 \times 10^{+3}$

$= 012345 \times 10^{-3}$

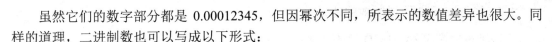

虽然它们的数字部分都是 0.00012345，但因幂次不同，所表示的数值差异也很大。同样的道理，二进制数也可以写成以下形式：

$$011011 = 0.11011 \times 2^{+101}$$
$$0.0011011 = 0.11011 \times 2^{-101}$$

机器中浮点数的表示格式分为阶码和尾数两部分，其中阶码一般用定点整数表示，尾数用定点小数表示。在计算机中的表示格式如下：

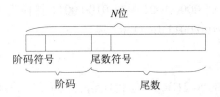

其中：阶码占 m 位(阶码符号占 1 位)，尾数占 n 位(尾数符号占 1 位)，阶码和尾数共占 $N=m+n$ 位。

例 2.15 要表示真值 $x=(42)_{10}$，对某一机器，用 $N=12$ 位二进制代码表示一个浮点数，阶码为 $m=4$ 位，尾数为 $n=8$ 位，则其浮点数的表示如下。

若 $x=(42)_{10}=(101010)_2$
$$=(0.1010100) \times 2^{+110}$$

基数 R 为 2，其基数都为 2。

阶码：+110

尾数：+0.1010100

因此，在机器中如以原码表示阶码和尾数，则 x 的浮点表示为

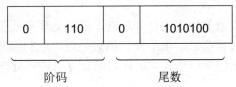

考虑到表示方便，在阶码与尾数之间用空格分开，即 x 的浮点表示形式为

$$0110 \quad 0.1010100$$

2.2.4　十进制数的编码

计算机内部只处理二进制数据，但是人们习惯使用十进制数据。因此，在输入时要将十进制数转换成二进制数，在输出时再将二进制数转换成十进制数。常用的十进制数的编码方法有 BCD(Binary Coded Decimal)码、余 3 码、格雷码等。下面简要介绍 BCD 码。

BCD 码是二-十进制编码，具有二进制的形式，又具有十进制数的特点。BCD 码是用 4 位二进制数来表示 1 位十进制数 0~9 这 10 个数码。4 位二进制数有 16 种组合，原则上可任选其中的 10 种作为代码，分别代表十进制数制中的 10 个数符。最常用的 BCD 码称为 8421BCD 码，8、4、2、1 分别是 4 位二进制数的位权，每位都是固定位权的，因此又称为有权码。

1. 8421BCD 码与十进制数的转换

十进制数转换成 8421BCD 码的方法很简单,将每 1 位十进制数用 4 位二进制数码表示即可。

例 2.16 将十进制数 254.25 转换为 8421BCD 码。

254.25=(0010 0101 0100.0010 0101)BCD。

8421BCD 码转换成十进制数就是将每 4 位二进制数用 1 位十进制数表示。

例 2.17 将 8421BCD 码 0000.1001 0111 0100 0011 转换为十进制数。

(0000.1001 0111 0100 0011)BCD=0.9743。

2. 8421BCD 码的格式

8421BCD 码分为压缩的 8421BCD 码(也叫组合的 BCD 码)和非压缩的 8421BCD 码(也叫非组合的 BCD 码、分离的 BCD 码)。

(1) 压缩的 8421BCD 码。每一位十进制数用 4 位二进制数来表示,即一个字节(Byte)表示 2 位十进制数。

例如,压缩的 BCD 码(01100101)BCD,用十进制数来表示为 65。

(2) 非压缩的 8421BCD 码。每一位十进制数用 8 位二进制数来表示,即一个字节表示 1 位十进制数,且只用每个字节的低 4 位来表示 0~9,高 4 位为不确定的数码。

例如,十进制数 65,用非压缩的 BCD 码表示为 (---- 0110 ---- 0101)BCD,其中 "-" 为不确定的数码。

2.3 非数值数据

在计算机中,除了可以对数值数据进行处理外,还能处理非数值数据,非数值数据有字符、声音、图形、图像等数据信息。由于计算机只处理二进制编码形式的数据,因此非数值数据都必须转换为二进制的编码形式才能提供给计算机进行处理。

2.3.1 文字信息的编码

文字信息处理是指对语言文字符号系统进行转换、传输、存储、加工、复制等处理的一种技术,是计算机信息技术的重要应用领域。

在计算机中进行文字处理的主要工作有以下几种。

(1) 语言文字信息的输入(获取)。主要包括由键盘实现的字符代码输入、由语音识别方法实现的语音输入、由图像识别方法实现的书面文字输入等。

(2) 语言文字信息的传输(通信)。通过数据传输设备(由调制解调器、编/译码器和传输线等组成)传送数字信息。

(3) 语言文字信息的加工。主要利用计算机作为信息加工设备,使用软件和接口设备对信息进行加工。其操作主要包括筛选、编排、分析、存储、翻译、还原等。

(4) 语言文字信息的输出。即文字资料的显示或复制。

文字信息根据不同国家使用的文字不同进行分类。在我国常用的主要是英文字符和中文字符两种形式。

1. 英文字符的编码

在计算机中，对非数值的文字和其他符号进行处理时，要对文字和符号进行数字化处理，即采用二进制编码来表示文字和符号。字符编码就是规定用二进制数表示文字和符号的方法。目前，通用的西文字符编码方法主要为 ASCII 码(American Standard Code for Information Interchange，美国国家信息交换标准代码)，已被国际标准化组织(International Organization for Standardization，ISO)批准为国际标准，称为 ISO 646 标准。它适用于所有的拉丁文字字母，已在全世界通用。我国相应的国家标准是 GB(Guóbiāo)1988(称为信息处理交换用的 7 位编码字符集标准)。ASCII 码分为 7 位和 8 位两种版本。常用的是 7 位二进制编码形式的 ASCII 编码表，如表 2.4 所示。

表 2.4 7 位 ASCII 码表

$D_6 D_5 D_4$ / $D_3 D_2 D_1 D_0$	000	001	010	011	100	101	110	111
0000	NUL	DLE	SP	0	@	P	'	p
0001	SOH	DC1	!	1	A	Q	a	q
0010	STX	DC2	"	2	B	R	b	r
0011	ETX	DC3	#	3	C	S	c	s
0100	EOT	DC4	$	4	D	T	d	t
0101	ENQ	NAK	%	5	E	U	e	u
0110	ACK	SYN	&	6	F	V	f	v
0111	BEL	ETB	'	7	G	W	g	w
1000	BS	CAN	(	8	H	X	h	x
1001	HT	EM	)	9	I	Y	i	y
1010	LF	SUB	*	:	J	Z	j	z
1011	VT	ESC	+	;	K	[	k	{
1100	FF	FS	,	<	L	、	l	|
1101	CR	GS	-	=	M	]	m	}
1110	SO	RS	.	>	N	↑	n	~
1111	SI	US	/	?	O	←	o	DEL

7 位 ASCII 码的每个字符都由 7 个二进制位 D_6，D_5，D_4，D_3，D_2，D_1，D_0 表示，总共可以组成 128 种编码。因此，7 位 ASCII 码最多可表示 128 种字符，其中包括 10 个数字、26 个小写字母、26 个大写字母以及各种运算符号和标点符号等。

ASCII 码表中第 000～001 列、010 列第一个字符和最右下角的字符，共 34 个字符，其编码值为 0～32 和 127，是不可显示或打印的。它们是控制码，用来控制计算机某些外围设备的工作特性和某些计算机软件的运行情况。例如，CR 称为回车字符，编码为 00001101，是使显示器光标或打印机换行的控制字符。

表 2.4 中第 010～111 列(共 6 列)中共有 94 个可打印或显示的字符，称为图形字符。图

形字符有确定的结构形状,可在打印机和显示器等输出设备上输出。同时,这些字符均可在计算机键盘上找到相应的键,按键后就可以将相应字符的二进制编码输入计算机内。

随着计算机应用的发展和深入,7 位的字符集已显得不够用。为此,国际标准化组织又制定了 ISO 2022 标准《7 位字符集的代码扩充技术》。它在保持与 ISO 646 兼容的基础上,规定了扩充 ASCII 字符集 8 位代码的方法。当最高位 D_7 置 0 时,称为基本 ASCII 码(编码同 7 位 ASCII 码)。当最高位置 1 时,形成扩充 ASCII 码,它表示数值的范围为 128～255,可表示 128 个字符。

2. 汉字字符的编码

为适应计算机处理汉字信息的需要,我国于 1981 年发布了《信息处理交换用汉字编码字符集——基本集》,即国家标准 GB2312。它是根据 GB2311 的代码扩充方法制定的汉字交换编码标准。它以 94 个可显示的 ASCII 码字符为基集,由两个字节构成,每个字节为 7 位二进制码。GB2312 图形字符构成一个二维平面,它分成 94 行、94 列,行号称为区号,列号称为位号。每一个汉字或符号在二维平面的码表中都各自唯一对应一个区号和位号。区号在左,位号在右,区号和位号合在一起构成 4 位十进制数码,叫作该字的区位码。该标准规定了进行一般汉字信息处理交换用的 6763 个汉字和 682 个非汉字图形字符的代码,合计 7445 个。

为了与国际标准一致,汉字又用国标码来表示。每个汉字的区号和位号上必须加上 32(十进制数)之后再转换成十六进制数形式,叫作汉字的国标码。国标码用两个字节的十六进制数表示,如"中华人民共和国"的国标码分别是"5650H,3B2AH,484BH,4371H,3932H,3A4DH,397AH"。

2.3.2 声音的编码

随着多媒体技术的出现,音频数据在计算机中的处理与存储成为现实。声音等非字符信息也是通过数值化的方法在计算机里进行表示的。复杂的声波由许多具有不同振幅和频率的正弦波组成,这些连续的模拟量不能由计算机直接处理,必须将其数字化后才能被计算机识别和处理。计算机获取声音信息的过程即是声音信号数字化的处理过程。声音被计算机处理主要经过音频信号的采样、量化和编码等过程。

用数字方式记录声音,首先是对声波进行采样。采样以一定的频率进行,即采样频率,以 Hz 为单位。如果提高采样频率,单位时间内所得到的振幅值就增多,即采样频率越高对原声音曲线的模拟就越精确,但所需的存储空间也就越大。在计算机中,存储声音的文件格式有很多,常用的声音文件扩展名有 wav、au、voc、mp3、mp4 等。

2.3.3 图形数据的编码

随着信息技术的发展,越来越多的图形信息要求用计算机来存储和处理。在计算机中,有两种不同的图形编码方式,即位图编码和矢量编码方法。不同的编码方式会影响图像的质量、存储图像的空间大小、图像传送的时间和修改图像的难易程度。

图像的存储方式最直接的就是点阵方式,点阵即点的阵列,阵列中的点称为像素。图

像中的像素越多，能表示的细节(如物体)也就越多；每个像素的表示范围越大，能表示的细节(如颜色、灰度)也就越多。非字符信息有众多的表示方式，比如图像，对于不同的应用环境，就要使用不同的表示方法，以取得最佳结果。目前常用的图像存储方式有很多，如 GIF(Graphics Interchange Format)和 JPEG(Joint Photographic Experts Group)等格式，这些格式的优点是压缩率高，因此传输速率高。

2.4　数据的机器级表示

　　计算机内部的信息分为两大类，即控制信息和数据信息。控制信息是指挥计算机如何操作的指令；数据信息是计算机加工的对象。

　　计算机指令是指挥机器工作的指示和命令，程序是一系列按一定顺序排列的指令，执行程序的过程就是计算机的工作过程。这些指令是运行在电子计算机上，满足人们某种需求的信息化工具。计算机的工作基本上体现为执行指令，一台计算机的所有指令的集合构成该计算机的指令系统。从设计计算机的角度来看，机器指令系统提出了对 CPU(Central Processing Unit)的功能要求。CPU 任务的大部分实现都涉及机器指令系统的实现，所以指令系统与计算机的硬件结构紧密相关。从用户角度来看，选取机器语言(实际上是汇编语言)的用户，必须要熟悉所用机器的指令系统，熟悉机器所直接支持的寄存器和存储器结构、数据结构以及算术逻辑运算单元(Arithmetic and Logic Unit，ALU)的功能。因此，指令系统的设计是计算机系统设计的一个最有影响的方面，是计算机设计人员和编程人员能看到的同一机器的分界面。

2.4.1　数据的机器级编码

　　计算机是通过执行指令序列来解决问题的，因此，每种计算机都有一组指令集供给用户使用。计算机中的指令由操作码字段和操作数字段两部分组成，操作码字段指明计算机所要执行的操作；而操作数字段则指明在指令执行操作的过程中所需要的操作数。例如，乘法指令除需要指定做乘法操作外，还需要提供被乘数和乘数。

　　计算机只能识别二进制代码，所以机器指令是由二进制代码组成的。机器指令由操作码和地址码组成，操作码规定 CPU 执行什么操作；地址码指明源操作数从哪里取，结果送往什么地方以及下一条指令从哪里取。因此，机器指令的基本格式表示为

操作码	地址码

　　由于机器指令与 CPU 紧密相关，所以不同种类的 CPU 所对应的机器指令也就不同，而且它们的指令系统往往相差很大。但对同一系列的 CPU 来说，为了使各型号之间具有良好的兼容性，应做到新一代 CPU 的指令系统必须包括先前同系列 CPU 的指令系统。只有这样，先前开发出来的各类程序在新一代 CPU 上才能正常运行。

　　机器语言是 CPU 能直接识别的唯一语言，用来直接描述机器指令、使用机器指令的规则等。用机器语言编写的程序不易读、出错率高、难以维护，也不能直观地反映用计算机解决问题的基本思路。

2.4.2　数据的汇编级编码

为便于使用和记忆,一般用汇编语言来代替机器指令进行程序编写。汇编语言是一种符号语言,它用助记符来表示操作码,用符号或符号地址来表示操作数或操作数地址,它与机器指令是一一对应的,但计算机只能识别机器指令。因此,用汇编指令编写的程序必须首先转换为机器指令才能在计算机上执行。

汇编语言是一种介于机器语言和高级语言之间的计算机编程语言,它既不像机器语言那样直接使用计算机所认识和理解的二进制代码来构成,也不像高级语言那样独立于机器之外直接面向用户。

用汇编语言编写的程序叫汇编语言程序,汇编语言的源代码是用很像英文缩写的助记符编写而成的,因此,较适合英语为第一语言的国家使用。将汇编语言翻译成机器语言需要用到汇编程序。

用汇编语言编写的源程序能直接使用计算机的硬件,因此能编制出高质量的程序,用汇编语言编写的程序要比用与它等效的高级语言程序生成的目的代码精简得多,占用的内存储器空间少,执行的速度快。用汇编语言编写程序,最主要的缺点是所编写的程序与所要解决的问题的数学模型之间的关系不直观,使得编制程序的难度加大,而且编写的程序可读性也差,导致出错的可能性增加,因此程序设计和调试的时间较长。同时,汇编语言程序在不同机器间的可移植性也较差。

2.5　数字逻辑与数字系统

在计算机中,所有的数据表示与运算都是用二进制数进行的,处理二进制数的基本电路是逻辑门。早期的逻辑门是由分立元件构成的,随着集成电路技术的发展,如今逻辑门均已集成化而成为集成逻辑门。

2.5.1　基本逻辑关系及逻辑门

逻辑门是构成数字电路的基本单元,每一种逻辑门的输入和输出之间都有一定的逻辑关系。所有的逻辑关系都可以用"与""或""非"三种基本的逻辑关系来表示,而实现这些基本逻辑关系的电路就是逻辑门。最基本的逻辑门是"与"门、"或"门和"非"门。

1."与"逻辑关系及"与"门

"与"逻辑关系又称为逻辑乘,运算符号是"·""∧""∩"或"AND"。"与"逻辑关系可以用串联开关电路来说明,如图2.2所示,灯亮的条件是开关A和B同时连通,否则灯不会亮。

"与"运算、"与"逻辑关系或说"与"门的运算规则可表示为:只有当所有的输入都为1时,输出才为1。换言之,当输入中有一个不为1时,输出就为0。

"与"逻辑关系用逻辑函数表示为

$$F=A \cdot B$$

读作"F 等于 A 与 B",符号"·"读为"与"(注意:不能读为"乘"),可省略为 $F=AB$。"与"运算的真值表如表 2.5 所示。

表 2.5 "与"运算的真值表

A	B	$F=A \cdot B$
0	0	0
0	1	0
1	0	0
1	1	1

在表 2.5 中,设开关接通为"1",断开为"0";灯亮为"1",灯灭为"0"。在数字电路中,实现"与"运算的电路称为"与"门,"与"门的逻辑符号如图 2.3 所示。

2. "或"逻辑关系及"或"门

"或"逻辑关系又称为逻辑加,运算符号是"+""∨""∪"或"OR"。"或"逻辑关系可以用并联开关电路来说明,如图 2.4 所示,灯亮的条件是开关 A 和 B 只要有一个连通即可,只有当开关 A 和 B 都不接通时,灯才会不亮。

"或"运算、"或"逻辑关系或说"或"门的运算规则可表示为:只有当所有的输入都为 0 时,输出才为 0。换言之,当输入中有一个不为 0 时,输出就为 1。

"或"逻辑关系用逻辑函数表示为

$$F = A + B$$

读作"F 等于 A 或 B",符号"+"读为"或"(注意:不能读为"加")。"或"运算的真值表如表 2.6 所示。

在数字电路中,实现"或"运算的电路称为"或"门,"或"门的逻辑符号如图 2.5 所示。

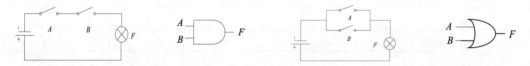

图 2.2　串联开关电路　　图 2.3　"与"门的逻辑　　图 2.4　并联开关电路　　图 2.5　"或"门的逻辑
符号　　　　　　　　　　　　　　　　　　　符号

表 2.6 "或"运算的真值表

A	B	$F=A+B$
0	0	0
0	1	1
1	0	1
1	1	1

3. "非"逻辑关系及"非"门

"非"逻辑关系又称为反相运算，又叫逻辑否定。"非"运算、"非"逻辑关系或说"非"门的运算规则可表示为：当输入为1时，输出为0；当输入为0时，输出为1。"非"逻辑关系用逻辑函数表示为

$$F = \overline{A}$$

读作"F等于A的非"。"非"运算的真值表如表2.7所示。

表2.7　"非"运算的真值表

A	$F = \overline{A}$
0	1
1	0

在数字电路中，实现"非"运算的电路称为"非"门，"非"门的逻辑符号如图2.6所示。

4. "异或"逻辑关系及"异或"门

图2.6　"非"门的逻辑符号

"异或"运算、"异或"逻辑关系或说"异或"门的运算规则可表示为：当输入的两个信号相异时，输出为1，否则输出为0。"异或"逻辑关系用逻辑函数表示为

$$F = A\overline{B} + \overline{A}B = A \oplus B$$

读作"F等于A异或B"，符号"$\oplus$"读为"异或"。"异或"运算的真值表如表2.8所示。

表2.8　"异或"运算的真值表

A	B	$F = A \oplus B$
0	0	0
0	1	1
1	0	1
1	1	0

在数字电路中，实现"异或"运算的电路称为"异或"门，"异或"门的逻辑符号如图2.7所示。

图2.7　"异或"门的逻辑符号

2.5.2　逻辑代数与逻辑函数

逻辑代数又称为布尔代数，由英国数学家布尔创立。1938年，香农将布尔代数直接应用于开关电路，因此布尔代数也称为开关代数。现在布尔代数广泛应用于数字电路的分析与设计中，成为数字逻辑的主要数学工具。

赋予逻辑属性值真或假的变量称为全通逻辑变量；描述逻辑变量关系的函数称为逻辑函数；实现逻辑函数的电路称为逻辑电路；用逻辑电路做成计算机系统中常用的部件，称为逻辑部件。

1. 逻辑变量与函数

逻辑代数与普通代数一样，用字母 A、B、C…表示变量，称为逻辑变量。但是逻辑变量的取值只有两种状态：0 或 1。这两种状态可以表示电路中开关的接通与断开、脉冲的有或无、电位的高或低。因此，与普通代数不同，逻辑变量的取值 0 或 1 并没有数量的概念。

逻辑函数的概念与普通代数相似，区别只是逻辑变量和函数的取值只有 0 和 1 两种情况。因此，逻辑函数相对于普通代数来说更简单。逻辑函数是由逻辑变量 A、B、C…和算子"·""+""－"及括号、等号等构成的一个表达式，例如：

$$F = A + B$$
$$G = A \cdot B$$

2. 基本逻辑运算

逻辑代数中最基本的逻辑运算有"与"运算、"或"运算、"非"运算，它们可以组成其他各种复杂的逻辑运算，并且可以由逻辑电路来实现。因此，在研究计算机的硬件组成时，将数字电路转换为数字逻辑来加以研究，可使问题变得更加方便和简单。

3. 逻辑代数的定理及常用公式

逻辑代数和其他任何推理数学系统一样，有公理系统和基本定理两部分。

1) 公理系统

为了证明定理和推导公式方便，任何代数系统都必须确定一套公理系统。

逻辑代数是一个封闭的代数系统，它由逻辑变量集、0 和 1 以及"与""或""非"运算组成。对于任意逻辑变量 A、B、C，逻辑代数系统应满足下列公理。

公理 1 交换律 $\quad A+B=B+A \quad\quad\quad\quad\quad A \cdot B = B \cdot A$

公理 2 结合律 $\quad (A+B)+C=A+(B+C) \quad\quad (A \cdot B) \cdot C = A \cdot (B \cdot C)$

公理 3 分配律 $\quad A+(B \cdot C)=(A+B) \cdot (A+C) \quad A \cdot (B+C)=A \cdot B+A \cdot C$

公理 4 0-1 律 $\quad A+0=A \quad A \cdot 1 = A \quad A+1=1 \quad A \cdot 0 = 0$

公理 5 互补律 $\quad A+\overline{A}=1 \quad\quad A \cdot \overline{A}=0$

在公理确定之后，就可以用它们证明定理、推导公式。在逻辑代数中，由于每个公理的函数表达式都是成对出现的，所以由公理推导出来的定理的函数表达式也是成对的。

2) 基本定理

根据逻辑代数的公理，可以推导出逻辑代数的许多基本定理。

定理 1 $\quad 0+0=0 \quad\quad 1+0=1 \quad\quad 0+1=1 \quad\quad 1+1=1$

$\quad\quad\quad\quad 0 \cdot 0 = 0 \quad\quad 1 \cdot 0 = 0 \quad\quad 0 \cdot 1 = 0 \quad\quad 1 \cdot 1 = 1$

推论 $\quad \overline{1}=0 \quad\quad\quad \overline{0}=1$

定理 2 $\quad A+A=A \quad\quad A \cdot A = A$

定理 3 $\quad A+A \cdot B=A \quad\quad A \cdot (A+B)=A$

定理 4 $\quad A+\overline{A} \cdot B=A+B \quad\quad\quad A \cdot (\overline{A}+B)=A \cdot B$

定理 5 $\quad \overline{\overline{A}}=A$

定理 6 $\quad \overline{A+B}=\overline{A} \cdot \overline{B} \quad\quad \overline{A \cdot B}=\overline{A}+\overline{B}$

定理 7　　$A \cdot B + A \cdot \overline{B} = A$　　　　　　$(A+B) \cdot (A+\overline{B}) = A$

定理 8　　$A \cdot B + \overline{A} \cdot C + B \cdot C = A \cdot B + \overline{A} \cdot C$

4. 逻辑表达式的化简

一个逻辑函数可以有多种不同的表达式，实现这些表达式的逻辑线路也有许多种。在数字系统中，实现某一逻辑功能的逻辑电路的复杂性与描述该功能的逻辑函数表达式的复杂性直接相关。一般来说，逻辑函数表达式越简单，其对应的逻辑电路也就越简单。对于某一个逻辑函数来说，其函数表达式的形式可以不相同，但它们所表示的逻辑功能却是相同的。然而，通过逻辑问题概括出来的逻辑函数往往不是最简的，为了减小复杂度、提高可靠性、降低成本，必须对逻辑函数进行化简，求得最简的逻辑函数表达式。通常，把逻辑函数化简成最简形式，称为逻辑函数的最小化。

通常，化简逻辑函数采用代数化简法和卡诺图化简法等方法。

代数化简法就是运用逻辑代数的公理、定理和规则对逻辑函数进行化简。这种方法没有固定的步骤可以遵循，主要取决于对逻辑代数的公理、定理和规则的熟练运用程度。尽管如此，仍然可以总结出一些适用于大多数情况的方法，以便对逻辑函数进行变换，得到最简的函数表达式，如合并项法、吸收法、配项法、消去法等。

例 2.18　$AB + \overline{A}C + (\overline{B} + \overline{C})D = AB + \overline{A}C + D$

$$AB + \overline{A}C + (\overline{B} + \overline{C})D = AB + \overline{A}C + \overline{B}D + \overline{C}D$$
$$= AB + \overline{A}C + BC + \overline{B}CD$$
$$= AB + \overline{A}C + D$$
$$= AB + \overline{A}C + D$$

利用公理和定理来化简公式是一个技巧性较强的工作，只有熟练地掌握公式，才能较好地完成公式的化简运算。

卡诺图是一种由 2^n 个方格构成的图形，每个方格表示逻辑函数的最小项，所有的最小项巧妙地排列成一个方格阵列，能清楚地反映它们的相邻关系。由于任何布尔函数都可以表示成"最小项之和"的形式，因此，一个逻辑函数可由卡诺图中若干方格构成的区域来表示，并且这些方格与包含在函数中的各个最小项相对应。具体的卡诺图化简方法可参考数字逻辑等相关的书籍。

2.6　计算机系统

1981 年 8 月 IBM 公司推出了 IBM PC，它是一种面向个人用户的微型计算机。

2.6.1　图灵模型

1. 图灵的基本思想

图灵的基本思想是用机器来模拟人们用纸笔进行数学运算的过程，他把这样的过程看作下列两种简单的动作：在纸上写上或擦除某个符号；把注意力从纸的一个位置移动到另

一个位置。而在每个阶段，人要决定下一步的动作，依赖于此人当前所关注的纸上某个位置的符号和此人当前思维的状态。这个机器的每一部分都是有限的，但它有一个潜在的无限长的纸带。图灵认为这样的一台机器就能模拟人类所能进行的任何计算过程。

2. 图灵机的变体

图灵机有很多变种，但可以证明这些变种的计算能力都是等价的，即它们识别同样的语言类。证明两个计算模型 A 和 B 的计算能力等价的基本思想是：用 A 和 B 相互模拟，若 A 可模拟 B，且 B 可模拟 A，显然它们的计算能力等价。这里不考虑计算的效率，只考虑计算理论上的"可行性"。

2.6.2　冯·诺依曼机的基本组成

现代计算机的基本结构是由冯·诺依曼提出的，迄今为止，所有已实用化的计算机都是按冯·诺依曼提出的结构体系和工作原理设计制造的，故又统称为"冯·诺依曼型计算机"。其主要特点如下。

(1) 计算机完成的任务是由事先编好的程序完成的。

(2) 计算机的程序被事先输入存储器中，程序运算的结果也被存放在存储器中。

(3) 计算机能自动连续地完成程序。

(4) 程序运行所需要的信息和结果可以通过输入/输出设备完成。

(5) 计算机由运算器、控制器、存储器、输入和输出设备组成，其结构如图 2.8 所示。

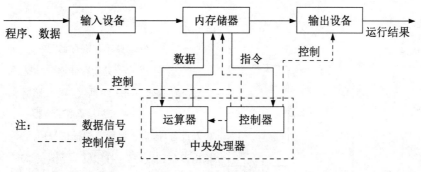

图 2.8　计算机的部件

① 运算器。运算器又称算术逻辑单元(Arithmetic Logic Unit，ALU)，是计算机对数据进行加工处理的部件，它的主要功能是对二进制数进行加、减、乘、除等算术运算和与、或、非等基本逻辑运算，实现逻辑判断。运算器是在控制器的控制下实现其功能的，运算结果由控制器发出的指令送到内存储器中。

② 控制器。控制器主要由指令寄存器、译码器、程序计数器和操作控制器等组成。控制器用来控制计算机各部件协调工作，并使整个处理过程有条不紊地进行。它的基本功能就是从内存中取出指令和执行指令，即控制器按照程序计数器给出的指令地址从内存中取出该指令进行译码，然后根据该指令的功能向有关部件发出控制命令，并执行该指令。另外，控制器在工作过程中，还要接收各部件反馈回来的信息。

通常把运算器、控制器集成在一个大规模的集成电路板上，称为中央处理器，又称

CPU。成立于 1968 年的 Intel 公司(Integrated Electronics Corporation)是全球最大的个人计算机零件和 CPU 制造商，1971 年，Intel 推出了全球第一个微处理器。微处理器所带来的计算机和互联网革命，改变了整个世界。

③ 存储器。存储器是计算机的记忆装置，用于存放原始数据、中间数据、最终结果和处理程序。为了对存储的信息进行管理，通常把存储器划分成存储单元，每个单元的编号称为该单元的地址。各种存储器基本上都是以 1 个字节作为一个存储单元。存储器内的信息是按地址存取的。若要访问存储器中的某个信息，就必须知道其地址。向存储器里存入信息称为"写入"，新写入的内容将覆盖原来的内容。从存储器里取出信息称为"读出"，信息读出后并不破坏原来存储的内容，因此信息可以重复读出、多次利用。

通常把内存储器、运算器和控制器合称为计算机主机，也可以说主机是由 CPU 与内存储器组成的。而主机以外的装置称为外部设备，包括输入/输出设备、外存储器等。

④ 输入和输出设备。输入和输出设备简称 I/O(Input/Output)设备。用户通过输入设备将程序和数据输入计算机，输出设备将计算机处理的结果(如数字、字母、符号和图形)显示或打印出来。常用的输入设备有键盘、鼠标、扫描仪等；常用的输出设备有显示器、打印机和绘图仪等。

2.6.3　计算机系统的组成

计算机系统包括硬件(Hardware)系统和软件(Software)系统两大部分，其基本组成如图 2.9 所示。

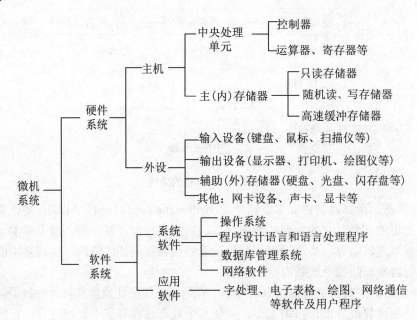

图 2.9　计算机系统的基本组成

硬件也称硬设备，是指计算机系统各种看得见、摸得着、实实在在的装置，是计算机系统的物理基础。软件是指所有计算机的应用技术，是一些看不见、摸不着的程序与数据，但是可以感觉到它的存在，包括程序和与之相关的文档。硬件是软件建立和运行的基础，软件是计算机系统的灵魂。没有硬件对软件的物理支持，软件的功能则无从谈起。没有软件的计算机称为"裸机"，不能供用户直接使用。因此，计算机系统既包括硬件也包括软件，两者不可分割，只有两者有机地结合起来才能充分发挥计算机的功能。

2.6.4 计算机的硬件系统

早期的冯·诺依曼机在结构上是以控制器为中心，演变到现在，计算机已转向以存储器为中心，其最基本的结构如图 2.10 所示。

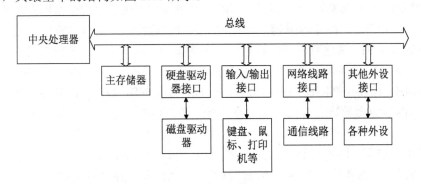

图 2.10 计算机的硬件结构

计算机的基本原理仍遵循冯·诺依曼提出的"存储程序"原则，是把复杂的计算、操作过程表示成由许多条基本指令组成的程序预先存入存储器中，需要时发出运行命令，计算机按程序规定的顺序逐条地执行指令，以完成所需的功能。

1. 主机

主机的外观如图 2.11 所示，主要配件有主机板、机箱、电源、显卡、硬盘驱动器、光盘驱动器等。其内部结构如图 2.12 所示。

(1) 机箱。机箱是计算机的外壳，用来安装电源、主板、硬盘和软盘驱动器等部件。

(2) 主板。主板(Mainboard)又称系统板(Systemboard)或微机母板(Motherboard)，是计算机中最大的一块电路板，它是连接 CPU 与其他部件的平台。主板的类型和档次决定着整个微机系统的类型和档次，主板的性能影响着整个微机系统的性能。主板包括基本 I/O 接口、中断控制器、DMA 控制器及连接其他部件的总线等，主板上都必须有 CPU 芯片、内存槽(Bank)、扩展槽(Slot)、各辅助电路及有关的跳线(Jumper)等。主板的结构如图 2.13 所示。

(3) 微处理器。微处理器也称中央处理单元，安装在主板的 CPU 插槽中。微处理器是 PC 的核心部件，一般由高速的电子线路组成，集成在一块半导体芯片上，控制着整个计算机系统工作。微处理器如图 2.14 所示。

图 2.11 主机的外观　　图 2.12 主机的内部结构　　图 2.13 主板结构　　图 2.14 微处理器

(4) 存储器。现代计算机系统都采用了多种类型的存储器，建立起合理的存储体系。典型的存储系统包括主存储器和辅助存储器等。

① 主存储器。主存储器又称内存储器，简称内存，用于存放当前正在使用的或随时要使用的数据，供 CPU 直接读取。计算机存取数据的时间快慢主要取决于内存，内存的大小和读写速度直接影响系统的速度及整机性能。目前，随着硬件制造水平的不断提高，计算机中所安装的内存容量越来越大，速度也越来越快。但内存的速度与 CPU 的速度相比仍有很大差距，内存仍是影响计算机速度的瓶颈之一。主存储器如图 2.15 所示。

内存容量以 MB 为单位，可以简写为 M。一般都是 2 的整次方倍，比如 64MB、128MB、256MB 等。一般而言，内存容量越大越有利于系统的运行。目前台式机中主流采用的内存容量为 4GB 或 8GB。系统对内存的识别以字节为单位，每个字节由 8 位二进制数组成，即 8bit(比特，也称"位")。按照计算机的二进制方式，1Byte=8bit；1KB=1024Byte；1MB=1024KB；1GB=1024MB；1TB=1024GB；1PB=1024TB；1EB=1024PB；1ZB=1024EB；1YB=1024ZB。

系统中内存的容量等于插在主板内存插槽上所有内存条容量的总和，内存容量的上限一般由主板芯片组和内存插槽决定，不同的主板芯片组可以支持的容量是不同的。

② 辅助存储器。辅助存储器简称辅存，又称为外存储器，简称外存。它主要用于长期存储那些暂时不用的程序和数据。目前计算机上常用的辅助存储器有硬盘、光盘、软盘等。

硬盘是计算机中最主要的存储装置，如图 2.16 所示。与内存相比，硬盘的特点是存储容量大、价格较低，而且在断电的情况下可以长期保存信息，故又称为永久性存储器。

移动硬盘(Mobile Hard Disk)是以硬盘为存储介质，在计算机之间交换大容量数据，强调便携性的存储产品。近几年来，随着技术的推进和对存储速度的要求，固态硬盘(Solid State Disk，SSD)进入了人们的视野。固态硬盘是用固态电子存储芯片阵列制成的硬盘，由控制单元和存储单元(Flash 芯片、DRAM 芯片)组成。固态硬盘的接口规范和定义、功能及使用方法与普通硬盘完全相同，通常采用 USB 接口与计算机连接。移动硬盘和固态硬盘如图 2.17 所示。

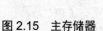

图 2.15　主存储器　　　　图 2.16　普通硬盘　　　　图 2.17　移动硬盘和固态硬盘

U 盘(USB Flash Disk，USB 闪存盘)是一种使用 USB 接口的无须物理驱动器的微型高容量移动存储产品，通过 USB 接口与计算机连接，实现即插即用。它以存储容量大、价格适中、携带方便赢得人们的青睐，是当今移动存储的重要工具。U 盘如图 2.18 所示。

常用的光盘驱动器有只读型光盘、一次写入型光盘和可擦型光盘三类光盘，也可分为 CD 和 DVD 等。光盘如图 2.19 所示。

软盘由于其方便小巧而流行了很多年，但由于其容量小、读取速度慢而不能满足计算机对存储容量的要求，目前已经被淘汰。软盘如图 2.20 所示。

(5) 显示卡。显示卡又简称为显卡，它是主机与显示器之间的接口电路。显卡的主要功能是将主机输出的信号转换成显示器所能接收的形式。显示卡如图 2.21 所示。

图 2.18　U 盘

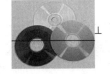
图 2.19　光盘

图 2.20　软盘

(6) 声卡。声卡又称为音效卡，安装在计算机主板的扩展槽上，有立体声输入/输出端口、麦克风插口、MIDI(Musical Instrument Digital Interface)接口等。目前，主板上大多集成了声卡，当对声音有特殊要求时，也可以安装声卡，以取得更好的声音效果。声卡如图 2.22 所示。

(7) 网卡。网卡已成为计算机的标准配置，常用的配置有 100Mbps 和 1000Mbps 网卡。网卡如图 2.23 所示。

(8) 电源。随着计算机部件和功能的不断增加，相关部件的功率越来越大，主机电源也越来越受到人们的重视。电源如图 2.24 所示。

图 2.21　显示卡

图 2.22　声卡

图 2.23　网卡

图 2.24　电源

2. 外部设备

外部设备主要包括以下几个方面。

(1) 显示器。显示器由监视器和显示适配器两部分组成，是计算机系统必不可少的输出设备，用于显示输出各种数据，将电信号转换成可以直接观察到的字符、图形或图像。液晶显示器和多屏显示器分别如图 2.25 和图 2.26 所示。

(2) 鼠标。鼠标是最常用的一种输入设备，通常分为滚轮式鼠标、光电式鼠标和无线鼠标。鼠标如图 2.27 所示。

(3) 键盘。键盘是计算机中最常见的输入设备，用户的各种命令、程序和数据都可以通过键盘输入计算机。键盘如图 2.28 所示。

图 2.25　液晶显示器

图 2.26　多屏显示器

图 2.27　鼠标

图 2.28　键盘

(4) 打印机。显示器只能将输出的结果显示在屏幕上供使用者观看，而打印机能将计算机运行的结果或需要的数据，按要求的方式在传统的纸张上输出，以便于交流。打印机如图 2.29 所示。

3D 打印机是采用快速成形技术的一种机器，它是一种以数字模型文件为基础，运用粉末状金属或塑料等可黏合材料，通过逐层打印的方式来构造物体的技术。3D 打印机如图 2.30 所示，打印模型如图 2.31 所示。

图 2.29　打印机

图 2.30　3D 打印机

图 2.31　3D 的打印模型

3D 打印技术最突出的优点是无须机械加工或任何模具，就能直接从计算机图形数据中生成任何形状的零件，从而极大地缩短产品的研制周期，提高生产率并降低生产成本。

4D 打印是一种能够自动变形的材料，直接将设计内置到物料当中，不需要连接任何复杂的机电设备，就能按照产品设计自动折叠成相应的形状。4D 打印机如图 2.32 所示，打印模型如图 2.33 所示。

图 2.32　4D 打印机

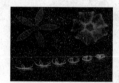

图 2.33　4D 打印的模型

(5) 扫描仪。扫描仪是计算机的重要输入设备，它可以将图像、文字等信息输入计算机中。扫描仪如图 2.34 所示。

(6) 光笔。光笔是专门用来在显示器屏幕上直接书写、作图的输入设备，与相应的硬件和软件配合，可实现在屏幕上作图、改图和进行图形放大、旋转、移位等操作。光笔如图 2.35 所示。

(7) 摄像头。摄像头是网络时代重要的交流工具，它能实时地传播图像信息，进行实时视频等交流。常见的摄像头如图 2.36 所示。

图 2.34　扫描仪

图 2.35　光笔

图 2.36　摄像头

(8) 数码相机和数码摄像机。它们是重要的图像输入设备，分别如图 2.37 和图 2.38 所示。

图 2.37　数码相机

图 2.38　数码摄像机

2.6.5　计算机的软件系统

计算机的软件系统是指计算机中运行的各种程序、数据及相关的文档资料。计算机软件系统通常被分为系统软件和应用软件两大类。系统软件能保证计算机按照用户的意愿正常运行，为满足用户使用计算机的各种需求，帮助用户管理计算机和维护资源执行用户命令、控制系统调度等。系统软件和应用软件虽然各自的用途不同，但它们的共同点是都存储在计算机存储器中，是以某种格式的编码书写的程序或数据。

1．系统软件

系统软件是指控制和协调计算机及其外部设备、支持应用软件开发和运行的一类计算机软件。系统软件通常是负责管理、控制和维护计算机的各种软硬件资源，并为用户提供一个友好的操作界面，以及服务于一般目的的上机环境。系统软件包括操作系统、高级程序设计语言的编译和解释程序以及系统服务程序等。操作系统在系统软件中处于核心地位，其他的系统软件在操作系统的支持下工作；高级程序设计语言的编译和解释程序，将软件工程师编写的软件"翻译"成计算机能够"理解"的机器语言；系统服务程序为计算机系统的正常运行提供服务。

2．应用软件

应用软件是针对某个应用领域的具体问题而开发和研制的程序，它是由专业人员针对各种应用目的而开发的。应用软件是直接面向用户需要的，它们可以直接帮助用户提高工作质量和效率。应用软件必须在系统软件的支持下才能工作，它具有很强的实用性和专业性。正是由于应用软件的开发和使用，才使得计算机的应用日益渗透到社会的各行各业。应用软件一般分为两类：一类是为特定需要开发的实用型软件，如会计核算软件、订票系统、工程预算软件和教育辅助软件等；另一类是为了方便用户使用计算机而提供的一种工具软件，如用于文字处理的 Word、用于辅助设计的 AutoCAD 及用于系统维护的瑞星杀毒软件等。应用软件可以由用户自己开发，也可在市场上购买。

2.6.6　计算机的特点

计算机的主要特点如下。

1．运算速度快、精度高

计算机的字长越长，其精度越高。一般计算机可以有十几位甚至几十位(二进制)有效数字，计算精度可由千分之几到百万分之几，是任何计算工具都望尘莫及的，如对于卫星轨道的计算、大型水坝的计算、气象预报等精度要求高、实时性强的工作，没有计算机进行数据处理，仅靠手工是无法实现的。

2. 具有逻辑判断和记忆能力

计算机有准确的逻辑判断能力和超强的记忆能力，能够进行各种逻辑判断，并根据判断的结果自动决定下一步应该执行的指令。

计算机已经远远不只是计算的工具，将计算机的计算能力、逻辑判断能力和记忆能力三者结合，使之可以模仿人的某些智能活动，是人类的脑力延伸，把计算机称为"电脑"也正是源于此。

3. 高度的自动化和灵活性

计算机采取存储程序的方式工作，即把编好的程序输入计算机，机器便可依次逐条执行，这就使计算机实现了高度的自动化和灵活性。每台计算机提供的基本功能是有限的，这是在设计和制造时就决定了的。但计算机可以在人们精心编写的程序下，用这些有限的功能，快速、自动地完成多种多样的基本功能序列，从而实现计算机的通用性，达到计算机应用的各种目的。

4. 存储容量大

计算机的存储器可以存储大量数据，这使计算机具有了"记忆"功能。目前计算机的存储容量已高达千吉数量级。计算机的"记忆"功能，是与传统计算工具的一个重要区别。

2.6.7 计算机系统主要的技术指标

评价计算机性能的指标有很多。通常人们通过计算机的字长、时钟周期和主频、运算速度、内存容量、数据输入/输出最高速率等技术指标来评价计算机系统的性能。

1. 字长

在计算机中，用若干二进制位表示一个数或一条指令，前者称为数据字，后者称为指令字。字长直接影响计算机的功能强弱、精度高低和速度快慢。计算机处理数据时，一次可以运算的数据长度称为一个"字"(Word)，字的长度称为字长。一个字可以是一个字节(Byte，简称 B)，也可以是多个字节。常用的字长有 8 位、16 位、32 位、64 位等。如某一类计算机的字由 8 个字节组成，则字的长度为 64 位，相应的计算机称为 64 位机。

2. 时钟周期和主频

计算机的中央处理器对每条指令的执行是通过若干个微指令操作来完成的。这些微指令操作是按时钟周期的节拍来"动作"的。时钟周期的微秒数反映出计算机的运算速度，有时也用时钟周期的倒数——时钟频率(兆频)，即人们常说的主频来表示。CPU 的时钟频率在很大程度上决定了计算机的运算速度。主频越高计算机的运算速度就越快。现在流行的 CPU 主频一般为 2.8GHz、3.0GHz，当然还有一些更高的 CPU 主频。

3．运算速度

计算机的运算速度是衡量计算机水平的一项主要指标，用每秒能执行多少条指令来表示，一般用百万条指令每秒(Million Instructions Per Second，MIPS)作单位。当前个人计算机的运算速度在 1500MIPS 以上。运算速度的计算方法多种多样，目前常用单位时间内执行多少条指令来表示。而计算机执行各种指令所需的时间不同，因此，在一些典型题目计算中，常根据各种指令执行的频度以及每种指令的执行时间来折算出计算机的等效速度。

4．内存容量

存储器的容量反映计算机记忆信息的能力，常以字节为单位。存储器的容量越大，则存储的信息越多，计算机的功能就越强。

计算机操作大多是与内存交换信息，但内存的存取速度相对于 CPU 的算术和逻辑运算速度要低 1～2 个数量级。因此，内存的读、写速度也是影响计算机运行速度的主要因素之一。

5．数据输入/输出最高速率

主机与外部设备之间交换数据的速率也是影响计算机系统工作速度的重要因素。由于各种外部设备本身工作的速度不同，常用主机所能支持的数据输入/输出最大速率来表示。

2.6.8　计算机的分类

根据计算机工作原理和运算方式的不同，以及计算机中信息表示形式和处理方式的不同，计算机可分为数字式电子计算机(Digital Electronic Computer)、模拟式电子计算机(Analog Electronic Computer)和数字模拟混合电子计算机(Digital Analog Hybrid Electronic Computer)。当今广泛应用的是数字式电子计算机。因此，常把数字式电子计算机简称为电子计算机或计算机。

根据计算机的用途，计算机可分为通用计算机(General Purpose Computer)和专用计算机(Special Purpose Computer)两大类。通用计算机能解决多种类型的问题，是具有较强通用性的计算机，一般的数字式电子计算机多属此类；专用计算机是为解决某些特定问题而专门设计的计算机，如嵌入式系统。

根据计算机的总体规模(按照计算机的字长、运算速度、存储容量大小、功能强弱、配套设备多少、软件系统的丰富程度)，计算机可分为巨型计算机(Supercomputer)、大/中型计算机(Mainframe)、小型计算机(Minicomputer)、微型计算机(Microcomputer)和网络计算机(Network Computer)五大类。

常见的微型计算机还可以分为台式机、笔记本和掌上型电脑等多种类型。1966 年，迈克尔·J. 弗林(Michael J. Flynn，1934—　)根据指令流和数据流的数量对计算机系统结构进行分类。指令流是指机器执行的指令序列；数据流是由指令流调用的数据序列，包括输入数据和中间结果。按指令流和数据流的多倍性，弗林将计算机系统结构分成以下四类。

单指令流单数据流(SISD)：指令部件只对一条指令进行处理，只控制一个操作部件。如一般的串行单处理机。

Michael J. Flynn

单指令流多数据流(SIMD)：由单一指令部件同时控制多个重复设置的处理单元，执行同一指令下不同数据的操作。如阵列处理机。

多指令流单数据流(MISD)：多个指令部件对同一数据的各个处理阶段进行操作。这种机器很少见。

多指令流多数据流(MIMD)：多个独立或相对独立的处理机分别执行各自的程序、作业或进程。如多处理机。

2.6.9　计算机的基本工作方式

计算机的基本工作方式可概括为"IPOS 循环"，即输入(Input)、处理(Processing)、输出(Output)和存储(Storage)，它反映了计算机进行工作的基本步骤。

(1) 输入。接收由输入设备(如键盘、鼠标器、扫描仪等)提供的数据。

(2) 处理。对数值、逻辑、字符等各种类型的数据进行操作，按指定的方式进行转换。

(3) 输出。将处理所产生的结果等数据由输出设备(如显示器、打印机、绘图仪等)输出。

(4) 存储。计算机可以存储程序和数据供以后使用。

2.7　存储系统的组织与结构

存储器是具有"记忆"功能的部件，在计算机系统中占据十分重要的地位。存储器的基本功能是存放以二进制形式表示的程序和数据。如何设计容量大、速度快且成本低的存储器，一直是计算机发展中的关键问题，目前还没有哪一种存储器的功能完全满足计算机系统对存储器的需求。因此，计算机系统通常配备分层结构的存储器系统，以满足容量、速度、成本等方面的要求。

2.7.1　存储器的分类

现代计算机是以存储器为中心的计算机系统，当利用计算机完成某项任务时，首先把解决问题的程序和所需数据存入存储器中，在执行程序时再由存储器快速地提供给处理机。这种方式是现代计算机的重要特征之一，通常称为程序存储。

目前已出现多种类型的存储器，根据存储器位于主机中的不同位置，可以将其分为内存储器和外存储器两种。内存储器主要用于存放当前执行的程序和数据。与外存储器相比，其存储容量较小，但工作速度较快。外存储器位于主机外部，主要用于存放当前不参加运行的程序与数据。在需要时，外存储器可与内存储器以批处理的方式交换信息，其特点是存储容量大，但速度较低。

1. 按存储介质划分

按存储介质，可将存储器分为半导体存储器、磁存储器和光存储器。

(1) 半导体存储器。一般用大规模集成电路工艺制成一定容量的芯片，再由若干芯片组成大容量的存储器。半导体存储器又分为双极型半导体存储器、MOS 半导体存储器等。

(2) 磁存储器。在金属或塑料基体的表面上，涂敷一层磁性材料作为记录介质，这层

介质称为磁层。工作时，磁层随机体高速运动，用磁头在磁层上进行读、写操作。根据介质的不同，磁存储器有磁芯存储器、磁带存储器和磁盘存储器等，当前广泛使用的是磁盘存储器。在计算机系统中，磁盘存储器是基本配置。

(3) 光存储器。是使用激光技术来保存信息的存储器。光存储器常见的有激光存储器、集成光路存储器等。

2. 按工作方式划分

按工作方式，可将存储器分为随机存取存储器、只读存储器、顺序存取存储器和直接存取存储器等。

(1) 随机存取存储器(Random Access Memory，RAM)。在随机存取存储器中，以任意次序读、写任意存储单元所用的时间都相同，并且在一个存或取周期内只能进行一次访问。随机存取存储器常用作主存或高速缓冲存储器。

(2) 只读存储器(Read Only Memory，ROM)。只读存储器常用来存放固定不变的系统程序，因此又叫"固存"。早期的只读存储器，在工作时内容不能改变，即禁止写入，是一种非破坏性读出。后来又出现了可编程的只读存储器、可擦编程只读存储器、电可擦可编程只读存储器等。

(3) 顺序存取存储器(Sequential Access Memory，SAM)。在顺序存取存储器中，只能以某种预先确定的顺序来读、写存储单元，如磁带存储器就是顺序存取存储器。这种存储器的特点是存取时间长，速度慢。但它的存储容量可以做得较大，单位价格也较低。

(4) 直接存取存储器(Direct Access Memory，DAM)。直接存取存储器既不像随机存取存储器那样随机地选择存储地址进行存储，也不像磁带那样顺序地进行存储，而是介于两者之间。这种存储器的容量大，存取速度介于随机存取存储器与顺序存取存储器之间，多用作辅助存储器。

3. 按信息的可保存性划分

按信息的可保存性，可将存储器分为易失性存储器和非易失性存储器。断电后，存储的信息将消失的存储器称为易失性存储器，常见的有 RAM 存储器；断电后，存储的信息仍保存在存储器中，称为非易失性存储器，常见的有 ROM、磁盘存储器等。

4. 按在计算机中的作用划分

按在计算机中的作用，可将存储器分为主存储器、辅助存储器和高速缓冲存储器等。

2.7.2 组织与结构

随着计算机硬件系统和软件系统的不断发展、计算机应用领域的日益扩大，对存储器的要求也越来越高。然而，由于硬件技术发展的限制，存储器也成为影响计算机性能发展的瓶颈。

目前对计算机存储器既要求存储容量大、存取速度快，又要求成本价格低。这种要求本身是相互矛盾的，也是相互制约的，在同一存储器中难以同时满足。

半导体存储器具有较快的存取速度，但存储容量却有限；磁盘和磁带的存储容量大，但存取速度慢。显然，摆在设计者面前的难题是存储器不仅需要大的容量，而且需要低的价格。解决的办法是采用存储器分层结构，而不只是依赖单一的存储部件或技术。为了发挥它们各自的优势，按照一定的体系结构将它们有机地组合起来，可得到如图 2.39 所示的三级存储体系分层结构。

这种三级结构的存储器系统，是围绕读写速度尚可、存储容量适中的主存储器来组织和运行的，并由高速缓冲存储器缓解主存储器读写速度慢、不能满足 CPU 运行速度需要的矛盾；用虚拟存储器更大的存储空间来解决主存储器容量小、存不下规模更大的程序与更多数据的难题，从而达到使整体存储器系统有更高的读写速度、更大的存储空间、相对较低的制造与运行成本的要求。

图 2.39　三级存储体系分层结构

2.8　接口与通信

1．输入/输出系统

计算机同外部世界通信或交换数据的设备称为输入/输出(Input/Output，I/O)系统，它由外围设备和输入/输出控制系统两部分组成，是计算机系统的重要组成部分，对计算机系统的运行性能有很大影响。I/O 系统的主要作用是连通计算机的各个功能部件和设备，并在它们之间实现数据交换。它与计算机的速度、处理能力、实用性、兼容性等各种性能都有着非常密切的关系。随着计算机应用的不断深入，I/O 系统占有越来越重要的地位。I/O 系统的硬件部分主要由计算机总线和 I/O 接口两部分组成，软件方面则需要有操作系统的支持。

由于种类繁多、功能结构各异的 I/O 设备，在与主机的连接方法和信息交换方法上各不相同，因此 I/O 系统是计算机系统中最具多样性和复杂性的子系统。为了发挥计算机的性能，提高效率，以及得到高效可靠的信息传送，设计合理的 I/O 系统，配备先进的 I/O 技术及接口部件是非常必要的。

计算机与外部世界的联系是通过交换信息来实现的。在硬件上，输入/输出系统由四部分组成，如图 2.40 所示。

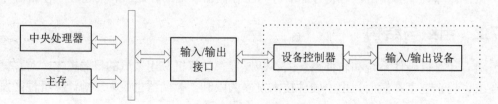

图 2.40　输入/输出系统的组成

(1) 输入/输出设备。外部设备能够利用光、电、磁及机械传动等手段，把信息转换为二进制代码的形式。常用的基本外部设备有键盘、鼠标、显示器、打印机等。

(2) 设备控制器。设备控制器能将设备生成的各种形式的二进制代码转换成电信号，并根据输入信号的要求对设备进行控制。设备控制器是设备与计算机连接的界面，是外部设备的一个组成部分。

(3) 输入/输出接口。主机不能直接与外部设备交换数据，必须在主机与设备之间设置一个硬件，称为输入/输出接口。

(4) 中央处理器。中央处理器执行输入/输出指令，对输入/输出系统进行启动、检测及控制。

2. 中断系统

中断在操作系统中有着重要的地位，它不仅是多道程序得以实现的基础，也是设备管理的基础，为了提高处理机的利用率和实现 CPU 与 I/O 设备并行执行，必须有中断的支持。中断是指 CPU 对 I/O 设备发来的中断信号的一种响应。CPU 暂停正在执行的程序，保留 CPU 环境后自动地转去执行该 I/O 设备的中断处理程序，执行完后，再回到断点，继续执行原来的程序。

3. 总线

总线是指计算机各种功能部件之间传送信息的公共通信干线，它是由导线组成的传输线束，按照计算机所传输的信息种类可以划分为数据总线、地址总线和控制总线。总线是一种内部结构，它是 CPU、内存、输入设备、输出设备传递信息的公用通道，主机的各个部件通过总线相连接，外部设备通过相应的接口电路再与总线相连接，从而形成了计算机硬件系统。

4. 通信网络

通信是指人与人之间通过某种媒体进行信息交流与传递；网络是指用物理链路将各个孤立的工作站或主机连接在一起，组成的数据链路。通信网络是指将各个孤立的设备进行物理连接，实现人与人、人与计算机、计算机与计算机之间进行信息交换的链路，从而达到资源共享和通信的目的。现代通信网络是由专业机构以通信设备(硬件)和相关工作程序(软件)有机建立的系统，是为个人、企事业单位和社会提供各类通信服务的总和。

5. 磁盘阵列(RAID)结构

磁盘阵列(Redundant Arrays of Independent Disks，RAID)是由很多价格较便宜的磁盘，组合成一个容量巨大的磁盘组，利用个别磁盘提供数据所产生的加成效果来提升整个磁盘系统的效能。利用这项技术，将数据切割成许多区段，分别存放在各个硬盘上。磁盘阵列还能利用同位检查的观念，在数组中任意一个硬盘出现故障时，仍可读出数据，在数据重构时，将数据经计算后重新置入新硬盘中。磁盘阵列作为独立系统在主机外直连或通过网络与主机相连，有多个端口可以被不同主机或不同端口连接。

2.9　多核技术

多核技术的开发源于工程师们认识到，仅提高单核芯片的速度会产生过多热量且无法带来相应的性能改善，先前的处理器产品就是如此。即便是没有热量问题，其性价比也令人难以接受，速度稍快的处理器价格要高很多。多核技术是把多个处理器集成在一个芯片内，是对称多处理系统的延伸，设计的主要思想是通过简化超标量结构设计，将多个相对简单的超标量处理器核集成到一个芯片上，充分开发线程级并行性，提高吞吐量。

多核处理器(Multicore Chips)是指在一枚处理器中集成两个或多个完整的计算引擎(内核)。在芯片设计和制造工艺上已到了极限，CPU的运算能力无法再通过增加晶体管的数量来提高了。在这种情况之下，CPU的制造商必须要用新的方式来提高计算机的运算能力，于是就有IBM、Sun公司利用计算机理论的并行计算设计出了多核CPU。工程师们开发了多核芯片，使之满足"横向扩展"(而非"纵向扩充")方法，从而提高了性能。该架构实现了"分治法"策略，通过划分任务，线程应用能够充分利用多个执行内核，并可在特定的时间内执行更多的任务。通过在多个执行内核之间划分任务，多核处理器可在特定的时钟周期内执行更多任务。多核架构能够使目前的软件更出色地运行，并能促进未来的软件编写更趋完善。

2.10　高性能计算机

1. 高性能计算机系统

高性能计算机(High Performance Computing，HPC)是指通常使用很多处理器或者某一集群中组织的几台计算机的计算系统和环境。高性能计算机的概念并无明确的定义，运算速度非常快的计算机就可以被认为是高性能计算机。严格地讲，高性能计算机是一个拥有最先进的硬件、软件、网络和算法的综合概念，"高性能"的标准是随着技术的发展而发展的。

随着高性能计算机性能的提高、价格的降低，高性能计算机已经从传统的科研和国家战略需要走向更广泛的行业应用，已经有越来越多的经济部门使用高性能计算机，如石油勘探、机械设计、金融分析、生物制药等。

2. 集群系统

集群是指共同为客户机提供网络资源的一组计算机系统，其中的每一台提供服务的计算机称为节点。当一个节点不可用或者不能处理客户的请求时，该请求将会转到另外的可用节点来处理。而这些对客户端来说，它根本不必关心这些要使用的资源的具体位置，集群系统会自动完成。

高性能集群上运行的应用程序一般使用并行算法，把一个大的普通问题根据一定的规则分为许多小的子问题，在集群内的不同节点上进行计算，而这些小问题的处理结果，经过处理可合并为原问题的最终结果。由于这些小问题的计算一般是可以并行完成的，从而

可以缩短问题的处理时间。

高性能集群在计算过程中，各节点是协同工作的，它们分别处理大问题的一部分，并在处理中根据需要进行数据交换，各节点的处理结果都是最终结果的一部分。高性能集群的处理能力与集群的规模成正比，是集群内各节点处理能力之和，但这种集群一般没有高可用性。

高性能集群计算机的特征是将集群内不同节点的资源集中使用，并行完成同一任务，实现负载均衡，同时提供良好的失效平滑接管。集群系统可以通过全冗余方式完全屏蔽单点失效，集群内任何节点失效后，其他节点通过内存同步技术可以在无延迟和不丢失数据的情况下接管失效节点。而且随着应用的发展，集群可以通过随时增加节点数来平滑地增加处理能力。

此外，高性能计算机还有超标量计算机、向量计算机等，它们都有各自的优点和缺点，在不同的领域发挥着各自的作用。

2.11　并行计算机

在过去几十年中，随着微处理器的发展，单处理机性能的增长达到自晶体管计算机出现以来的最高速度，然而，单处理机的发展正在走向尽头。随着多核处理器芯片的流行，并行计算机在未来将会发挥更大的作用。

并行计算机是由多个处理器组成(在这些处理器之间还可以相互通信和协调)，并能够高速、高效率地进行复杂问题计算的计算机系统。并行计算机是相对于串行计算机而言的。串行计算机是指只有单个处理器，顺序执行计算程序的计算机，也称为顺序计算机。并行计算作为计算机技术，是在 20 世纪 70 年代中期提出来的。该技术的应用已经带来单处理机计算能力的巨大改进。并行计算或称平行计算是相对于串行计算来说的，它是一种一次可执行多个指令的算法，目的是提高计算速度，及通过扩大问题求解规模，解决大型而复杂的计算问题。所谓并行计算可分为时间上的并行和空间上的并行。时间上的并行就是指流水线技术；而空间上的并行则是指用多个处理器并发地执行计算。

2.12　分布式系统

分布式系统从诞生到现在已经过去了很长的时间。在很久以前，一台计算机一次只能完成一项特定的任务。如果需要同时完成多项任务，则需要多台计算机并行运行。但是，并行运行并不足以构建真正的分布式系统，因为它需要一种机制来在不同计算机或者那些运行在计算机上的程序之间进行通信。并行计算机系统结构、计算机网络和分布式操作系统是三种联系紧密并且相互渗透的系统。分布式系统是指呈现给用户的如同单机系统一样的独立计算机的集合，可将多处理机和多计算机以及高速局域网看成分布式系统的硬件平台、分布式操作系统，包括进程和线程管理、分布式共享存储器管理、分布式文件系统等都属于分布式系统的软件范畴。分布式系统最简单的定义是一组计算机一起工作，以最终用户身份显示为一台计算机。这些机器具有共享状态，并发操作并可独立故障，而不会影响整个系统的正常运行。随着计算机技术和计算机网络技术的发展，构造在局域网甚至广域网之上，由多台到几十甚至上百台计算机组成的多计算机系统已成为当前分布式系统的主流。

支持这种松散耦合式多机系统的操作系统可分为两大类：一是网络操作系统(Net Operating System，NOS)，属于松耦合的软件，主要是提供资源共享和高效可靠的网络通信；二是分布式操作系统(Distributed Operating System，DOS)，属于紧耦合的软件，主要是支持大型计算问题的高速求解和大型数据库管理。

真正的分布式操作系统与网络操作系统有一个重要的不同点，即它强调整个多机系统在它的支持和管理下呈现在用户面前，如同一个传统的分时单机系统。对于任意一个以计算机网络(多是高速局域网)连接起来的松散耦合的多机系统，却要在用户面前呈现出像单机系统一样，则分布式操作系统的设计难度会很大。因此，要求分布式操作系统具有更深层次的系统资源共享能力，更加高速有效的不只是用户作业级的而是进程级的通信能力，以及统一的用户界面。

本 章 小 结

本章介绍了计算机的相关基础知识，包括数值数据的表示与运算、非数值数据的表示方法、数据的机器级表示、数字逻辑与数字系统、计算机系统的组成、存储系统的组织与结构、接口与通信、多核技术、高性能计算机、并行计算机和分布式系统等。

通过本章的学习，读者应对计算机中数据的表示有基本的理解，对计算机的体系结构有基本的认识，对于多核技术、高性能和并行计算机等领域有初步的了解，从而为进一步学习后续章节打好基础。

习 题

一、选择题

1. 就工作原理而论，提出存储程序控制原理的科学家是(   )。
   A. 巴尔基　　　　B. 牛顿　　　　　　C. 希尔　　　　　　D. 冯·诺依曼
2. 计算机组成包括输入设备、输出设备、运算器、存储器和(   )。
   A. 键盘　　　　　B. 显示器　　　　　C. CPU　　　　　　D. 控制器
3. 中央处理器包括(   )。
   A. 运算器和控制器　　　　　　　　　B. 运算器和存储器
   C. 控制器和输入设备　　　　　　　　D. 输入设备和存储器
4. 硬盘属于计算机的(   )。
   A. 主存储器　　　B. 输入设备　　　　C. 输出设备　　　D. 辅助存储器
5. 显示器属于计算机的(   )。
   A. 主存储器　　　B. 输入设备　　　　C. 输出设备　　　D. 辅助存储器
6. 计算机要接入因特网，需要(   )。
   A. 键盘　　　　　B. 鼠标　　　　　　C. 网卡　　　　　D. 闪存盘

7. 两个数 N_1 和 N_2 的真值分别为: $N_1 = +0101010$, $N_2 = -01111100$, 那么它们的机器数为(　　)。

    A. $N_1 = 00101010$, $N_2 = 001111100$　　　B. $N_1 = 00101010$, $N_2 = 101111100$

    C. $N_1 = 10101010$, $N_2 = 001111100$　　　D. $N_1 = 10101010$, $N_2 = 101111100$

8. 如果 $[X]_{补}=11110011$, 则 $[-X]_{补}$ 是(　　)。

    A. 11110011　　　B. 01110011　　　C. 00001100　　　D. 00001101

9. 存储器 ROM 的功能是(　　)。

    A. 可读可写数据　B. 可写数据　　　C. 只读数据　　　D. 不可读写数据

10. 若十进制数据为 137.625, 则其二进制数为(　　)。

    A. 10001001.11　B. 10001001.101　C. 10001011.101　D. 1011111.101

11. 存储器存储容量单位中, 1KB 表示(　　)。

    A. 1024 个字节　B. 1024 位　　　C. 1024 个字　　　D. 1000 个字节

12. 十进制数 45D 的二进制数表示形式为(　　)。

    A. 101101H　　　B. 110010B　　　C. 101101B　　　D. 110010Q

13. 编译程序的作用是(　　)。

    A. 把源程序译成目标程序　　　　　B. 解释并执行程序

    C. 把目标程序译成源程序　　　　　D. 对源程序进行编辑

14. 下列各数中最大的是(　　)。

    A. 110B　　　　B. 110Q　　　　C. 110H　　　　D. 110D

15. 主存储器和 CPU 之间增加高速缓冲存储器的目的是(　　)。

    A. 解决 CPU 和主存之间的速度匹配问题

    B. 扩大主存储器的容量

    C. 扩大 CPU 中通用寄存器的数量

    D. 既扩大主存容量又扩大 CPU 通用寄存器数量

16. 串行接口是指(　　)。

    A. 主机和接口之间、接口和外设之间都采用串行传送

    B. 主机和接口之间串行传送, 接口和外设之间并行传送

    C. 主机和接口之间并行传送, 接口和外设之间串行传送

    D. 系统总线采用串行总线

17. 完整的计算机系统应包括(　　)。

    A. 运算器、存储器、控制器　　　　B. 主机和实用程序

    C. 配套的硬件设备和软件设备　　　D. 外部设备和主机

18. 32 个汉字的机内码需要的字节数是(　　)。

    A. 16　　　　　B. 32　　　　　C. 64　　　　　D. 128

19. 数据总线、地址总线、控制总线 3 类划分根据是(　　)。

    A. 总线传送的内容　　　　　　　　B. 总线所处的位置

    C. 总线传送的方向　　　　　　　　D. 总线传送的方式

20. 多媒体是指计算机处理信息媒体的多样化, 它是以(　　)方式进行的。

    A. 交互　　　　B. 声音　　　　C. 视频　　　　D. 文本

21. 每次可传送一个字或一个字节的全部代码，并且是对一个字或字节各位同时进行处理的信息传递方式是(　　)。

    A. 串行方式　　　　B. 并行方式　　　　C. 查询　　　　　　D. 中断

22. 冯·诺依曼机工作的基本方式的特点是(　　)。

    A. 多指令流单数据流　　　　　　　　B. 按地址访问并顺序执行指令

    C. 堆栈操作　　　　　　　　　　　　D. 存储器按内容选择地址

二、简答题

1. 简述计算机采用二进制的原因。

2. 什么是定点数？它分为哪些种类？

3. 简述声音的编码过程。

4. 简述计算机有哪些特点。

5. 简述计算机软件系统的分类。

6. 列出常用的系统软件和应用软件。

7. 存储器的分类有哪些？

8. 存储器的功能是什么？

9. 存储器的主要指标是什么？

10. 简述存储器的三级存储体系分层结构。

11. 简述多核的关键技术。

12. 什么是高性能计算机？

13. 什么是接口？它的主要功能是什么？

14. 简述并行算法的基本内容。

15. 什么是网络计算机？它有什么优点？

三、讨论题

1. 为什么计算机使用二进制，而不使用人们生活中的十进制来表示数据信息？

2. 网络计算机有许多优点，请结合其特点谈谈我国网络计算机的发展前景。

第 3 章　程序设计语言

学习目标：

- 了解程序设计语言概述、声明和类型、程序设计方法、基本类型系统、编译原理、程序设计语言设计的基本知识。
- 掌握程序的基本概念、高级语言程序设计的基本内容、编译的基本过程。

计算机通过执行不同的程序来完成其功能，程序设计语言是编程的工具，只有很好地掌握程序设计语言，才能编写出高效的程序，提高计算机的性能。

3.1　程序设计语言概述

3.1.1　程序的概念

程序是指能够实现特定功能的一组指令序列的集合，可以简单描述为"程序=算法+数据结构"。程序设计语言是规定如何生成可被计算机处理和执行指令的一系列语法规则。程序设计是程序员根据程序设计语言的语法规定，编写指令以指示计算机完成某些工作的过程。程序员根据程序设计语言的规则编写程序，得到的指令序列称为代码，编写的指令代码集合称为源代码或源程序。

3.1.2　计算机程序设计语言

程序设计语言种类繁多，可以简单地分为低级语言和高级语言。

1. 低级语言

1) 机器语言

机器语言是用二进制代码表示的计算机能直接识别和执行的一种机器指令的集合。机器语言具有灵活、直接执行和速度快等特点。

用机器语言编写程序，程序员要熟悉计算机的全部指令代码和代码的含义，处理每条指令和每一数据的存储分配和输入/输出，还得知晓编程过程中每步所使用的工作单元处于何种状态，编出的程序全是 0 和 1 的指令代码，直观性差，容易出错。

2) 汇编语言

由于二进制编程形式的机器指令不便于记忆和使用，因此人们很快引入了便于记忆、易于阅读和理解、由英文单词或其缩写符号表示的指令，称为汇编指令，也称为符号指令或助记符(Mnemonics)。使用汇编指令编写的程序称为汇编语言(Assembly Language)程序。

在汇编语言中，用助记符代替机器指令的操作码，用地址符号(Symbol)或标号(Label)

代替指令或操作数的地址。不同型号的计算机具有不同的机器语言指令集，通过汇编过程转换成机器指令，可移植性差。

3) 低级语言的特点

机器语言和汇编语言都是低级语言，具有许多相同的特征。

(1) 优点：直接针对特定的计算机硬件编程，对计算机硬件的可控性强，可执行代码精练，执行效率高。

(2) 缺点：对程序员的专业知识要求高，要求程序员对计算机硬件的结构和工作原理非常熟悉；每条指令的功能比较单一，程序员编写源程序时指令实现效率低；与计算机硬件系统紧密相关，不同型号的计算机具有不同的机器语言指令集，可移植性差，可维护性差。

2. 高级语言

1) 高级语言的产生

汇编语言的引入，在一定程度上缓解了机器语言程序设计的问题，但程序的"可移植性"仍然没有得到有效解决，即程序员编写的源程序如何从一台计算机方便地转移到另一台不同型号的计算机上执行。为了解决这个问题，人们引入了高级语言。

高级语言是一种采用比较直观的各种"单词"和"公式"，按照一定的"语法规则"来编写程序的语言，又称为程序设计语言或算法语言。高级语言之所以"高级"，是因为它把很多计算机硬件上复杂费解的概念抽象化了，从而使得程序员可以绕开复杂的计算机硬件的问题；无须了解计算机的机器指令系统，就能完成程序设计工作。同时，由于高级语言与具体的计算机硬件系统无关，因此在一个系统上编写、运行的高级语言程序几乎可以不经改动地移植到另一个系统上运行，从而极大提高了程序的使用效率。此外，高级语言与自然语言(尤其是英语)相似，因此高级语言程序易学、易懂，也易于编写。

2) 高级语言的常见类型

目前已经出现了多种类型的高级语言，并且新的类型还在不断地出现。这些高级语言与人们的自然语言比较接近，大大提高了程序设计的效率。

(1) Fortran 语言。这是世界上最早出现的高级语言，也是第一个被广泛用于科学计算的高级语言。IBM 公司的约翰·华纳·巴克斯(John Warner Backus，1924—2007)于 1951 年针对汇编语言的缺点着手研究开发了 Fortran 语言，1954 年在纽约正式对外发布，命名为 Fortran I。虽然它的功能简单，但其开创性的工作在社会上引起了极大的反响。

John Warner Backus

(2) BASIC 语言。它的全称是初学者通用符号指令代码(Beginner's All-purpose Symbolic Instruction Code，BASIC)。20 世纪60 年代中期，美国达特茅斯学院(Dartmouth College)的约翰·乔治·凯梅尼(John George Kemeny，1926—1992)与托马斯·E. 库尔茨(Thomas Eugene Kurtz，1928—   )在 Fortran 语言的基础上开发了一种新的语言——BASIC。尽管初期的 BASIC 仅有几十条语句，但由于 BASIC 比较容易学习，因此很快从校园走向社会，成为初学者学

John G. Kemeny, Thomas E. Kurtz

习计算机程序设计的首选语言。

(3) Cobol 语言。这是一种面向事务处理的高级语言，是格蕾丝·穆雷·霍珀(Grace Murray Hopper，1906—1992)以 Flow-Matic(第一个适用于商用数据处理的语言)为基础开发创建的。霍珀 1934 年获得美国耶鲁大学(Yale University)数学博士学位，是著名的女数学家和计算机语言领域的领军人物，"计算机软件的第一夫人"。1952 年，她开发了世界上第一个将高级符号语言转变为机器语言的编译器 A-0。随后她以 Flow-Matic 为基础开发了 Cobol 语言并率先实现了第一个 Cobol 编译器，被誉为 Cobol 之

Grace Murray
Hopper

母。1971 年为了纪念现代数字计算机诞生 25 周年，ACM 特别设立了 Grace Hopper 奖，颁发给当年最优秀的 30 岁以下的青年计算机工作者。1980 年，Hopper 获得 IEEE CS 组织颁发的首届计算机先驱奖；1991 年，布什(George Herbert Walker Bush，1924—2018)总统在白宫授予 Hopper "全美技术奖"；1994 年，Hopper 被追授为"美国女名人"，进入"全国女名人堂"。

(4) Pascal 语言。该语言是由瑞士的尼古拉斯·沃斯(Niklaus Wirth，1934—)于 20 世纪 60 年代末创建的，其名称是为了纪念 17 世纪法国著名哲学家和数学家布莱士·帕斯卡(Blaise Pascal，1623—1662)而命名的。在高级语言的发展过程中，Pascal 语言是一个重要的里程碑，是第一个系统地体现了艾兹格·W. 迪科斯彻(Edsger Wybe Dijkstra，1930—2002)和查尔斯·安东尼·理查德·霍尔(Sir Charles Antony Richard Hoare，1934—)所定义的结构化程序设计概念的高级语言。

Niklaus Wirth

(5) C 语言。1970 年，作为设计 Unix 操作系统的一项"副产品"，贝尔实验室(Bell Labs)的丹尼斯·里奇(Dennis Ritchie，1941—2011)和肯尼斯·汤姆森(Kenneth Thompson，1943—)合作完成了 C 语言的开发。1983 年度的"图灵奖"就授予了里奇和汤姆森，以表彰他们共同开发了著名的 C 语言。Unix 操作系统就是用 C 语言编写的。

(6) C++和 C#(C Sharp)语言。1983 年，贝尔实验室的研究人员比加尼·斯楚士舒普(Bjarne Stroustrup，1950—)把 C 语言扩展成一种面向对象的程序设计语言 C++。C++在语法上与 C 兼容，最主要的是增加了类的功能，从而成为一种面向对象的程序设计语言。

C#起初叫作 Cool。1998 年 12 月，微软开始了 Cool 项目，直到 2000 年 2 月，Cool 被正式更名为 C#。在 1998 年，Delphi 语言的设计者安德斯·海尔斯伯格(Anders Hejlsberg，1960—)带领微软公司的开发团队，开始了第一个版本 C#语言的设计。2000 年 9 月，国际信息和通信系统标准化组织为 C#语言定义了一个微软公司建议的标准。2001 年，C#语言正式发布。

Dennis Ritchie

Kenneth Thompson

Bjarne Stroustrup

Anders Hejlsberg

(7) 其他高级语言。除了以上所列的几种常见的高级语言之外，还存在很多种可视化编程语言，其中很多就是从上述的高级语言的基础上发展而来的。现在比较流行的可视化编程工具有 Visual C++、Java、Python 和 Ruby 等。Java 是由 Sun Microsystems 公司于 1995 年 5 月推出的 Java 面向对象程序设计语言(以下简称 Java 语言)和 Java 平台的总称，由詹姆斯·高斯林(James Gosling，1955—)和同事共同研发，并于 1995 年正式发布。Java 的命名源于印度尼西亚爪哇岛的英文名称。Java 语言中的许多库类名称多与咖啡有关，如 JavaBeans(咖啡豆)、NetBeans(网络豆)以及 ObjectBeans(对象豆)等。Java 的标识也是一杯冒着热气的咖啡。

James Gosling

Python 由荷兰学者吉多·范罗苏姆(Guido van Rossum，1956—)于 1989 年发明，1991 年第一个版本公开发行。Python 语言具有开发项目效率高、解释型语言、适用于大规模网络编程等特点。

Guido van Rossum

Ruby 是一种简单快捷的面向对象的脚本语言，20 世纪 90 年代由日本学者松本行弘(Yukihiro Matsumoto，1965—)开发，遵守 GPL 协议和 Ruby License，其灵感与特性来自 Perl、Smalltalk、Eiffel、Ada 以及 Lisp 语言。由 Ruby 语言本身还发展出了 JRuby(Java 平台)、IronRuby(.NET 平台)等其他平台的 Ruby 语言替代品。

高级语言的优点是语句的功能强，容易学习，使用方便，可移植性较好，便于推广和交流。其缺点是编译程序比汇编程序复杂，而且编译出来的目标程序往往效率不高，运行时间也要长一些。

Yukihiro Matsumoto

3.2　声明和类型

1. 声明

声明用于表示每个标识符的含义，而不必为每个标识符预留存储空间。需要预留存储空间的声明称为定义。

2. 类型

类型检查是指利用一组逻辑规则来推理一个程序在运行时刻的行为。更明确地讲，类型检查是为了保证运算分量和运算符的预期类型相匹配。

类型常用类型表达式来表示自身结构。类型表达式可能是基本类型，也可能是通过运算符作用于类型构造算子而得到。基本类型的集合和类型构造算子根据被检查的具体语言而定。

3.3　程序设计方法

3.3.1　结构化程序设计

1965 年，艾兹格·W. 迪科斯彻(Edsger Wybe Dijkstra，1930—2002)提出结构化概念，

这是软件发展的一个重要里程碑。以模块功能和处理过程设计为主的详细设计是结构化程序设计遵循的基本原则，其采用自顶向下、逐步求精及模块化的程序设计方法，使用顺序、选择和循环三种基本控制结构构造程序。

软件发展过程中出现过三次里程碑式的成就：第一和第二个里程碑分别是子程序和高级语言，第三个里程碑即为结构程序设计。

1968 年迪科斯彻提出著名的论文《GOTO 陈述有害论》(*Go To Statement Considered Harmful*)，因此结构化程序设计开始盛行。

Edsger Wybe
Dijkstra

20 世纪 60 年代末到 70 年代初，采用结构程序设计方法的两个最著名项目如下。

(1) 纽约时报信息库管理系统，含 8.3 万行源代码，第一年的使用过程中，只发生过一次使系统失效的软件故障。

(2) 美国宇航局空间实验室的模拟系统，含 40 万行源代码，只用两年时间就全部完成。

1. 自上而下与自下而上

研究问题的思路有自上而下(Top-Down)和自下而上(Bottom-Up)两种。先研究总体，然后研究每一个局部的细节，这就是自上而下的思路；先研究每一个局部的细节，然后研究总体，这就是自下而上的思路。相应地，解决问题有两种办法：一种是先有计划，然后一点点完成计划，等到计划完成后，问题就解决了，这就是自上而下；另一种是直接行动，不考虑整体，直接解决问题的各个方面，最后就解决了问题，这就是自下而上。

计算机程序不但能够解决简单的问题，而且能够解决复杂的问题。通常的方法是先将一个大问题分解成若干个子问题，再把比较复杂的子问题继续分解成更加简单的二级子问题，直至每一个子问题都有显而易见的解决办法，然后在实现时采用自下而上的方法，逐一编写解决各个子问题的程序。设计程序时采用自上而下的方法比采用自下而上的方法效率要高得多。采用自上而下的方法解决问题的思路如图 3.1 所示。

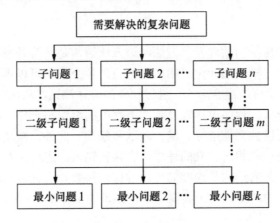

图 3.1　自上而下的结构

2. 结构化方法

结构化方法有助于开发人员在正式编写程序之前充分理解问题的实质和实现方法，并且可以在具体编码过程中提供指导。在程序设计领域，已经存在大量的结构化方法，包括用于系统分析阶段的结构化分析(Structured Analysis，SA)、用于系统设计阶段的结构化设计(Structured Design，SD)、用于系统实施阶段的结构化程序设计(Structured Programming Design，SPD)等方法。结构化技术能够缩短程序的开发时间，提高程序的开发效率，简化程序的测试与调试过程，便于程序的维护。

3. 结构化程序设计方法

结构化程序设计的基本思想就是采用自上而下、逐步求精的设计方法和单入口单出口的控制结构。结构化程序设计方法采用自上而下的方法解决实际问题，遵循以下三个基本规则。

(1) 使用顺序、选择、循环三种基本控制结构表示程序的逻辑步骤，三种基本结构如图 3.2 所示。理论上已经证明，采用这三种基本结构可以描述任何可计算问题的逻辑处理流程。

(2) 程序语句组织成容易识别的模块，每个模块符合单入口、单出口的要求。

(3) 严格控制 goto 语句的使用。

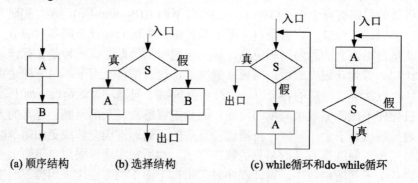

(a) 顺序结构　　　(b) 选择结构　　　(c) while循环和do-while循环

图 3.2　三种基本控制结构

4. 模块化方法

模块化方法是一种传统的软件开发方法，该方法通常是将待开发软件划分为一些功能相对独立的模块，模块与模块之间定义相应的接口，各个模块可以单独开发、调试、运行和测试，然后，再将多个模块组合起来，进行软件的整体测试，从而完成整个软件的开发。

模块化便于问题分析、程序设计以及软件工程中的组织与合作，按照模块作为工作划分的依据，各个模块可以独立地进行开发、测试和修改。此外，模块还体现了信息隐藏的概念。一个程序模块是一段相对独立的程序，它接收输入，进行某些处理后，输出结果。程序员不必了解模块内部的结构和详细的处理过程，只要知道它输入和输出的格式就可以进行调用，以完成相应的功能，这大大简化了程序员的工作量。

3.3.2　面向对象程序设计

虽然结构化程序设计方法有很多优点，但是作为一种面向过程的程序设计方法，该方法将解决问题的重点放在如何实现过程的细节方面，把数据和对数据的操作(函数)截然分开，因此仍然有着方法本身无法克服的缺点。如果需要对数据结构进行修改，则所有相应的操作函数也必须进行修改；如果程序进行扩充或重构，也需要大量地修改函数。这样，程序开发的效率就难以提高，极大地限制了软件产业的发展。

面向对象(Object Oriented，OO)的程序设计方法是 20 世纪 90 年代软件开发方法的主流。面向对象的概念和应用已经不局限于程序设计和软件开发，而是扩展到如数据库系统、交互式界面、应用结构、应用平台、分布式系统、网络管理结构、CAD 技术、人工智能等领域。

面向对象方法的出发点和基本原则是使开发软件的方法和过程尽可能地接近人类解决现实问题的方法和过程。人们对一个具体问题进行分析、抽象，将其中的一些属性和行为抽象成相应的数据和函数并封装进入一个所谓的类，然后在计算机中用这个类描述现实世界中的问题。在程序编写的过程中或者随着分析的不断深化，人们对问题会不断产生新的理解和认识，从而可以在相应的类中加入新的属性和新的行为，或者由原来的类派生出一个新的类，再给这个新类加入新的属性和行为。类的派生过程反映了人们对问题的认识程度不断深入的发展过程。

在图形用户界面(GUI)日渐崛起的情况下，面向对象程序设计很好地适应了潮流，并逐渐于 20 世纪 80 年代成为一种主导思想。正如面向过程程序设计使得结构化程序设计的技术得以提升，现代的面向对象程序设计方法使得对设计模式的用途、契约式设计和建模语言(如 UML)技术也得到一定提升。

1968 年秋，艾伦·凯(Alan Kay，1940—　　)在美国麻省理工学院(Massachusetts Institute of Technology)人工智能实验室第一次见到 Logo 语言的创始人西摩尔·派普特(Seymour Papert，1928—2016)，派普特和他的同事教孩子们如何使用 Logo 的情形极大地冲击了艾伦有关计算机社会作用的整套观念。"我看到了第一个真正的手写体识别系统。这是一套令人难以置信的系统。它对我产生了巨大影响，因为我有种心有灵犀的感觉。当我将这些观念综合起来，计算机的概念就

Alan Kay，Seymour Papert

像是一种超级媒体、一种超级纸张。"艾伦设计出了名震业界的 Smalltalk 语言。Smalltalk 语言再现了艾伦的"分子 PC 思想"：程序好比一个个生物分子，通过信息相互连接。Smalltalk 语言被业界公认为"面向对象编程系列语言"的代表作品。

3.3.3　面向切面程序设计

面向对象程序设计方法通过封装将功能分散到不同的类中，这样做的好处是降低了代码的复杂程度，使类可以重用。但这种做法增加了代码的重复性，日志功能就是一个典型案例。在一个系统中，日志功能往往需要横跨多个业务模块，那么就需要在这些模块中分别加入日志相关代码。

在软件开发过程中，像日志功能这样散布于系统各处的功能被称为横切关注点。这些横切关注点从概念上与应用的业务逻辑相分离，把这些横切关注点和业务逻辑相分离正是面向切面编程(Aspect Oriented Programming，AOP)所要解决的问题。

"面向切面的程序设计"最早由施乐帕洛阿尔托研究中心(Xerox Palo Alto Research Center)的格雷戈尔·基查尔斯(Gregor Kiczales)提出，他领导着施乐帕洛阿尔托研究中心开

发 AOP 和 AspectJ 的小组，并于 1997 年发表了论文《面向切面的程序设计》(*Aspect Oriented Programming*)。他是众所周知的 AOP 布道者，专注于实践者与研究者之间的交流。他在开发先进编程技术方面有着 20 年的经验，并且将这些经验传递给众多开发人员。美国东北大学 (Northeastern University)的 Karl Lieberherr 和荷兰特温特大学(University of Twente)的 Mehmet Aksit 等人也对面向切面编程的早期工作作出了重大贡献。

Gregor Kiczales

面向切面编程针对业务处理过程中的切面进行提取，它所面对的是处理过程中的某个步骤或阶段，可以对业务逻辑的各个部分进行隔离，从而使得业务逻辑各部分之间的耦合度降低，提高程序的可重用性，同时提高了开发的效率。同时，切面还提供了取代继承的另一种解决方案。人们在使用面向切面编程时，可以在一个地方定义通用功能，但可以通过声明的方式定义这个功能要在何处使用，而无须修改受影响的类。这样可以将关注点集中于一个地方，而不是分散到多处代码中。从某种角度来说，面向切面的程序设计方法是对面向对象的程序设计方法的一种有效补充。

3.3.4 函数式程序设计

函数式程序设计语言使用非常简单的计算模型或者程序观点：一个程序就是输入集合到输出集合的数学函数，执行一个程序便是计算一个函数给定输入的输出值。

函数式程序以其清晰、简洁、易读等特点使得大型程序的开发更高效，维护更容易。因此，函数式程序语言受到学术界的青睐和业界的欢迎。Ericsson 公司利用研发的函数式程序设计语言 Erlang 开发了交换机系统，获得了巨大成功。Google 也使用函数程序设计技术，提高了系统的可靠性与易维护性。

1987 年，乔·阿姆斯特朗(Joe Armstrong，1950—   )在 Prolog 的基础上创建了 Erlang，并于 1998 年发布开源版本。Erlang 是运行于虚拟机的解释性语言，但是现在也包含瑞典乌普萨拉大学(Uppsala University)高性能 Erlang 计划(HiPE)开发的本地代码编译器，自 R11B-4 版本开始，Erlang 也开始支持脚本式解释器。在编程范型上，Erlang 属于多重范型编程语言，涵盖函数式、并发式及分布式。顺序执行的 Erlang 是一个及早求值、单次赋值和动态类型的函数式编程语言。

Joe Armstrong

函数式程序语言可以作为许多专业语言的宿主语言，即将专门语言嵌入函数语言，使得专门语言的使用更方便。函数式程序设计语言因其简单的基本理论使现代程序设计的基本思想，如抽象、数据抽象、多态、重载等都得到最清楚的体现。因此，函数式程序设计不仅是学习现代程序设计思想的理想语言，而且为传统的命令式和面向对象的程序设计语言提供了很有意义的视角。

3.3.5 事件驱动程序设计

事件驱动程序(Event-Driven Programming)设计是一种程序设计模型，这种模型的程序执行流程是由使用者的动作，如鼠标或键盘的按键动作或者其他程序的信息来决定的。相对于批程序设计(Batch Programming)而言，程序执行的流程是由程序设计员来决定的。事件驱动程序设计这种设计模型是在交互程序(Interactive Program)的情况下孕育而生的。

不同于传统上一次等待一个完整的指令然后再做执行的方式，事件驱动程序模型下的系统，基本上的架构是预先设计一个事件循环所形成的程序，这个事件循环程序不断地检查目前要处理的信息，并借助一个触发函数对待处理信息进行必要的处理。其中这个外部信息可能来自一个文库夹中的文库、键盘或鼠标的动作或者是一个时间事件。

事件驱动程序可以由任何编程语言来实现，然而使用某些语言撰写会比其他语言简单。对一个事件驱动(Event Driven)系统进行程序设计，可以视为改写系统默认触发函数的行为，来符合自己需要的一种动作。输入的事件可以放进事件循环或者是经由已经注册的中断处理器(Interrupt Handlers)来与硬件事件互动；而许多软件系统混合使用了这两种技术的处理。事件驱动程序设计基本上包含许多小程序片段，这些小程序片段被称为事件处理器(Event Handler)，并且被用来回应外部的事件与分发事件(Dispatcher)。通常尚未被事件处理器处理的事件，都会被系统放在一个被称为事件队列(Event Queue)的数据结构中，等待被处理。

许多情况下，事件处理器可以自己触发事件，因此也可能形成一个事件串(Event Cascade)。事件驱动程序设计着重于弹性及异步化(Asynchrony)，并且尽可能地非模态化。例如，图形化用户接口(GUI)这类程序就是典型的事件驱动设计方式。计算机操作系统是事件驱动程序的典型范例。在操作系统的最底层，中断处理器的动作就像是硬件事件的直接处理器，搭配着 CPU 执行分配事件规则动作。对软件处理程序而言，操作系统可视为一个事件分配器，传送数据和软件中断指令给用户自己写的软件处理程序。

3.3.6　程序设计风格

随着计算机技术的发展，软件规模扩大了，软件的复杂性也增强了。为了提高程序的可阅读性，就要建立良好的编程风格。程序设计风格是指一个人编制程序时所表现出来的习惯、逻辑思路等特点。在程序设计中要使程序结构合理、清晰，形成良好的编程习惯，对程序的要求不仅是可以在机器上执行，给出正确的结果，而且还要便于程序的调试和维护，这就要求编写的程序不仅自己能看懂，而且也要让别人看得懂。

3.4　基本类型系统

在计算机科学中，类型系统(Type System)用于定义如何将程序语言中的数值和表达式归类为不同的类型、如何操作这些类型、这些类型如何互相作用。类型可以确认一个值或者一组值，具有特定的意义和目的(虽然某些类型，如抽象类型和函数类型，在运行程序中可能不表示为值)。类型系统在各种语言之间表现不同，最主要的差异在于编译时的语法及运行时的实现方式。

类型的约束程度以及评估方法，影响了语言的类型。更进一步，编程语言可能就类型多态性部分，对每一个类型都对应了一个极个别算法的运算。类型理论研究类型系统，尽管实际的编程语言类型系统，起源于计算机体系结构的实际问题、编译器实现，以及语言设计。类型可分为几个大类，如原始类型，整数类型，浮点数类型，复合类型，派生类型，对象类型，不完全类型，递归类型，函数类型，全称量化类型，参数化类型、类型变量，存在量化类型，精练类型，依存类型，所有权类型等。

在每一个编程语言中，都有一个特定的类型系统，保证程序的表现良好，并且排除违规的行为。类型系统提供的主要功能如下。

(1) 安全性。使用类型可允许编译器侦测无意义的，或者是可能无效的代码。例如，可以识出一个无效的表达式"Hello, World" + 3，因为不能对(在平常的直觉中)逐字字符串加上一个整数。强类型的定义为禁止错误类型的参数继续运算，它可提供更多的安全性，但它并不能保证绝对安全。

(2) 最优化。静态类型检查可提供有用的信息给编译器。例如，如果一个类型指明某个值必须以4的倍数对齐，编译器就能使用更有效率的机器指令。

(3) 可读性。在更具表现力的类型系统中，若其可以阐明程序设计者的意图，类型就可以充当一种文件形式。例如，时间戳记可以是整数的子类型，但如果程序设计者宣告一个函数为返回一个时间戳记，而不只是一个整数，这个函数就能表现出一部分文件的阐释性。

(4) 抽象化(或模块化)。类型允许程序设计者对程序以较高层次的方式思考，而不是低层次实现。例如，程序设计者可以将字符串想成一个值，以此取代仅仅是字节的数组。或者类型允许程序设计者表达两个子系统之间的接口，将子系统间交互时的必要定义加以定位，防止子系统间的通信发生冲突。

3.5 编 译 原 理

3.5.1 编译程序概述

20世纪50年代，IBM公司的约翰·巴克斯(John Warner Backus，1924—2007)带领一个研究小组对Fortran语言及其编译器进行开发。由于人们对编译理论知识的缺乏，开发工作既复杂又艰苦。与此同时，诺姆·乔姆斯基(Noam Chomsky，1928—)开始了对自然语言结构的研究。他的发现最终使编译器的结构变得异常简单，甚至还有一些自动化形式。

高级语言编写的源程序需要"翻译"成计算机能够识别的机器语言，机器才能执行，这种"翻译"程序被称为语言处理程序。语言处理的过程如图3.3所示。

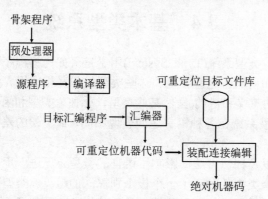

图 3.3 语言处理的过程

将高级语言编写的源程序翻译为机器语言程序的方式有解释和编译两种。类似于汇编

程序将汇编语言源程序汇编成目标程序一样，能将高级语言编写的源程序进行解释或者编译操作的系统程序分别称为解释程序和编译程序，它们都是系统程序。

解释程序在处理源程序时，执行方式类似于日常生活中的"同声翻译"。按照高级语言源程序的语句顺序，由相应语言的解释器逐句解释成目标代码(机器语言)，解释一句，执行一句。解释程序不产生目标代码，同编译程序相比，解释程序本身的编写比较容易，但执行效率低。应用程序不能脱离解释器，如果需要重复执行同一个源程序，解释程序会重复完全相同的"解释"操作。早期的 BASIC 语言就是采用解释方法运行的。

一个翻译程序能够把诸如 Fortran、Pascal、C、Ada、Smalltalk 或 Java 这样的"高级语言"编写的源程序转换成逻辑上等价的诸如汇编语言之类的"低级语言"的源程序，这样的翻译程序称为编译程序。编译程序的功能如图 3.4 所示。

图 3.4　编译程序的功能

编译程序完成从源程序到目标程序的翻译工作，这是一个复杂的、整体的过程。通常将编译过程划分成词法分析、语法分析、语义分析、中间代码生成、中间代码优化和目标代码生成六个阶段，同时表格管理和出错处理与这六个阶段都有联系。编译程序的工作过程如图 3.5 所示。

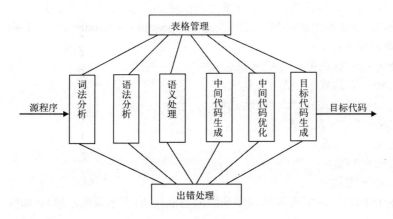

图 3.5　编译过程

3.5.2　词法分析

词法分析作为编译过程的第一个阶段，其任务是读入源程序，逐个字符地对源程序进行扫描、分解，通过词法分析识别出每个单词(或符号)。词法分析还要完成其他一些相关任务，如过滤掉源程序中的注释和空格，发现词法错误后指出错误的位置并给出错误信息等。高级语言中的单词大致包含高级语言源程序中的关键字、标识符、常数、运算符和各种界限符。

例如，对表达式"position := initial + rate * 100；"进行词法分析的结果如表 3.1 所示。

表 3.1　词法分析结果表

单词类型	单词值
标识符 1(id1)	position
运算符(赋值)	:=
标识符 2(id2)	initial
运算符(加)	+
标识符 3(id3)	rate
运算符(乘)	*
整数	100
分号	;

3.5.3　语法分析

语法分析是编译过程的第二个阶段，其任务是在词法分析的基础上将单词序列分解成各类语法短语，如"程序""语句""表达式"等。这些语法短语也称为语法单位。通过语法分析可以确定整个输入串是否是一个语法正确的程序。

语法分析的方法有两种：自上而下分析法和自下而上分析法。自上而下就是从文法的开始符号出发，向下推导，推出句子。而自下而上分析法采用的是移进归约法，基本思想是：用一个寄存符号的先进后出栈，把输入符号一个一个地移进栈里，当栈顶形成某个产生式的一个候选式时，即把栈顶的这一部分归约成该产生式的左邻符号。

例如，根据 3.5.2 小节的结果，针对表达式"position := initial + rate * 100；"进行语法分析。语法规则如下：

<赋值语句>::=<标识符>":="<表达式>

<表达式>::=<表达式>"+"<表达式>

<表达式>::=<表达式>"*"<表达式>

<表达式>::="("<表达式>")"

<表达式>::=<标识符>

<表达式>::=<整数>

<表达式>::=<实数>

依据源程序的语法规则将其单词序列组成语法短语(表示成语法树)，如图 3.6 所示。

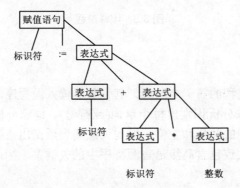

图 3.6　"position := initial + rate * 100；"的语法树

把"id1:=id2＋id3*N；"转换成语法树，如图 3.7 所示。

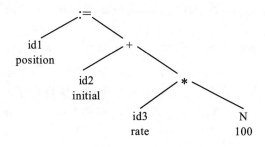

图 3.7 "id1:=id2+id3*N；"的语法树

3.5.4 语义处理

通过词法分析程序和语法分析程序对源程序的语法结构进行分析之后，一般要由语法分析程序调用相应的语义子程序进行语义处理，编译过程中的语义处理能实现以下两个功能。

(1) 审查每个语法结构的静态语义，即验证语法结构合法的程序是否真正有意义，有时把这个工作称为静态语义分析或静态审查。

(2) 如果静态语义正确，则语义处理要执行真正的翻译，要么生成程序的一种中间表示形式(中间代码)，要么生成实际的目标代码。

借助 3.5.3 小节的结果，对"position := initial + rate * 100；"进行语义处理：

```
Program p();
Var  rate:real;
Var  initial:real;
Var  position:real;
…
position := initial + rate * 100;
```

图 3.8 所示是得到的语义分析树。

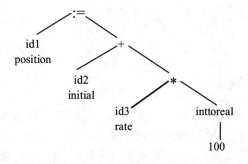

图 3.8 "position := initial + rate * 100；"的语义分析树

3.5.5 中间代码生成

中间代码也称中间语言，是复杂性介于源程序语言和机器语言之间的一种表示形式。通常情况下，快速编译程序直接生成目标代码，没有将中间代码翻译成目标代码的额外开销。但是为了使编译程序结构在逻辑上更为简单、明确，通常采用中间代码，这样就可以将与机器相关的某些实现细节置于代码生成阶段处理，并且可以在中间代码一级进行优化工作，使得代码优化比较容易实现。

常用的中间代码形式有逆波兰式、三元式和四元式。逆波兰式也称为后缀表达式，它将运算对象写在前面，运算符写在后面。三元式通常把运算符写在中间，也称为中缀表达式，比较适合表示算术表达式，易于被计算机处理。编译程序通常采用一种近似"三地址指令"的"四元式"中间代码，这种四元式的形式为运算符、运算对象 1、运算对象 2 和结果。

采用三地址指令表示"t2 := id3 * t1"，会得到以下结果：

(*   id3   t1   t2)

表达式"id1:= id2 + id3 * 100"按照三地址指令生成中间代码：

(1) (inttoreal   100   -   t1)
(2) (*   id3   t1   t2)
(3) (+   id2   t2   t3)
(4) (:=   t3   -   id1)

3.5.6 中间代码优化

中间代码优化的任务是对中间代码进行变换或改造，目的是使生成的目标代码更为高效，即节省时间和空间。变换后代码的运行结果与变换前代码的运行结果相同，但效率得到提高(运行速度提高或存储空间减少)。中间代码有两类优化：一类是对语法分析后的中间代码进行优化，它不依赖于具体的计算机；另一类是在生成目标代码时进行的，它在很大程度上依赖于具体的计算机。对于前一类优化，根据它所涉及的程序范围可分为局部优化、循环优化和全局优化三个不同的级别。常用的优化技术有删除多余运算、削弱强度、变换循环控制条件、合并已知量与复写传播、删除无用赋值等。

将 3.5.5 小节的中间代码进行优化，结果如下：

(1) (*   id3   100.0   t1)
(2) (+   id2   t1   id1)

3.5.7 目标代码生成

目标代码生成是将经过语法分析或优化后的中间代码作为输入，将其转换成特定的机器语言或汇编语言作为输出，这样的转换程序称为代码生成器。目标代码生成的任务是把中间代码变换成特定机器上的绝对指令代码或可重定位的指令代码或汇编指令代码。这是编译的最后阶段，它的工作与硬件系统结构和指令的含义有关，涉及硬件系统功能部件的运用、机器指令的选择、各种数据类型变量的存储空间分配以及寄存器和后援寄存器的调度等。

其中目标代码有以下 3 种形式。

(1) 可以立即执行的机器语言代码，所有地址都重定位。
(2) 待装配的机器语言模块，当需要执行时，由连接装入程序把它们和某些运行程序

连接起来，转换成能执行的机器语言代码。

(3) 汇编语言代码，须经过汇编程序汇编后，成为可执行的机器语言代码。

将 3.5.6 小节优化后的中间代码生成目标代码：

```
movf       id3, R2
mulf          #100.0, R2
movf       id2, R1
addf          R2, R1
movf       R1, id1
```

编译过程的阶段划分是一种典型的处理模式，然而并非所有的编译程序都可分成这几个阶段，有些编译程序不需要生成中间代码，有些编译程序不进行优化，有些最简单的编译程序在语法分析的同时生成目标指令代码。不过，多数实用的编译程序都具有上述六个阶段。

3.5.8　编译技术的新发展

编译程序本身是一个相当复杂的系统程序，通常有上万甚至几万条指令。随着编译技术的发展，编译程序本身的生成周期也在逐渐缩短，然而设计编译程序的工作仍然相当艰巨，正确性也很难保证。

为了简化编译程序的编制工作，人们希望尽可能多地把编译程序的编制工作交给计算机去自动完成，这就是编译程序自动化或自动生成编译程序的问题。随着编译技术的不断发展，产生了新的研究方向，包括并行编译技术、交叉编译技术、硬件描述语言及其编译技术等。

1. 并行编译技术

并行编译技术可以提高并行计算机体系结构的性能，缩短编译时间，具体的技术包括串行程序并行化、并行程序设计语言编译、依赖于目标机的优化(低层)。

要实现并行编译技术首先要开发并行软件，但开发并行软件也存在很大困难：并行算法复杂、难掌握、难编程；并行程序的行为不确定、难调试、难验证等。为了解决这些问题，研究人员提出了以下两种方案。

(1) 设计新的并行算法或并行处理环境(直接用并行程序设计语言和并行程序库实现)，如 HPF(High Performance Fortran)、Occom、PVM(Process Virtual Machine)。

(2) 修改已有的串行程序，尽量实现并行化。

2. 交叉编译技术

由于目标机指令系统与宿主机的指令系统不同，编译时将应用程序的源程序在宿主机上生成目标机代码，称为交叉编译技术。

3. 硬件描述语言及其编译技术

硬件描述语言是电路设计的依据，可以用仿真的方式对其进行验证，具有代表性的语言有 VHDL(Very-High-Speed Integrated Circuit Hardware Description Language)等。

3.6　程序设计语言的设计

程序设计语言的设计就是根据问题的需求，设计数据结构和算法、编制程序和调制程序，使计算机程序能完成所需要的任务，其复杂度较高，且需要相应的理论、技术、方法和工具作为支撑。程序首先应能正确地完成任务，并且保证该过程是可靠的。

程序设计语言经过漫长的发展过程，已经逐渐发展出了 5 代。不同时代的程序设计语言体现了开发人员对不同开发过程和不同开发场景的需求，也体现了程序设计语言设计的指导性原则：每一代的编程语言都希望程式的抽象程度越高，越不用处理和计算机硬件内部相关的细节，让程序对程序员更友好、更强大，也更通用。编程语言介绍如表 3.2 所示。

表 3.2　编程语言

代	语言名称	举例
第一代语言	机器语言	010101010
第二代语言	汇编语言	MASM、NASM、TASM、FASM
第三代语言	高级程序设计语言	Fortran、Cobol、Pascal、Lisp、C、C++、C#、Java 等
第四代语言	为特定应用设计的语言	生产报告的 NOMAD、SQL 和文本排版的 Postscript 等
第五代语言	基于逻辑和约束的语言	Prolog 和 OPS5 等

简单地说，程序设计语言的设计是设计和编制程序的过程。由于程序在使用过程中，环境或约束条件会有所改变，这就需要修改程序的功能。因此，好的程序应该具有可靠性、易读性、可维护性等良好的特性。为了满足这些特性要求，应采取正确的程序设计方法，以便设计出具有良好特性的程序。

本 章 小 结

本章介绍了程序设计语言的相关知识，包括程序设计语言的种类、常见的程序设计方法、声明和类型的含义、类型系统、程序编译原理、程序设计语言的设计。

通过本章的学习，读者应该了解了程序设计的基本概念和基本原理，对声明和类型系统有了基本的认识，了解了当前常见的程序设计方法以及它们的特点，并初步掌握了编译过程中从词法分析直到目标代码生成的完整过程。

习　　题

一、选择题

1. 能够实现特定功能的一组指令序列的集合被称为(　　)。
　　A. 程序　　　　　　B. 指令集　　　　　　C. 语言　　　　　　D. 伪指令
2. 程序员编写的一个计算机程序是(　　)。

A. 源程序　　　　　B. 目标程序　　　　C. 机器语言程序　D. 可执行程序

3. 目标程序是(　　)。

  A. 使用汇编语言编写的程序　　　　　B. 使用高级语言编写的程序

  C. 使用自然语言编写的程序　　　　　D. 机器语言程序

4. 程序设计语言中用来组织语句生成一个程序的规则称为(　　)。

  A. 语法　　　　　B. 汇编　　　　　C. 编译　　　　　D. 解释

5. 低级语言通常包括(　　)。

  A. 机器语言　　　B. 汇编语言　　　C. C#语言　　　D. Java 语言

6. 汇编语言使用的助记符指令与机器指令通常是一一对应的，通常使用(　　)。

  A. 自然语言　　　　　　　　　　B. 逻辑语言

  C. 英语单词或缩写　　　　　　　D. 形式语言

7. C++语言的发明者是(　　)。

  A. Niklaus Wirth　B. K. Thompson　　C. D. Ritchie　　D. B. Stroustrup

8. 计算机硬件能直接执行的只有(　　)。

  A. 符号语言　　　B. 机器语言　　　C. 汇编语言　　　D. 机器语言和汇编语言

9. Java 语言体系不包括(　　)。

  A. J2ME　　　　B. J2EE　　　　C. J2PE　　　　D. J2SE

10. 高级语言所采用的指令是由(　　)构成的。

  A. 0 和 1 的序列　　　　　　　　B. 助记符

  C. 二进制的运算表达式　　　　　D. 英语单词或缩写

11. 在高级语言中，源程序的基本单位是(　　)。

  A. 字母　　　　　B. 数字　　　　　C. 标号　　　　　D. 语句

12. 结构化程序的三种基本控制结构是(　　)。

  A. 顺序、选择和循环　　　　　C. 顺序、选择和调用

  B. 过程、子程序和分程序　　　　D. 调用、返回和转移

13. 结构化程序所要求的基本结构不包括(　　)。

  A. 顺序结构　　　B. GOTO 跳转　　C. 选择结构　　　D. 重复结构

14. 以下判断正确的是(　　)。

  A. 一个对象是类的一个实例　　　B. 类是一组对象集合的抽象定义

  C. 一个对象可以属于一个以上的类　D. 对象具有生存周期

15. 下面是关于解释程序和编译程序的论述，其中正确的是(　　)。

  A. 编译程序和解释程序均能产生目标程序

  B. 编译程序和解释程序均不能产生目标程序

  C. 编译程序能产生目标程序而解释程序则不能

  D. 编译程序不能产生目标程序而解释程序能

16. 采用编译方法的高级语言源程序在编译后(　　)。

  A. 生成目标程序　　　　　　　　B. 生成可在 DOS 下直接运行的目标程序

  C. 生成可执行程序　　　　　　　D. 生成可在 DOS 下直接运行的可执行程序

17. 构造编译程序应掌握(　　)。

    A. 源程序　　　　B. 目标语言　　　　C. 编译方法　　　　D. 以上三项都是

二、简答题

1. 简述程序的概念。
2. 简述程序设计语言的发展阶段。
3. 简述程序设计过程的一般步骤。
4. 简述机器语言和汇编语言的共同特点。
5. 简述程序设计语言的基本构成元素。
6. 结构化程序设计的思想是什么？
7. 简述高级语言程序的运行过程。
8. 简述编译程序的概念。
9. 用图示法表示编译程序的框架。
10. 简述源程序转化为计算机能够识别的指令的过程。
11. 词法分析的任务是什么？
12. 语法分析的任务是什么？
13. 简述语义处理的功能。
14. 简述中间代码的概念。
15. 目标代码生成阶段的任务是什么？
16. 计算机执行用高级语言编写的程序有哪些途径？它们之间的主要区别是什么？

三、讨论题

1. 尝试分析面向对象与面向过程的区别，它们各自有什么有特点？
2. 作为一名计算机专业的学生，程序设计语言是大学学习的重要内容之一，而程序设计语言的更新很快，如何才能学好程序设计语言？
3. 根据你的理解，说说在学习程序设计语言的过程中，最重要的注意事项是什么。

第4章 软件开发基础

学习目标:

- 了解程序设计的基本概念、基本数据结构、软件开发方法的基本知识。
- 掌握几种基本的数据结构、条件和循环控制结构、函数和参数传递方法。

学习计算机首先要学习程序设计,良好的程序设计技能和风格有助于加深对计算机的理解和进一步学习。

4.1 程序设计基本概念

4.1.1 高级语言的基本语义和语法

用高级语言编写源程序能提高程序员的开发效率。高级语言程序设计依赖于各自特定的语句和语法。

在高级语言中,语句是构成源程序的基本单位。高级语言的一条语句被编译或解释时往往会对应多条机器指令。因此,对程序员而言,采用高级语言编程比采用低级语言要方便得多。语法是指管理语言结构和语句的一组规则,这些规则可能包括怎样写语句、语句出现的顺序以及怎样组织程序结构。在用高级语言编写程序时,设计人员必须严格按照语法规则构造语句。

1. 高级语言的基本符号

高级语言的语法由基本符号组成,基本符号可以分为单字符和多字符两种。单字符基本符号由单个字符组成,通常包括下列几种。

(1) 字母。大写英文字母 A~Z,小写英文字母 a~z,共 52 个符号。

(2) 数字。0~9,共 10 个数字符号。

(3) 特殊字符。+(加)、-(减)、* (乘)、/ (除)、^ (乘方)、= (等于)、((左括号)、) (右括号)、>(大于)、<(小于)、,(逗号)、 (空格)等。

多字符基本符号是由两个或两个以上的字符组成的。例如,Goto (转移)、<=(小于等于)、AND(与)等。

2. 高级语言的基本元素

高级语言的基本元素由基本符号组成,可分为数、逻辑值、名字、标号和字符串五大类。

(1) 数。由 0~9 共 10 个基本数字和其他一些符号如小数点(.)、正负号(+、-)及指数符号(E)等构成。

(2) 逻辑值。由真(True)和假(False)两个值构成。

(3) 名字。由字符组成，一般规定名字的起始字符是字母或者下划线，其后可以是字母、数字或下划线，如 XYZ、A123、_C 等。名字可用来定义常量、变量、函数、过程或子程序的名字等，也称为标识符。在高级语言中，同时规定了组成名字的字符的长度，即字符个数。

(4) 标号。标号是在高级语言中的程序语句前面添加的一个名字，主要用来指示程序可能的转移方向。

(5) 字符串。字符串是由零个或多个字符构成的有限序列。在不同的高级语言中，字符串中的多个字符放在一对单引号或双引号中。

3. 基本的数据类型

任何一个计算机程序都不可能没有数据，数据是程序操作的对象。通常，每种高级语言都会定义一些基本的数据类型，一般包括整数类型、实数类型、字符类型等。

在程序中，除了常量外，大部分变量的值是可以修改的。从计算机工作原理的角度来看，变量实际上代表了一个特定大小的内存单元空间，变量所代表的数值其实就存放在相应的内存单元空间中。

4. 结构数据类型

结构数据类型是在基本数据类型的基础上构造出来的数据类型。数组和结构体是大多数高级语言都支持的两种最基本的结构数据类型。

(1) 数组类型。数组是有限个相同类型数据的集合。

(2) 用户自定义的结构体类型。结构体是隶属于同一个事物的多个不同类型数据的集合，用来表示具有若干属性的一个事物。例如，在表示一个"学生"的基本信息时，往往需要定义一个字符数组类型用来存储学生姓名，定义一个整数类型用来存储年龄信息等。

除了以上两种最基本的结构数据类型外，高级语言还有诸如枚举、集合以及更复杂的队列、堆栈等多种数据类型。

5. 运算符与表达式

高级语言的表达式由基本符号、基本元素和各种数据通过运算符连接而成，运算符大致包括以下几类。

(1) 逻辑运算：与、或、非、异或等。

(2) 算术运算：加、减、乘、除、取模等。

(3) 数据比较：大于、小于、等于、不等于等。

(4) 数据传送：输入、输出、赋值等。

相应地，通过各种运算符连接得到的表达式有以下几种类型。

(1) 算术表达式：表达式的运算结果是数值，非常近似于日常的数学计算公式。

(2) 关系运算表达式：表达式的运算结果是逻辑值。

(3) 字符串表达式：表达式的运算结果是字符串。

6. 语句

语句是构成高级语言源程序的基本单位，由基本元素、运算符、表达式等组成。高级语言通常都支持赋值、条件判断、循环、输入/输出等语句，程序员利用这些语句的组合，能够编写出功能强大的程序。

7. 库函数和用户自定义的函数

为了支持用户编写功能强大的源程序，几乎所有的高级语言都为用户提供了丰富的库函数，这些库函数能够实现某些特定的功能。例如，对于一个比较复杂的数学函数的计算过程，程序员没有必要自己编写，因为系统事先已经提供了大量的、正确的、可供调用的库函数，库函数提高了编程的效率和程序的质量。在源程序中，用户也可以定义自己的函数(子程序或过程)，以便以后调用这些函数。

8. 注释

源程序所包含的代码往往比较冗长，添加必要的注释有助于阅读程序。更重要的是，当需要对程序功能进行扩充时，注释可以极大地帮助程序员理解原始程序。

经常会出现这样一种情况，程序员自己编写的程序，由于没有添加清晰的注释，经过一段时间后，程序员自己也读不懂了。况且，一个程序不仅应该让程序员自己读得懂，更重要的是还要让别人也能够读懂。

9. 程序设计风格

程序不仅要求能够在机器上执行并给出正确结果，而且还要求便于调试和维护。在程序设计过程中，程序员应该尽量让程序结构合理和清晰。好的程序设计风格有助于提高程序的正确性、可读性、可维护性和可用性。

10. 高级语言程序的运行

使用高级语言编写程序的一般过程可以归纳为以下几个步骤。

(1) 使用文本编辑工具，逐条编写源程序的语句。保存源程序的文件时，文件的后缀名与所用的高级语言有关。

(2) 编译源程序文件，生成目标文件，文件后缀名通常为.obj。

(3) 链接目标文件，生成可执行文件，文件后缀名通常为.exe。

(4) 在计算机上运行可执行程序，并进行调试和维护。

4.1.2 变量和基本数据类型

1. 常量

常量也称常数，在程序的执行过程中是一种恒定的、不随时间而改变的数值或数据项。它由程序设计语言确定，表示某一数值的字符或字符串，常被用来标识、测量和比较，如5、3.14 等。

2. 变量

变量是指在程序的运行过程中根据需要可以发生改变的值，是程序中数据的临时存放场所。其中变量名指标识变量的名字，它是数据在存储空间上地址的抽象。而变量值是由变量名所指定的存储空间上的数据，其存放的数据是可以改变的。例如，对于 a，首先赋初值 $a=5$，随后可以修改为 $a=b+7$ 等。在程序中设置变量可以使程序具有表示某一类数据类型的能力。

3. 数据类型

在程序设计的不同系统中，数据类型是用来约束数据的解释。数据类型描述了数值的表示法、解释和结构，并以算法操作。在编程语言中，常见的数据类型包括原始类型(如整数、浮点数或字符)、数组、结构、代数数据类型、抽象数据类型、引用类型、类以及函数类型。

(1) 机器中的数据类型。在计算机中，数据都是用 0 或 1 表示的。如一个 32 位的字长，可以表示 $0 \sim 2^{32}-1$ 的无符号整数值，或者表示 $-2^{31} \sim 2^{31}-1$ 的有符号整数值。

(2) 原始数据类型。编程语言提供了若干原始数据类型，典型的原始数据类型包含各种整数、浮点数及字符串。这些原始数据类型可以构建其他的复合类型。

(3) 复合类型。这部分可包括的内容(最终仍取决于编程语言)：RECOR，一组变量型，如数据库表格中的一行；TABLE，数据库中的索引字段；NESTED TABLE，任意的单一复合类型的一维阵列；VARRAY，同一类型的变量。

(4) 数值范围。每一个数据类型都有数值上的最大值和最小值，称作数值范围。了解数值的范围是很重要的，尤其是当使用数值范围较小的类型时，就只能储存范围之内的数值。试图储存一个超出其范围的数值，可能会导致编译或执行错误，或者不正确的计算结果。

一个变量的范围，是基于用以保存数值的字节数目，而且整数数据类型通常能够储存 2^n 个数值(n 指的是比特)。对于其他的数据类型(如浮点数)，其数值范围更为复杂，且几乎都取决于所使用的储存方法。

表 4.1 列出了常见的数据类型及其数值范围。

表 4.1 常见的数据类型及其数值范围

数据类型		大 小	范 围
整数类型	Boolean	1 位	0 ～ 1
	Byte	8 位	0 ～ 255
	Word	2 字节	0 ～ 65 535
	Double Word	4 字节	0 ～ 4 294 967 295
	Integer	4 字节	–2 147 483 648 ～ 2 147 483 647
	Double Integer	8 字节	–9 223 372 036 854 775 808～9 223 372 036 854 775 807
浮点数类型	Real	4 字节	1E–37 ～ 1E+37 (6 个小数位数)
	Double Float	8 字节	1E–307 ～ 1E+308 (15 个小数位数)

4. 表达式

表达式是由操作符、操作数和标点符号组成的序列，其目的是用来说明一个计算过程。表达式可以嵌套，如 $c=a+a*b$。表达式根据某些约定、求值次序、结合性和优先级规则来进行计算。

(1) 约定。即类型转换的约定。

(2) 求值次序。是指表达式中各个操作数的求值次序，视编译器的不同而不同。

(3) 结合性。是指表达式中出现同等优先级的操作符时，应先做哪个操作的规定。

(4) 优先级。是指不同优先级的操作符，总是先做优先级高的操作。

4.1.3　简单输入输出

计算机对数据的处理需要经历从外部输入数据到计算机、计算机对数据进行处理和计算机向外部输出数据这几个过程。输入和输出是程序设计必须具备的基本功能。

程序的输入/输出方式是多种多样的：除了可以从键盘输入数据，从显示器输出数据，还可以从一个磁盘文件中输入和输出数据；除了可以输入/输出如整数、浮点数和字符串等基本的数据类型，还可以实现复杂数据结构的输入/输出；除了可以在程序执行时以人机对话的方式输入数据，也可以在执行过程中以命令行输入数据。

4.1.4　条件和循环控制结构

根据伯姆·贾可皮尼(Böhm Jacopini)的结构化程序理论，一种编程语言可以用三个方式组合其子程序及调整控制流程，每个可计算函数都可以用此种编程语言来表示。三个调整控制流程的方式为：运行一个子程序，然后运行下一个(顺序)；依照布尔变量的结果，决定运行二段子程序中的一段(选择/条件)；重复运行某子程序，直到特定布尔变量为真为止(循环)。

1. 条件控制结构

条件判断是依指定变量或表达式的结果，决定后续运行的程序。最常用的是 if-else 指令，可以根据指定条件是否成立，决定后续的程序，其一般形式为：

> if(测试条件表达式)
>> (测试条件为真时的运行代码)
>
> else
>> (测试条件为否时的运行代码)

在上面的结构中，当测试条件表达式的结果为非 0 时，就执行测试条件为真时的运行代码；否则就执行测试条件为否时的运行代码。这里的运行代码既可以是单独的一条语句，也可以是代码块。同时也可以组合多个 if-else 指令，进行较复杂的条件判断。许多编程语言也提供多选一的条件判断，如 C 语言的 switch-case 指令等。

2. 循环控制结构

循环是指一段在程序中只出现一次，但可能会连续运行多次的代码。常见的循环可以分为两种：指定运行次数的循环和指定继续运行条件(或停止条件)的循环。

1) 指定运行次数的循环(如 C 语言的 for 循环)

大部分编程语言都提供循环的指令，可以按照指定的次数重复运行一段程序。若指定的次数 N 小于 1，编程语言会忽略整个循环不去运行；若指定的次数 N 为 1，则循环只会运行一次。在循环进行时，循环计数器也会随着变化，大部分的编程语言可以允许循环计数器向上计数或是向下计数，每次的变化量可以是 1 或其他不为 0 的数值。

2) 指定继续运行条件(或停止条件)的循环(如 C 语言的 while 循环)

大多数的编程语言都有指令，可以在特定条件成立时继续循环地进行，或是特定条件不成立时继续循环地进行，进行到特定条件成立为止。

4.1.5　函数和参数传递

1. 函数

在软件开发中，一个较大的软件一般应分为若干程序块，每一个程序块用来实现某个较为单一的功能，使程序结构更清晰，有助于程序员开发时分工协作和代码的管理。函数就是将程序化整为零的一种机制。

函数是一段完成一定功能的程序代码。可以将一些需要重复使用的代码集中在一个函数中，便于代码的重复使用；也可以将一个较为复杂的功能通过多个较小的函数来实现。在很多程序设计语言中，函数是构成程序的基本单位。一个函数由函数头和函数体构成。函数头中通常包含函数名、返回值类型、函数的参数；函数体是完成函数功能的语句。

1. 函数的参数传递

参数传递，是指在程序运行过程中，实际参数经参数值传递给相应的形式参数，然后在函数中实现对数据处理和返回的过程。其方法有按值传递参数、按地址传递参数和按引用传递参数。

1) 按值传递

按值传递参数时，是将实参变量的值复制到形参，实参变量的值被复制到另一个存储单元中，改变形参的值并不会影响外部实参的值。从被调用函数的角度来说，值传递是单向的，即从实参到形参，参数的值只能传入，不能传出。

2) 按地址传递

按地址传递参数时，将实参变量的地址传递给被调用函数，形参和实参共用内存中的同一地址，对形参的操作相当于对实参本身进行操作。形参的值一旦改变，相应实参的值也会跟着改变。

3) 按引用传递

按引用传递参数时，将在内存中为被调用函数的形参开辟新的内存空间，用于存储实参变量的地址。对形参的操作将被处理为间接寻址，即通过存储的实参地址访问实参变量，对形参的任何操作都将影响实参变量。

4.2 基本数据结构

数据结构(Data Structure)是系统设计和程序开发的重要基础。

4.2.1 基本概念

1. 数据、数据类型

数据是对客观事物的符号表示。在计算机系统内，数据通常是指能够输入计算机中并被计算机处理的符号的集合。例如，数字、字母、汉字、图形、图像、声音等信息在计算机内部的表示都是数据。数据又可以分为数值数据和非数值数据。

数据类型是指具有相同取值范围和可以实施同种操作的数据的集合。例如，在程序设计语言中，通常定义了字符型、整数型、数组等多种数据类型。

2. 数据元素、数据项、数据对象

能够独立并完整地描述客观世界实体的基本数据单元称为数据元素，它是组成数据的基本单位。在不同的应用环境中，数据元素有时也可以称为节点、记录等。

数据项是组成数据元素不可分割的最小单位。最简单的数据元素是由一个数据项构成的。

同类数据元素的集合称为数据对象。

3. 数据结构

数据结构是指数据元素之间的相互关系的集合，包括数据的逻辑结构、数据的物理结构及数据运算。

(1) 数据的逻辑结构。数据的逻辑结构是指数据元素之间的逻辑关系。数据之间可以根据不同的逻辑关系组织成不同的数据结构。常见的数据结构有集合、线性结构、树形结构、图形结构等。

(2) 数据的物理结构。数据的物理结构是指逻辑结构在计算机存储器中的表示。数据的物理结构需要存储数据本身及其逻辑关系。另外，数据运算及存储效率也是数据物理结构应该考虑的问题。数据的物理结构主要有顺序结构、链表结构、索引结构、散列结构等。

(3) 数据运算。数据运算是指数据操作的集合。常见的数据操作包括数据的插入、删除、查找、遍历等。不同的数据结构具有不同的操作规则和方法。数据操作通常由计算机程序实现，也称为算法实现。

4.2.2 几种典型的数据结构

1. 线性表

线性表是指由有限个同类的数据元素构成的序列，元素之间是一对一的线性关系。除了第一个元素只有直接后继、最后一个元素只有直接前驱外，其余数据元素都只有一个直

接前驱和一个直接后继。

线性表是最简单、最常用的一种数据结构。程序设计中经常使用的数组和字符串数据类型就是线性表的典型应用。线性表通常用于对大量数据元素进行随机存取的情况。

2. 栈

对于由 n 个数据元素构成的一个线性序列，如果只允许在其指定的一端插入或删除数据元素，那么这种逻辑结构称为栈(Stack)或堆栈。允许插入或删除的这一端称为栈顶，另一个固定端称为栈底。没有元素的堆栈称为空栈。

栈是一种"先进后出"(First In Last Out)或"后进先出"(Last In First Out)的数据结构。栈通常用于数据逆序处理的各种场合，如对数据进行首尾元素互换的排序操作、函数嵌套调用时返回地址的存放、编译过程中的语法分析等。

3. 队列

对于由 n 个数据元素构成的一个线性序列，如果只允许在其固定的一端插入数据元素，且允许在另一端只删除数据元素，那么这种逻辑结构称为队列(Queue)。只允许插入的一端称为队尾(Rear)，只允许删除的一端称为队首(Front)。

队列是一种"先进先出"(First In First Out)的数据结构，在操作系统的进程调度管理、网络数据包的存储转发等多个领域被广泛使用。

4. 树

树型结构是由 $n(n>0)$ 个有限数据元素组成的一个具有层次关系的集合，每个数据元素称为一个节点。除了唯一的根节点外，其他每个节点都有且仅有一个父节点，每个元素可以有多个子节点。树型结构是一种非常重要的非线性数据结构，可以用来描述客观世界中广泛存在的以分支关系定义的层次结构，如各种各样的社会组织结构关系。在计算机领域，树型结构可以用于大型列表的搜索、源程序的语法结构、人工智能系统等诸多问题。

二叉树是一种最简单、最基础、最重要的树型结构，它的特点是每个节点至多只有两棵子树，并且，二叉树的子树有左右之分，二者的次序不能任意颠倒。二叉树在信息存储、信息检索等方面有着广泛应用。

5. 图

图形结构是一种比树型结构更复杂的非线性结构。在图形结构中，每个数据元素称为一个顶点，任意两个顶点之间都可能相关，这种相关性用一条边来表示，顶点之间的邻接关系可以是任意的。

图在计算机领域有着广泛的应用，可以用来描述计算机网络的拓扑结构，以及图论中的最小生成树等问题。除此以外，图在自然科学、社会科学、人文科学等许多领域也有着非常广泛的应用。

4.2.3 查找

查找是指根据给定的某个值，在查找表中确定一个其关键字等于给定值的记录或数据

元素。若表中存在这样的一个记录,则称查找是成功的,此时查找的结果为给出整个记录的信息,或指示该记录在查找表中的位置;若表中不存在关键字等于给定值的记录,则称查找失败,此时查找的结果为给出一个"空"记录或"空"指针。

查找的方法主要有顺序查找、二分查找、分块查找、树表的动态查找(二叉排序树查找、AVL 树、B 树、B+树)、哈希查找等。

4.2.4　排序

排序是计算机程序设计中的一种重要操作。简单地说,排序就是要整理文件中的记录,使之按关键字递增(或递减)次序排列。虽然排序算法是一个简单的问题,但是从计算机科学发展以来,在此问题上已经有大量的研究。如冒泡排序在 1956 年就已经被研究,虽然大部分人认为这是一个已经被解决的问题,但有用的新算法仍在不断地被发明。

排序的方法有很多,但就其全面性能而言,很难提出一种被认为是最好的方法,每一种方法都有各自的优缺点,适合在不同的环境(如记录的不同初始排列状态等)中使用。如果按排序过程中依据的不同原则对内部排序方法进行分类,则可分为直接插入排序、冒泡排序、快速排序等。

4.3　软件开发方法

4.3.1　程序理解

程序理解是软件工程中的一个经典话题,又称为软件理解或系统理解。自软件出现以来,甚至在软件工程提出之前,就有了程序理解这一问题。1968 年第一次软件工程研讨会之后,程序理解成为软件工程中的关键活动,在处理软件重用、维护、迁移、逆向工程以及软件系统扩展等任务时,都要依赖于对程序的理解。

从方法和技术的角度,程序理解以程序分析为基础。通过对程序进行人工或自动分析,以验证、确认或发现软件性质。程序分析贯穿于软件开发、维护和复用阶段,不同阶段的程序分析过程差异较大,需要的分析技术也各有不同。根据其分析过程是否需要运行程序,又可以将程序分析分为静态分析和动态分析。

从工程应用的角度看,程序理解主要用于软件开发过程中涉及已有软件制品及其使用和变更的活动。比如:软件复用需要将已有软件制品用于当前软件开发;软件逆向工程从已有软件制品中获取该软件制品的高层抽象;软件演化则是在认识到当前软件已经不适合新的场景时,进行适当的软件调整和变更。在进行这些软件工程任务时,需要理解当前软件制品的含义,包括它所表达的软件能力及其实现方式等。

程序理解,特别是程序的自理解和自认知,已经被提到前所未有的重要高度,有必要重新审视程序理解的内涵,分析目前的技术手段,结合系统工程的发展探索其新的需求,从而展望未来的技术挑战和趋势。

4.3.2 程序正确性

1. 测试基础和测试用例

1) 软件测试概述

软件测试是指验证一个程序或系统的某些属性或能力是否达到预期目的的行为。尽管软件测试在软件质量方面起着至关重要的作用，并且被程序员和测试员们广泛采用，但由于人们对软件的认识十分有限，它仍旧是一个艰深的领域。

软件测试的最大难点在于如何控制其复杂性：人们没有办法在一个合理的复杂度内完整地测试一个程序。测试的目的包括但不限于确保软件质量、验证其正确性和估算其稳定性。人们对测试的定义也可以更加一般化，其中正确性测试和稳定性测试是两个最大的研究领域。软件测试是预算、时间和软件质量的一个平衡。

2) 测试用例

测试用例是指对一项特定的软件产品进行测试任务的描述，体现测试方案、方法、技术和策略。测试用例是一组条件或变量，测试者根据它来确定应用软件或软件系统是否正确工作。确定软件程序或系统是否通过测试的方法叫测试准则。

测试用例是测试工作的指导，是软件测试必须遵守的准则，更是软件测试质量稳定的根本保障。测试用例的设计和编制是软件测试活动中最重要的，其测试过程通常需要一步或连续几步完成，并给出期望的结果或现象。除此之外，测试用例还可以给出如下信息：测试用例编号；测试用例描述；测试步骤编号或执行顺序编号；相关依赖；测试分类；负责人；是否是自动化测试等。

2. 单元测试

单元测试又称为模块测试，是针对程序模块(软件设计的最小单位)来进行正确性检验的测试工作。程序单元是应用的最小可测试部件。在过程化编程中，一个单元就是单个程序、函数、过程等；对于面向对象编程，最小单元就是方法，包括基类(超类)、抽象类、或者派生类(子类)中的方法。

单元测试通常由软件开发人员编写，用于确保他们所写的代码符合软件需求和遵循开发目标。通常来说，软件开发人员每修改一次程序就会最少进行一次单元测试，在编写程序的过程中很可能要进行多次单元测试，以证实程序达到软件规格书要求的工作目标，没有程序错误。单元测试的目标是隔离程序部件并证明这些单个部件是正确的，使开发人员在软件开发过程的早期就能够发现问题。

4.3.3 统一建模语言

统一建模语言(Unified Modeling Language，UML)开始于 1997 年的一个 OMG(Object Management Group，对象管理组织)标准，是一个通用的可视化建模语言，也是目前面向对象技术领域占主导地位的标准建模语言。

20 世纪 70 年代中期，面向对象建模语言出现了。从 1989 年到 1994 年间，其数量从几种增加到了 50 多种。在众多的建模语言中，语言的创造者努力推广自己的产品，并在实践中不断完善。但是，面向对象的方法(Object-oriented Method，OO 方法)的用户并不了解不同建模语言的优缺点及相互之间的差异，因此很难根据应用特点选择合适的建模语言，于是一场"方法大战"爆发了。20 世纪 90 年代中期，一批新方法出现了，其中最引人注目的是 Booch 1993、面向对象的软件工程(Object-oriented Software Engineering，OOSE)和 OMT-2 等，此外还有 Coad/Yourdon 方法，即著名的 OOA/OOD，它是最早的面向对象的分析和设计方法之一。

1994 年 10 月，格雷迪·布奇(Grady Booch，1955—   ) 和詹姆斯·鲁姆博夫(James Rumbaugh，1947—   )开始致力于统一建模语言。他们首先将 Booch 1993 和 OMT-2 统一起来，并于 1995 年 10 月发布了第一个公开版本，称为统一方法 UM 0.8(Unified Method)。1995 年秋，OOSE 的创始人伊瓦·雅各布森(Ivar Jacobson)加盟这一工作。经过布奇、鲁姆博夫和雅各布森三人的共同努力，于 1996 年 6 月

Grady Booch   Jim Rumbaugh

和 10 月分别发布了两个新的版本，即 UML 0.9 和 UML 0.91，并将 UM 重新命名为 UML。

综上所述，统一建模语言 UML 是一种标准的图形化(即可视化)建模语言，由图和元模型组成。图是 UML 的语法；而元模型给出图的含义，是 UML 的语义。

4.3.4　简单重构

1. 代码重构

代码重构是指在不改变代码外部行为的情况下而修改源代码，以提高其可理解性，降低其修改成本或者简化结构而不影响输出结果。重构不只可以改善既有的设计结构，还可以帮助人们理解原来很难理解的流程。此外，重构可以使人们增加对代码和业务逻辑功能的理解，帮助人们提高编程速度，并且因为重构的可扩展性使添加新功能变得更快更容易。

重构是一个持续的系统性的工程，具有重要的意义和作用，贯穿于整个软件开发过程。

2. 代码重构的基本方法

重构的实现方法多种多样，同时针对代码不同侧重点也有所不同，如函数重构和条件表达式重构等。下面是比较具有代表性的几种重构方法。

(1) 封装成员变量：将仅限于本类使用的变量重写成私有成员变量，并提供访问方法。这种重构方式可以将与外部调用者无关的变量隐藏起来，减少代码的耦合性，并减少意外出错的概率。

(2) 提取方法：将大段代码中的一部分提取后，构成一个新方法。这种重构可以使整段程序的结构变得更清晰，从而增加可读性。这也对函数通用。

(3) 一般化类型：将多个类/函数共享的类型抽象出公用的基类，然后利用多态性追加每个类/函数需要的特殊函数。这种重构可以让结构更加清晰，同时可以增加代码的可维护性。

(4) 函数上移/函数下移：指将函数从子类移动到父类或从父类移动到子类。

(5) 方法更名：将方法名以更好的方式表达它的用途。

4.3.5 现代编程环境

1. 集成开发环境

集成开发环境(Integrated Development Environment，IDE)是一种辅助程序开发人员开发软件的应用软件，在开发工具内部就可以辅助编写源代码文本，并编译打包成可用的程序，有些甚至可以设计图形接口。早期的编程语言在送进编译器处理之前，必须先经过流程图、撰写表格、打卡，所以当时并不需要 IDE。当人们开始在主机或终端机上进行开发时，IDE 最初有了实现的可能。Basic 是第一个有 IDE 的编程语言，它的 IDE 是采取命令行的方式，并不像现代的 IDE 使用菜单和图形化。但是它良好地集成了编辑、文件、管理、编译、调试、运行等功能，符合现代化 IDE 的特性。

IDE 通常包括编程语言编辑器、自动构建工具，还包括调试器。有些 IDE 包含编译器/解释器，如微软的 Microsoft Visual Studio，有些则不包含，如 Eclipse、SharpDevelop 等，这些 IDE 是通过调用第三方编译器来实现代码的编译工作的。有时 IDE 还会包含版本控制系统和一些可以设计图形用户界面的工具。许多支持面向对象的现代化 IDE 还包括类别浏览器、对象查看器、对象结构图。虽然当前有一些 IDE 支持多种编程语言(如 Eclipse、NetBeans、Microsoft Visual Studio)，但是一般而言，IDE 主要还是针对特定的编程语言而量身打造(例如 Visual Basic)。

2. 代码搜索

随着开源软件的快速发展，互联网上聚集了大量的代码，尤其是一些有影响力的代码仓库，如 Github 等，其中包含了大量可以被程序员复用的资源。当程序员在编程过程中遇到问题时往往会到网络上搜索期望的代码片段(Snippet)，并进行不同方式的复用。

搜索代码进行重用、调用，或者借此查看别人处理问题的方式，是软件开发者日常工作中最常见的任务之一，代码搜索已经成为程序员最常见的软件开发活动。

3. 软件构件技术

软件构件是一种独立于特定的程序设计语言和应用系统、可重用和自包含的软件成分。软件构件模型是关于开发可重用软件构件和实现构件之间相互通信的一组标准的描述。通过重用已有的软件构件，使用构件对象模型的软件开发者有可能像搭积木一样快速构造应用程序。这样不仅可以减少经费、缩短开发周期和提高效率，并且可以在重用已有开发成果的基础上得到高质量的软件产品。软件构件具有自描述、可定制和可集成等特点。

基于构件的软件开发方法(Component-based Software Development，CBSD)的兴起主要是源于如下不同的背景：一是在学术研究方面对现代软件工程思想，特别是对软件复用技术的高度重视；二是在技术研发方面所取得的有效进展，如虽然缺少理论的支持，但在图形用户界面(GUI)和数据库应用中基于部件的组装技术的成功应用；三是一些主流互操作技术开发者的积极推动，如 OMG 的 CORBA/CCM、微软公司的 COM/DCOM 以及 Sun 公司的 EJB 已成为主流的构件实现规范，相应的软件中间件平台规范也已获得较为普遍的接受；四是由于面向对象技术的广泛使用，提供了构件和使用构件的概念基础和实用工具，事实上，主流的构件实现模型均基于对象技术。

从开发方法的角度来看，CBSD 提供了一种自底向上的、基于预先定制包装好的类属元素(构件)来构建应用系统的途径。应该看到，CBSD 的发展和中间件技术的发展是密切相关的，正是中间件技术及其平台提供了构件开发和构件组装的技术基础和机制。因此，当前 CBSD 讨论的重点主要局限于基于 COM/DCOM、CORBA/CCM 和 EJB 等主流规范的二进制级构件。

4. API 编程

应用程序编程接口(Application Programming Interface，API)是软件系统不同组成部分衔接的约定。由于近年来软件的规模日益庞大，常常需要把复杂的系统划分成小的组成部分，编程接口的设计十分重要。程序设计的实践中，编程接口的设计首先要使软件系统的职责得到合理划分。良好的接口设计可以降低系统各部分的相互依赖，提高组成单元的内聚性，降低组成单元间的耦合程度，从而提高系统的可维护性和可扩展性。

API 是提供给应用程序调用的代码，其主要目的是让应用程序开发人员得以调用一组例程功能，而无须考虑其底层的源代码为何，或理解其内部工作机制的细节。API 本身是抽象的，它仅定义了一个接口，而不涉及应用程序在实际实现过程中的具体操作。

API 分为系统级 API 和非操作系统级的自定义 API。微软 Windows 的 API 作为系统级 API，其开发模式已经为许多商业应用开发的公司所借鉴，并开发出某些商业应用系统的 API 函数予以发布，方便第三方进行功能扩展。非操作系统级的自定义 API 在生活中更是随处可见，例如当你在线购买电影票时需要用到在线支付，电影票网站会使用 API 将你的支付信息发送到远程应用程序，以验证你的信息是否正确，确认付款后，远程应用会将相应信息发送回电影票网站。

本 章 小 结

本章介绍了软件开发的基础知识，包括程序设计的基本概念、数据结构的基本概念和应用实例、实际开发中使用到的开发方法。在计算机领域中，软件开发的语言类型和方法技术更新很快，为了紧跟技术发展趋势，必须理解和掌握软件开发的核心思想和算法设计与分析的基本方法。

通过本章的学习，读者应该了解高级语言的基本语法和特性；熟悉程序设计中常用的几种数据结构，如线性表、栈、队列、树、图等。

习 题

一、选择题

1. 第一个纯面向对象的程序设计语言是(　　)。
   A. Smalltalk　　　　B. C　　　　　　　　C. Fortran　　　　　D. Java
2. 结构化方法不包括(　　)。

    A. 系统分析阶段的结构化分析　　　　B. 系统设计阶段的结构化设计
    C. 系统实施阶段的结构化程序设计　　D. 系统测试阶段的结构化测试

3. char 型常量在内存中存放的是(　　)。

    A. ASCII 代码值　B. BCD 代码值　　C. 内码值　　　　D. 十进制代码值

4. 假设一个顺序表中第 1 个数据元素在主存中的存储单元地址是 100，每个元素占用 2 个存储单元，则第 5 个元素所在存储单元的地址是(　　)。

    A. 108　　　　　B. 110　　　　　C. 112　　　　　D. 120

5. 语言处理程序可以检查的错误是(　　)。

    A. 程序设计错误　B. 逻辑错误　　　C. 语法错误　　　D. B 和 C

6. 可以测试一种条件的结构是(　　)。

    A. 顺序　　　　　B. 判断　　　　　C. 循环　　　　　D. 以上都不是

7. 用于处理重复动作的结构是(　　)。

    A. 顺序　　　　　B. 判断　　　　　C. 循环　　　　　D. 逻辑

8. 队列的特点是(　　)。

    A. 先进先出　　　B. 先进后出　　　C. 二分查找　　　D. 快速查找

9. 记录中的所有成员必须是(　　)。

    A. 同类型　　　　B. 相关类型　　　C. 字符型　　　　D. 整型

二、简答题

1. 什么是数据结构？数据的物理结构有哪些？
2. 从互联网上搜索选择结构的使用方式。
3. 简述模块化方法的原理。
4. 什么是 IDE？

三、讨论题

1. 在进行程序设计时，语言的选择尤为重要，根据你对程序设计语言的了解，谈谈你对程序设计的认识。
2. 如何才能选择一个好的数据结构进行程序设计。
3. 软件开发人员为什么需要学习和了解软件开发工具？

第 5 章　算法与复杂度

学习目标：

- 了解算法基础、算法策略、算法描述工具、算法的评价、基础自动机的可计算性及复杂度、分布式算法、自动机理论、加密算法、几何算法、并行算法等。
- 掌握经典算法的基本思想。

一个好的算法是程序设计的关键。本章首先介绍算法的基本知识、常用算法及算法评价的基础知识，然后介绍几种常用的算法，作为进一步学习算法相关知识的基础。

5.1　算　法　基　础

5.1.1　算法

"算法"即演算法，中文名称出自《周髀算经》。《九章算术》中就曾给出四则运算、最大公约数、最小公倍数、开平方根、开立方根、求素数的埃拉托斯特尼筛法(Sieve of Eratosthenes)，以及线性方程组求解的算法。自唐代以来，历代更有许多专门论述"算法"的专著：唐代的《一位算法》一卷、《算法》一卷；宋代的《算法绪论》一卷、《算法秘诀》一卷，最著名的是杨辉的《杨辉算法》；元代的《丁巨算法》；明代程大位的《算法统宗》；清代的《开平算法》《算法一得》《算法全书》。

算法的英文名称 Algorithm 来自 9 世纪波斯数学家穆罕默德·本·穆萨·阿尔·花剌子模(Muhammad ibn Msa al Khwarizmi)，因为他在数学上提出了算法这个概念。"算法"原为 Algorism，意思是阿拉伯数字的运算法则，在 18 世纪演变为 Algorithm。欧几里得(Euclid)算法被公认为是史上第一个算法，用于计算两个正整数 a、b 的最大公约数。

19 世纪和 20 世纪早期的数学家、逻辑学家在定义算法上出现了困难。直到 20 世纪，图灵提出了著名的图灵论题，并提出一种假想的计算机抽象模型，这个模型被称为图灵机。图灵机的出现解决了算法定义的难题，并对算法的发展起到了重要的作用。

《周髀算经》

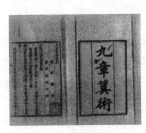
《九章算术》

Al Khwarizmi

Euclid

5.1.2 算法的特性

算法反映了求解问题的方法和步骤。不同的问题需要用不同的算法来解决,而同一个问题也可能有多种不同的算法。一个算法必须具有以下几个特性。

1. 有穷性(可终止性)

一个算法(针对所有合法的输入)必须在有限的操作步骤内以及合理的时间内执行完成。对一个算法,要求在时间和空间上均是有穷的。这里的有穷除了步骤上的有穷性以外,通常还要求算法执行的时间应该合理。如果让计算机执行一个 100 年才结束的算法,这虽然是有穷的,但超过了合理的时间范围,就把它视为无效算法。

2. 确定性

算法中的每一个操作步骤都必须有明确的含义,不允许存在二义性。例如, "赋值为大于 0 的整数",这是不确定的,因为大于 0 的整数有无穷多个。

3. 有效性(可行性)

算法中描述的操作步骤都是可执行,并能得到确定结果的。有效性包括以下两个方面。
(1) 算法中每一个步骤必须能够实现,如在算法中不允许出现分母为 0 的情况。
(2) 算法执行的结果要能够达到预期的目的和实现预定的功能。

4. 输入数据与输出数据的要求

一个算法应该有 0 个或多个输入数据,有 1 个或多个输出数据。执行算法的目的是求解,而在计算机系统内, "解"的形式就是输出,没有输出的算法是毫无意义的。

5.2 算 法 策 略

算法研究的内容是实现计算机程序时解决问题的方法,而不是计算机程序本身。一个优秀的算法可以运行在比较慢的计算机上,但一个劣质的算法在一台性能很强的计算机上也不一定能满足用户的需要。因此,在计算机程序设计中,算法设计往往处于核心地位。要想充分理解算法并有效地应用于实际问题中,关键是对算法的分析,通常可以利用实验对比分析、数学方法分析等。

1. 递归算法

递归算法是直接或者间接不断反复调用自身来达到解决问题的方法。这就要求原始问题可以分解成相同问题的子问题。递归是设计和构造计算机算法的一种基本方法,递归过程必须存在一个递归终止条件,即存在一个"递归出口",无条件的递归是毫无意义的。例如,数学阶乘运算,可以用递归算法定义函数 $f(n)$ 如下:

$$n! = \begin{cases} 1, & n = 0 \\ n(n-1)!, & n > 0 \end{cases}$$

当 $n=0$ 时，给出了函数的非递归定义的初始值，也就是"递归出口"；当 $n>0$ 时，给出了递归定义，等式两边都有阶乘运算，体现了递归的特征。

递归描述的算法通常有这样的特征：为求解规模很大的一个问题，首先设法将它分解成一些规模较小的问题，若可以轻松求解则利用这些较小问题的解构造出原来问题的解，否则重复上述步骤，直到规模为 1 或者不可再细分时，这种最小的问题能够直接求解。

递归算法的一个典型例子：印度舍罕王(Shirham)打算奖赏国际象棋的发明人——宰相达依尔(Dahir)。国王问他想要什么，他对国王说："陛下，请您在这张棋盘的第 1 个小格里赏给我一粒麦子，在第 2 个小格里给 2 粒，第 3 个小格里给 4 粒，以后每一小格都比前一小格加一倍。请您把这样摆满棋盘上所有 64 格里的麦粒，都赏给您的仆人吧！"国王觉得这个要求太容易满足了，就命令给他这些麦粒。当人们把一袋一袋的麦子搬来开始计数时，国王才发现，就是把全印度甚至全世界的麦粒全拿来，也满足不了那位宰相的要求。

那么，宰相要求得到的麦粒到底有多少呢？总数为：$2^0+2^1+2^2+\cdots+2^{63}=2^{64}-1$。

2. 迭代算法

迭代是指重复执行一组指令或操作步骤，在每次执行这组指令时，都在原来的解的基础上推出一个新的解，新的解比原来的解更加接近真实的解。这个过程不断重复，直到最后计算得到的解与真实解的误差满足实际要求，这就是迭代算法。

迭代常常用于处理科学计算领域中某些无法直接求解的数值问题。例如，求解一个一般的高阶方程 $f(x)=0$、超越方程或者微分方程的数值解。此类问题，无法在数学上直接求出准确的解，所以只能用数值方法求出问题的近似解。若近似解的误差可以估计和控制，且迭代的次数也可以接受，它就是一种数值近似求解的好方法，从而使一个复杂问题的求解过程转化为相对简单的迭代算法的重复执行过程。

现欲求方程 $f(x)=0$ 的解。首先用某种数学方法导出等价的形式 $x=g(x)$，然后按以下步骤执行。

(1) 选一个方程的近似根，赋给变量 x_0。

(2) 将输出的值保存于变量 x_1，然后计算 $g(x_1)$，并将结果存于变量 x_0。

(3) 若 x_0 与 x_1 差的绝对值还不小于指定的精度要求时，重复步骤(2)的计算。

如果方程有解，并且按照上述方法反复计算出来的若干个 x_1(近似根)总是按照一定的规律趋近于一个特定的数值，即在数学上收敛，则按上述方法求得的 x_1 就认为是方程的根。

迭代过程的终止条件是编写迭代程序必须考虑的问题，即不能让迭代过程无休止地重复执行下去。迭代过程的控制通常可分为两种情况：一种是所需的迭代次数是一个确定的值，可以计算出来；另一种是所需的迭代次数无法确定。对于前一种情况，可以构建一个固定次数的循环来实现对迭代过程的控制；对于后一种情况，需要进一步分析出用来结束迭代过程的条件。

例如，一个饲养场引进一只刚出生的新品种兔子，这种兔子从出生的下一个月开始，每月新生一只兔子，新生的兔子也如此繁殖。如果所有的兔子都不死去，问到第 12 个月时，该饲养场共有多少只兔子？

分析：这是一个典型的递推问题。不妨假设第 1 个月时兔子的只数为 u_1，第 2 个月时兔子的只数为 u_2，第 3 个月时兔子的只数为 u_3，……，根据题意，"这种兔子从出生的下

一个月开始，每月新生一只兔子"，则有

$u_1 = 1$，$u_2 = u_1 + u_1 \times 1 = 2$，$u_3 = u_2 + u_2 \times 1 = 4$，…

根据这个规律，可以归纳出下面的递推公式：

$u_n = u_{n-1} \times 2(n \geq 2)$

对应 u_n 和 u_{n-1}，定义两个迭代变量 y 和 x，可将上面的递推公式转换成如下迭代关系：

$y = 2x$

$x = y$

让计算机对这个迭代关系重复执行 11 次，就可以算出第 12 个月时的兔子数。

3. 穷举算法

穷举算法亦称枚举法，该算法首先根据问题的部分条件确定问题解的大致范围，然后在此范围内对所有可能的情况逐一进行验证，直到全部情况验证完毕。若某个情况使验证结果符合题目的条件，则为本题的一个答案；若全部情况验证完后均不符合题目的条件，则判定该问题无解。

穷举算法比较直观，便于理解，在算法设计时容易想到。但是穷举法最大的问题就是运算量较大，特别是当穷举范围较大时，算法在时间上往往难以承受。

在穷举过程中，当有部分节点可以根据问题提供的信息明确地被判定为不可能演化出最优解的情况下，就可以跳过这些节点的遍历，提高算法的运行效率，这种方法称为剪枝策略。剪枝策略在如博弈树算法等多种算法中有着广泛应用。

利用穷举算法的思想能够解决许多问题。例如，求解某个整数 n 是否是质数，最简单的穷举可以直接从 2 到 n 逐一对 n 进行整除，观察余数是否为 0。当然，作为一种简单的优化，穷举的范围从 2 出发，但是无须穷举到 n，而只需穷举到 n 的平方根即可。

4. 贪心算法

贪心算法也称贪婪算法，是通过一系列选择，最终得到问题的解。算法作出的每一个选择都是在当前状态下的最优选择。

贪心算法通常具有贪心选择性和最优子结构性。贪心选择性指的是所求解问题的整体最优解可以通过一系列局部最优的选择而得到。贪心算法所作的贪心选择可以依赖以往所作过的选择，但不依赖于将来的选择和子问题的求解。最优子结构性指的是一个问题的最优解往往包含它的子问题的最优解。贪心算法一般可以快速得到满意的解，因为它省去了为求最优解要穷尽所有可能而必须耗费的大量时间。

例如，人们在日常生活中购物时找补零钱，已知要找补的金额总和，以及各种硬币零钞的币值，问题是希望如何使找补的硬币数量最小。在贪心算法中，并不考虑找零钱的所有方案，而是希望快速得到一种可能的最优解。采用的方法是从最大面值的币种开始，按递减的顺序考虑各币值。首先尽量采用大面值的币种的金额，只有当剩余找补金额不足上次采用的较大硬币面值时，才去考虑下一种较小面值的币种。

假设顾客希望找回总额为 16 的硬币。同时假设银行发行的硬币面额分别为 1、5 和 10，那么按照贪心算法，首先应该选取一枚面额为 10 的硬币，然后选择 1 枚面额为 5 的硬币，最后选择 1 枚面额为 1 的硬币。在这个例子里，这种方法总是最优的，这是因为银行对其

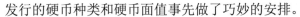

发行的硬币种类和硬币面值事先做了巧妙的安排。

假设顾客同样希望找回总额为 16 的硬币，但是银行发行的硬币面额分别变成了 1、5 和 12 单位的硬币。按照上述的贪心算法，应该选择一枚面额为 12 的硬币，然后选择 4 枚面额为 1 的硬币，硬币总数为 5。而最优解应该是选择 3 枚面额为 5 的硬币，然后选择一枚面额为 1 的硬币，总数为 4。此时可以看出，贪心算法的结果就不等于最优解了。

5. 分治算法

分治算法是一种很重要的算法，字面上的解释是"分而治之"，就是不断地把一个复杂的问题分成两个或更多的相同或相似的子问题，直到最后的子问题可以简单地直接求解，原问题的解即子问题的解的合并。这个技巧是很多高效算法的基础，如排序算法(快速排序、归并排序)、傅里叶变换(Flourier Transformation)和快速傅里叶变换(Fast Fourier Transform)等。

6. 动态规划

动态规划的基本思想是，若要解一个给定问题，人们需要解其不同部分(即子问题)，再根据子问题的解以得出原问题的解。通常许多子问题非常相似，为此动态规划法试图仅仅解决每个子问题一次，从而减少计算量。一旦某个给定子问题的解已经算出，则将其记忆化存储，以便下次需要同一个子问题解时直接查表。这种做法在重复子问题的数目关于输入的规模呈指数增长时特别有用。动态规划常常适用于有重叠子问题和最优子结构性质的问题，动态规划方法所耗时间往往远少于朴素解法。

7. 分支定界

分支定界算法是一种在问题的解空间树上搜索问题的解的方法。通常，把全部可行解空间反复地分割为越来越小的子集，称为分支；并且对每个子集内的解集计算一个目标下界(对于最小值问题)，这称为定界。在每次分支后，凡是界限超出已知可行解集目标值的那些子集不再进一步分支，这样，许多子集可不予考虑，这称剪枝。这就是分支定界法的主要思路。该方法最初是由 Ailsa Land 和 Alison Doig 于 1960 年在英国伦敦政治经济学院(The London School of Economics and Political Science)进行离散编程时提出的，并已成为解决 NP-hard 优化问题最常用的工具。

8. 启发式算法

启发式算法旨在通过牺牲速度的最优性、准确性或完整性，比传统方法更快，更有效地解决问题。在这些问题中，尽管可以提供给定的解决方案，但没有已知的有效方法可以快速、准确地找到解决方案。启发式算法可以单独产生一个解决方案，也可以用来提供良好的基线，并辅以优化算法。当近似解足够精确且解在传统方法的计算上耗费巨大时，最常使用启发式算法。现阶段，启发式算法以仿自然体算法为主，主要有模拟退火算法、蚁群算法、遗传算法等。

5.3 算法描述工具

算法是通过程序才能实现的，而在进行算法设计的过程中，通常需要借助一些形式化的描述工具来描述算法，以利于实际问题的分析求解。常用的算法描述方式有自然语言、流程图、伪代码等。

1. 自然语言

自然语言就是人们日常使用的语言，可以是中文、英文等。例如，求 3 个数中最大者的问题，借助自然语言可以描述如下。

(1) 比较前两个数。

(2) 将(1)中较大的数与第三个数进行比较。

(3) 步骤(2)中较大的数即为所求。

文字形式的算法描述主要用于在人类之间传递思想和智能。当把算法用于人类和计算机之间传递智能时，文字形式算法的主要缺点是表示方法不规范，即使是相同的算法，不同的人描述也会有很大差异。显然，文字形式的算法描述很难让计算机理解和执行。

2. 流程图

流程图是用规定的一组图形符号、流程线和文字说明来描述算法的一种表示方法。

1973 年美国学者纳斯(I. Nassi)和施奈德曼(B. Shneiderman)提出了一种新型流程图，即 N-S 流程图(National Semiconductor Corporation)，这种流程图描述顺序结构、选择结构、当型循环结构、直到型循环结构。

3. 伪代码

伪代码是用一种介于自然语言与计算机语言之间的用文字和符号描述算法的语言。伪代码接近计算机语言，便于向计算机程序过渡，它比计算机语言形式灵活、格式紧凑，没有严格的语法。

伪代码不是计算机能够直接理解和执行的程序语句的形式，而是一种伪程序语句的形式，所以也称作伪码。伪代码规定了特定符号的含义和固定的语法格式，算法结构非常固定。伪代码的每个基本语句与任何计算机高级语言的语句形式都非常接近，可以很方便地把伪代码形式的算法转变为计算机可以直接理解和执行的计算机高级语言程序。

5.4 算法的评价

对于一个算法的评价，通常要从正确性、可理解性、健壮性、时间复杂度(Time Complexity)以及空间复杂度(Space Complexity)等多个方面加以衡量。相比而言，人们更关心的是与计算机系统资源密切相关的时间复杂度和空间复杂度。

对于求解的问题，通常会有多种不同的算法。虽然这些算法都是正确的，都能得到期望的结果，但是，不同的算法在获得这些结果时消耗的资源却是不同的。执行算法时所消

耗资源的多少称为算法的效率。在计算机系统内，算法执行时耗费的资源主要包括时间和空间，可以从分析算法的时间开销和空间开销入手，来分析算法的时间复杂度及空间复杂度。

1. 算法的时间复杂度

时间复杂度是度量时间的复杂性，即算法的时间效率的指标。换言之，时间复杂度是与求解问题规模、算法输入数据相关的函数，该函数定性描述算法的运行时间。为了简化问题，通常用算法运行某段核心代码的次数来代替准确的执行时间，记为 T(n)。其中，n 代表求解问题的规模，一般是指待处理的数据量的大小。

在实际的时间复杂度分析中，经常考虑的是当问题规模趋于无穷大的情形，通常使用算法最坏情况的复杂度，因此引入符号 O，以此简化时间复杂度 T(n)与求解问题规模 n 之间的函数关系，简化后的关系是一种数量级关系。例如，如果某个算法的时间复杂度为 T(n)=n^2+2n，那么，当求解规模 n 趋于无穷大时，有 T(n)/n^2→1，表示算法的时间复杂度与 n^2 成正比，记为 T(n)=O(n^2)。

常见的时间复杂度包括常数时间、多项式时间、对数级时间和指数级时间等。常数数量级算法的运行时间是一个常数，算法所消耗的时间不随所处理的数据个数 n 增大而增长。多项式函数的时间复杂度有 O(n)、O(n^2)、O(n^3)、O(n^4)等，对大多数应用问题来说，时间复杂度都为多项式函数。若算法的 T(n) = O(log n)，则称其具有对数时间。对数时间的算法是非常有效的，因为每增加一个输入，其所需要的额外计算时间会变小。

2. 算法的空间复杂度

算法的空间复杂度是度量空间的复杂性，即执行算法的程序在计算机中运行时所占用空间的大小。换言之，空间复杂度也是与求解问题规模、算法输入数据相关的函数，记为 S(n)，其中，n 代表求解问题的规模。

空间复杂度主要也是考虑当问题规模趋于无穷大的情形，符号 O 同样被用来表示空间复杂度 S(n)与求解问题规模 n 之间的数量级关系。例如，如果 S(n)=O(n^2)，表示算法的空间复杂度与 n^2 成正比，记为 S(n)=O(n^2)。

空间复杂度的分析方法与时间复杂度的分析方法类似，往往希望算法有常数数量级或多项式数量级的空间复杂度。

除了时间复杂度和空间复杂度以外，算法的正确性、可读性及健壮性也是评价算法优劣的重要指标。算法的可读性是指一个算法可供人们阅读的容易程度。健壮性是指一个算法对不合理数据输入的反应能力和处理能力，也称为容错性。

5.5 基础自动机的可计算性及复杂度

5.5.1 可计算理论基础

研究计算的可行性和函数算法的理论，又称算法理论，是算法设计与分析的基础，也是计算机科学的理论基础。可计算性是函数的一个特性。设函数 f 的定义域是 D，值域是 R，如果存在一种算法，对 D 中任意给定的 x，都能计算出 $f(x)$ 的值，则称函数 f 是可计算的。

在可计算性理论中，算法主要用于计算函数和判定谓词。具有定义域 D 的谓词 P 是 D 中元素的一种特性，D 中每个元素或者具有这种特性，或者不具有这种特性。如果 D 中 x 具有特性 P，就称 $P(x)$ 为真，否则称 $P(x)$ 为假。如果存在一个算法，对 D 中任何给定的 x，该算法总能给出 $P(x)$ 是否为真的明确回答，则称谓词 P 是可判定的。

函数的可计算性和谓词的可判定性是密切相关的概念。可以把每个谓词 P 与一个值域为 $\{0, 1\}$ 的函数 f 联系起来，P 和 f 具有相同的定义域 D。对 D 中任意 x，如果 $P(x)$ 为真，则 $f(x)=1$；如果 $P(x)$ 为假，则 $f(x)=0$。显然，f 是可计算的当且仅当 P 是可判定的。因此，只需讨论函数的可计算性即可。

为了表示一个函数是可计算的，只需给出一个计算它的算法即可。按照上述定义，对于一个适当的算法，应该能构造一个执行算法指令的机器，这是一种抽象的计算机，算法就是该抽象计算机的程序。只有能由这种机器计算的函数，才可定义为可计算函数。通常用于这种目的的抽象计算机就是所谓的图灵机。因为图灵机有精确的定义，所以可计算出数的概念就变成一个精确的数学概念。这种定义可计算函数的方法称为抽象机方法。

另一种定义可计算性的方法是函数方法，这种方法的基本出发点是认为可计算函数就是能行可构造函数。所谓"能行性"，是指存在切实可行的构造方法，并能在有限步骤内构造出来。基于这种方法的研究在可计算性理论中构成了递归函数论，其主要成果是论证能行可构造函数就是一般递归函数。

5.5.2 有限状态自动机

有限状态自动机(Finite-state Machine 或 Finite-state Automaton)是一种数学计算模型。它在任何给定时间都可以恰好处于有限数量的状态之一，它还可以响应一些外部输入，当满足条件时就从一种状态变为另一种状态(从一种状态到另一种状态的变化称为过渡)。有限状态自动机由其初始状态和每个过渡的条件的列表定义。有限状态自动机有两种类型：确定有限状态自动机和非确定有限状态自动机。

确定有限状态自动机可以构造为与任何非确定状态机等效。确定有限状态自动机或确定有限自动机(Deterministic Finite Automaton，DFA)是一个能实现状态转移的自动机。对于一个给定的属于该自动机的状态和一个属于该自动机字母表的字符，它都能根据事先给定的转移函数转移到下一个状态(这个状态可以是先前那个状态)。

非确定有限状态自动机(NFA)是对每个状态和输入符号均可以有多个可能的下一个状态的有限状态自动机。这区别于确定有限状态自动机(DFA)，它的下一个可能状态是唯一确定的。尽管 DFA 和 NFA 有不同的定义，但在形式理论中可以证明它们是等价的。也就是说，对于任何给定 NFA，都可以构造一个等价的 DFA；反之亦然。两种类型的自动机只识别正则语言。非确定有限自动机有时被称为有限类型的子移位。非确定有限状态自动机可推广为概率自动机，它为每个状态转移指派概率。

5.5.3 正则表达式

正则表达式(Regular Expression)，又称正则表示式、正则表示法、规则表达式、常规表示法。正则表达式使用单个字符串来描述、匹配一系列符合某个句法规则的字符串，它的设计思想是用一种描述性的语言来给字符串定义一个规则，凡是符合规则的字符串，人们就认为它"匹配"了，否则，该字符串就是不合法的。在很多文本编辑器里，正则表达式通常被用来检索、替换那些符合某个模式的文本。

正则表达式最早出现于理论计算机科学的自动控制理论和形式化语言理论中。在这些领域中有对计算(自动控制)的模型和形式化语言描述与分类的研究。1940 年，沃伦·麦卡洛克(Warren McCulloch)与沃尔特·皮茨(Walter Pitts)将神经系统中的神经元描述成小而简单的自动控制元。20 世纪 50 年代，数学家斯蒂芬·科尔·克莱尼(Stephen Cole Kleene)利用称为"正则集合"的数学符号来描述此模型。肯尼斯·蓝·汤普逊(Kenneth Lane Thompson)将此符号系统引入编辑器 QED，随后是 Unix 上的编辑器 ED，并最终引入 Grep。自此以后，正则表达式被广泛地应用于各种 Unix 或类 Unix 系统的工具中。Perl 的正则表达式源自亨利·斯宾塞(Henry Spencer)于 1986 年 1 月 19 日发布的 Regex，它已经演化成 Perl 兼容正则表达式(Perl Compatible Regular Expressions，PCRE)，一个由 Philip Hazel 开发的，为很多现代工具所使用的库。

5.5.4 停机问题

停机问题(Halting Problem)是逻辑数学中可计算性理论的一个问题。通俗地说，停机问题就是判断任意一个程序是否能在有限的时间之内结束运行的问题。该问题等价于如下的判定问题：是否存在一个程序 P，对于任意输入的程序 W，能够判断 W 会在有限时间内结束或者死循环。

图灵在 1936 年用对角论证法证明了不存在解决停机问题的通用算法。这个证明的关键在于对计算机和程序的数学定义，停机问题在图灵机上是不可判定问题，这是最早提出的决定性问题之一。

针对停机问题的证明也是很简单的：如果存在一个判断停机问题的程序 H(H 需要的输入是一个程序)，再构造一个新的程序 K，这个程序调用 H 但是与 H 的输出正好相反；如果 K 的输入经 H 判断为停机，则 K 不停机；如果 K 的输入经 H 判断为不停机，则 K 停机。现在矛盾出现了：如果把 K 输入 H(即用 H 判断对于程序 K，给出输入为 K)，那么 K 停机么？如果按逻辑推演，答案应该是：如果 K 不停机则 H 停机；如果 K 停机则 H 不停机。矛盾出现了。唯一解决矛盾的解释是：不存在这样万能的 H。停机问题包含了自我指涉，本质是一阶逻辑的不完备性，类似的命题有理发师悖论、全能悖论等。

5.5.5 上下文无关文法

诺姆·乔姆斯基于 1956 年发展的乔姆斯基谱系是最常见的文法分类系统，这个分类谱系把所有的文法分成四种类型：无限制文法、上下文相关文法、上下文无关文法和正规文法。四类文法对应的语言类分别是递归可枚举语言、上下文相关语言、上下文无关语言和正规语言。

上下文无关文法(Context-Free Grammar，CFG)定义的语法范畴(或语法单位)是完全独立于这种范畴可能出现的环境。例如，在程序设计语言中，当碰到一个算术表达式时，人们完全可以"就事论事"处理,而不必考虑它所处的上下文。然而,在自然语言中,随便一个词,甚至一个字的意思在不同的上下文中都可能有不同的意思。幸运的是,当今的程序设计语言都是上下文无关的。

上下文无关文法包括四个部分:一组终结符号、一组非终结符号、一个开始符号,以及一组产生式。终结符号是组成语言不可再分的基本符号,在程序语言中就是保留字、标识符、常数等;非终结符号是一个给定的语法概念,是一个类(或集合)记号,而不是某个个体记号;开始符号是一个特殊的非终结符号,是语言中人们最终想得到的字符串(在程序语言中,人们最终感兴趣的是"程序"这个语法范畴,其他的语法都是构造"程序"的基石);产生式(也称产生规则或者简称规则)是语法范畴的一种书写规则。

上下文无关文法重要的原因在于它们拥有足够强的表达力来表示大多数程序设计语言的语法;实际上,几乎所有程序设计语言都是通过上下文无关文法来定义的。上下文无关文法足够简单,使得人们可以构造有效的分析算法来检验一个给定字符串是否是由某个上下文无关文法产生的。

上下文无关文法取名为"上下文无关"的原因就是一个字符总是可以被另一个字符串替换,而无须考虑其出现的上下文环境。如果一个形式语言是由上下文无关文法生成的,那么它就是上下文无关的。

5.5.6　NP 问题

NP(Non-Deterministic Polynomial)问题是非确定性多项式问题,是指算法无法直接计算出结果,只能通过进行一些有选择的"猜算"来得到结果。

对于这类问题给出的算法并不能直接计算出结果,但可以检验某个可能的结果是正确的还是错误的。这个可以检验"猜算"的答案正确与否的算法,如果可以在多项式时间内解出,就是非确定性多项式问题。例如,查找一个很大的质数的数学问题,目前所知并不存在一个确定的公式可以用来推算并找到这个很大的质数。但是,如果事先给定一个数,程序却可以在多项式时间内判断出它是否满足要求。

NP 问题一直是计算机科学领域理论研究者研究的热门问题。在 NP 问题中,存在一个叫作"NP-完全问题"的子集,也是最难的 NP 问题。由于所有的 NP 问题都可以多项式归约为 NP-完全问题,因此,目前关于 NP 问题的研究主要集中在 NP-完全问题的研究上,其中比较著名的包括 SAT 问题、哈密顿路径问题、最短路径问题等。

布尔可满足性问题(Boolean Satisfiability Problem,SAT)属于决定性问题,它主要探究对于一个确定的逻辑电路,是否存在一种输入使得输出为真。SAT 是第一个被证明属于 NP 完全的问题。此问题在计算机科学的许多领域皆相当重要,包括计算机科学基础理论、算法、人工智能、硬件设计等。

哈密顿图是一个无向图,由哈密顿爵士提出,由指定的起点前往指定的终点,途中经过所有其他节点且只经过一次。在图论中是指含有哈密顿回路的图,闭合的哈密顿路径称作哈密顿回路,含有图中所有顶点的路径称作哈密顿路径。寻找哈密顿路径是一个典型的 NP-完全问题。后来人们也证明了,找一条哈密顿路径的近似比为常数的近似算法也是 NP-完全的。

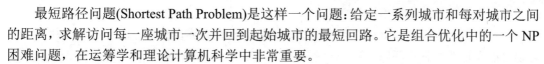

最短路径问题(Shortest Path Problem)是这样一个问题：给定一系列城市和每对城市之间的距离，求解访问每一座城市一次并回到起始城市的最短回路。它是组合优化中的一个 NP 困难问题，在运筹学和理论计算机科学中非常重要。

NP 问题的研究结果有两种可能：一种是找到了求解问题的算法；另一种就是求解问题的算法不存在，那么就要从数学理论上证明它为什么不存在。

5.6　分布式算法

分布式算法是用于解决多个互连处理器运行问题的算法。分布式算法的各部分并发和独立地运行，每一部分只承载有限的信息。即使处理器和通信信道以不同的速度运作，或即使某些构件出了故障，这些算法仍然能正常工作。

分布式算法有广泛的应用，如电话系统、航班订票系统、银行系统、全球信息系统、天气预报系统以及飞机和核电站控制系统都依赖于分布式算法。很明显，确保分布式算法准确、高效地运行是非常重要的。然而，由于这种算法的执行环境很复杂，所以设计分布式算法就成为一项极端困难的任务。

分布式算法和集中式算法在设计的方法和技巧上有着很大差异，原因在于分布式系统和集中式系统在系统模型和结构上有着本质的区别。集中式算法所具备的一些基本特征，在分布式算法中已经不复存在。分布性和并发性是分布式算法的两个最基本的特征。分布式系统的执行存在着许多非稳定性的因素。由于这些差异，导致分布式算法的设计和分析，较之集中式算法来讲，要复杂得多，也困难得多。

分布式系统中存在 CAP 原则，即在一个分布式系统中，一致性(Consistency)、可用性(Availability)、分区容错性(Partition Tolerance)，这三个要素最多只能同时实现两点，不可能三者兼顾。而在现实应用中，为了换取系统的高可用性往往需要牺牲一致性，因此，分布式中的一致性问题一直无法得到很好的解决。

莱斯利·兰伯特(Leslie Lamport，1941—　)于 1990 年提出了一种基于消息传递且具有高度容错特性的一致性算法——Paxos 算法，该算法已经成为应用最广泛的分布式一致性算法。谷歌分布式锁服务(Google Chubby)的作者 Mike Burrows 说过这个世界上只有一种一致性算法，那就是 Paxos，其他的算法都是残次品。微软公司开发了简化的 Paxos 算法并申请了专利。

Google 公司在其分布式锁服务中应用了 Multi-Paxos 算法。分布式锁服务应用于 Bigtable，Bigtable 在 Google 公司所提供的各项服务中得到了广泛的应用。此外，Google 在其分布式数据库 Spanner 中使用 Multi-Paxos 作为分布式共识保证的基础组件。

5.7　自动机理论

数理语言学中研究抽象自动机的理论。抽象自动机是一种能够识别语言的抽象装置，它不是具有物理实体的机器，而是表示计算机运算方式的抽象的逻辑关系系统，这样的抽象自动机可以用来检验输入的符号串是不是语言中合格的句子：如果是合格的句子，自动机就接收它；如果不是就不接收它。

自动机可分为有限自动机、后进先出自动机、线性有界自动机、图灵机等几种。它们对语言的识别能力各不相同。

自动机理论是将离散数学系统的构造、作用和关系作为研究对象的数学理论。常见的自动机有以下几种：以电话交换机为主要实例的有限自动机是自动机理论的基础，被应用到自动控制、生物系统中；由下推表组成的单项非确定程序的下推自动机；线性有界自动机；用来描述通用计算机计算能力的图灵机模型；进行与转移函数、转移状态有关的输出的时序机；由一些基本语句构成程序框图的波斯特机；随机存储机；堆栈自动机；不受有限自动机做控制器和存储限制的无限自动机；统计自动机某一条件概率分布的概率自动机和细胞自动机。

5.8 加 密 算 法

加密作为保障数据安全的一种方式，早就在历史上发挥了悠久的作用。从远古时代开始，人们就已经在采用一种如今称为"编码"的方法用于保护文字信息。最早影响世界的加密技术诞生于战争年代，由德国人发明，用于传递攻击信息；而最早影响世界的解密技术也诞生于战争年代，由英美开发出来破译德国人的攻击信息。正是战争让加解密技术不断改进发展，直到现在，仍然在为信息时代的数据安全而服务。

数据加密的基本过程就是对原来为明文的文件或数据按某种算法进行处理，使其成为不可读的一段代码，通常称为"密文"，使其只能在输入相应的密钥之后才能显示出本来内容，通过这样的途径来达到保护数据不被非法窃取、阅读的目的。该过程的逆过程为解密，即将该编码信息转化为其原来数据的过程。

2004 年 8 月 17 日的美国加州圣巴巴拉的国际密码学会议(International Conference On Cryptography，Crypto' 2004)上，中国科学院王小云院士作了《破译 MD5(Message Digest Algorithm 5)、HAVAL-128、MD4(Message Digest Algorithm 4) 和 RIPEMD(RACE Integrity Primitives Evaluation Message Digest)算法》的报告，公布了 MD 系列算法的破解结果，宣告了固若金汤的世界通行密码标准 MD5 的堡垒轰然倒塌，引发了密码学界的轩然大波。

2005 年 8 月，王小云、姚期智及妻子姚储枫联手于国际密码讨论年会尾声部分提出 SHA-1 杂凑函数杂凑

王小云　　　　冯登国

冲撞演算法的改良版，此改良版使得破解 SHA-1 的时间缩短为 2^{63} 步。2006 年 6 月 8 日，王小云在中国科学院第 13 次院士大会和中国工程院第 8 次院士大会上以"国际通用 Hash 函数的破解"获得陈嘉庚科学奖信息技术科学奖。2009 年，中国科学院冯登国院士、谢涛利用差分攻击，将 MD5 的碰撞算法复杂度从王小云提出算法的 2^{42} 进一步降低到 2^{21}，极端情况下甚至可以降低至 2^{10}。2019 年 9 月 7 日，王小云因"在密码学中的开创性贡献"获得未来科学大奖中的数学与计算机科学奖。

5.9　几何算法

几何算法的内容不属于欧几里得(Euclid)的几何证明公理化范畴,而是属于欧几里得几何构造,即由算法和复杂性构成。欧几里得的几何构造满足算法的所有要求,即无二义性、有穷性、确定性、能行性、输入、输出、正确性等。在欧几里得的几何构造中,限定了可允许使用的工具(直尺和圆规)和原始运算(圆规的一个脚置于一个给定点或一条直线上,作一个圆;直尺过一个

Niels Henrik Abel　　Evariste Galois

给定点,作一条直线)。但欧几里得原始运算并不能胜任所有的几何运算(如三角的 3 等分),这一点直到 19 世纪,尼尔斯·亨利克·阿贝尔(Niels Henrik Abel,1802—1829)、埃瓦里斯特·伽罗瓦(Evariste Galois,1811—1832)等数学家才给出了证明。

在一个几何构造过程中,执行原始运算的总次数称为该过程的复杂性度量,这个概念对应于算法的时间复杂度。同样,还有对应于算法的空间复杂度的概念。这是欧几里得几何构造过程复杂性的定量测度。

5.10　并行算法

并行算法是在给定并行模型下的一种具体、明确的计算方法和步骤。

根据并行计算任务的大小分类,并行算法可以分为粗粒度并行算法、中粒度并行算法和细粒度并行算法三类。粗粒度并行算法所含的计算任务有较大的计算量和较复杂的计算程序;中粒度并行算法所含的计算任务的大小和计算程序的长短在粗粒度和细粒度两种类型的算法之间;细粒度并行算法所含的计算任务有较小的计算量和较短的计算程序。

根据并行计算的基本对象,并行计算可分为数值并行计算和非数值并行计算。非数值并行计算也会用于高精度数值计算,数值并行计算中也会有查找、匹配等非数值计算成分,这两者之间并无严格的界限。在实际分类时,主要是根据主要的计算量所属范畴以及宏观的计算方法来判断。

根据并行计算进程间的依赖关系,并行算法可以分为同步并行算法和异步并行算法。前者是通过一个全局的时钟来控制各部分的步伐,将任务中的各个部分计算同步地向前推进;而后者执行的各部分计算步伐之间没有关联,互不同步。在操作中,它们根据计算过程的不同阶段决定等待、继续或终止。

一个高效的并行算法设计过程比较复杂。一般编程设计过程可以分为任务划分、通信分析、任务组合和处理器映射。任务划分阶段主要是将整个使用域或功能分解成一些小的计算任务,其目的是揭示和开拓并行执行的机会;通信分析则检测在任务划分阶段划分的合理性;任务组合按照性能要求和实现的代价来考察前两个阶段的结果,必要时可以将一些小的任务组合成更大的任务以提高执行效率和减少通信开销;处理器映射决定将每一个任务分配到哪个处理器上去执行,目的是最小化全局执行时间和通信成本,并最大化处理器的利用率。

并行算法是一门还没有发展成熟的学科，虽然人们已经总结出了相当多的经验，但是远远不及串行算法那样丰富，还有许多需要完善的地方。并行算法与串行算法最大的不同之处在于并行算法不仅要考虑问题本身，还要考虑所使用的并行模型、网络连接方式等。

本 章 小 结

本章介绍了算法的概念和特性，常用算法的应用，算法描述的工具和评价方式，算法设计的策略以及分布式算法、NP 问题引入、自动机理论，加密、几何和并行三种算法的具体概念。

通过本章的学习，读者应该了解算法的三种表示方式，即自然语言、流程图和伪代码，熟悉递归、迭代、穷举和贪心等常用算法的实现过程，能够自然地描述出算法，对算法的时间和空间复杂度进行计算和评价，对加密、几何和并行算法有初步的认识。

习 题

一、选择题

1. 下面关于算法的说法，错误的是( )。
   A. 算法必须有输出
   B. 算法必须在计算机上用某种语言实现
   C. 算法不一定有输入
   D. 算法必须在有限步执行后能结束

2. 一步一步解决问题或完成任务的方法是( )。
   A. 结构体　　　　B. 递归　　　　C. 迭代　　　　D. 算法

3. ( )是算法自我调用的过程。
   A. 插入　　　　B. 查找　　　　C. 递归　　　　D. 迭代

4. ( )是一种用来计算一组数据之和的基本算法。
   A. 求和　　　　B. 乘积　　　　C. 最小　　　　D. 最大

5. 用来计算一组数据乘积的基本算法是( )。
   A. 求和　　　　B. 乘积　　　　C. 最小　　　　D. 最大

6. 根据数值大小进行排列的基本算法是( )。
   A. 查询　　　　B. 排序　　　　C. 查找　　　　D. 递归

7. 通过一系列选择，最终得到问题的解的算法是( )。
   A. 迭代算法　　B. 递归算法　　C. 贪婪算法　　D. 穷举算法

8. 算法分析的目的是( )。
   A. 找出算法的合理性
   B. 研究算法的输入与输出关系
   C. 分析算法的有效性以求改进
   D. 分析算法的易懂性

9. 算法的评价一般不包括( )。
   A. 正确性　　　B. 代码量　　　C. 健壮性　　　D. 可理解性

10. 算法的复杂度主要包括( )复杂度和空间复杂度。
    A. 性能　　　　B. 空间　　　　C. 时间　　　　D. 距离

11. 对一个具有 n 个元素的线性表，建立其单链表的时间复杂度为(　　)。

    A. O(n)　　　　　　B. O(1)　　　　　　C. O(n^2)　　　　　　D. O($\log_2 n$)

12. 某算法的时间复杂度为 O(n^2)，表明该算法的(　　)。

    A. 问题规模是 n^2　　　　　　　　　　B. 执行时间等于 n^2

    C. 执行时间与 n^2 成正比　　　　　　　D. 问题规模与 n^2 成正比

13. 解决多个互连处理器运行问题的算法是(　　)。

    A. 分布式算法　　　B. 迭代算法　　　C. 递归算法　　　D. 分治法

14. 加密技术通常分为对称式和(　　)两大类

    A. 非对称式　　　B. 关联式　　　C. 内联式　　　D. 外联式

15. RSA 公钥加密算法的提出者不包括(　　)。

    A. 阿迪·萨莫尔　　　　　　　　　B. 伦纳德·阿德曼

    C. 大卫·希尔伯特　　　　　　　　D. 罗纳德·李维斯特

16. 根据数据加密标准，速度较快、适用于加密大量数据的场合的加密算法是(　　)。

    A. DES　　　　　　B. RC2　　　　　　C. DSA　　　　　　D. MD5

17. 在 2004 年 8 月 17 日，美国加州圣巴巴拉的国际密码学会议(Crypto'2004)上(　　)做了《破译 MD5、HAVAL-128、MD4 和 RIPEMD 算法》的报告。

    A. 王小云　　　B. 姚期智　　　C. 冯登国　　　D. 谢涛

二、简答题

1. 什么是算法？算法的特性有哪些？
2. 什么是算法的时间复杂度和空间复杂度？该如何表示？
3. 用图示法表示语言处理的过程。
4. 算法的时间复杂度仅与问题规模相关吗？
5. 简述算法设计的策略。
6. 简述递归算法的基本思想。
7. 简述贪心算法与动态规划算法的异同。
8. 简述并行算法研究的内容。

三、讨论题

1. 算法是程序设计的基础，没有好的算法，就不可能写出好的程序。但是，学习算法涉及很多交叉学科的知识，怎样才能把这些知识融会贯通，写出优秀的程序呢？
2. 算法设计非常复杂，如何才能设计出优秀的算法？
3. 现在想要完全验证某些复杂算法(如自动驾驶中的控制算法)的正确性几乎是不可能的。当这些程序对人们的生命财产安全造成损害时，程序的开发者是否应该对错误负责？

第6章 信息管理

学习目标:

- 了解模型与信息系统、信息存储与检索、数据库系统、常用数据库管理系统、数据库的新发展、多媒体系统。
- 掌握信息管理的概念、数据库系统、数据模型。

信息系统(Information System)能够方便人们获取特定信息,辅助人们进行控制和决策,而数据库是信息系统的核心和关键。本章介绍信息系统、数据库及关系数据库的基本知识,使读者对信息系统及数据库系统有一个整体的认识。

6.1 模型与信息系统

面对大量的、种类繁多的、不断传播的信息,如何理解和处理它们,以获取信息的内涵,已经成为人们关注的问题。

6.1.1 信息

信息通常是指经过加工的、有一定意义和价值的且具有特定形式的数据,这些数据能够反映客观世界事物的内在联系及本质,从而影响信息获取者的行为或决策。从计算机系统的角度来看,数据是信息的载体,而信息则是数据加工的结果。信息一般具有以下几个特征。

(1) 时间性。信息的价值是有时间限制的,特定的信息在一定的时间范围内才有意义。

(2) 真实性。信息应该能够表现事物自身的内在规律及本质内涵。

(3) 易于理解。信息所表达或包含的内容是能够被理解的。

(4) 多样性。信息的表达方式、量化方式、处理方式等都是多样化的。

(5) 传播性。信息是可以借助于媒体进行传播的,尤其在当今的网络环境下,信息传播无处不在。

(6) 不确定性。客观事物是复杂的,由于人类认知的局限性,使得信息具有不确定性。

6.1.2 信息模型

信息模型(Information Model)是一种用来定义信息常规表示方式的方法。通过使用信息模型,可以使用不同的应用程序对所管理的数据进行重用、变更及分享。使用信息模型的意义不仅包括对象的建模,同时也包括对象间相关性的描述。除此之外,建模的对象还描述了系统中不同的实体及其行为和数据流动的方式。这些将有助于更好地理解系统。对于

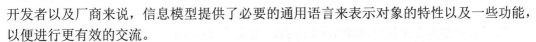

开发者以及厂商来说，信息模型提供了必要的通用语言来表示对象的特性以及一些功能，以便进行更有效的交流。

　　信息模型的基本构件包括对象、对象视图和对象关系。企业中的对象是企业实体的抽象和泛化，可以是用户、雇员、产品、零部件、车床、工具等。对象的属性可以用明确的数据结构来描述。对象视图说简单点就是企业现存的各种报表和资料，它在功能模型中表现为伴随事件发生的信息。对象视图的描述包括文字描述、数据的特性和相关的企业对象以及数据的属性三个方面，它们是信息建模的基础和企业现状数据的直接反映。对象关系用来定义企业对象之间的语义联系。

6.1.3　信息获取和表示

1．基本概念

　　信息获取是指围绕一定目标，在一定范围内，通过一定的技术手段和方式方法获得原始信息的活动和过程。获取信息的途径不是单一的，而是多种多样的。在日常生活中，人们获取信息所选择的方式要因地制宜、取长补短。

2．获取的步骤

　　信息获取是整个信息周转过程的第一个基本环节，必须具备三个步骤才能有效地实现，下述步骤缺一不可。

　　(1) 制定信息获取的目标要求，即要搜集什么样的信息，做什么用。

　　(2) 确定信息获取的范围方向，即从什么地方才能获得这些信息。

　　(3) 采取一定的技术手段、方式和方法获取信息。由于需要不同，信息获取的技术手段、方式、方法也不相同，如破案工作要采取侦察、技术鉴定等方法，而科研工作必须利用情报检索工具和手段等。

6.1.4　信息系统

　　信息系统是一个由人员、活动、数据、网络、技术等要素组成的集合，其主要目的是对数据进行采集、存储、处理和交换，满足管理人员解决问题和制定决策等对信息的各种需求。简单地讲，信息系统就是能够为企业或组织提供信息，辅助人们对环境进行控制和决策的系统。现代信息系统都使用计算机系统来实现，因此，信息系统通常指计算机信息系统。

6.2　信息存储与检索

6.2.1　信息存储

　　信息存储是将经过加工整理序化后的信息按照一定的格式和顺序存储在特定的载体中的一种信息活动，其目的是为了便于信息管理者和信息用户快速、准确地识别、定位和检索信息。

信息的存储是信息在时间域传输的基础，也是信息得以进一步综合、加工、积累和再生的基础，在人类和社会发展中有重要意义。造纸术、印刷术、摄影、摄像技术、录音、录像、磁盘、磁带、光盘等都是信息存储驱动而产生的技术。这些人造的信息存储技术与设备不仅在存储容量、存取速度方面有可能扩张人脑的存储能力，而且还有更重要的含义：一是它们把人主观认识世界的信息迁移到客观世界的存储介质中，可以不受人死亡的限制而一代一代传下去；二是它们脱离了个人大脑的局限可成为人类社会共享的知识，成为社会人与人之间进行信息交流的重要媒介。

6.2.2　信息检索

信息检索(Index)起源于图书馆的参考咨询和文摘索引工作，从 19 世纪下半叶开始发展，至 20 世纪 40 年代，索引和检索已成为图书馆独立的工具和用户服务项目。随着 1946 年世界上第一台电子计算机问世，计算机技术逐步走进信息检索领域，并与信息检索理论紧密结合起来。

信息检索有广义和狭义之分。广义的信息检索全称为"信息存储与检索"，是指将信息按一定的方式组织和存储起来，并根据用户的需要找出有关信息的过程。狭义的信息检索为"信息存储与检索"的后半部分，通常称为"信息查找"或"信息搜索"，是指从信息集合中找出用户所需要的有关信息的过程。狭义的信息检索包括三个方面的含义：了解用户的信息需求、信息检索的技术或方法、满足信息用户的需求。

由信息检索原理可知，信息的存储是实现信息检索的基础。这里要存储的信息不仅包括原始文档数据，还包括图像、视频和音频等，首先要将这些原始信息进行计算机语言的转换，并将其存储在数据库中，否则无法进行机器识别。待用户根据意图输入查询请求后，检索系统根据用户的查询请求在数据库中搜索与查询相关的信息，通过一定的匹配机制计算出信息的相似度大小，并按从大到小的顺序将信息转换输出。

6.2.3　网络信息挖掘

网络信息挖掘是数据挖掘技术在网络信息处理中的应用。网络信息挖掘是在大量训练样本的基础上得到数据对象间的内在特征，并以此为依据进行有目的的信息提取。网络信息挖掘技术沿用了 Robot、全文检索等网络信息检索中的优秀成果，同时以知识库技术为基础，综合运用人工智能、模式识别、神经网络领域的各种技术。应用网络信息挖掘技术的智能搜索引擎系统能够获取用户个性化的信息需求，根据目标特征信息在网络上或者信息库中进行有目的的信息搜寻。

网络信息挖掘(Web Mining)可以广义地定义为从 WWW 中发现和分析有用的信息。网络信息挖掘技术是在已知数据样本的基础上，通过归纳学习、机器学习、统计分析等方法得到数据对象间的内在特性，据此采用信息过滤技术在网络中提取用户感兴趣的信息，获得更高层次的知识和规律。

网络信息挖掘大致分为四个步骤：资源发现，即检索所需的网络文档；信息选择和预处理，即从检索到的网络资源中自动挑选和预先处理得到专门的信息；概括化，即从单个

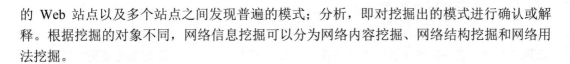

的 Web 站点以及多个站点之间发现普遍的模式；分析，即对挖掘出的模式进行确认或解释。根据挖掘的对象不同，网络信息挖掘可以分为网络内容挖掘、网络结构挖掘和网络用法挖掘。

6.2.4 数字图书馆

数字图书馆(Digital Library)是用数字技术处理和存储各种图文并茂文献的图书馆，实质上是一种多媒体制作的分布式信息系统。它把各种不同载体、不同地理位置的信息资源用数字技术存储，以便于跨越区域、面向对象的网络查询和传播。它涉及信息资源加工、存储、检索、传输和利用的全过程。

数字图书馆就是收集或创建数字化馆藏，把各种文献替换成计算机能识别的二进制系列图像，在安全保护、访问许可、记账服务等完善的权限处理之下，经授权的信息利用Internet 的发布技术，实现全球共享。数字图书馆的建立将使人们在任何时间和地点通过网络获取所需的信息变为现实，从而大大促进资源的共享与利用。

数字图书馆就是虚拟的、没有围墙的图书馆，是基于网络环境下共建共享的可扩展的知识网络系统，是超大规模的、分布式的、便于使用的、没有时空限制的、可以实现跨库无缝连接与智能检索的知识中心。数字图书馆既是完整的知识定位系统，又是面向未来互联网发展的信息管理模式，可以广泛地应用于社会文化、终身教育、大众媒介、商业咨询、电子政务等社会组织的公众信息传播。

6.3 数据库系统

数据库技术是信息系统的一个核心技术，是一种计算机辅助管理数据的方法，用于研究如何组织和存储数据，如何高效地获取和处理数据。数据库技术研究数据库的结构、存储、设计、管理以及应用的基本理论和实现方法，并利用这些理论来处理、分析和理解数据库中的数据。数据库技术是研究、管理和应用数据库的一门软件科学。

数据库技术研究和解决了计算机信息处理过程中大量数据有效地组织和存储的问题，在数据库系统中可减少数据存储冗余、实现数据共享、保障数据安全以及高效地检索数据和处理数据。

6.3.1 数据库

1. 数据

数据(Data)是用来描述事物的符号记录，是数据库中存储的基本对象。数据的种类很多，包括文字、数字、声音、图形及图像等。

2. 数据库的概念

数据库(Database，DB)是指以一定的组织方式存储的相互关联的数据集合。这些数据能够长期存储、统一管理和控制，且能够被不同的用户所共享，具有数据独立性及最小冗余度。

当前，通常需要将某些相关的数据保存在数据库中，并根据管理的需要进行相应的处理。例如，企业人事部门需要把单位职工的基本情况，包括职工号、姓名、年龄、性别、籍贯等存放在表中，表在逻辑上包含在一个数据库中，这样就可以根据需要随时查询一个职工的基本情况或者年龄在某个范围的职工人数等。

3. 数据库管理系统

数据库管理系统(Database Management System，DBMS)是对数据库进行管理的软件系统，是数据库系统的核心。它位于计算机操作系统与用户或应用程序之间，主要功能包括数据定义，数据操作，数据组织，存储和管理，数据库的建立和维护，数据通信接口。

4. 数据库管理员

数据库管理员(Database Administrator，DBA)是专门对数据库进行规划、设计、管理、协调和维护的工作人员，主要任务是确定数据库的结构和具体内容、确定数据库的存储结构和存取策略、定义数据库的安全性要求和完整性约束条件、监控数据库系统的使用及运行。

5. 数据库系统

数据库系统(Database System，DBS)是 DB、DBMS、DBA、用户和计算机系统的总和，具体组成如图 6.1 所示。

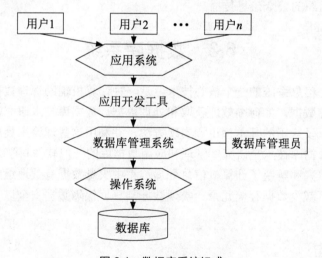

图 6.1　数据库系统组成

6.3.2　数据管理技术阶段

数据管理技术发展的根源在于对数据管理任务的需求。数据管理要完成对数据的分类、组织、编码、存储、检索和维护。在应用需求的推动和计算机软、硬件发展的基础上，数据管理技术得到了极大的发展，可以分为人工管理、文件系统、数据库系统三个阶段。

1. 人工管理阶段

20 世纪 50 年代中期以前，计算机主要用于科学计算。当时的硬件状况是只有纸带、

卡片和磁带，没有磁盘等直接存取的存储设备；软件状况是没有操作系统，没有管理数据的软件，数据处理方式是批处理。

2. 文件系统阶段

20 世纪 50 年代后期到 60 年代中期，随着软、硬件技术的发展，硬件方面已有磁盘、磁鼓等可直接存取的存储设备；软件方面已经有了专门的数据管理软件——文件系统；处理方式上不仅有了批处理，而且能够联机实时处理。

3. 数据库系统阶段

20 世纪 60 年代后期以来，硬件方面已有了大容量磁盘。软件方面，为编制和维护系统软件，应用程序所需成本相对增加，有了联机实时处理、分布式处理的应用需求。如果仍然用文件系统来管理数据，已经不能适应应用的发展需求。于是为解决多用户、多任务共享数据的要求，实现大量的联机实时数据处理，数据库技术便应运而生，出现了统一管理数据的专门的 DBMS 软件系统。

6.3.3　数据库技术的发展趋势

在当前大数据、人工智能、云计算不断发展的形势下，数据库技术也不断地向智能化数据库、微型数据库、云端数据库等方向发展。

1. 智能化数据库

在当今时代，每天产生的海量数据促使企业数据库的数据承载量不断增加，企业的各项数据都能得以完整保存。但同时也存在着一个问题，即企业如何快速、准确地从海量数据中查找出自己需要的信息，而随着科学技术的不断发展，这个问题可以利用商业智能进行解决。商业智能可以在较短的时间内，对企业的海量数据进行有效的收集、存储、分析、整合以及查询等，抽取出用户所需的信息并进行在线分析处理，以帮助企业作出科学合理的决策。

2. 微型数据库

从计算机领域的相关设备与软件系统的发展趋势来看，不管是智能设备还是软件系统，占用的空间都往小、微的方向发展。不难想象，在当今时代，会有成亿的信息设备与网络相连，而这些信息设备都将与大数据进行联通，每个信息设备可能都会配置一个小的、自适应的数据库，以满足用户的需要。而这些微型数据库与传统大型数据库的主要区别：微型数据库具有自适应功能与自我调节功能，能够根据用户的需要快速、准确地从网络或云端筛选出某一类数据资源，以满足不同个体对某一类数据的实际需要。

3. 云端数据库

为了满足当前人们处理海量数据的需求，学者们提出了各种各样的解决方案，其中云计算技术是一种切实可行的数据处理技术。云计算通过利用超大规模的集群服务器，对数据进行存储与处理，并将许多应用、系统都转移到"云"中。不过因数据库系统要求的原子性、一致性、隔离性、持久性四大特性，在数据分布存储时可能会导致部分操作性能低下，如连接查询操作等。因此，为了有效提升数据分布存储下数据库系统的性能，业界提出了一种面向查询的数据分布策略(SOD)，即根据数据库的查询情况确定数据的分布算法。该算法适用于云计算，能明显提高系统的查询性能。在当前，数据库可在"云端"运行，用户的工作只需要与 API 对接，存数据、取数据、删数据、改数据，而调优、打补丁、扩容、分库、分表等工作都可以交给云服务商。

4. 实时数据库技术

实时数据库是实时处理与数据库相结合的技术，对数据处理的实效性有很高的要求。实时数据库技术应用在企业中，能实时显示收集的各项生产数据，以便及时发现并排除可能发生的故障，同时拥有授权的数据管理员，还能在任意的计算机上实时查看生产数据，较之前只能在固定计算机上查看数据拥有极大的便利性。实时数据库普遍用于企业进行信息化建设中的基础数据，其对关系数据库中的部分功能加以弱化，利用工业中的实时数据算法与历史数据存储、检索形式，对工业需求加以满足。

6.4　常用数据库管理系统

数据库管理系统(Database Management System)是一种操纵和管理数据库的大型软件，用于建立、使用和维护数据库，简称 DBMS。它对数据库进行统一的管理和控制，以保证数据库的安全性和完整性。用户通过 DBMS 访问数据库中的数据，数据库管理员也通过 DBMS 进行数据库的维护工作。它可使多个应用程序和用户用不同的方法在同时或不同时刻去建立、修改和询问数据库。大部分 DBMS 提供数据定义语言 DDL(Data Definition Language)和数据操作语言 DML(Data Manipulation Language)，供用户定义数据库的模式结构与权限约束，实现对数据的追加、删除等操作。经过多年的发展，数据库管理系统已经形成了以 Oracle、Sybase、DB2 等大型关系数据库管理系统为主流的市场格局。

1. Oracle

Oracle 的前身叫 SDL，由甲骨文公司(Oracle)于 1977 年推出。该公司成立于 1977 年，最初是一家专门开发数据库的公司。Oracle 产品主要包括数据库服务器、开发工具和连接产品三类。由于大型数据库应用系统要求有很高的数据处理能力，同时也要求系统具有高可靠性、高安全性、稳定性等，而 Oracle 数据库产品具有可移植性、可联结性、高生产率、兼容性好等特色，因此 Oracle 通常成为国内外大型数据库应用系统的选择，如企业和政府部门，尤其是在企业信息管理系统领域，具有较为广泛的应用。

2. Sybase

Sybase 公司成立于 1984 年，公司名称"Sybase"取自"system"和"database"相结合的含义。公司的第一个关系数据库产品是 1987 年 5 月推出的 Sybase SQL Server 1.0。Sybase 首先提出了 Client/Server 数据库体系结构的思想，并率先在 Sybase SQL Server 中实现。Sybase 具有极高的安全性与可用性，能够处理大量的并发事务。因此，在银行和证券等要

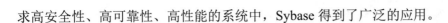

求高安全性、高可靠性、高性能的系统中，Sybase 得到了广泛的应用。

3. DB2

DB2 是 IBM 公司的产品，称为通用数据库(Universal Database，UDB)。1970 年，IBM 公司的研究员首次提出了关系模型的概念。1974 年，IBM 的研究人员又提出了 SEQUEL 语言——人们现在所熟知的 SQL 语言的基础。

4. MS SQL Server

MS SQL Server 是一个基于 C/S 模式的关系数据库管理系统，是由 Microsoft、Sybase 和 Ashton-Tate 三家公司共同开发，最早于 1988 年推出的基于 OS/2 的 Ashton-Tate/Microsoft SQL Server。

5. MySQL

MySQL 是一个建立在 C/S 结构上的关系数据库系统，专为速度和稳定性而设计，还可以运行在嵌入式系统中。MySQL 始于 1979 年，起源于瑞典 TcX 公司的名为 UNIREG 的数据库系统。

6. Access

Access 是微软公司推出的主要用于桌面环境的一个小型的关系数据库管理系统。最初，微软公司将 Access 作为一个独立的产品进行销售。为了追求更高的利润，微软实施了其一贯的捆绑销售策略，于是第一次将 Access 捆绑到 Office 97 中销售，使之成为 Office 套件中的一个重要成员。

7. SQLite

SQLite 是 D. Richard Hipp 建立的一个公有领域项目。SQLite 的第一个 Alpha 版本诞生于 2000 年 5 月，它是一款轻型的数据库，遵守 ACID 的关联式数据库管理系统。它的设计目标是嵌入式的，已经在很多嵌入式产品中得到广泛应用。它占用的资源非常少，在嵌入式设备中，可能只需要几百字节的内存就够了。它能够支持 Windows/Linux/UNIX 等主流的操作系统，同时能够跟很多程序语言相结合，如 C#、PHP、Java 等，同时也支持 ODBC 接口，相比 MySQL、PostgreSQL 等著名的开源数据库管理系统，它的处理速度更快。

6.5 数据库的新发展

随着信息技术及其应用的进一步发展，分布式数据库、并行数据库、空间数据库、多媒体数据库、主动数据库、数据仓库等已成为数据库领域的热点。

6.5.1 分布式数据库

分布式数据库是传统的数据库技术与计算机网络技术相结合的产物。分布式数据库由一组数据组成，这组数据分布在计算机网络中的不同计算机上，逻辑上属于同一个系统。网络中的各个节点具有独立处理能力(也称场地自治)，可以执行局部应用，同时也能够通过网络通信子系统执行全局应用，并统一由一个分布式数据库管理系统(Distributed Database Management System，DDBMS)进行管理。

分布式数据库具有数据的物理分布性、数据的逻辑整体性、数据的分布透明性、场地自治和协调、数据的冗余度低及冗余透明性等特点。

分布式数据库系统研究的主要内容包括 DDBMS 的体系结构、数据分片与分布、冗余控制、分布式查询优化、分布式事务管理、并发控制、安全控制等。

6.5.2　并行数据库

数据库技术与并行处理技术相结合，就产生了并行数据库系统。并行数据库以高性能、高可用性和高扩充性为指标，充分利用多处理器平台的能力，通过多种并行性，在联机事务处理与决策支持应用两种典型环境中提供优化的响应时间和事务吞吐量。并行数据库系统的体系结构有共享内存结构、共享磁盘结构和无共享资源结构。

这三种结构各有利弊：共享内存结构相对来说容易实现，各处理器的负载较均衡，但存在访问内存和磁盘的瓶颈，可伸缩性不佳，可用性不大；共享磁盘结构消除了访问内存的瓶颈，但存在访问磁盘的瓶颈，分布式缓存器也是一个瓶颈，可扩充性不佳；无共享资源结构不易做到负载均衡，具有极佳的可伸缩性。

6.5.3　空间数据库

空间数据库是根据利用卫星遥感资源迅速绘制地图的应用需求发展而来的。空间数据库是描述、存储和处理空间数据及其属性数据的数据库系统。空间数据是用于表示空间物体的位置、形状、大小、分布特征等多方面信息的数据，可以描述二维、三维、多维分布的关于区域的现象。

空间数据的特点是不仅包括物体本身的空间位置及状态信息，还包括表示物体的空间关系(拓扑关系)的信息。

空间数据库技术研究的主要内容包括空间数据模型、空间数据查询语言、空间数据库管理系统(Spatial Database Management System，SDBMS)等。

6.5.4　多媒体数据库

多媒体技术与传统的数据库技术相结合，就产生了多媒体数据库。多媒体数据库是描述、存储和处理多媒体数据及其属性数据的数据库系统，多媒体数据通常是指数字、文本、声音、图形、图像和视频等。多媒体数据库由相应的多媒体数据库管理系统(Multimedia Database Management System，MDBMS)进行管理。

多媒体数据库具有媒体信息多样化、信息量大、处理复杂等特点。

多媒体数据库系统研究的主要内容有多媒体的数据模型、MDBMS 的体系结构、多媒体数据的存取与组织技术、多媒体查询语言、多媒体数据的同步控制及多媒体数据压缩技术等。如果是在分布式环境下使用多媒体数据库，还应该研究多媒体数据的高速数据通信等问题。

6.5.5　主动数据库

数据库技术与人工智能技术相结合，就产生了知识库系统和主动数据库系统。主动数据库是相对于传统数据库的被动性而言的，在传统数据库基础上，结合人工智能技术和面向对象技术提出了主动数据库。主动数据库的主要目标是提供对紧急情况及时反应的能力，同时提高数据库管理系统的模块程度。主动数据库通常采用的方法是在传统数据库系统中嵌入 ECA(事件—条件—动作)规则。

6.5.6　数据仓库

信息系统是提供信息、辅助人们对环境进行控制和决策的系统，借助数据仓库，人们可以利用一些相关技术来实现使用信息系统的这一根本目标。数据仓库是一个面向主题的、集成的、不可更新的、随时间不断变化的数据的集合，用以支持企业或组织的决策分析。

数据仓库(Data Warehouse)具有面向主题、数据集成、数据不可更新和数据不随时间而变化的特点。利用日常数据库系统处理的、被保存了的大量业务数据及数据分析工具，进行数据的分析处理，可以得到某些结果，以供企业调整发展、经营策略。

在数据仓库中主要采用的分析处理海量数据的技术是数据挖掘技术。数据挖掘(Data Mining)是从数据仓库中发现并提取隐藏在内部的信息的一种技术。数据挖掘的目的是从大量的信息中发现和寻找数据间潜在的联系，它涉及数据库技术、人工智能技术、机器学习、统计分析等多种技术。利用这些技术，数据挖掘技术能够实现数据的自动分析、归纳推理，发现数据间的潜在联系，从而帮助企业调整市场策略。

6.6　多媒体系统

多媒体(Multimedia)是多种媒体的复合，多媒体信息是指以文字、声音、图形、图像等为载体的信息。

在计算机和通信领域，文本、图形、声音、图像、动画等都可以称为媒体。所谓多媒体，是指能够同时采集、处理、编辑、存储和展示两个或两个以上不同类型的信息媒体的技术，这些信息媒体包括文字、声音、图形、图像、动画、活动影像等。

一般的多媒体系统由多媒体硬件系统、多媒体操作系统、多媒体处理系统工具和用户应用软件四个部分组成。

6.6.1　超文本和超媒体

随着社会各个领域的发展以及信息的快速增长，人们感到传统的信息存储与检索机制已不能满足需求，尤其不能像人类思维那样通过"联想"来明确信息内部的关联性，而这种关联可以使人们了解存储在不同地方的信息之间的关系及相似性。因此，人们迫切需要一种技术或工具，可以建立并使用信息之间的连接结构，使得各种信息得到灵活、方便而广泛的应用。近年来不断发展并得到广泛应用的一种技术就是超文本(Hypertext)和超媒体(Hypermdia)技术。

超文本是一种信息管理技术，也是一种电子文献形式。超文本不是顺序的而是一个非线性的网状结构，它把文本按其内部固有的独立性和相关性划分成不同的基本信息块，这些信息块称为节点(Node)。以节点作为信息的单位。一个节点可以是一个信息块，也可以是若干节点组成一个信息块。在超文本数据库内部，节点之间用链(Link)连接起来形成网状结构。

随着计算机技术的发展，节点中的数据不仅可以是文字，还可以是图形、图像、声音、动画、视频，甚至是计算机程序及其组合，这就把超文本的特点与链推广到多媒体的形式。这种基于多媒体信息节点的超文本就称为超媒体。

超媒体与超文本的不同之处在于：超文本主要是以文字的形式表示信息，建立的链接关系主要是文句之间的链接关系；超媒体除了可以使用文本外，还可以使用图形、图像、声音、动画或影视片段等多种媒体来表示信息，建立的是文本、图形、图像、声音、动画、影视片段等媒体之间的链接关系。

6.6.2 数字地球与智慧城市

数字地球(The Digital Earth)是一个以地球坐标为依据的、具有多分辨率的海量数据和多维显示的地球虚拟系统，是遥感技术、全球定位系统、地理信息系统、虚拟技术、网络技术等各种技术的综合应用。数字地球可看成是"对地球的三维多分辨率表示，它能够放入大量的地理数据"。通俗的说法就是用数字的方法将地球、地球上的活动及整个地球环境的时空变化装入电脑中，实现在网络上的流通，并使之最大限度地为人类的生存、可持续发展和日常的工作、学习、生活、娱乐服务。

从严格意义上说，数字地球是以计算机技术、多媒体技术和大规模存储技术为基础，以宽带网络为纽带运用海量地球信息对地球进行多分辨率、多尺度、多时空和多种类的三维描述，并利用它作为工具来支持和改善人类活动和生活质量。数字地球的核心思想是用数字化手段统一处理地球问题，最大限度地利用信息资源，并使普通百姓能够通过一定方式方便地获得他们想了解的有关地球的信息。

智慧城市(Smart City)就是运用信息和通信技术手段感测、分析、整合城市运行核心系统的各项关键信息，从而对包括民生、环保、公共安全、城市服务、工商业活动在内的各种需求做出智能响应。其实质是利用先进的信息技术，实现城市智慧式管理和运行，进而为城市中的人创造更美好的生活，促进城市的和谐、可持续发展。

智慧城市通过物联网基础设施、云计算基础设施、地理空间基础设施等新一代信息技术以及维基、社交网络、Fab Lab、Living Lab、综合集成法、网动全媒体融合通信终端等工具和方法的应用，实现全面透彻的感知、宽带泛在的互联、智能融合的应用以及以用户创新、开放创新、大众创新、协同创新为特征的可持续创新。伴随网络帝国的崛起、移动技术的融合发展以及创新的民主化进程，知识社会环境下的智慧城市是继数字城市之后信息化城市发展的高级形态。

本 章 小 结

　　本章介绍了信息系统中的核心基础——数据库技术，包括数据、数据库、数据库管理系统、数据库管理员的基本概念，关系数据库设计的过程，数据库管理的基本内容，常用的数据库管理系统以及数据库发展的方向。

　　通过本章的学习，读者应该了解信息管理概念、数据库系统、分布式数据库、物理数据库设计、数据挖掘、信息存储与检索、多媒体系统，掌握信息管理概念、数据库系统。

习 题

一、选择题

1. 下列不属于信息特征的是(　　)。
   A. 时间性　　　　B. 多样性　　　　　　C. 确定性　　　　D. 真实性
2. 下列不属于信息模型的基本构件的是(　　)。
   A. 对象价值　　　B. 对象　　　　　　　C. 对象视图　　　D. 对象关系
3. 数据库系统与文件系统的主要区别在于(　　)。
   A. 数据独立化　　B. 数据整体化　　　　C. 数据结构化　　D. 数据文件化
4. DB、DBMS、DBS 三者之间的关系是(　　)。
   A. DBMS 包括 DB 和 DBS　　　　　　　B. DBS 包括 DB 和 DBMS
   C. DB 包括 DBMS 和 DBS　　　　　　　D. DB、DBS、DBMS 是一个意思
5. 位于用户与操作系统之间的数据管理软件是(　　)。
   A. 翻译系统　　　B. 编译系统　　　　　C. 数据库系统　　D. 数据库管理系统
6. 数据库是在(　　)的基础上发展起来的。
   A. 文件系统　　　B. 应用程序系统　　　C. 编译系统　　　D. 数据库管理系统
7. 以下不属于数据库管理系统(DBMS)的软件是(　　)。
   A. Oracle　　　　B. Sybase　　　　　　C. Office　　　　D. SQL Server

二、简答题

1. 简述一个 DBMS 的组成部分。
2. 简述数据管理技术发展的三个阶段。
3. 什么是超文本和超媒体技术？

三、讨论题

　　信息系统是提供信息、辅助人们对环境进行控制和决策的系统。借助数据仓库，人们利用一些相关技术来实现使用信息系统，试讨论你所了解的信息管理技术。

第 7 章　基于平台的开发

学习目标：

- 了解平台、Web 平台、移动平台、工业平台以及游戏平台等基本概念。
- 掌握 Web 开发平台的应用以及平台开发的语言。

基于平台的开发是指特定软件平台的软件设计与开发。与通用目的的编程相比，基于平台的开发需要考虑特定平台的约束。

7.1　平　台　概　述

7.1.1　平台

从编程之初，软件开发人员便免不了和方法、类、接口等打交道。随着互联网的流行，又要求以互联网为基础，实现网络资源共享，这便激发了软件开发者的创造力，形成了 Web 开发平台。Web 开发平台提供了设计开发工具，支持 Web 界面的布局，大大提高了开发效率。Web 开发平台提供了基础业务单据开发的基类体系和界面模板库，以及大量的基础组件，同时集成了各种服务，让业务开发的功能很容易使用这些通用服务进行协同工作，让业务功能集成和部署更加方便、轻松。

7.1.2　基于指定平台 API 的编程

基于互联网的应用变得越来越普及，有更多的站点将自身的资源开放给开发者来调用。对外提供的 API 调用使得站点之间的内容关联性更强，同时这些开放的平台也为用户、开发者和网站带来了更大的价值。

开放是目前的发展趋势，越来越多的产品走向开放。目前的网站不能靠限制用户离开来留住用户，开放的架构反而更增加了用户的依赖性。在 Web 2.0 的浪潮到来之前，开放的 API 甚至源代码主要体现在桌面应用上。具备分享、标准、去中心化、开放、模块化的 Web 2.0 站点，在为使用者带来价值的同时，更希望通过开放的 API 来让站点提供的服务拥有更大的用户群和服务访问数量。

为了对外提供统一的 API 接口，需要对开发者开放资源调用 API 的站点提供开放统一的 API 接口环境，来帮助使用者访问站点的功能和资源。当然，开放 API 的站点为第三方的开发者提供良好的社区支持，有助于吸引更多的技术人员参与到开放的开发平台中，并开发出更为有价值的第三方应用。

7.1.3 平台语言

1. Objective-C

Objective-C 是一种通用、高级、面向对象的编程语言。它扩展了标准的 ANSIC 编程语言，将 Smalltalk 式的消息传递机制加入 ANSIC 中。

Objective-C 主要由 StepStone 公司的布莱德·考克斯(Brad Cox)和汤姆·洛夫(Tom Love)在 20 世纪 80 年代发明。1983 年，Cox 与 Love 合伙成立了 Productivity Products International(PPI)公司，将 Objective-C 及其相关库商品化贩售，并在之后将公司改名为 StepStone。1986 年，Cox 出版了一本关于 Objective-C 的重要著作，书内详述了 Objective-C 的各种设计理念。

Brad Cox

Objective-C 是非常实用的语言。它用一个很小的、用 C 写成的运行库，使得应用程序的大小增加很少。Objective-C 写成的程序通常不会比其源代码和库大太多，不会像 Smalltalk 系统，即使只是打开一个窗口也需要大量的容量。由于 Objective-C 的动态类型特征，Objective-C 不能对方法进行内联一类的优化，这使得 Objective-C 的应用程序一般比类似的 C 或 C++程序更大。

2. HTML5

HTML5 是构建 Web 内容的一种语言描述方式。

HTML 产生于 1990 年，到 1997 年 HTML4 已经成为互联网标准，并广泛应用于互联网应用的开发。HTML5 是 Web 中核心语言 HTML 的规范，用户使用任何手段进行网页浏览时看到的内容原本都是 HTML 格式的，在浏览器中通过一些技术处理将其转换成了可识别的信息。HTML5 技术结合了 HTML4 的相关标准并革新，符合现代网络发展要求，并于 2008 年正式发布。HTML5 由不同的技术构成，在互联网中得到了非常广泛的应用，可提供更多增强网络应用的标准机。

HTML5 将 Web 带入一个成熟的应用平台，在这个平台上，视频、音频、图像、动画以及与设备的交互都进行了规范。HTML5 允许程序通过 Web 浏览器运行，并将视频等需要插件和其他平台才能使用的多媒体内容也纳入其中，这将使浏览器成为一种通用的平台，用户通过浏览器就能完成任务。此外，消费者还可以访问以远程方式存储在"云"中的各种内容，不受位置和设备的限制。

7.1.4 平台约束编程

约束编程(Constraint Programming)是一种编程典范，在这种编程范式中，变量之间的关系是以约束的形式陈述的。这些关系和命令式编程语言元素不同的是：它们并非明确说明了要去执行步骤中的某一步，而是规范其解的一些属性。因此，约束编程是一种声明式的编程范式。

编程范型、编程范式或程序设计法是一类典型的编程风格，是指从事软件工程的一类典型的风格。例如：函数式编程、程序编程、面向对象编程、指令式编程等为不同的编程范型。

正如软件工程中不同的群体会提倡不同的"方法学"一样，不同的编程语言也会提倡不同的"编程范型"。一些语言是专门为某个特定的范型设计的(如 Smalltalk 和 Java 支持面向对象编程，而 Haskell 和 Scheme 则支持函数式编程)，同时还有另一些语言支持多种范型(如 Ruby、Common Lisp、Python 和 Oz)。

编程范型和编程语言之间的关系可能十分复杂，因为一个编程语言可以支持多种范型。例如，用 C++设计时，支持过程化编程、面向对象编程以及泛型编程。然而，设计师和程序员们要考虑如何使用这些范型元素来构建一个程序。一个人可以用 C++写出一个完全过程化的程序，另一个人也可以用 C++写出一个纯粹的面向对象程序，甚至还有人可以写出杂糅了两种范型的程序。

7.2 Web 平 台

7.2.1 Web 编程语言

Web 编程语言，分为 Web 静态语言和 Web 动态语言。Web 静态语言就是通常所见到的超文本标记语言(标准通用标记语言下的一个应用)。Web 动态语言主要是用 ASP、PHP、JavaScript、Java 和 CGI 等计算机脚本语言编写出来的执行灵活的互联网网页程序。本章主要为大家介绍 JavaScript、PHP 和 CSS 等 Web 编程语言。

1. JavaScript

JavaScript(简写为 JS)是一种高级的、解释型的编程语言。JavaScript 是一门基于原型、函数先行的语言，是一门多范式的语言，支持面向对象编程、命令式编程和函数式编程。它提供语法来操控文本、数组、日期以及正则表达式等，不支持 I/O，比如网络、存储和图形等，但这些都可以由它的宿主环境提供支持。

JavaScript 最初开发于 1996 年，被使用于 Netscape Navigator 网页浏览器。同年 Microsoft 在 Internet Explorer 发布了一个实现。1997 年 JavaScript 被网景公司提交给 ECMA 制定为标准，称为 ECMAScript，标准编号为 ECMA-262，JavaScript 成为 ECMAScript 最著名的实现之一。

JavaScript 是一种属于网络的脚本语言，已经被广泛用于 Web 应用开发，常用来为网页添加各式各样的动态功能，为用户提供更流畅美观的浏览效果。通常 JavaScript 脚本是通过嵌入在 HTML 中来实现自身的功能的。

2. PHP

超文本预处理器(Hypertext Preprocessor，PHP)，是一种开源的通用计算机脚本语言，尤其适用于网络开发并可嵌入 HTML 中使用。PHP 的语法借鉴吸收了 C、Java 和 Perl 等计算机语言的特点，易于一般程序员学习。PHP 的主要目标是允许网络开发人员快速编写动态页面，但 PHP 也被用于其他很多领域。

PHP 最初是由拉斯姆斯·勒多夫(Raumus Lerdrof，1968—)在 1995
年开始开发的，并于同年 6 月 8 日将 PHP/FI 公开发布，希望可以通过
社群来加速程序开发与查找错误。

PHP 的应用范围相当广泛，尤其是在网页程序的开发上。一般来说
PHP 大多运行在网页服务器上，通过运行 PHP 代码来产生用户浏览的
网页。

Rasmus Lerdrof

3. CSS

层叠样式表(Cascading Style Sheets，CSS)是一种用来表现 HTML 或 XML 等文件样式
的计算机语言。CSS 不仅可以静态地修饰网页，还可以配合各种脚本语言动态地对网页中
的各元素进行格式化。CSS 能够对网页中元素位置的排版进行像素级精确控制，支持几乎
所有的字体字号样式，拥有对网页对象和模型样式编辑的能力。

CSS 有助于实现负责任的 Web 设计。CSS 对开发者构建 Web 站点的影响很大，并且
这种影响可能是无止境的。CSS 简化了网页的格式代码，外部的样式表还会被浏览器保存
在缓存里，加快了下载显示的速度，也减少了需要上传的代码数量。只要修改保存着网站
格式的 CSS 样式表文件就可以改变整个站点的风格特色，在修改页面数量庞大的站点时，
它显得格外有用，避免了一个个地修改网页，减少了工作量。

7.2.2　Web 平台约束

Web 开发平台为人们提供了许多方便之处，但是每个平台都有开发时的约束，人们需
按照约束条件来进行开发，这样更利于人们对 Web 平台的利用。一个好的 Web 开发平台，
一般都会包括下拉框、弹出字典、日期选择框、框架集、标签页等。再加上自定义表单，
用户可以充分运用这些控件来完成 Web 页面定制，实现用户想要的页面布局，并且对数据
库进行增、删、查、改等操作，并且表单修改后无须再次编译便可以直接运行，因为表单
设计器也是 Web 页面实现的。

7.2.3　软件即服务

软件即服务(Software-as-a-Service，SaaS)称为软件运营或简称软营，是一种基于互联网
提供软件服务的应用模式。21 世纪开始兴起的 SaaS 概念打破了传统的软件概念，SaaS 模
式随着互联网技术的发展和应用软件的成熟不断完善。

通过互联网获取传统的软件工具，除了购买软件的成本外，企业还需要支付构建和维
护自己独立的 IT 硬件设备的费用。SaaS 模式的出现为企业提供了另外一种解决方案。借
助 SaaS 平台，企业只需通过网络注册使用账号并在自己设备上进行一些简单的设置，就可
以启用 SaaS 平台上的软件服务以及通过互联网使用共享的基础设备。

SaaS 系统中的应用程序拥有真正的多租户架构，并且可以无限期地扩展，以满足客户
的需求。大多数 SaaS 供应商也提供定制功能，以满足用户的特定需求。此外，许多供应商
还提供应用程序接口，可以轻松整合现有的企业资源规划系统或其他企业的生产力系统。

7.2.4　Web 标准

由于存在不同的浏览器版本，Web 开发者常常需要为耗时的多版本开发而艰苦工作。当新的硬件和软件开始浏览 Web 时，这种情况变得更加严重。为了 Web 更好地发展，对于开发人员和最终用户而言非常重要的事情是在开发新的应用程序时，浏览器开发商和站点开发商共同遵守标准。Web 标准可确保每个人都有权利访问相同的信息，如果没有 Web 标准，那么未来的 Web 应用，包括人们所梦想的应用程序，都是不可能实现的。

Web 标准也可以使站点开发更快捷，更令人愉快。为了缩短开发和维护时间，未来的网站将不得不根据标准来进行编码。一旦 Web 开发人员遵守了 Web 标准，由于开发人员可以更容易地理解彼此的编码，Web 开发的团队协作将得到简化。

7.3　移　动　平　台

移动开发平台为开发人员提供了一个单一的环境，该环境拥有开发人员创建移动应用程序所需的所有工具。大多数平台都是面向创建 IOS 或 Android 应用程序的，但其他平台是跨平台应用程序，并提供具有特定本机工具的环境。

7.3.1　移动编程语言

移动应用行业的发展突飞猛进，改变了全球商业运作的方式。企业雇佣移动应用程序开发人员为他们开发移动应用程序，这是通过使用 Java 或 C#之类的编程语言来实现的。

1. Java

Java 是一种广泛使用的计算机编程语言，拥有跨平台、面向对象、泛型编程的特性，广泛应用于企业级 Web 应用开发和移动应用开发。Java 编程语言的风格十分接近 C++语言。它继承了 C++语言面向对象技术的核心，舍弃了容易引起错误的指针，以引用取代；移除了 C++中的运算符重载和多重继承特性，用接口取代；增加了垃圾回收器功能。Java 编程语言是个简单、面向对象、分布式、解释性、健壮、安全与系统无关、可移植、高性能、多线程和动态的语言。

2. C#

C#是 Microsoft 推出的一种基于.NET 框架的、面向对象的高级编程语言。C#是一种由 C 和 C++派生出来的面向对象的编程语言。它在继承 C 和 C++强大功能的同时去掉了一些它们的复杂特性，使其成为 C 语言家族中的一种高效强大的编程语言。C#以.NET 框架类库作为基础，拥有类似 Visual Basic 的快速开发能力。C#由安德斯·海尔斯伯格主持开发，Microsoft 在 2000 年发布了这种语言，希望用这种语言来取代 Java。

C#是面向对象的编程语言。它使得程序员可以快速地编写各种基于 Microsoft.NET 平台的应用程序，Microsoft.NET 提供了一系列的工具和服务来最大限度地开发利用计算与通信领域。C#使得 C++程序员可以高效地开发程序，C#与 C/C++具有极大的相似性，熟悉类似语言的开发者可以很快地转向 C#。

7.3.2 移动无线通信的挑战

移动无线通信是利用电磁波信号可以在自由空间中传播的特性进行信息交换的一种通信方式。与有线通信相比，无线通信具有许多优点，其中最重要的优点是摆脱了电缆的约束，使得设备更灵活。无线技术理论基础最早可追溯到 1864 年英国麦克斯韦电磁波的存在设想，而最早的无线通信实现是 1895 年意大利马可尼发明的传距仅数百米的无线通信。对于无线技术大家最耳熟能详的莫过于移动通信标准了，1G、2G、3G、4G、5G 到 6G 的演变与人们的生活息息相关。

移动无线通信技术最明显的特征就是移动性，该技术可以突破有线通信技术的限制，对复杂状态下的传播信号进行优化分析。但是，这种技术由于电磁波传输的不稳定性，也会受到反射现象、折射现象、多普勒效应的复杂影响，产生多径干扰的问题。同时，移动通信技术在噪声环境与干扰环境当中，会存在相互影响的问题，这导致移动通信系统和网络结构日益复杂。随着技术的不断发展，移动通信设备的形态不断升级，技术发展对设备的性能要求也不断地提升。

随着人们对移动通信技术需求的不断提升，更高质量的通信信号、更加稳定的通信传输，已经成为移动通信技术未来发展的主要方向。目前，我国的第五代移动通信技术正在高速的发展当中，中国已经成为第五代移动通信标准的制定者之一。第五代移动通信技术的到来，标志着移动终端设备将真正取代计算机等有线通信网络，进行实时的语音传输、视频传输，并保障用户的隐私安全，为用户提供更加真实、智能、自动化的信息传输服务。

7.3.3 位置感知的应用

位置感知可以根据当前计算机的网络适配器的路径，将防火墙配置指派给计算机上的各个网络适配器。随着位置感知的发展，其应用已非常广泛，移动应用的一个独特功能是位置感知。移动用户无论走到哪里都会随身携带自己的设备，因此添加位置感知可给用户带来更具环境感的体验。Google Play 服务中提供的各种位置 API 有助于添加自动地址位置跟踪、地理围栏和运动状态识别等地理位置感知功能。

位置感知广泛应用于智能交通领域，自从网络技术被开发应用之后，它就立刻以非常快的速度变得普及，在各行各业中都被广泛运用。位置感知技术主要有两种类型：第一种就是在卫星通信定位基础上通过一个测量方法确定当前一辆车的经纬度，然后在这个车辆上部署上一个接收信号的小仪器，并且每隔一段时间就会记录这辆车的具体坐标，再加上电子地图的应用，就可以测算出这辆车的行驶速度、行驶路线以及其他的一些情况，这些数据都可以被准确地计算出来，而这个卫星通信定位就是人们常说的定位系统。

第二种就是在和蜂窝基站相结合之后得以运作的，基本原理就是通过定位移动终端来得到相应的数据和信息。这项技术有两种方法：第一种是利用已知的蜂窝基站的位置来对该移动终端进行定位，根据信号的电磁波所到达的时间、到达时间差以及 GPS 技术来准确计算该车辆的具体位置。第二种是因为这些移动终端在不断移动的过程中，它会一直不断地切换其他的蜂窝基站，以此来保证网络信号的质量和速度，在道路上行驶的移动终端会对应一个比较稳定的切换顺序。通过在蜂窝基站上搜集到的车辆的不断切换数据，就可以准确计算出车辆的交通信息。

7.4 工 业 平 台

7.4.1 工业平台的类型

工业互联网平台是全球工业系统与高级计算、分析、感应技术以及互联网连接融合的结果。工业互联网平台通过智能机器间的连接最终将人机连接，结合软件和大数据分析，重构全球工业、激发生产力。

1. Lego Mindstorms

乐高机器人(Lego Mindstorms)是集合了可编程主机、电动马达、传感器、Lego Technic部分(齿轮、轮轴、横梁、插销)的统称。Mindstorms 起源于益智玩具中的可编程传感器模具。第一个 Lego Mindstorms 的零售版本在 1998 年上市，当时叫作 Robotics Invention System(RIS)。

可以使用多种语言对 Mindstorms 进行编程，Computer Clubhouses 是专注于 Mindstorms 编程的网站。乐高机器人套件是针对 12 岁以上对机器人有兴趣或者启发自动控制教育的小孩或大人开发的教育玩具。这项产品计划始于 1986 年，由丹麦乐高公司和 MIT 的媒体实验室进行的一项可编程式积木的合作案。

2. MATLAB

MATLAB 是美国 MathWorks 公司出品的商业数学软件，用于算法开发、数据可视化、数据分析以及数值计算的高级技术计算语言和交互式环境。

MATLAB 是 matrix & laboratory 两个词的组合，意为矩阵工厂或矩阵实验室，是由美国 MathWorks 公司发布的主要面对科学计算、可视化以及交互式程序设计的高科技计算环境。它将数值分析、矩阵计算、科学数据可视化以及非线性动态系统的建模和仿真等诸多强大功能集成在一个易于使用的视窗环境中，为科学研究、工程设计以及必须进行有效数值计算的众多科学领域提供了一种全面的解决方案，并在很大程度上摆脱了传统非交互式程序设计语言(如 C、Fortran)的编辑模式，代表了当今国际科学计算软件的先进水平。

MATLAB 和 Mathematica、Maple 并称为三大数学软件。MATLAB 可以进行矩阵运算、绘制函数和数据、实现算法、创建用户界面、连接其他编程语言的程序等，主要应用于工程计算、控制设计、信号处理与通信、图像处理、信号检测、金融建模设计与分析等领域。

7.4.2 机器人软件及其架构

机器人系统可大致由硬件系统和软件系统组成。硬件系统包括机械系统、传感系统、驱动系统及计算机与控制系统，机器人的精度与执行工作的速度由硬件系统决定。软件系统则是所有控制程序的统称，机器人执行何种操作、操作控制的方便性及具有的功能则由机器人的软件系统决定。机器人的硬件系统已趋向于模块化和简单化，而且逐步定型；机器人的软件系统则由于机器人执行任务的多样化而趋向于复杂化。随着机器人技术的发展，特别是智能机器人的发展，机器人的软件在整个系统中占的比例将愈来愈大。

机器人系统中的硬件系统是动作的执行者，而软件系统是机器人工作的指挥核心。软件系统可分为系统软件和应用软件。系统软件是由机器人制造厂商提供，相当于机器的操作系统，它提供了各种控制机器人动作的手段和指令系统。机器人的系统软件的主要功能是提供人机对话的手段、提供控制机器人的指令系统与编程环境、监控和管理机器人完成任务的过程和实时监控各关节的运动。应用软件是由用户编制的，它是使机器人完成具体任务的程序。

7.4.3　领域特定语言

领域特定语言(Domain-specific Language)指的是专注于某个应用程序领域的计算机语言，也称为领域专用语言。

领域特定语言可分为以下三大类。外部领域特定语言：不同于应用系统主要使用语言的语言，通常采用自定义语法，宿主应用的代码采用文本解析技术对外部 DSL 编写的脚本进行解析，如正则表达式、SQL、AWK 以及 Struts 的配置文件等；内部领域特定语言：通用语言的特定语法，用内部 DSL 写成的脚本是一段合法的程序，但是它具有特定的风格，而且仅仅用到了语言的一部分特性，用于处理整个系统一个小方面的问题；语言工作台：一种专用的 IDE，用于定义和构建 DSL，语言工作台不仅用来确定 DSL 的语言结构，而且是人们编写 DSL 脚本的编辑环境，最终的脚本将编辑环境和语言本身紧密地结合在一起。

领域特定语言的优点在于能够提高开发效率，通过 DSL 来抽象构建模型，抽取公共的代码，减少重复的劳动；和领域专家沟通，领域专家可以通过 DSL 来构建系统的功能；执行环境的改变，可以弥补宿主语言的局限性。

7.5　游 戏 平 台

游戏平台(也称为视频游戏平台或视频游戏系统)指的是电子或计算机硬件的特定组合，这些硬件与软件相结合，使视频游戏得以运行。

7.5.1　游戏平台的类型

随着互联网的不断发展，游戏平台的崛起为游戏的开发创造了一个更好的发展环境。

1. Xbox

Xbox 是由 Microsoft 公司开发并于 2001 年发售的一款家用电视游戏机。Xbox Live 是 Xbox 及其后的第二代占据现在市场主流的 Xbox360 专用的多用户在线对战平台。

Xbox Live 是 Xbox、Xbox One 专用的多用户在线对战平台，由 Microsoft 公司开发、管理。它最初于 2002 年 11 月在 Xbox 游戏机平台上开始推出，后来此服务推出更新版本，并伸延至 PC 平台和 Windows Phone 系统。Xbox Live 在线游戏服务可以为具备 Live 功能的游戏产品提供实时在线服务，包括在线玩家列表，多人联网游戏、语音在线聊天和玩家积分排行榜等功能。

2. Wii

Wii 是任天堂公司 2006 年 11 月 19 日推出的家用游戏机，是 NGC 的后续机种。Wii 第一次将体感引入了电视游戏主机。其开发代号为"Revolution"，表示电子游戏的革命。

3. PlayStation

PlayStation(简称 PS)，是日本 Sony 旗下的新力电脑娱乐 SCE 于 1994 年 12 月 3 日发售的家用电视游戏机。当时与 PlayStation 竞争的还有世嘉公司的土星(SEGA Saturn)和任天堂公司的 Nintendo64 等。通过争取第三方游戏制造商的战略，最终 PlayStation 在游戏软件数上以绝对的优势获得了这场商战的胜利。

PlayStation 能利用很多独特的广告活动引起大众的兴趣，许多在游戏发行时播放的广告充满模棱两可的内容，引起许多玩家的狂热争论，最知名的广告有 Enos Lives 宣传活动和"You Are Not E"广告，红色的"E"字象征"准备"(ready)，而"Enos"意味"Ready Ninth Of September"，即美国发行日期。这些广告被认为是企图消除玩游戏机的人对从未在电动游戏市场上经考验的新力所抱有的疑虑。

4. Steam

Steam 平台是 Valve 公司聘请 BitTorrent(BT 下载)发明者布拉姆·科恩(Bram Cohen，1975—)亲自开发设计的游戏和软件平台。Steam 平台是目前全球最大的综合性数字发行平台之一。玩家可以在该平台购买、下载、讨论、上传和分享游戏和软件。2015 年 10 月，Steam 获第 33 届金摇杆最佳游戏平台，2019 年 8 月 21 日，Steam 中国项目正式定名为"蒸汽平台"。

5. WeGame

2017 年 4 月，腾讯宣布将全面升级其游戏平台 TGP(Tencent Games Platform)，并更名为 WeGame。2017 年 9 月 1 日，腾讯正式上线 WeGame 客户端，并立志将其打造成中国人自己的"Steam"游戏平台，为全球开发商和国内玩家提供一站式的游戏服务。

WeGame 是腾讯游戏平台的升级版本，该平台面向全球及国内玩家，直接将游戏开发者与用户连接起来，为两者创造更多的沟通与互动。

WeGame 平台提供一站式服务，包括游戏的资讯、购买、下载、助手、直播和社区功能。WeGame 提供优质的本地化服务，包括优质的汉化、社交互动，以及更加稳定快速的服务。WeGame 平台将会发掘海量的游戏内容，创新玩法类型，并且还会考虑到核心玩家的鉴赏力量。2018 年 7 月，腾讯将在香港地区推出 WeGame 商店和社交平台的国际版，并计划为中国开发的 PC 游戏构建海外市场。

7.5.2　游戏平台的语言

游戏平台的开发不仅需要复杂的环境支撑，还需要完善的开发语言进行开发。

1. C++

C++是 C 语言的继承，它既可以进行 C 语言的过程化程序设计，又可以进行以抽象数据类型为特点的基于对象的程序设计，还可以进行以继承和多态为特点的面向对象的程序设计。

C++常用于系统开发、引擎开发等应用领域，支持类、封装、继承、多态等特性。C++语言灵活，运算符的数据结构丰富，具有结构化控制语句，程序执行效率高，而且同时具有高级语言与汇编语言的优点。

2. Lua

Lua 是一个小巧的脚本语言，设计目的是为了灵活嵌入应用程序中，从而为应用程序提供灵活的扩展和定制功能。Lua 由标准 C 编写而成，几乎在所有操作系统和平台上都可以编译、运行。Lua 并没有提供强大的库，这是由它的定位决定的，因此 Lua 不适合作为开发独立应用程序的语言。Lua 有一个同时进行的 JIT 项目，提供在特定平台上的即时编译功能。

Lua 可以应用在游戏开发、独立应用脚本、Web 应用脚本、扩展和数据库插件、安全系统等场景。很多应用程序、游戏使用 Lua 作为自己的嵌入式脚本语言，以此来实现可配置性、可扩展性，这其中包括魔兽世界、博德之门、愤怒的小鸟、QQ 三国、VOCALOID3、Garry's Mod、太阳神三国杀、游戏王 ygocore 和饥荒等。

3. Python

Python 是一种跨平台的计算机程序设计语言，是一种面向对象的动态类型语言，最初被设计用于编写自动化脚本，随着版本的不断更新和语言新功能的添加，越来越多被用于独立的、大型项目的开发。

1989 年吉多·范罗苏姆(Guido van Rossum，1956—   )为了在阿姆斯特丹打发时间，决心开发一个新的脚本解释编程，作为 ABC 语言的一种继承。就这样，Python 在他手中诞生了。

Python 经常被用于 Web 开发，由于它对各种网络协议的支持很完善，因此经常被用于编写服务器软件、网络爬虫。第三方库 Twisted 支持异步在线编程和多数标准的网络协议(包含客户端和服务器)，并且提供了多种工具，被广泛用于编写高性能的服务器软件。另有 gevent 这个流行的第三方库，同样能够支持高性能高并发的网络开发。

Guido van Rossum

本 章 小 结

本章介绍了 Web 平台、移动平台、工业平台以及游戏平台等基本概念。

通过本章的学习，读者应该了解各类工业平台和游戏平台；了解基于平台的开发与传统软件开发之间的基本差别，熟悉各个平台的编程规范以及平台开发所使用的语言。

习 题

一、选择题

1. 下面( )是静态页面文件的扩展名。
   A. .asp   B. .html   C. .aspx   D. .jsp

2. 下面不属于编程语言的是( )。
   A. ASP.NET   B. Visual Basic   C. Visual C#   D. Visual C++

3. Web 应用程序不包括( )。
   A. HTTP   B. Web 部署   C. Web Deploy 包   D. 文件系统

4. 下面说法错误的是( )。
   A. "复制网站"常用于将网站从"测试服务器"复制到"商业服务器"
   B. "复制网站"实质是在当前网站与另一网站之间复制文件
   C. "发布 Web 应用"能对当前网站预编译
   D. "复制网站"能对当前网站预编译

5. C++源程序文件的扩展名是( )。
   A. CPP   B. C   C. DLL   D. EXE

6. C++程序从上机到得到结果的几个操作步骤依次是( )。
   A. 编译、编辑、连接、运行   B. 编辑、编译、连接、运行
   C. 编译、运行、编辑、连接   D. 编辑、运行、编辑、连接

7. 目前的手机游戏主要以( )作为开发工具。
   A. C++   B. Flash   C. Java   D. VB

8. Java 程序具有跨平台能力的关键在于编译以后产生与平台无关的( )。
   A. 源代码   B. 字节码文件   C. 可执行文件   D. 目标文件

9. SaaS 的意思是( )。
   A. 软件即服务   B. 平台即服务   C. 人力即服务   D. 基础架构即服务

10. Python 语言属于( )。
    A. 机器语言   B. 汇编语言   C. 高级语言   D. 科学计算语言

二、简答题

1. 简述静态网页和动态网页的区别。
2. 简述 SaaS。
3. 简述 C 和 C++语言的区别。
4. 简述 CSS 和 HTML 的关系。

三、讨论题

1. 近年来游戏平台不断扩大，为游戏的开发提供了便利。试讨论你所熟知的游戏平台以及它们的特点。

2. 随着互联网技术的不断发展，编程语言百花齐放，试简述你所熟知的编程语言，并简述其特点。

第 8 章　软 件 工 程

学习目标：

- 了解软件工程概述、软件工程过程、软件项目管理、需求工程、软件设计、软件构建、软件验证与确认、形式化方法、软件可靠性、形式化方法以及软件环境和工具。
- 掌握软件过程模型、软件生命周期中的活动、使用用例或用户故事来描述功能性需求、需求特征、系统设计的原则、软件设计的结构模型和行为模型，以及软件设计模式。

软件工程研究的主要内容是软件开发技术和软件开发管理两个方面：在软件开发技术方面，主要研究软件开发方法、软件开发过程、软件开发工具和环境；在软件开发管理方面，主要研究软件管理学、软件经济学、软件心理学等。

8.1　软件工程概述

8.1.1　软件危机

1. 软件危机的概念

随着计算机应用的普及和深化，计算机软件的数量、规模、复杂程度和开发所需的人力、物力等都在急剧增加。计算机发展初期个人编写小程序的传统方法，已不再适合现代大型软件的开发，用传统的方法开发出来的许多大型软件甚至根本无法投入实际应用。同时，由于计算机应用领域和硬件技术的飞速发展，软件的生产速度、质量和规模无法满足市场对软件的需求，造成大量人力、物力、财力的浪费，在软件开发和维护过程中出现了巨大困难。计算机领域把软件开发和维护过程中遇到的一系列严重问题称为"软件危机"(Software Crisis)。

2. 软件危机的表现形式

软件危机具有以下一些表现形式：软件的质量难以保证，软件开发成本和开发进度难以控制，软件通常没有适当的文档资料，软件的维护非常困难，用户对"已完成"的软件系统不满意，软件成本在计算机系统总成本中所占的比例逐年上升，软件开发生产率提高的速度远远跟不上计算机应用迅速普及深入的趋势。

3. 软件危机的例子

2003 年 8 月 14 日，美国及加拿大大部分地区历史上最大停电事故是由未及时处理软件错误导致的。2009 年 2 月，Google 的 Gmail 服务因数据中心之间的负载均衡软件发生故障，导致 Gmail 用户几小时不能访问邮箱。2012 年 1 月我国春运期间，正式运营才半年的12306 网站因访问量过大出现瘫痪，大量用户无法登录，页面刷新时间长达 30 分钟，订票付了款却无法购票。

8.1.2 软件工程的基本概念

1. 软件工程的概念

为了缓解"软件危机"，德国计算机科学家福瑞兹·鲍尔(Fritz Bauer，1924—)在1968 年北大西洋公约组织(North Atlantic Treaty Organization，NATO)举办的计算机国际会议上第一次正式提出了软件工程(Software Engineering)的概念。它的主要思想是按照工程化的概念、原理、技术和方法来组织和规范软件开发过程，采用工程化的思想开发与维护软件，突出软件生产的科学方法，把正确的管理技术和当前最好的技术方法结合起来，降低开发成本，缩短研制周期，提高软件的可靠性和生产效率，从而解决软件开发过程中的困难和混乱，从根本上解决软件危机。

软件工程是一门研究大规模程序设计的方法、工具和管理的工程学科，也就是运用系统的、规范的和可定量的方法来开发、运行和维护软件的系统工程。软件工程是一门交叉学科，涉及计算机科学、管理科学、工程学和数学。软件工程的理论、方法、技术都是建立在计算机科学的基础上，它是用管理学的原理、方法来进行软件生产管理；用工程学的观点来进行费用估算、制定进度和实施方案；用数学方法来建立软件可靠性模型以及分析各种算法和性质。软件工程是指导计算机软件开发和维护的工程学科。

2. 软件工程的基本原理

软件工程的基本原理有：用分阶段的生命周期计划进行严格管理，坚持进行阶段评审，实行严格的产品控制，采用现代程序设计技术，结果应能清楚地审查，开发小组的人员应该少而精，承认不断改进软件工程实践的必要性。

3. 软件工程的目标

软件工程的目标是在给定成本、进度的前提下，开发出具有可修改性、有效性、可靠性、可理解性、可维护性、可复用性、可适应性、可移植性、可追踪性和可互操作性，并满足用户需要的软件产品。应该特别指出，"可靠性"目标在软件工程中有着重要的意义，从广义上讲，它涉及产品设计的一系列问题，从而使产品能在相当长的期间内稳定工作；从狭义上讲，可靠性是软件成功运行的概率度量。

4. 软件工程的内容

软件工程研究的主要内容包括软件开发技术和软件开发管理两个方面。在软件开发技术中，它主要研究软件开发方法、软件开发过程、软件开发工具和技术；在软件开发管理中，它主要研究软件管理学、软件经济学、软件心理学等。技术与管理是软件开发中缺一不可的两个方面，没有科学的管理，再先进的技术也不能充分发挥作用。

5. 软件工程面临的问题

软件工程有许多需要解决的棘手问题，如软件费用、软件可靠性、软件可维护性、软件生产率、软件复用等。

8.1.3　软件工程的起源和发展

软件工程发展的历史，按照时间维度，可以分为以下三个阶段。

第一个阶段是 20 世纪 50 年代到 60 年代，该阶段软件工程还完全只是程序设计，基本是个体手工劳动的生产方式。这一时期，软件开发没有什么系统的方法可以遵循，软件设计也只是某个人的头脑中完成的一个隐藏的过程，并且，除了源代码之外没有软件说明书等文档。因此这个时期还没有软件的概念，基本上只有程序、程序设计的概念，不重视程序设计方法，主要是用于科学计算，规模很小，硬件的存储容量小，运行可靠性差。

第二个阶段是 20 世纪 60 年代到 70 年代，被称为软件设计阶段，小组合作生产方式。在这一时期，软件开始作为一种产品被广泛使用，这个阶段基本采用高级语言开发工具，开始提出结构化方法。产品化的软件开始出现并售卖给其他行业的公司或机构，现代软件的概念开始逐步建立，但是开发技术没有新的突破，软件开发的方法基本上仍沿用早期的个体化软件开发方式。

第三个阶段是从 20 世纪 70 年代至今，被称为软件工程时代，工程化的软件生产方式开始出现并逐渐发展。这个阶段的硬件向超高速、大容量、微型化以及网络化方向发展，第三、四代语言出现；数据库、开发工具、开发环境、网络、分布式、面向对象技术等工具方法都得到应用；软件开发技术有很大进步，但未能获得突破性进展，软件开发技术的进步一直未能满足发展的要求。

8.1.4　软件工程标准

经过数十年的发展，软件行业形成的标准分工细，体系繁多。根据软件工程标准制定机构和标准适用的范围，可将软件质量标准分为五个级别，即国际标准、国家标准、行业标准、企业规范和项目规范。很多标准的原始状态可能是项目标准或企业标准，但随着行业发展与推进，它的权威性可能促使它发展成为行业、国家或国际标准，所以上述的五个层次也是具有一定的相对性的。

(1) 国际标准：由国际机构制定和公布供各国参考的标准称为国际标准。国际标准化组织(International Organization for Standardization，ISO)具有广泛的代表性和权威性，它所公布的标准也具有国际影响力。

(2) 国家标准：由政府或国家级的机构制定或批准，适用于本国范围的标准称为国家标准。如 GB(Guobiāo 国标)即中华人民共和国国家技术监督局所公布实施的标准，中华人民共和国国家技术监督局是中国的最高标准化机构；BS(British Standard)即英国国家标准等。

(3) 行业标准：行业标准是由一些行业机构、学术团队或国防机构制定，并适用于某个业务领域的标准。如中华人民共和国国家军用标准，是由我国国防科技技术工业委员会批准，适合国防部门和军队使用的标准；IEEE 成立了软件标准技术委员会，开展软件标准化活动。

(4) 企业规范：一些大型企业或公司，由于软件工程工作的需要，制定适合于本部门的规范。例如，美国 IBM 公司通用产品部(General Products Division)1984 年制定的《程序设计开发指南》。这些规范一般仅供公司内部使用。

(5) 项目规范：项目规范是为一些科研生产项目需要而由组织制定的一些具体项目的操作规范，此种规范制定的目标很明确，为该项目专用。项目规范虽然最初的使用范围小，但如果它能指导一个项目的成功运行并重复使用，也有可能发展为行业规范。例如，计算机集成制造系统(Computer Integrated Manufacturing Systems，CIMS)的软件工程规范。

8.2　软件工程过程

8.2.1　软件过程

1. 基本概念

软件过程(Software Process)，是人们用来开发和维护软件及相关产品(如软件项目计划、设计文档、代码、测试用例及用户手册)的活动、方法、实践和改进的集合，是软件系统、产品的定义、设计、实现以及维护的过程。软件过程是指软件生存周期所涉及的一系列相关过程，是为了建造高质量软件所需完成的任务的框架，即形成软件产品的一系列步骤，包括中间产品、资源、角色及过程中采取的方法、工具等范畴。

在整个软件生命周期中，从需求获取、需求分析、设计、实现、测试、发布到维护等这一系列过程都需要一个衡量标准，软件过程就定义了这样一类框架。一个软件过程定义了软件开发中采用的方法，还包含该过程中应用的技术——技术方法和自动化工具。过程定义一个框架，为有效交付软件工程技术，这个框架必须创建。软件过程构成了软件项目管理控制的基础，并且创建了一个环境以便于技术方法的采用、工作产品(模型、文档、报告、表格等)的产生、里程碑的创建、质量的保证、正常变更的正确管理。

2. 过程示意图

根据 ISO/IEC 12207 软件生命周期过程标准，软件过程被分为基本过程、支持过程和组织过程，如图 8.1 所示。

(1) 基本过程：包括软件获取过程、供应过程、开发过程、运行过程和维护过程，其中子过程还包括需求分析、软件设计、编码、软件部署、软件产品移植和退役等过程。

(2) 支持过程：是指在整个软件生命周期中可能被任何其他过程所采用的、起辅助作用的过程，是对软件主要过程提供支持的过程，包括文档编制过程、配置管理过程、质量保证过程、验证过程、确认过程、联合评审过程、审核过程以及问题解决过程。

(3) 组织过程：是指软件组织用来建立和实现由相关的生命周期过程和人员组成的基础结构并不断改进这种结构的过程，为软件主要过程和支持过程组织提供保证过程，包括管理过程、基础设施过程、改进过程和培训过程。

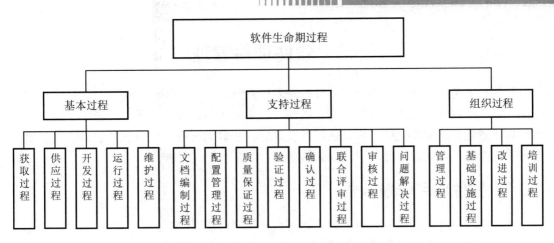

图 8.1 IEC12207 软件生命周期过程示意图

3. 过程规范

过程规范就是对输入/输出和活动所构成的过程进行明文规定或约定俗成的标准。软件过程规范是软件开发组织行动的准则与指南，可以依据上述各类过程的特点而建立相应的规范，如软件基本过程规范、软件支持过程规范和软件组织过程规范。

软件规范中的通用事项有任务规范、日常规章制度、软件工具等，子过程规范有"责任人、参与人员、入口准则、出口准则、输入、输出和活动"等基本内容。过程规范是人们需要遵守的约定和规则，包括已经定义的操作方法、流程和文档模板，一个规范的过程可以很好地帮助团队的成员在一起有效地、创造性地工作。在一个小规模的开发团队中，如果开发成员个个技术过硬并且工作积极性很高，即使没有明确文档化的规范以及有强制实施的过程，也有可能开发出高质量的软件产品，但是，从长远的角度看，这种状态是不稳定的、不可靠的。总体来说，过程规范具有下面三个作用：①帮助团队实现共同的目标；②一个规范的软件过程必将带来稳定的、高水平的过程质量；③过程规范使软件组织的生产效率更高。

8.2.2 软件生命周期

软件也同其他有生命的事物一样，存在一个孕育、诞生、成长、成熟和衰亡的生存过程，这个过程被称为软件生命周期或软件生存期。

软件开发是 20 世纪 60 年代中后期才开始崛起的新领域，但是发展十分迅速。当时由于人们缺乏开发大规模软件的经验，发展初期曾呈现较为混乱的状态。软件生命周期概念的提出使得软件的开发开始"有章可循"。

通常，软件生存周期包括可行性分析和项目开发计划、需求分析、概要设计、详细设计、编码、测试、维护等活动，可以将这些活动以适当方式分配到不同阶段去完成。

8.3　软件项目管理

软件管理是指软件生命周期中软件管理者所进行的一系列管理活动，目的是在一定的时间和预算范围内，有效地利用人力、资源、技术和工具，使软件系统或软件产品按原定的计划和质量要求如期完成。大量软件开发的经验和教训表明，导致软件项目失败的原因通常不是技术上的问题，而是管理上的问题。

8.3.1　软件项目计划概要

在软件项目管理过程中一个关键的活动是制订项目计划，它是软件开发工作的第一步。项目计划的目标是为项目负责人提供一个框架，使之能合理地估算软件项目开发所需的资源、经费和开发进度，并控制软件项目开发过程按此计划进行。在制订计划时，必须就需要的人力、项目持续时间及成本做出估算。软件项目计划包括研究和估算，即通过研究确定该软件项目的主要功能、性能和系统界面。

8.3.2　软件项目计划的内容

(1) 范围：对该软件项目的综合描述，定义该项目所要完成的工作以及性能限制，包括项目目标、主要功能、性能限制、系统接口、特殊要求和开发概述。

(2) 资源：包括人员资源、硬件资源、软件资源和其他。

(3) 进度安排：进度安排的好坏往往会影响整个项目是否能按期完成，因此这一环节是十分重要的。制定软件进度的方法与其他工程没有很大的区别，主要有工程网络图、Gantt图、任务资源表、成本估算和培训计划。

8.3.3　软件工程规范

对软件工程管理来说，软件工程规范的制定和实施是必不可少的，它与软件项目计划一样重要。软件工程规范可选用现成的各种规范，也可自行制定。目前软件工程规范可分为三级，具体如下。

(1) 国际标准与国家标准。

(2) 行业标准与工业部门标准。

(3) 企业级标准与开发小组级标准。

8.3.4　软件开发成本估算

为了使开发项目能在规定的时间内完成，而且不超过预算，成本预算和管理控制是关键。

(1) 自上而下的估算方法：估算人员参照以前完成的项目所耗费的总成本，来推算将要开发的软件的总成本，然后把它们按阶段、步骤和工作单元进行分配。

自上而下估算方法的优点是对系统级工作的重视，所以估算中不会遗漏系统级的诸如集成、用户手册和配置管理之类的事务的成本估算，且估算工作量小、速度快；自上而下估算方法的缺点是往往不清楚低级别上的技术性困难问题,而这些困难通常会使成本上升。

(2) 自下而上的估算方法:是将待开发的软件细分,分别估算每一个子任务所需要的开发工作量,然后将它们加起来,得到软件的总开发量。这种方法的优点是把对每个部分的估算工作交给负责该部分工作的人来做,所以估算结果较为准确。其缺点是往往缺少与软件开发有关的系统工作级工作量,所以估算往往偏低。

(3) 差别估算方法:是将开发项目与一个或多个已完成的类似项目进行比较,找到与某个类似项目的若干不同之处,并估算每个不同之处对成本的影响,推导出开发项目的总成本。该方法的优点是可以提高估算的准确度;缺点是不容易明确"差别"的界限。

除了以上三种估算方法外,还有专家估算法、类推估算法和算式估算法等。

8.3.5　风险分析

随着软件开发技术的不断更新、软件数量增多、软件复杂程度不断加大,客户对产品的要求也在不断提高,随之而来的是软件开发项目给软件开发企业和需求企业带来的巨大风险。软件开发项目的成功与否会直接影响到企业的生存,这对软件开发企业来讲是更大的难题。一方面是业务需求更加复杂,人们对软件质量和用途的期望大幅度提高,对业务系统的要求也越来越挑剔。另一方面是开发成本不断缩减,在这样的条件下,对软件进行合理的风险分析与控制是软件开发项目能否成功的关键。

软件开发项目的风险是指在软件生命周期中所遇到的预算、进度和控制等各方面的问题,以及由这些问题而产生的对软件项目的影响。软件项目风险经常会涉及许多方面,总体可以概括为产品规模风险、需求风险、相关性风险、技术风险、管理风险以及安全风险六个方面,它们对软件开发项目的成败有很大影响。风险分析就是要利用风险分析工具,对以上各类风险进行分析,并加以控制和管理,将风险降到最低。

8.3.6　软件项目进度安排

软件项目的进度安排与任何一个工程的进度安排没有实质上的不同。首先识别一组项目任务,建立任务间的相互关联,然后估计各个任务的工作量,分配人力和其他资源,指定进度时序。

8.4　需　求　工　程

8.4.1　需求工程简介

需求工程是软件工程的一个分支,它关注软件系统所应实现的现实世界目标、软件系统的功能和软件系统应当遵守的约束,同时也关注以上因素和准确的软件行为规格说明之间的联系,关注以上因素与其随时间或跨产品族而演化之后的相关因素之间的联系。需求工程是应用已证实有效的技术、方法进行需求分析,确定客户需求,帮助分析人员理解问题并定义目标系统的所有外部特征的一门学科。它通过合适的工具和记号系统地描述待开发系统及其行为特征和相关约束,形成需求文档,并对用户不断变化的需求演进给予支持。

需求工程必须说明软件系统将应用的环境及其目标,说明用来达成这些目标的软件功能,还要说明在涉及和实现这些功能时上下文环境对软件完成任务所用方式、方法施加的限制和约束,即要说明软件需要"做什么"和"为什么"需要做。

需求工程必须将目标、功能和约束反映到软件系统中,映射为可行的软件行为,并对软件行为进行准确的规格说明。需求规格说明是需求工程最为重要的成功,是项目规划、设计、测试、用户手册编写等很多后续软件开发阶段的工作基础。

现实世界是不断变化的,因此需求工程还需要妥善处理目标、功能和约束随着时间的演化情况。同时,为了节省开支和进行需求规格说明的重用,需求工程还需要对目标、功能和约束在软件产品族中的演化和分布情况进行综合考虑与处理。

8.4.2 需求获取

1. 软件需求

在进行需求获取前,首先要明确需要获取什么,也就是需求包含哪些内容。软件需求是指用户对目标软件系统在功能、行为、性能、约束等方面的期望。通常这些需求包括功能需求、性能需求、用户或人的因素、环境需求、界面需求、文档需求、数据需求、资源使用需求、安全保密需求、可靠性需求、软件成本消耗与开发进度需求等,同时还要预先估计以后系统可能达到的目标。

2. 需求获取活动

获取需求的活动至少要做到以下几点。
(1) 研究应用背景,建立初识的知识框架。
(2) 根据获取的需要,采用必要的获取方法和技巧。
(3) 先行确定获取的内容和主题,设定场景。
(4) 分析用户的高(深)层目标,理解用户的意图。
(5) 进行涉众分析,针对涉众的特点开展工作。

3. 需求获取方法

(1) 客户访谈。客户访谈是最早开始使用的获取用户需求的方法,也是至今仍然广泛使用的一种需求分析技术。客户访谈是指直接与客户交流,既可以了解高层用户对软件的要求,也可以听取直接用户的呼声。访谈可分为正式的和非正式的两种基本形式。正式访谈时,系统分析员将提出一些用户可以自由回答的开放性问题,以鼓励被访问的人能说出自己的想法。另外在需要调查大量人员的意见的时候,可以采用向被调查人发调查表的方法进行,然后对收回的调查表仔细阅读,以便更清楚地分析调查表中所发现的问题和需求。

(2) 建立联合分析小组。系统在开始设计的时候,往往是系统分析员不熟悉用户领域内的专业知识,而用户也不熟悉计算机知识,这样就造成他们之间的交流存在着巨大的文化差异,因而需要建立一个由用户、系统分析员和领域专家参加的联合分析小组,由领域专家来沟通。这对系统分析员与用户逐渐的交流和需求的获取将非常有用。

(3) 问题分析与确认。通常来说,用户在一两次的交谈中不会对目标系统的需求进行

清楚的阐述，也不能限制用户在回答问题过程中的自由发挥。在每次访问之后，要及时进行整理，分析用户提供的信息，去掉错误的、无关的部分，整理有用的内容，以便在下一次与用户见面时由用户确认，同时准备下一次访问用户时更进一步的细节问题，所以对问题反复进行分析与确认是非常有必要的。

4．需求特性

(1) 正确性：要确保我们获取的需求是正确的。

(2) 一致性：要确保我们获取的需求之间是一致的。比如，如果某个需求规定，该系统最多可以存储 10 万条数据，而另一个需求表述，在某种情况下，该系统可以存储 20 万条数据，可见，这两个需求就是不一致的。

(3) 无二义性：多个读者对同一条需求的理解是一致的，则表示这个需求就是无二义性的。

(4) 完备性：需求需要制定所有约束下、所有状态下、所有可能的输入和输出及必需的行为。

(5) 可行性：相应的需求一定要存在相应的解决方案，如果某个需求是不能实现的，则表示该需求是不可行的。

(6) 相关性：需求与需求之间也是存在相关关系的。比如，某个需求要求用户使用账号及密码登录系统，另一个需求要求用户能按要求注册，若是新用户必须先注册才能登录，则第一条需求的实现是在第二条需求的基础之上的，这两个需求就是存在相关性的。

(7) 可测试性：最终要能够明确测试成果是否满足需求，所以需求必须要具有可测试性。

(8) 可跟踪性：每个需求都不是通过一两次的讨论就能完全确定的，必须经过多次反复的确认及验证，可能会存在更改需求等问题，所以需求需要具有可跟踪性。

8.4.3 需求分析

1．需求分析的原则

关于需求分析过程的具体实现，在实践中研究人员已经开发了很多方法，不同的分析方法有自己独特的观点，并且这些分析方法都遵循一组操作原则，具体如下。

(1) 必须能够表示和理解问题的信息内容。

(2) 必须能够定义软件将完成的功能。

(3) 必须能够表示软件的行为。

(4) 必须划分描述数据、功能和行为的模型，从而可以分层次地揭示细节。

(5) 分析过程应该从要素信息移向细节信息。

2．需求分析的任务

(1) 分析确定对软件系统的功能需求、性能需求、环境需求、接口要求以及用户界面需求等。

(2) 分析系统的数据需求。分析系统的数据需求通常采用建立数据模型的方法(如实体联系图等)，对于一些复杂的数据结构常常利用图形工具辅助描绘。

(3) 建立软件的逻辑模型，以确定系统的构成及主要成分，并用图文结合的形式建立起新系统的逻辑模型。通常用数据流图、数据字典及处理算法等来描述目标系统的逻辑模型。

(4) 编写软件需求规格说明书。其目的是使用户和开发者能对未来软件有共同的理解，明确定义未来软件的需求、系统的构成及有关的接口。

(5) 需求分析评审。评审的目的是发现需求分析的错误和缺陷，然后修改开发计划。

3. 需求分析的方法

(1) 传统分析方法。传统的分析方法实际上根本没有什么方法论可言，在计算科学奠定自己的知识基础之前，需求分析就处于一种混乱的状态，这种情况下的需求分析人员可能会依据个人习惯进行一些建模和分析工作。虽然也能取得一定的成功，但是工作过程缺乏结构、不可重复、不可测量并且具有主观臆断性，所以也存在很多的问题。

(2) 功能分解方法。一个系统是由若干功能构成的一个集合，每个功能又可划分成若干个子功能，一个子功能又进一步分解成若干个子功能。

(3) 结构化分析方法。该方法是一种从问题空间到某种表示的映射方法，软件功能由数据流图表示，是结构化方法中重要的、被普遍采用的方法，它由数据图和数据字典构成系统的逻辑模型。

(4) 信息建模方法。该方法是从数据的角度对现实世界建立模型的，模型是现实系统的一个抽象，从实际中找出实体，然后再用属性来描述这些实体。

(5) 面向对象方法。面向对象的分析是把实体联系图中的概念与面向对象程序设计语言中的概念结合在一起形成的一种分析方法，关键在于识别、定义问题域内的类与对象(实体)，并分析它们之间的关系，根据问题域中的操作规则和内存性质建立模型。

4. 需求分析的步骤

(1) 需求获取：在进行需求分析之前要先通过调查研究获取需求。
(2) 需求提炼：主要通过建立分析模型的方式对获取的信息加以分析。
(3) 需求描述：将分析得到的需求按照统一的格式和标准撰写形成需求规格说明。
(4) 需求验证：对需求的结果进行严格的审查和验证。

8.4.4　需求建模

为了更好地理解复杂事务，人们常常采用建立事物模型的方法。所谓模型，就是为了理解事物而对事物做出的一种抽象，是对事物的一种无歧义的书面描述。通常，模型由一组图形符号和组织这些符号的规则组成。

为了开发出复杂的软件系统，系统分析员应该从不同的角度抽象出目标系统的特性，使用精确的表示方法构造系统的模型，验证模型是否满足用户对目标系统的需求，并在设计过程中逐渐把和实现有关的细节加进模型中，直至最终用程序实现模型。

8.4.5　需求的确认与验证

1. 需求的确认

需求的确认标准就是 8.4.2 节列出的需求的八个特性。

2. 需求的验证

软件开发过程中的完全正确性是可望而不可即的,总是会有一些小的偏差和错误发生,所有发现的偏差和错误都应该在最终的软件产品中得到修正。实践当中,人们发现修正错误的时间越早,需要耗费的代价越小。人们认识到需要尽可能早地采取手段保证软件的质量。

软件系统的质量保障要求在实际可执行的代码产生之前,要尽可能地依据开发文档模型或者其他各种可用物体(如原型)进行分析和推理,及早发现错误并进行修正。验证是贯穿于整个软件生命周期的,静态分析和测试是它的两个最主要的手段。

3. 需求验证活动

(1) 在需求获取中:验证获得的用户需求是否正确,是否充分地支持业务需求等。

(2) 在需求分析中:验证建立的分析模型是否正确反映了问题域特性和需求,细化的系统及需求是否充分和正确地支持用户需求等。

(3) 需求规格说明:验证需求规格说明文档是否组织良好、书写正确,是否充分和正确地反映了用户的意图,是否可以为后续的开发工作打下良好的基础等。

4. 需求评审

评审又被称为同级评审,是指由作者之外的其他人来检查产品问题。在系统验证当中,评审是主要的静态分析手段,所以评审也是需求评审的一种主要方法,原则上,每一条需求都应该进行评审。

评审过程中的所有参与者,包括作者,他们的任务都是查找缺陷和对其进行改进的机会。评审组中的成员在评审期间可能扮演组织者、仲裁者、作者、阅读人员、记录人员、手机人员、评审人员、技术人员、观察员等角色,并且这些角色的人员数量是可以控制和调整的。

需求评审分为不同阶段,一般分为内部评审、预评审、正式评审和终评审四个阶段,内部评审、预评审、正式评审和终评审的目的不同,参加的人员也有所不同。同时,每一个阶段也并不一定每次都一次通过。

5. 问题的修正

对于在确认和验证过程中发现的错误的需求信息,需要需求工程师重新进行分析,按照正确的理解方式修正需求文档;对于已经获得但未归纳入文档的需求信息,要重新分析和文档化这部分信息;对于在文档中使用的不恰当表达,要重新修改为更合适的表达;对于不切实际的期望,也要及时修正。

8.4.6 需求管理

1. 需求管理概述

软件系统的需求会变更，这些变更不仅会存在于项目开发过程，而且还会出现在项目付诸应用之后。需求管理是一组用于帮助项目组在项目进展中的任何时候去标识、控制和跟踪需求的活动。

在需求管理中，每个需求被赋予唯一的标识符，一旦标示出需求，就可以为需求建立跟踪表，每个跟踪表标示需求与其他需求或设计文档、代码、测试用例的不同版本间的关系。

2. 需求管理的作用

需求管理的作用如下。

(1) 增强了项目涉众对复杂产品特征在其各自细节以及相互依赖关系的理解。

(2) 增进了项目涉众之间的交流。

(3) 减少了工作量的浪费，提高了生产力。

(4) 准确反映项目的状态，帮助进行更好的项目决策。

(5) 改变项目文化，使需求的作用得到重视和有效发挥。

3. 需求管理工具

需求管理并不是一件轻松的工作，尤其是在现有软件的规模日渐膨胀的情况下。调查显示，有27%的组织建立的软件需求数量在100～500之间，有36.5%的组织建立的软件需求数量在500～1000之间，另外36.5%的组织建立的软件需求数量超过1000。因此，需求管理工作非常需要有效的辅助工具。

在实践中使用最广的需求管理工具是通用的文本处理器和电子表格，部分组织自己开发了专用需求管理工具，但却很少有组织使用专用的商业需求管理工具。因为被调查者认为，商业需求管理工具往往无法和软件的开发过程以及其他辅助工具进行有效的集成。

8.5 软 件 设 计

8.5.1 软件设计概述

软件设计是把软件需求变换成软件表示的过程，早期的软件设计分为概要设计和详细设计，现在的软件设计分为数据/类设计、软件体系结构设计、接口设计和部件级设计。概要设计将需求转换为数据结构、软件体系结构及其接口。详细设计或部件级设计得到软件详细的数据结构和算法。

8.5.2 软件设计原理

1. 模块化

在计算机软件领域中，几乎所有的软件结构设计技术都是以模块化为基础的。模块化就是把软件按照规定的原则，划分为一个个较小的、相互独立的但又相互关联的部件。模块化实际上是系统分解和抽象的过程。在软件工程中模块是数据说明、可执行语句等程序对象的集合，是单独命名的，并且是可以通过名字来访问的。例如，对象类、构件、过程、函数、子程序、宏等都可作为模块。

2. 抽象

人类在认识复杂现象的过程中使用的最强有力的思维工具是抽象。人们在实践中认识到，在现实世界中一定事物、状态或过程之间总存在着某些相似的方面(共性)。把这些相似的方面集中和概括起来，暂时忽略它们之间的差异，就是抽象。

软件工程过程的每一步都是对软件解法的抽象层次的一次精化。在可行性研究阶段，软件作为系统的一个完整部件；在需求分析期间，软件解法是使用在问题环境内熟悉的方式描述的；当由总体设计向详细设计过渡时，抽象的程度也就随之减少了；最后，当源程序写出来以后，也就达到了抽象的最底层。

3. 逐步求精

逐步求精是把问题的求解过程分解成若干步骤或阶段，每一步都比上一步更精化，更接近问题的解法。逐步求精和抽象是一对互补的概念。抽象使得设计者能够描述过程和数据而忽略底层的细节，而求精有助于设计者在设计过程中揭示底层的细节。这两个概念对设计者在设计演化中构造出完整的设计模型都起到了至关重要的作用。

4. 信息隐藏和局部化

应用模块化原理时，自然会产生一个问题："为了得到一组模块，应该怎样分解软件呢？"信息隐藏原理指出：应该这样设计和确定模块，使得一个模块内包含的信息(过程和数据)对于不需要这些信息的模块是不能访问的。

信息屏蔽意味着有效的模块化可以通过定义一组独立的模块来实现，这些模块彼此之间仅仅交换那些为了完成系统功能所必须交换的信息。所谓局部化，就是把一些关系密切的软件元素物理地放得彼此靠近，在模块中使用局部数据元素就是一个局部化的例子。

5. 模块独立

模块独立的概念是模块化、抽象、信息隐藏和局部化概念的直接结果。开发具有独立功能而且和其他模块之间没有过多的相互作用的模块，就可以做到模块独立。换句话说，希望这样设计软件结构，使得每个模块完成一个相对独立的特定子功能，并且和其他模块之间的关系很简单。

8.5.3 体系结构设计

软件体系结构关注系统的一个或多个结构，包含软件部件、这些部件的对外可见性以及它们之间的关系。事实上，软件总是有体系结构的，不存在没有体系结构的软件。体系结构(Architecture)一词在英文中就是"建筑"的意思。如果把软件比作楼房，软件体系结构设计就如同设计楼房的类型(高层还是多层)、电梯的位置、房间的朝向等。体系结构并非是可运行的软件，而是一种使设计师能够在更高层次分析"设计"是否满足需求的一种表示。

8.5.4 设计原则

(1) 设计对于分析模型应该是可跟踪的：软件的模块可能被映射到多个需求上。

(2) 设计结构应该尽可能地模拟实际问题。

(3) 设计应该表现出一致性。

(4) 不要把设计当成编写代码。

(5) 在创建设计时就应该能够评估质量。

(6) 评审设计以减少语义性的错误。

(7) 设计应该模块化，将软件逻辑地划分为元素或子系统，并包含数据、体系结构、接口和构件的清晰表示。

8.5.5 指导方针

(1) 设计应该展现层次结构使得软件各部分之间的控制更明智。

(2) 设计应当模块化，就是指软件应在逻辑上分割为实现特定的功能和子功能的部分。

(3) 设计应当由清晰且可分离的数据和过程表达来构成。

(4) 设计应使得模块展现独立的功能特性。

(5) 设计应使得界面能降低模块之间及其与外部环境的连接复杂性。

(6) 设计应源自软件需求分析期间获得的信息所规定的可重复方法。

8.6 软 件 构 建

8.6.1 编码实现

1. 选择程序设计语言

程序设计语言是人和计算机通信最基本的工具，它的特点必然会影响人的思维和解题方式，会影响人和计算机通信的方式和质量，也会影响其他人阅读和理解程序的难易程度。所以，在编码之前的一项重要工作就是选择一种适当的程序设计语言。

适当的程序设计语言能使根据设计去完成编码时困难最少，可以减少需要的程序测试量，并且可以得出更容易阅读和更容易维护的程序。

2. 编码风格

源程序代码的逻辑应该简明清晰、易读易懂，这也是一个好程序的重要标准。程序员的编码风格要遵循程序内部的文档、相关的数据说明、语句构造、输入输出规则等规则。

8.6.2 编码标准

编码，又称代码，是用预先规定的方法，将文字、数字或其他对象编成数码，或将信息、数据转换成规定的电脉冲信号。它在电子计算机、电视遥控和通信等方面被广泛使用。

在电子计算机中，将指令和数字进行编码后，适合计算机运行和操作。编码作为计算机书写指令的过程，是程序设计活动的一部分。在数字磁记录中，可按照一定的规则，进行输入信息序列向编码序列的过程转换。在遥控系统和通信系统中，采用编码步骤可提高传送的效率和可靠性。将数据转换为编码字符，必要时又可编码成原来的数据形式。

为保证编码的正确性，编码要规范化、标准化，即需有标准的编码格式。常见的编码格式有 ASCII、ANSI、GBK、GB2312、UTF-8、GB18030 和 UNICODE 等。

8.6.3 调试

调试是在测试发现错误之后排除错误的过程。软件工程师在评估测试时，往往仅仅面对着软件错误的症状，即软件错误的外部表现和它的内在原因之间可能并没有明显的联系。调试就是把症状和原因联系起来的尚未被人深入认识的智力过程。

调试过程从执行一个测试用例开始，评估测试结果，如果发现实际结果与预期结果不一致，则这种不一致就是一个症状，它表明在软件中存在着隐藏的问题，调试过程就是试图找出产生这种症状的原因，以便改正错误。所以调试过程最终的结果有两个：一是找到了问题的原因并把问题改正或排除了问题；二是没有找到问题的原因。

8.6.4 程序中潜在的安全问题

1. 缓冲区溢出

计算机程序一般都会用到一些内存，这些内存或是程序内部使用，或是存放用户的输入数据，这样的内存一般称作缓冲区。溢出是指盛放的东西超出容器容量而溢出来了，在计算机程序中，就是数据使用到了被分配内存空间之外的内存空间。而缓冲区溢出，简单地说就是计算机对接收的输入数据没有进行有效的检测(理想的情况是程序检查数据长度并不允许输入超过缓冲区长度的字符)，向缓冲区内填充数据时超过了缓冲区本身的容量，而导致数据溢出到被分配空间之外的内存空间，使得溢出的数据覆盖了其他内存空间的数据。

缓冲区溢出是一种非常普遍、非常危险的漏洞，在各种操作系统、应用软件中广泛存在。利用缓冲区溢出攻击，可以导致程序运行失败、系统宕机、重新启动等后果。更为严重的是，可以利用它执行非授权指令，甚至可以取得系统特权，进而进行各种非法操作。

缓冲区溢出(Buffer Overflow)，是针对程序设计缺陷，向程序输入缓冲区写入使之溢出的内容(通常是超过缓冲区能保存的最大数据量的数据)，从而破坏程序运行，趁中断之际获取程序乃至系统的控制权。

2. 竞态条件

竞争危害(Race Hazard)又名竞态条件(Race Condition)，旨在描述一个系统或者进程的输出是无法预测的、对事件间相对时间的排列顺序的致命相依性。

比如，计算机存储器或者磁盘设备里，如果同时发出大量的数据指令，竞争危害就可能发生。计算机尝试覆盖相同或者旧的数据，而此时旧的数据仍在被读取，结果可能是下面的一个或者多个情况：机器死机、出现非法操作并结束程序、错误地读取旧数据，或者错误地写入新数据。

8.6.5 软件复杂性

1. 软件复杂性的基本概念

软件度量的一个重要分支就是软件复杂性度量。对于软件复杂性，至今尚无一种公认的精确定义。软件复杂性与质量属性有着密切的关系，从某些方面反映了软件的可维护性、可靠性等质量要素。软件复杂性度量的要素很多，主要有以下几种。

(1) 规模：即总的指令数，或源程序行数。

(2) 难度：通常由程序中出现的操作数的数目所决定的量来表示。

(3) 结构：通常用与程序结构有关的度量来表示。

(4) 智能度：即算法的难易程度。

软件复杂性主要表现在程序的复杂性上。程序的复杂性主要是指模块内程序的复杂性，它直接关联到软件开发费用的多少、开发周期的长短和软件内部潜伏错误的多少，同时它也是软件可理解性的另一种度量。

2. 软件复杂性的度量方法

1) 代码行度量法

度量程序的复杂性，最简单的方法就是统计程序的源代码行数，并以源代码行数作为程序复杂性的度量。例如，每行代码的出错率为 1%，则是指每 100 行源程序中可能有一个错误。塞耶(Thayer)曾指出，程序出错率的估算范围为 0.04%~7%，即每 100 行源程序中可能存在 0.04~7 个错误。他还指出，每行代码的出错率与源程序行数之间不存在简单的线性关系。李泊(Lipow)进一步指出，对于小程序，每行代码的出错率为 1.3%~1.8%；对于大程序，每行代码的出错率增加到 2.7%~3.2%。

但这只是考虑了程序的可执行部分，没有包括程序中的说明部分。李泊及其他研究者得出一个结论：对于少于 100 个语句的小程序，源代码行数与出错率是线性相关的；随着程序的增大，出错率以非线性方式增长。因此，代码行度量法只是一个简单的、较为粗糙的方法。

2) McCabe 度量法

McCabe 度量法是一种基于程序控制流的复杂性度量方法。McCabe 复杂性度量又称环路度量，它认为程序的复杂性在很大程度上取决于控制的复杂性。单一的顺序程序结构最

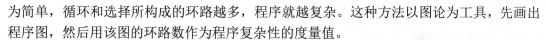

为简单，循环和选择所构成的环路越多，程序就越复杂。这种方法以图论为工具，先画出程序图，然后用该图的环路数作为程序复杂性的度量值。

程序图是退化的程序流程图，即把程序流程图中每个处理符号都退化成一个节点，原来连接不同处理符号的流线变成连接不同节点的有向弧，得到的有向图就叫作程序图。

8.7 软件验证与确认

8.7.1 基本概念

软件验证即确保软件是否正确地实现特定功能；软件确认即确认软件的实现是否满足用户的需求。

8.7.2 软件评审

软件评审是一个"过滤器"，在软件开发的各个阶段都要采用评审的方法，以发现软件中的缺陷，然后加以改正。

为了使用户满意，可以把"质量"理解为"用户满意程度"，但必须满足以下两个必要条件。

(1) 设计的规格说明书要符合用户的要求。

(2) 程序要按照设计规格说明书所规定的内容正确执行。

1. 设计质量的评审内容

设计质量的评审内容如下。

(1) 评价软件的规格说明是否合乎用户的要求。即总体设计思想和设计方针是否明确；需求规格说明是否得到用户或上级机关的批准；需求规格说明与软件的概要设计规格说明是否一致等。

(2) 评审可靠性。即是否能避免输入异常(错误或超载等)、硬件失效及软件失效所产生的失效，一旦发生应能及时采取代替或恢复手段。

(3) 评审保密措施实现情况。即是否提供对使用系统资格进行检查；对特定数据的使用资格、特殊功能的使用资格进行检查，在查出有违反使用资格的情况后，能否向系统管理人员报告有关信息；是否提供对系统内重要数据加密的功能等。

(4) 评审操作特性实施情况。即操作命令和操作信息的恰当性；输入数据与输入控制语句的恰当性；输出数据的恰当性；应答时间的恰当性等。

(5) 评审性能实现情况。即是否达到所规定性能的目标值。

(6) 评审软件是否具有可修改性、可扩充性、可互换性和可移植性。

(7) 评审软件是否具有可测试性。

(8) 评审软件是否具有复用性。

2. 程序质量的评审内容

程序质量评审通常是从开发人员的角度来进行的，直接与开发技术有关，它着眼于软件的结构、与运行环境的接口、变更带来的影响而进行的评审活动。

3. 软件评审过程

大量的实践证明,软件评审是使产品达到用户要求的一项十分有意义的活动,是软件过程中保证软件质量的一种重要手段。在进入正式的评审流程之前,需要进行准确的判断,只有满足评审的前提条件的项目,才能进入软件评审流程。软件评审的前提条件主要包括是否准备好所有必需的支持文档、创建者是否选择好评审方法、是否了解清楚评审的所有流程等内容。

8.7.3 软件测试

软件产品在交付使用之前一般要经过单元测试、集成测试、确认测试和系统测试四个阶段。

1. 单元测试

单元测试是对软件基本组成单元进行的测试,用来检查每个独立模块是否正确地实现了规定的功能。单元测试所发现的往往是编码和详细设计中的错误。各模块经过单元测试后,接下来需要进行集成测试。

2. 集成测试

集成测试是将已分别通过测试的单元按设计要求组合起来再进行测试,以检查这些单元之间的接口是否存在问题,同时检查与设计相关的软件体系结构的有关问题。在这个测试阶段发现的往往是软件设计中的错误,也可能发现需求中的错误。

3. 确认测试

确认测试是检查所开发的软件是否满足需求规格说明书中所确定的功能和性能的需求。在这个测试阶段发现的是需求分析阶段的错误,如对用户需求的误解,有冲突的用户需求等。完成确认测试后,得到的应该是用户确认的合格的软件产品,但为了检查该产品能否与系统的其他部分协调工作,需要进行系统测试。

4. 系统测试

系统测试是将经过单元测试、集成测试、确认测试以后的软件,作为计算机系统中的一个组成部分,需要与系统中的硬件、外部设备、支持软件、数据及操作人员结合起来,在实际运行环境下对计算机系统进行一系列的严格有效的测试来发现软件的潜在问题,以保证组成部分不仅能单独地正常运行,而且在系统各部分统一协调下也能正常运行。

8.7.4 软件质量评估

1. 软件质量的定义

软件质量贯穿软件生存周期的全过程,是指反映软件系统或软件产品满足规定或隐含

需求的能力的特征和特性全体。关于软件质量的定义有多种说法，无论采用何种形式的定义，软件质量的定义均包含以下三个方面。

(1) 与所确定的功能和性能需求的一致性。软件需求是进行"质量"测量的基础，与需求不符必然质量不高。

(2) 与所成文的开发标准的一致性。制定的标准定义了一组指导软件开发的准则，用来指导软件人员用工程化的方法来开发软件。如果不能遵照这些准则，软件的高质量就无法得到保证。

(3) 与所有专业开发的软件所期望的隐含特性的一致性。往往会有一些隐含的需求没有明确地提出来，如软件应具备良好的可维护性。如果软件只满足那些精确定义了的需求而没有满足这些隐含的需求，软件质量也不能得到保证。

2. 软件质量的度量和评价

一般来说，影响软件质量的因素可以分为以下两大类。

(1) 直接度量的因素，如单位时间内千行代码(Thousands of Lines of Code，TLOC)中所产生的错误数。

(2) 间接度量的因素，如可用性或可维护性。

在软件开发和维护过程中，为了定量地评价软件质量，必须对软件质量特性进行度量，以测定软件具有所要求的质量特性的程度。1976 年，巴利·玻姆(Barry W. Boehm，1935—)等人提出了定量评价软件质量的层次模型。沃尔斯特(Walters)和吉姆·麦考尔(Jim McCall)提出了从软件质量要素、准则到度量的三个层次式的软件质量度量模型。

3. 软件质量保证

软件的质量保证就是向用户及社会提供满意的、高质量的产品，确保软件产品从诞生到消亡为止的所有阶段的质量活动，即为确定、达到和维护需要的软件质量而进行的所有有计划、有系统的管理活动。

软件质量保证的主要功能有质量方针的制定；质量保证方针和质量保证标准的制定；质量保证体系的建立和管理；明确各阶段的质量保证工作；各阶段的质量评审；确保设计质量；重要质量问题的提出与分析；总结实现阶段的质量保证活动；整理面向用户的文档、说明书等；产品质量鉴定、质量保证系统鉴定；质量信息的收集、分析和使用。

4. 软件质量管理

软件的质量是软件开发各个阶段质量的综合反映，所以软件的质量管理贯穿了整个软件开发周期。为了更好地管理软件产品质量，首先需要制订项目的质量计划；然后在软件开发的过程中需要进行技术评审、软件测试以及缺陷跟踪；最后需要对整个过程进行检查，并进行有效的过程改进，以便在以后的项目中进一步提高软件质量。

(1) 质量方针：是指导项目人员更好地开展软件项目工作的指导性文件和约束性文件，是隶属于公司年度工作目标和方针政策下的一份旨在针对软件工作的政策性文件，对企业软件过程改进、工作质量提升等具有非常重要的战略意义和指导价值。

(2) 质量计划：是进行项目质量管理、实现项目质量方针和目标的具体规划；是项目管理规划的重要组成部分，是项目质量方针和质量目标的分解和具体体现；是针对具体的软件开发制定的，总体过程包括计划的编制、实施、检查调整和总结四个阶段。

8.8 软件可靠性

8.8.1 软件可靠性的定义

软件可靠性是指一个程序按照用户的要求和设计的目标，执行其功能的正确程度。一个可靠的程序应是正确的、完整的、一致的和健壮的。

8.8.2 软件可靠性的模型

可靠性模型，是指通过数学方法描述系统各单元存在的功能逻辑关系而形成的可靠性框图及数学模型。对软件可靠性数学理论的研究尝试，已经产生了一些可靠性模型。软件可靠性模型通常包括可靠性增长模型、基于程序内部特性的模型和植入模型。

1. 可靠性增长模型

可靠性增长模型是由硬件可靠性理论导出的模型，计算机硬件可靠性度量之一是它的稳定可用程度，用其错误出现和纠正的速率来表示。

2. 基于程序内部特性的模型

基于程序内部特性的模型用于计算存在于软件中的错误的预计数。根据软件复杂性度量函数导出的定量关系，这类模型建立了程序的面向代码的属性(如操作符和操作数的数目)与程序中错误的初始估计数字之间的关系。它以程序结构为基础，分析程序内部结构、分支的数目、嵌套的层数以及引用的数据类型，以这些结构的数据作为模型的参数，使用多元线性回归分析，从而预测程序的错误数目。

3. 植入模型

植入模型是由米尔斯(D. Mills)提出的，是在软件中植入已知的错误，在历经一段时间的测试之后，可以发现错误，并计算发现的植入错误数与发现的实际错误数之比。这种模型依赖于测试技术，但如何判定哪些错误是程序的残留错误，哪些是植入带标记的错误，不是件容易的事，而且植入带标记的错误有可能导致新的错误。

8.8.3 容错软件技术

1. 容错软件的定义

归纳容错软件的定义，有以下四种说法。

(1) 规定功能的软件，在一定程度上对自身错误的作用(软件错误)具有屏蔽能力，则称此软件为具有容错功能的软件，即为容错软件。

(2) 规定功能的软件，在一定程度上能从错误状态自动恢复到正常状态，则称为容错

软件。

(3) 规定功能的软件，发生错误时，仍然能在一定程度上完成预期的功能，则称为容错软件。

(4) 规定功能的软件，在一定程度上具有容错能力，则称为容错软件。

2. 容错的一般方法

实现容错技术的主要手段是冗余。冗余是指在实现系统规定功能时多余的那部分资源，包括硬件、软件、信息和时间。由于加入了这些资源，有可能使系统的可靠性得到较大的提高。

8.9 形式化方法

按照形式化的程度，可以把软件工程使用的方法划分成非形式化、半形式化和形式化三类。用自然语言描述需求规格说明，是典型的非形式化方法。用数据流图或实体联系图建立模型，就是典型的半形式化方法。

软件形式化方法是指建立在严格数学基础上的软件开发方法。形式化方法模型的主要活动是生成计算机软件形式化的数学规格说明。形式化方法使软件开发人员可以应用严格的数学符号来说明、开发和验证基于计算机的系统。

8.9.1 形式化方法的起源及发展

形式化方法的研究高潮始于 20 世纪 60 年代后期，针对当时所谓的"软件危机"，人们提出了种种解决方法，归纳起来有两类：一是采用工程方法来组织、管理软件的开发过程；二是深入探讨程序和程序开发过程的规律，建立严密的理论，以期用来指导软件开发实践。前者导致"软件工程"的出现和发展，后者则推动了形式化方法的深入研究。经过三十多年的研究和应用，如今人们在形式化方法这一领域取得了大量、重要的成果，从早期最简单的形式化方法一阶谓词演算方法到现在的应用于不同领域、不同阶段的基于逻辑、状态机、网络、进程代数、代数等众多形式化方法。形式化方法的发展趋势逐渐融入软件开发过程的各个阶段，从需求分析、功能描述(规约)、(体系结构/算法)设计、编程、测试直至维护。

8.9.2 形式化方法的分类

1. 根据说明目标软件系统的方式划分

根据说明目标软件系统的方式，形式化方法可以分为以下两类。

(1) 面向模型的形式化方法。该方法是指通过构造一个数学模型来说明系统的行为。

(2) 面向属性的形式化方法。该方法是指通过描述目标软件系统的各种属性来间接定义系统行为。

2. 根据表达能力划分

根据表达能力，形式化方法可以分为以下五类。

(1) 基于模型的方法。通过明确定义状态和操作来建立一个系统模型(使系统从一个状态转换到另一个状态)。用这种方法虽可以表示非功能性需求(诸如时间需求)，但不能很好地表示并发性，如 Z 语言、VDM、B 方法等。

(2) 基于逻辑的方法。用逻辑描述系统预期的性能，包括底层规约、时序和可能性行为。采用与所选逻辑相关的公理系统证明系统具有预期的性能。用具体的编程构造扩充逻辑从而得到一种广谱形式化方法，通过保持正确性的细化步骤集来开发系统。如：区间时序逻辑(Interval Temporal Logic，ITL)、区段演算(Duration Calculus，DC)、Hoare 逻辑、WP 演算、模态逻辑、时序逻辑、时序代理模型(TAM)、实时时序逻辑(RTTL)等。

(3) 代数方法。通过将未定义状态下不同的操作行为相联系，给出操作的显式定义。与基于模型的方法相同的是，没有给出并发的显式表示。如：OBJ、Larch 族代数规约语言等。

(4) 进程代数方法。通过限制所有容许的可观察的过程间通信来表示系统行为。此类方法允许并发过程的显式表示。如通信顺序过程(Communication Sequential Process，CSP)、通信系统演算(Communication Calculus System，CCS)、通信过程代数(ACP)、时序排序规约语言(LOTOS)、计时 CSP(TCSP)、通信系统计时可能性演算(TPCCS)等。

(5) 基于网络的方法。由于图形化表示法易于理解，而且非专业人员能够使用，因此是一种通用的系统确定表示法。该方法采用具有形式语义的图形语言，为系统开发和再工程带来特殊的好处。如 Petri 图、计时 Petri 图、状态图等。

8.9.3 形式化方法的优点

形式化方式指的是将离散数学的方法用于解决软件工程领域的问题，主要是建立精确的数学模型以及对模型的分析活动。在软件开发中运用数学模型有很多优点，例如能够解决规格说明的二义性，提高精确性，还能使软件相关问题的本质在不同抽象层次被显示出来。

8.10 软 件 演 化

8.10.1 代码段

在采用段式内存管理的架构中，代码段(Code Segment/Text Segment)通常是指用来存放程序执行代码的一块内存区域。

代码段这部分区域的大小在程序运行前就已经确定，并且内存区域通常属于只读，某些架构也允许代码段为可写，即允许自修改程序。在代码段中，也有可能包含一些只读的常数变量，如字符串常量等。

8.10.2 组件

在传统的面向过程的程序设计中，程序是由一系列相互关联的模块和子程序组成的，编程采用过程的方式，代码中有一条主线，决定需要完成哪些步骤。这种编程方式在做一些修改时常常牵一发而动全身，使以后的开发和维护难以为继。面向对象程序设计把程序想象成一系列的相互交互的对象，每个对象都要有自己的数据和行为，对象之间彼此独立。面向对象编程技术的出现，降低了软件构建的复杂度，增大了代码重用的概率。

把一个庞大的应用程序分成多个模块，每个模块保持一定的功能独立性，在协同工作时，通过相互之间的接口完成实际的任务，人们把每一个这样的模块称为组件。对象管理小组(Object Management Group，OMG)的"建模语言规范"中将组件定义为：系统中一种物理的、可代替的部件，它封装实现并提供了一系列可用的接口。组件代表系统中的一部分物理实施，包括软件代码(源代码、二进制代码或可执行代码)或其等价物(如脚本或命令文件)。

一个设计良好的应用系统往往被切分成一些组件，这些组件可以单独开发，单独编译，甚至单独调试和测试。当所有的组件开发完成后，把它们组合在一起就得到了完整的应用系统。

8.10.3 重构

重构(Refactoring)就是通过调整程序代码改善软件的质量、性能，使程序的设计模式和架构更趋合理，提高软件的扩展性和维护性。

一个软件总是为解决某种特定的需求而产生，时代在发展，客户的业务也在发生变化。有的需求相对稳定一些，有的需求变化得比较剧烈，还有的需求已经消失了，或者转化成了别的需求。在这种情况下，软件必须相应地改变。

这就产生了一种糟糕的现象：软件产品最初制造出来，是经过精心的设计，具有良好架构的。但是随着时间的推移、需求的变化，必须不断地修改原有的功能、追加新的功能，还免不了有一些缺陷需要修改。为了实现变更，不可避免地要违反最初的设计构架。经过一段时间以后，软件的架构就千疮百孔了。bug 越来越多，越来越难维护，新的需求越来越难实现，软件的架构对新的需求渐渐地失去支持能力，而是成为一种制约。最后新需求的开发成本会超过开发一个新的软件的成本，这就是这个软件系统的生命走到尽头的时候。

重构就能够最大限度地避免这种现象。系统发展到一定阶段后，使用重构的方式，不改变系统的外部功能，只对内部的结构重新进行整理。通过重构，不断地调整系统的结构，使系统对于需求的变更始终具有较强的适应能力。

重构可以降低项目的耦合度，使项目更加模块化，有利于项目的开发效率和后期的维护，让项目主框架突出鲜明，给人一种思路清晰、一目了然的感觉，其实重构是对框架的一种维护。

8.10.4 软件重用

软件重用是指在两次或多次不同的软件开发过程中重复使用相同或相似软件元素的过程，软件元素包括程序代码、测试用例、设计文档、设计过程、需求分析文档甚至领域知识。通常，可重用的元素也称作软构件，可重用的软构件越大，重用的粒度就越大。

为了能够在软件开发过程中重用现有的软构件，必须在此之前不断地进行软构件的积累，并将它们组织成软构件库。这就是说，软件重用不仅要讨论如何检索所需的软构件以及如何对它们进行必要的修剪，还要解决如何选取软构件、如何组织软构件库等问题。因此，软件重用方法学，通常要求软件开发项目既要考虑重用软构件的机制，又要系统地考虑生产可重用软构件的机制。这类项目通常被称为软件重用项目。

使用软件重用技术可以减少软件开发活动中大量的重复性工作，这样就能提高软件生产率，降低开发成本，缩短开发周期。同时，由于软构件大都经过严格的质量认证，并在实际运行环境中得到校验，因此，重用软构件有助于改善软件质量。此外，大量使用软构件，软件的灵活性和标准化程度也可望得到提高。

8.10.5 变更管理

变更管理(Management of Change，MOC)是指项目组织为适应项目运行过程中与项目相关的各种因素的变化，保证项目目标的实现而对项目计划进行相应的部分变更或全部变更，并按变更后的要求组织项目实施的过程。

变更管理是项目管理中的最重要过程之一，主要任务是分析变更的必要性，有变更的需求就要有变更的控制和管理。

它的主要任务包括：①分析变更的必要性和合理性，确定是否实施变更；②记录变更信息，填写变更控制单；③做出更改，并交上级审批；④修改相应的软件配置项(基线)，确立新的版本；⑤评审后发布新版本。

软件生存周期内全部的软件配置是软件产品的真正代表，必须使其保持精确。软件工程过程中某一阶段的变更，均要引起软件配置的变更，这种变更必须严格加以控制和管理，保持修改信息，并把精确、清晰的信息传递到软件工程过程的下一步骤。软件变更管理包括建立控制点和建立报告与审查制度。

8.11 软件环境和工具

8.11.1 软件开发环境

1. 软件开发环境的定义

软件开发环境是指在计算机基本软件的基础上，为了支持软件的开发而提供的一组工具软件系统。在1985年第八届国际软件工程会议上，由IEEE和ACM支持的国际工作小组把"软件开发环境"定义为"软件开发环境是相关的一组软件工具集合，它支持一定的软件开发方法或按照一定的软件开发模型组织而成"；而美国国防部在构建可靠系统的软件技术(Software Technology for Adaptable Reliable System，STARES)计划中将其定义为"软件工程环境是一组方法、过程及计算机程序(计算机化的工具)的整体化构件，它支持从需求定义、程序生成直到维护的整个软件生存期"。

2. 对软件开发环境的要求

软件开发环境的目标是提高软件开发的生产率和软件产品的质量。

理想的软件开发环境是能支持整个软件生存期阶段的开发活动，并能支持各种处理模型的软件方法学，同时实现这些开发方法的自动化。比较一致的观点认为软件开发环境的基本要求如下。

(1) 软件开发环境应是高度集成的一体化的系统。

(2) 软件开发环境应具有高度的通用性。

(3) 软件开发环境应易于定制、裁剪或扩充以符合用户的要求，即软件开发环境应具有高度的适应性和灵活性。

(4) 软件开发环境不但要求应用性强，而且是易使用的、经济高效的系统。

(5) 软件开发环境应有辅助开发向半自动开发和自动开发逐步过渡的系统。

8.11.2　软件工具的基本概念

1. 软件工具

软件工具是指支持软件生存周期中某一阶段任务实现而使用的计算机程序，或者定义为支持计算机软件的开发、维护、模拟、移植或管理而研制的程序系统。软件工具是一个程序系统，是为专门目的而开发的。软件开发环境和开发工具都是软件工程的重要支柱，对于提高软件生产率、改进软件质量、适应计算机技术的迅速发展有着越来越大的作用，因此受到业界人士的高度重视。

正如程序系统可分为系统和子系统一样，软件工具也可具有不同的粒度，称为工具和工具片段。例如，编译程序是一个编程环境中的工具，但是编译程序中包括扫描程序、词法分析、语法分析、优化及代码生成这样一些部分，每一个部分就称为工具片段。

很多情况下工具片段也可如同工具一样，用以组合在一起以实现某个处理，或者按用户要求定制和裁剪，以生成适合用户需要的子环境的工具或工具片段，这些均可作为构成部件。在很多软件工程环境中，通常将工具和工具片段组合在一起进行管理。基本工具部件的粒度与集成机制的设计是有关系的。

软件工具通常由工具、工具接口和工具用户接口三部分构成。工具通过工具接口与其他工具、操作系统或网络操作系统以及通信接口、环境信息库接口等进行交互作用。当工具需要与用户进行交互作用时，则通过工具的用户接口来进行。

2. 软件工具的分类

软件工具种类繁多、涉及面广，如编辑、编译、正文格式处理、静态分析、动态追踪、需求分析、设计分析、测试、模拟、图形交互等。

如何对软件工具进行分类，一直是人们研究的热点，自 20 世纪 90 年代以来掀起了新的热潮。雷弗(Reifer)和特拉特纳(Trattner)将软件工具分为模拟工具、开发工具、测试和评估工具、运行和维护工具、性能测量工具和程序设计支持工具。

8.11.3　计算机辅助软件工程

随着计算机硬件的飞速发展，硬件的成本降低、可靠性提高。而计算机软件是智力密集型产品，软件成本十分昂贵，软件质量也因复杂性提高而难以保证。

计算机辅助软件工程(Computer Aided Software Engineering，CASE)是一组工具和方法的集合，可以辅助软件生存周期各阶段进行软件开发。

CASE 把软件开发技术、软件工具和软件开发方法集成到一个统一而一致的框架中，并且吸收了 CAD、软件工程、操作系统、数据库、网络和许多其他计算机领域的原理与技术。因此，CASE 领域是一个应用、集成和综合的领域。从产业角度来讲，CASE 是种类繁多的软件开发和系统集成的产品及软件工具的集合。其中，软件工具不是对任何软件开发方法的取代，而是对方法的辅助，它旨在提高软件开发的效率，增强软件产品的质量。

本 章 小 结

本章介绍了软件工程的相关内容，包括软件工程的由来和概念、软件工程过程、软件项目管理、需求工程、软件设计、软件构建、软件验证与确认、软件可靠性、形式化方法、软件演化、软件环境和工具。软件工程是用工程化的方法来解决软件设计中的问题，以确保软件开发过程能够顺利地进行。

通过本章的学习，读者应该了解软件工程过程、软件项目管理、需求工程、软件设计、软件构建、软件验证与确认、软件演化、软件可靠性、形式化方法以及软件工具和环境。

习　　题

一、选择题

1. 软件是指(　　)。
   A. 按事先设计的功能和性能要求执行的指令系列
   B. 使程序能够正确操纵信息的数据结构
   C. 与程序开发、维护和使用有关的图文资料
   D. 计算机系统中的程序、数据结构及其说明文档

2. "软件工程的概念是为解决软件危机而提出的"，这句话的意思是(　　)。
   A. 说明软件工程的概念，即工程的原则、思想、方法可解决当时软件开发和维护存在的问题
   B. 说明软件工程这门学科的形成是软件发展的需要
   C. 强调软件工程成功地解决了软件危机的问题
   D. 说明软件危机存在的主要问题是软件开发不像传统工程项目那样容易管理

3. 软件工程的目标是(　　)。
   A. 生产满足用户需要的产品
   B. 以合适的成本生产满足用户需要的产品
   C. 以合适的成本生产满足用户需要的、可用性好的产品
   D. 生产正确的、可用性好的产品

4. 软件工程过程是指(　　)。
   A. 软件生存周期内的所有活动　　　　B. 软件生存周期内的一系列有序活动集

C. 软件工程的一组活动　　　　　　D. 软件生存周期内的所有任务

5. 软件开发方法是指(　　)。

   A. 指导软件开发的一系列规则　　　B. 软件开发的步骤

   C. 软件开发的技术　　　　　　　　D. 软件开发的思想

6. 基于构件的软件开发总是(　　)。

   A. 使用现存的构件　　　　　　　　B. 自己开发构件

   C. 修改现存的构件　　　　　　　　D. 使用现存的和开发新的构件

7. 简单地说,软件的质量是指(　　)。

   A. 软件满足需求说明的程度　　　　B. 软件性能指标的好坏

   C. 用户对软件的满意程度　　　　　D. 软件可用性的程度

8. 软件的开发和运行受到具体计算机系统的限制,这个问题主要是指(　　)。

   A. 可靠性　　　　B. 可移植性　　　　C. 可用性　　　　D. 健壮性

9. 软件项目计划的首要任务是(　　)。

   A. 说明项目的功能　　　　　　　　B. 定义项目的目标

   C. 在管理级上确定软件的范围　　　D. 从总体上定义软件的目标范围

10. 下列不属于需求开发的活动的是(　　)。

   A. 需求获取　　　B. 需求管理　　　　C. 需求验证　　　D. 需求分析

二、简答题

1. 什么叫软件危机?
2. 软件危机的表现形式是什么?
3. 什么叫软件工程?
4. 软件工程的目标是什么?
5. 简述软件工程过程。
6. 简述软件生存周期。
7. 简述模块划分的原则。
8. 简述结构化方法遵循的原则。
9. 简述软件质量的含义。
10. 简述软件质量保证的含义。
11. 简述软件可靠性的含义。
12. 简述设计质量的评审内容。
13. 简述容错软件的含义。
14. 简述软件开发环境。
15. 简述软件复用的几个级别。
16. 简述软件质量保证的策略。

三、讨论题

1. 软件是计算机的灵魂,用软件工程的方法来保证软件开发过程的顺利进行有哪些好处?
2. 学习了软件工程后,你觉得在哪些方面的收获最大?

第 9 章 操 作 系 统

学习目标：

- 了解操作系统概述、操作系统的发展、操作系统的分类、操作系统的功能、操作系统的体系结构、并发、调度和分发、安全和防护、文件系统、容错性、系统性能评估、脚本、主流操作系统、操作系统的新发展。
- 掌握操作系统的概念、操作系统的功能。

操作系统(Operating System)是建立在裸机上的第一层软件系统，属于计算机的系统软件。操作系统控制和管理整个计算机系统的硬件和软件资源，并合理地组织调度计算机的工作和资源的分配，以提供给用户和其他软件方便的接口和环境。

9.1　操作系统概述

9.1.1　操作系统的概念

要理解操作系统的概念，首先要清楚两点：第一，操作系统属于软件，是最接近于硬件的第一层软件；第二，必须为一台计算机安装操作系统，它才能够正常工作。

那么，究竟什么是操作系统呢？关于这个问题有多种不同的说法，但它们的本质都非常接近，那就是操作系统应该能够合理分配、管理、调度计算机的各类资源，包括软件资源、硬件资源。另外，操作系统在用户无须了解计算机工作原理的情况下，让用户能够方便地使用计算机。总之，操作系统就是合理管理并控制计算机系统内各种软、硬件资源，并能够合理组织工作流程、方便用户使用的程序集合。

操作系统通常有着一些共同的基本概念。

1. 并发

并发(Concurrent)是操作系统一个非常重要的概念。并发通常是指多个任务可以在同一个时间段内同时执行，即允许多个任务在宏观上并行，微观上仍然串行(对单 CPU 系统而言)。而并行则指的是多个任务真正意义上的同时执行，即多个任务可以在同一个时刻同时执行。当然，只有在多处理机系统中，任务的并行执行才是可行的。

引入了并发执行，操作系统处理能力和资源利用率都可以得到很大的提高。例如，当某个任务进行输入/输出时，另外的任务可以使用处理机；当有任务要等待某个特定的信号时，可以将它占用的一些资源(如内存)分配给其他任务使用。

并发实际上也可以看作一种技术，它通常是以多道程序设计技术为基础，再引入分时的概念，配合并发控制、处理机调度而共同实现的。

2．操作系统内核

操作系统内核(Operating System Kernel)是大多数操作系统的核心部分，它由操作系统中用于管理存储器、文件、外设和系统资源的部分组成。操作系统内核通常运行进程，并提供进程间的通信。

3．进程和线程

进程(Process)是指程序的一次执行。它是一个动态的概念，进程会因创建而产生，因调度而执行，也会因撤销而消亡。操作系统中通常由专门的表(通常称为进程表)记录与进程有关的信息。系统中的每个进程在这个表中占有一个表项，通常将这个表项看作进程的控制块。在操作系统中，进程是资源分配的最小单位。如果系统不支持线程，那么进程同时也是处理机调度的基本单位。

线程(Thread)有时也称为轻量级进程，它是进程内更小的执行单位。在引入线程的系统中，资源分配仍然以进程为单位，调度则以线程为单位，一个进程内的多个线程共享进程的地址空间、打开文件及其他资源。线程的引入实际上使得系统的并发程度更高，系统资源利用率也更高。

一个进程中可以包含若干个线程，线程可以利用进程所拥有的资源。在引入线程的操作系统中，通常都是把进程作为分配资源的基本单位，而把线程作为独立运行和独立调度的基本单位。由于线程比进程更小，基本上不拥有系统资源，故对它的调度所付出的开销就会小得多，因此能够提高系统内多个程序间并发执行的程度，从而显著提高系统资源的利用率和吞吐量。当下推出的通用操作系统都引入了线程，以便进一步提高系统的并发性，并把它视为现代操作系统的一个重要指标。

4．死锁

在一个计算机系统内，有些资源是独占性资源(一次只允许一个进程使用的资源)，如打印机、光盘刻录机、系统内部的一些表等。当多个进程在系统中同时运行时，如果对于这些资源的使用不加限制或规范，就可能引起系统中所有进程集合中的进程都无法执行完成，它们都在等待本进程集合中的进程释放相应的资源，此时称这些进程处于死锁状态。通常发生死锁的是一个进程集合，即一定是多个进程同时处于永久的相互等待的状态，而不只是一个进程。这里有一个简单的例子，可以通过它来理解死锁的概念，如图 9.1 所示。

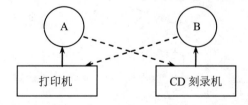

图 9.1　一个死锁的例子

设有两个进程 A、B，为了完成各自的应用，它们都需要使用打印机和 CD 刻录机，这两个资源是独占设备资源。假设系统首先已经将打印机分配给了进程 A，CD 刻录机分配给了进程 B，并且两个进程都已经开始执行，用实箭头分别指向这两个进程表示这样的资源分配；如果 A 在执行的过程中，还要请求使用 CD 刻录机才能最终完成它的应用，而 B 在执行中也要请求使用打印机才能结束，用虚箭头表示这样的资源请求。

运行的结果：A、B 进程都会在某个时刻无法继续执行完成，A 因为要使用已经分配给 B 的 CD 刻录机，处于一个阻塞等待状态；而 B 也会因为要使用已经分配给 A 的打印机，处于阻塞等待状态；最终，进程 A、B 都无法执行完成，处于一个永远等待的状态，这就是死锁。

5. 地址空间

地址空间(Address Space)表示任何一个计算机实体，比如外设、文件、服务器或者一个网络计算机所占用的内存大小。地址空间包括物理地址空间和虚拟地址空间。

每台计算机都配备有一定大小的物理内存，这些物理内存由一些连续的物理单元组成，为这些物理单元分别编址，就是内存的物理地址。这些内存的物理地址的集合就构成内存的物理地址空间。任何程序要得以执行，就必须映射到物理地址空间。

6. 输入/输出设备

操作系统通常将输入/输出(I/O)设备分为两类：字符设备和块设备。字符设备以字符为单位发送或接收一个字符流，字符设备不可寻址。打印机、网络接口、鼠标等均属于字符设备。块设备允许把信息存放在固定大小的块中，这些块有自己的地址，系统可以通过这些地址实现对块设备的存取访问。磁盘、磁带都是比较典型的块设备。

常见的输入设备有键盘、鼠标、摄像头、扫描仪、光笔、手写输入板、游戏杆、语音输入装置等；常见的输出设备有显示器、打印机、绘图仪、影像输出、语音输出、磁记录设备等。

7. 文件

文件通常是指可以长期保存在外存中的、被赋名的信息单元的集合。在操作系统中，为了管理好文件，还要支持目录。目录是一些目录项的列表，每个目录项一般含有文件名以及文件控制说明信息(或文件的索引节点号)。在对文件进行访问时，通过在目录中查找文件名，在得到文件的控制说明信息后，才能根据文件控制信息的描述实现文件的存取。通常将文件目录组织成一个多层次的目录结构，整个文件系统有一个根目录，如图 9.2 所示。

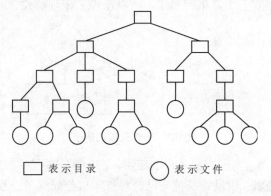

□ 表示目录　　○ 表示文件

图 9.2　多层次的文件目录结构

采用这样的多级文件目录的主要优点在于既提高了系统对于文件搜索的效率，又解决了文件重名的问题。

8. 安全

随着计算机技术应用的普及以及与信息技术的不断结合、发展，越来越多的重要信息都要通过计算机系统进行加工处理并存储，信息安全本身已经成为一门重要的学科，引起了广泛的关注和研究。

操作系统中涉及的安全问题目前主要包括确保文件不被未经授权的用户读取或修改，它涉及的范围不仅仅是技术方面的，而且还与管理、法律、政策等密切相关，是一个综合性的问题。文件保护和用户认证是操作系统可以实现的基本安全措施。除此以外，操作系统本身的设计还应该遵循安全系统设计原则，从而提高整个计算机系统的安全性。

9. Shell 脚本

Shell 实际上是操作系统的命令解释器，同时，它也是命令级的用户接口。Shell 可以用来执行用户在命令行输入的命令，并在命令提示符下给出命令的响应。Shell 除了可以作为命令解释器外，其本身也是一种高级编程语言。同其他高级编程语言一样，Shell 也有变量和程序控制结构。

由 Shell 命令编写的程序被称为 Shell 脚本。也可以把 Shell 脚本视为按照一定的控制结构组织起来的命令组，Shell 脚本也可以像普通的 Shell 命令一样被解释执行。

9.1.2 操作系统的角色和目标

计算机系统通常可以划分成如图 9.3 所示的层次结构，第一层为裸机硬件，即物理设备，包含中央处理单元、存储器、控制器、输入/输出设备、总线等。第二层到第四层都可以称为软件层。其中，第二层和第三层为系统软件层，第二层即为操作系统层，在此主要指操作系统内核；第三层是其他系统软件层，如命令解释器(Shell)、编译器、编辑器、数据库管理系统等；第四层为应用软件层，可以运行具体的应用程序，如银行应用系统、飞机票预订系统、Web 浏览器等。从计算机系统的层次结构可以看出，操作系统是紧邻硬件的软件，是对硬件功能的首次扩充。其他软件则是建立在操作系统之上，并在操作系统的统一管理和支持下各自运行。

银行应用系统	飞机票预订系统	Web 浏览器
编译程序/编辑程序/数据库管理系统		
操作系统		
物理设备		

图 9.3 计算机系统的层次结构

操作系统在计算机中饰演两个重要的角色：一是"魔术师"角色，操作系统通过进程抽象让每一个用户感觉有一台自己独享的 CPU，通过虚拟内存抽象，让用户感觉物理内存空间具有无限扩张性，这就是把少变多的一个实例；二是管理者角色，操作系统管理计算机上的软硬件资源，如 CPU、内存、磁盘等，使得不同用户之间或者同一用户的不同程序之间可以安全有序地共享这些硬件资源。

操作系统的目标主要体现在：操作系统是用户和计算机硬件系统之间的接口，主要通过命令方式、系统调用方式、图标-窗口方式来使用计算机；操作系统是计算机系统资源的管理者，负责处理机的分配管理、存储器管理的内存的分配和回收、I/O 设备的分配和操纵、文件的存取、共享和保护工作；操作系统实现了对计算机资源的抽象，操作系统首先在裸机上覆盖一层 I/O 设备管理软件，实现了对计算机硬件操作的第一层次抽象，在第一层软件上再覆盖文件管理软件，实现了对硬件资源操作的第二层次抽象。

9.1.3　操作系统的功能

操作系统的功能通常可分为扩展的虚拟机功能和资源管理功能，这也是从资源管理和人机交互的角度对操作系统功能的理解。

操作系统的资源管理功能在计算机中扮演着非常重要的角色，资源功能的实现使得整个计算机系统变得轻便简洁。计算机系统内的资源包括计算机系统内的硬件资源，如处理机、存储器、输入/输出设备等；软件资源，如文件信息、存在于内存的表、数据结构和系统例程等。操作系统对资源的管理包括处理机管理、存储管理、输入/输出设备管理以及文件管理。

1. 处理机管理

现代操作系统大多采用多道程序设计技术，系统内通常会有多个任务竞争使用处理机。这就需要系统对处理机进行调度，即系统需要调度程序来进行任务调度，目的是使系统有很高的资源利用率，尤其是中央处理器。

处理机作为计算机系统的关键资源，它的管理策略及调度算法会直接影响整个系统的运行效率。在多用户、多任务系统中，操作系统应该能够按照一定的策略与调度算法组织多个任务在系统中运行，要求操作系统解决何时能够为任务分配中央处理器、怎样在多个任务之间进行调度、何时让任务等待等问题。不同的系统在调度策略上会根据调度目标的不同而有所不同。

2. 存储管理

存储管理主要是指内存管理，不仅要为在系统运行的每个任务分配内存，还要完成内存保护、虚拟存储及地址映射的功能。存储管理方案的主要目的是解决多个用户使用主存的问题，其存储管理方案主要包括分区存储管理、分页存储管理、分段存储管理、段页式存储管理以及虚拟存储管理。

3. 输入/输出设备管理

在计算机系统内都配置了多种不同的输入/输出设备，如网卡、打印机、调制解调器、键盘、鼠标、显示器、磁盘等。其中，有些设备是可以共享的，有些设备是独占的。在多用户、多任务环境下，为了提高这些设备的利用率，实现资源的有效共享，系统应该能够

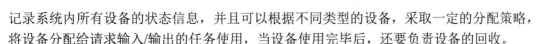

记录系统内所有设备的状态信息，并且可以根据不同类型的设备，采取一定的分配策略，将设备分配给请求输入/输出的任务使用，当设备使用完毕后，还要负责设备的回收。

输入/输出设备的处理速度远远低于中央处理器的处理速度，通常输入/输出设备通过控制器与主机相连。为了提高输入/输出设备与处理机之间并行工作的程度，往往要求设备管理能够提供缓冲功能，或者采用一些虚拟技术。

4. 文件管理

文件管理功能要求能够对文件进行逻辑组织，并且安排文件在外存的物理存储，这就要求文件管理能够管理外存空间。文件是用户频繁使用的信息，文件管理还应该解决用户操作文件的一系列问题，如文件的创建、打开、关闭、读、写、删除等。为了方便用户使用文件，文件系统一般都支持文件名访问方式，用户无须了解文件的物理结构。当系统中文件数目较多时，文件管理应该能够将文件按照一定的方式组织起来，如采用树型的目录结构，提供文件的高效存取访问功能。

随着计算机技术的发展，对于操作系统也提出了更多的功能要求，如要求操作系统要有系统安全及文件保护的功能、系统要有一定的容错功能以及具有高可用性等。

9.1.4 网络操作系统和移动操作系统

1. 网络操作系统

网络操作系统(Network Operating Systems，NOS)，是指能使网络上的计算机方便而有效地共享网络资源，为用户提供所需的各种服务的操作系统。网络操作系统是网络用户和计算机网络之间的接口，计算机网络的核心组成部分，可实现操作系统的所有功能，并且能够对网络中的资源进行管理和共享。

网络操作系统除了要管理网络环境下所有已经存在的软、硬件资源外，还应该向整个网络用户提供相应的多种服务软件及协议，以便于网络用户可以方便地利用网络资源。当然，网络的高效通信及服务质量(Quality of Service，QoS)保证也是网络操作系统应该考虑的问题。

2. 移动操作系统

移动操作系统也称为移动平台或手持式操作系统(Handheld Operating System)，是指在移动设备上运行的操作系统。移动操作系统近似在台式机上运行的操作系统，但是它们通常较为简单，而且提供了无线通信的功能。使用移动操作系统的设备有智能手机、PDA、平板电脑等，另外也包括嵌入式系统、移动通信设备和无线设备等。

在移动操作系统出现前，移动设备如移动电话一般是使用嵌入式系统运作的。随着移动设备日益普及，Google、Microsoft、Apple 公司以及手机行业领导者 Samsung、Huawei 等分别自行推出移动操作系统以争夺市场。目前主流的智能手机操作系统有 Android、iOS、Windows Phone 等，它们可以像 PC 一样安装第三方软件，具有丰富的功能。

9.1.5　操作系统的基本组成

　　计算机操作系统是用来管理整个系统的软、硬件资源，不同类型的操作系统在组成上会有差别。操作系统一般由用户接口、进程管理、存储管理、输入/输出设备管理、文件管理五个部分组成，如图9.4所示。

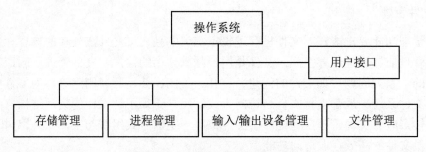

图9.4　操作系统的基本组成

9.1.6　操作系统的设计要素

　　操作系统结构是操作系统设计中首先需要考虑的因素，对操作系统的性能指标有很大影响，而操作系统的性能指标又影响到计算机系统的性能。良好的操作系统结构会提升操作系统的性能指标，充分发挥计算机系统的性能，利用CPU的处理速度和存储器的存储能力。

　　操作系统的设计要素除了考虑操作系统结构外，还要考虑可靠性、共享性、随机性、吞吐量、可移植性、安全性。

9.1.7　操作系统的启动

　　通常，操作系统的启动是由引导程序来完成的，这个程序可以在每次机器加电后自动执行，这个程序通常放在ROM中，即通常所说的基本输入/输出系统(Basic Input Output System，BIOS)。

　　当系统开机时，中央处理器直接跳转到该ROM固定地址执行系统启动程序，启动程序主要负责自检，并从硬盘、软盘或光盘中预先确定的位置将分区引导块读入内存，引导块对操作系统进行引导，将操作系统引导进入系统内存后，就跳转到操作系统中运行，由此将系统的控制权交给操作系统，接下来由操作系统控制机器的所有活动。

9.2　操作系统的发展

　　操作系统的发展演变是伴随计算机技术的进步而不断发展变化的，它的发展变化与计算机组成和体系结构密切相关。从计算机硬件发展与计算机应用相结合的角度，通常把操作系统的发展划分为手工操作、批处理系统、多道程序系统、现代操作系统四个阶段。

　　从20世纪80年代起，大规模集成电路得到了进一步发展，计算机体系结构更加注重一体化，硬件成本不断降低，计算机系统的应用已经从商业领域扩展到了普通的企业及个人。这时产生了运行在个人计算机上的操作系统，如 CP/M、MS-DOS，还有获得了巨大成功的具有图形用户界面(Graphical User Interface，GUI)的 Macintosh、Windows、Linux 等。随着互联网的兴起与不断发展，Windows、Unix、Linux 等操作系统不断在各个方面得到完善和加强，使得它们已成为目前计算机系统的主流操作系统，它们都是分时系统，具有多用户、多任务的特征。

DOS 是磁盘操作系统(Disk Operating System)的英文缩写，是个人计算机上的一类操作系统。1981 年，微软公司用 5 万美元购买了西雅图电脑产品公司的一名 24 岁程序员蒂姆·帕特森(Tim Paterson，1947—　)用时 4 个月编写的 86-DOS 操作系统，更名为 MS-DOS，并且改进后作为 IBM 发布的第一台个人计算机操作系统。从 1981 年到 1995 年的 15 年间，DOS 在 IBM PC 兼容机市场中占有举足轻重的地位。

Tim Paterson

威廉·亨利·盖茨(William Henry Gates，1955—　)与保罗·艾伦(Paul Allen，1953—2018)创办微软公司，曾任微软首席执行官和首席软件设计师。1995 年到 2007 年的《福布斯》全球亿万富翁排行榜中，盖茨连续 13 年蝉联世界首富。2008 年 6 月 27 日，盖茨正式退出微软公司，并把 580 亿美元的个人财产捐到比尔和梅琳达·盖茨基金会(Bill & Melinda Gates Foundation)。

William Henry Gates

微软以研发、制造、授权和提供广泛的计算机软件服务业务为主，总部位于美国华盛顿州的雷德蒙德，最为著名和畅销的产品为 Microsoft Windows 操作系统和 Microsoft Office 系列软件。

UNIX 是一个强大的多用户、多任务操作系统，支持多种处理器架构，按照操作系统的分类，属于分时操作系统，最早由肯·汤普森(Ken Thompson，1943—　)、丹尼斯·里奇(Dennis Ritchie，1941—2011)和道格拉斯·麦克罗伊(Douglas McIlroy，1932—　)于 1969 年在 AT&T 的贝尔实验室开发。1974 年 UNIX 与外界的首次接触，引起了学术界的广泛兴趣。UNIX 第五版就以"仅用于教育目的"的协议，提供给各高校作为教学之用，成为当时操作系统课程中的范例教材。各高校与公司开始通过 UNIX 源码对 UNIX 进行各种各样的改进和扩展之后，UNIX 开始广泛流行起来。

Ken Thompson

Linux 是一套免费使用和自由传播的类 UNIX 操作系统，它继承了 UNIX 以网络为核心的设计思想，是一个性能稳定的多用户网络操作系统。芬兰赫尔辛基大学(University of Helsinki)二年级的学生林纳斯·本纳第克特·托瓦兹(Linus Benedict Torvalds，1969—　)，在吸收了 MINIX 精华的基础上，于 1991 年写出了 Linux 操作系统，版本为 Linux 0.01，是 Linux 时代开始的标志。他利用 UNIX 的核心，去除繁杂的核心程序，改写成适用于一般计算机的 x86 系统，并放在网络上供大家下载，1994 年推出完整的核心 Version 1.0。至此，Linux 逐渐成为功能完善、稳定的操作系统，并被广泛使用。

Linus Benedict Torvalds

另外，随着计算机技术与通信技术的紧密结合，出现了网络操作系统；为了提高系统的性能产生了多处理机系统、分布式操作系统；随着信息技术在电子设备、自动控制等领域的广泛应用，嵌入式系统的发展也非常迅猛，同时也带动了嵌入式操作系统的发展。

9.3　操作系统的分类

操作系统的分类方法众多，最常见的分类方法是按照操作系统的性质来划分，分为批处理操作系统、分时操作系统、实时操作系统、嵌入式操作系统和网络操作系统等。

1. 批处理操作系统

批处理操作系统有单道批处理和多道批处理两种，它们的主要区别在于前者除操作系统本身外，一次只有一个作业在内存；而后者可以有多个作业在内存。比较而言，多道批处理操作系统具有更高的系统资源利用率。通常，这类操作系统适用于大型机系统。大多数现代操作系统都仍然保留了批处理系统的优势，它们大都是在处理机空闲时，处理位于后台执行的批处理作业。

2. 分时操作系统

分时操作系统是以多道程序系统为基础的，它的基本思想是将计算机系统的 CPU 时间划分成一些小的时间片，计算机系统内的多个用户的多个任务轮流使用一个时间片，如果一个任务在分配给它的一个时间片内不能完成，那么该任务会暂时停止执行，等待下一个时间片的到来。由于处理机的速度很快，对每个用户来讲似乎感觉不到是与他人分时使用中央处理器，而更像是自己独占整个系统资源，使得计算机系统的响应更加及时，即具有较短的响应时间。分时操作系统通常适用于有多个用户的小型机系统。

3. 实时操作系统

实时操作系统(Real-Time Operating System，RTOS)是指能够在指定或者确定的时间内完成系统功能和在外部或内部、同步或异步时间做出响应的系统。因此，实时操作系统应该有在事先定义的时间范围内识别和处理离散事件的能力；系统能够处理和储存控制系统所需要的大量数据。

4. 嵌入式操作系统

嵌入式操作系统(Embedded Operating System，EOS)是指用于嵌入式系统的操作系统，用于负责嵌入式系统的全部软、硬件资源的分配、任务调度，控制、协调并发活动。嵌入式操作系统通常包括与硬件相关的底层驱动软件、系统内核、设备驱动接口、通信协议、图形界面、标准化浏览器等。目前在嵌入式领域广泛使用的操作系统有：嵌入式实时操作系统 μC/OS-II、嵌入式 Linux、Windows Embedded、VxWorks 等，以及应用在智能手机和平板电脑上的 Android、iOS 等。

5. 网络操作系统

网络操作系统是使网络上各计算机能方便而有效地共享网络资源，为网络用户提供所需要的各种服务的软件和有关规程的集合。

　　由于分布在网络环境下的计算机系统通常是异构的，即它们的软、硬件平台甚至数据格式都不相同，要实现网络环境下的计算机通信，各个计算机系统必须遵循一些共同的约定，即协议。因此，网络操作系统除了要管理网络环境下所有已经存在的软、硬件资源外，还应该向整个网络用户提供相应的多种服务软件及协议，以便于网络用户可以方便地利用网络资源。当然，网络的高效通信及服务质量 QoS 保证也是网络操作系统应该考虑的问题。

9.4　操作系统的功能

　　操作系统的功能通常可分为资源管理功能和扩展的虚拟机功能，这也是从资源管理和人机交互的角度对操作系统功能的理解。

9.4.1　资源管理功能

　　计算机系统内的资源包括计算机系统内的硬件资源，如处理机、存储器、输入/输出设备等；软件资源，如文件信息、存在于内存的表、数据结构和系统例程等。操作系统对资源的管理包括处理机管理、存储管理、输入/输出设备管理以及文件管理。

9.4.2　扩展的虚拟机功能

　　操作系统屏蔽了计算机系统的硬件，提供给用户简单使用系统或请求系统服务的接口。换言之，操作系统为用户提供了友好的人机交互以及程序级接口，使得计算机看上去像是功能得到了扩展的机器。当然，这样的功能实现作为操作系统来讲，则是一个较为复杂的问题。

　　虚拟化是一种资源管理技术，是将计算机的各种实体资源(如 CPU、内存、磁盘空间、网络适配器等)予以抽象、转换后呈现出来并可供分割、组合为一个或多个计算机配置环境，使用户可以用比原本的配置更好的方式来应用这些计算机硬件资源。这些资源的新虚拟部分不受现有资源的架设方式、地域或物理配置所限制。一般所指的虚拟化资源包括计算能力和数据存储，利用虚拟化技术可以扩大硬件的容量，简化软件的重新配置过程。CPU 的虚拟化技术可以使单 CPU 模拟多 CPU 并行，允许一个平台同时运行多个操作系统，并且应用程序都可以在相互独立的空间内运行而互不影响，从而显著提高计算机的工作效率。

　　虚拟机(Virtual Machine)是指通过软件模拟的具有完整硬件系统功能的、运行在一个完全隔离环境中的完整计算机系统。虚拟机扩展是指将虚拟机的存储空间扩大到合适大小或在一个硬件平台上搭建多个虚拟机平台，用于不同的应用。

9.4.3　网络操作系统的功能

　　常用的网络操作系统有 Windows NT、UNIX、Linux、NetWare 等。网络操作系统是网络上各计算机能方便而有效地共享网络资源，为网络用户提供所需的各种服务的软件和有关规程的集合。网络操作系统与通常的操作系统有所不同，它除了具有通常操作系统应具有的处理机管理、存储器管理、设备管理和文件管理外，还应具有以下两大功能：提供高效、可靠的网络通信能力；提供多种网络服务功能，如远程作业录入并进行处理、文件转输、电子邮件、远程打印等服务功能。

9.5　操作系统的体系结构

操作系统本身是如何组织的？这是操作系统体系结构要解决的问题。不同体系结构的操作系统，又具有不同的实现及特点。从操作系统的发展来看，常见的结构主要有整体结构、分层结构、虚拟机结构和微内核结构四种。

1. 整体结构

操作系统实质上是没有结构的，整个操作系统由若干具有一定独立功能的过程组成，过程和过程之间可以根据需要按事先定义的接口相互进行调用。这种结构虽然简单，但不利于操作系统的功能扩充。当用户程序请求系统服务时，进行系统调用，这时系统工作状态从用户态转到核心态，接着核心态根据系统调用的参数决定调用的系统服务过程。这个系统服务过程有可能还需要调用多个其他的系统公用例程，从而完成用户请求的服务。

2. 分层结构

操作系统按一定的功能模块分层组织，最高层为用户程序，最低层为处理机调度和实现多道程序，并且下一层是相邻上一层的基础，层与层之间有严格的接口定义，只在相邻层之间发生交互。这样组织的好处在于有利于操作系统的设计与实现，但不足之处在于每一层的划分不易，并且效率不如其他的结构高，由于相邻层间有很多交互，安全性很难得到保证。当用户程序进行系统调用时，如果请求的是较低层的服务，则这个请求会从最高层往下逐层进行相应的调用，每经过一层，参数都会被重新封装，直到能够完成相应功能的那层调用，最终实现系统服务。

3. 虚拟机结构

虚拟机结构更倾向于是一种技术——虚拟机技术。它以运行在裸机上的核心软件(虚拟机监控软件/某一种操作系统)为基础，向上提供虚拟机的功能，每个虚拟机都像是裸机硬件的复制。在不同的虚拟机上可以安装不同的操作系统，这样，系统有了更好的兼容性及安全性。例如，在网络应用中，只要在机器上安装了Java虚拟机，就可以非常方便地运行Java的字节代码。当应用程序在虚拟机上运行并进行系统调用时，先由虚拟机的用户态转入虚拟机核心态，再进一步向虚拟机监控软件发出正常的系统调用加以执行，从而完成用户程序的服务请求。

4. 微内核结构

基于网络的一种内核结构，适用于分布式操作系统的设计，而在单个计算机中，也可称为微内核结构。这种结构的思想是尽量减小运行于核心态下的内核，将操作系统的一些传统功能作为服务器进程在用户态下运行，内核更多的是在多个服务器进程间以及用户进程与服务器进程间进行消息传递。这样的系统具有更好的可扩展性、可移植性、可靠性及灵活性。由于消息传递需要时间，所以相对于单内核系统而言速度慢些。当用户进程进行系统调用请求系统服务时，用户进程转入核心态运行。此时，内核将用户的请求以消息的形式发送给相应的服务器进程，并将服务器进程返回的信息以消息的形式传送给用户进程。

9.6　并　　发

并发是指两个或多个事件在同一时间间隔内发生。并发的实质是一个物理中央处理器(也可以多个物理中央处理器)在若干道程序之间多路复用。并发是对有限物理资源强制行使多用户共享以提高效率。实现并发技术的关键之一是如何对系统内的多个活动(进程)进行切换。操作系统中，并发是指一个时间段中有几个程序都处于已启动运行到运行完毕之间，且这几个程序都是在同一个处理机上运行，但任意一个时点上只能有一个程序在处理机上运行。并发环境下，由于程序的封闭性被打破，出现了新的特点：程序与计算不再一一对应，一个程序副本可以有多个计算；并发的程序之间存在相互制约关系，直接制约体现为一个程序需要另一个程序的计算结果，间接制约体现为多个程序竞争某一资源，如处理机、缓冲区等；并发程序在执行中是走走停停、断续推进的。

9.7　调度和分发

在并发程序设计系统中，在同一时刻可能有多个进程同时竞争处理器，这就需要按任务调度算法，把处理器占用权交给就绪队列中的一个进程，以便让它执行。任务调度的主要功能有记录进程状态和维护进程状态队列、分派处理器和回收处理器。在单处理器系统中，任务调度算法主要解决如何按移动的策略把空闲处理器分派给一个就绪进程。评价一个任务调度算法的主要依据有系统吞吐率和响应时间。

进程的调度模式有抢占式和非抢占式。在抢占模式下，操作系统负责分配 CPU 时间给各个进程，一旦当前的进程使用完分配给自己的 CPU 时间，操作系统将决定下一个占用CPU 时间的是哪一个线程。因此操作系统将定期地中断当前正在执行的线程，将 CPU 分配给等待队列中的下一个线程，所以任何一个线程都不能独占 CPU，每个线程占用 CPU 的时间取决于进程和操作系统。进程分配给每个线程的时间很短，以至于我们感觉所有的线程是同时执行的。然而这种方式也有不足之处，一个线程可以在任何给定的时间中断另外一个线程的执行。

在非抢占的调度模式下，每个线程可以根据需要占用 CPU 时间。在这种调度方式下，一个执行时间很长的线程可能使得其他所有需要 CPU 的线程"饿死"。在处理机空闲，即该进程没有使用 CPU 时，系统可以允许其他进程暂时使用 CPU。占用 CPU 的线程拥有对CPU 的控制权，只有它自己主动释放 CPU 时，其他线程才可以使用 CPU。

9.8　安全和防护

计算机安全性的基本内容是对计算机系统的硬件、软件、数据加以保护，不因偶然或恶意原因而造成破坏、更改和泄露，使计算机系统得以连续、正常地运行。

1. 操作系统安全性的主要内容

安全策略：描述一组用于授权使用其计算机及信息资源的规则。

安全模型：精确描述系统的安全策略，它是对系统的安全需求，以及如何设计和实现安全控制的一个清晰、全面的理解和描述。

安全机制：实现安全策略描述的安全问题，它关注如何实现系统的安全性，包括认证机制(Authentication)、授权机制(Authorization)、加密机制(Encryption)、审计机制(Audit)和最小特权机制(Least Privilege)等。

2. 安全需求

操作系统安全需求是指设计一个安全操作系统时期望得到的安全保障，一般要求系统无错误配置、无漏洞、无后门、无特洛伊木马等，能防止非法用户对计算机资源的非法存取。

(1) 机密性(Confidentiality)需求：为秘密数据提供保护方法及保护等级的一种特性。

(2) 完整性(Integrity)需求：系统中的数据和原始数据未发生变化，未遭到偶然或恶意修改或破坏时所具有的一种性质。

(3) 可记账性(Accountability)需求：又称审计，是指要求能证实用户身份，可对有关安全的活动进行完整记录、检查和审核，以防止用户对访问过某信息或执行过某操作的否认。

(4) 可用性(Availability)需求：防止非法独占资源，每当合法用户需要时保证其访问到所需信息，为其提供所需服务。

9.9　文　件　系　统

系统中负责管理和存储文件信息的软件机构称为文件管理系统，简称文件系统。文件系统由三部分组成：与文件管理有关的软件、被管理的文件以及实施文件管理所需的数据结构。从系统的角度来看，文件系统是对文件存储器空间进行组织和分配，负责文件的存储并对存入的文件进行保护和检索的系统。具体地说，它负责为用户建立文件，存入、读出、修改、转储文件，控制文件的存取，当用户不再使用时撤销文件等。

文件系统是操作系统用于明确磁盘或分区上的文件的方法和数据结构，即在磁盘上组织文件的方法，也指用于存储文件的磁盘或分区，或文件系统种类。

文件系统的管理功能是通过把它所管理的程序和数据组织成一系列文件的方法来实现的。而文件则是指具有文件名的若干相关元素的集合。元素通常是记录，而记录是一组有意义的数据项的集合。可以把数据组成分为数据项、记录、文件。

文件是文件系统管理的直接对象。为了方便用户对文件的存取和检索，在文件系统中通常会配置目录，每个目录项中，必须含有文件名及该文件所在的物理地址。对目录的组织和管理是提高对文件存取速度的关键，其中树是最常用的目录结构。磁盘中的文件和目录必定占用存储空间，对这部分空间的有效管理，不仅能提高外存的利用率，而且能提高对文件的存取速度。

9.10　容　错　性

存储在计算机中的文件或者在网络中传输的文件有可能因为故障或者干扰信号等的影响而发生错误或者丢失，此时一般情况下系统能够自动恢复文件，但是文件错误严重时，则可导致文件彻底丢失。系统的恢复能力就是容错能力，简称容错。

20 世纪 80 年代，第一代容错技术开始进入商用领域。美国容错公司(Stratus)在 Stratus 独特的硬件级容错技术及 VOS 专有操作系统环境下，采用了 Motorola M68000 处理器。

进入 21 世纪以来，制造、能源、交通等领域对服务器，特别是中、低端服务器的需求激增，过去仅仅可以应用在 RISC(Reduced Instruction Set Computer)平台、HP-UX(Hewlett Packard Unix)环境下的容错产品也面临着新的挑战。企业越来越依赖信息系统来完成关键业务的应用，当双机热备、集群服务器遇到难题时，不可能配备更多的专业人员进行专职维护。容错技术的应用已经开始从过去的证券、电信等领域进入广泛的基础行业，如制造、能源、物流、交通及有着"7×24"不间断运营需求的中、小商业团体和政府。

容错将会向更高的可用性、更卓越的可维护性方向发展，容错的基本概念主要体现在可用性、可靠性、安全性、可维护性、保密性等方面。

9.11　系统性能评估

1. 性能评价目的

(1) 在一定的价格范围内选择性能最好的系统(或方案)，以达到较好的性价比。

(2) 对已有系统的性能缺陷进行改进，以便提高其运行效率。

(3) 对未来设计的系统进行性能预测，在性能成本方面实现最佳设计或配置。

2. 性能评价参数

(1) 可靠性或可利用性。系统能正常工作的时间，其指标可以是能够持续工作的时间长度，如平均无故障时间；也可以是在一段时间内，能正常工作的时间所占的百分比。

(2) 处理能力或效率。

① 吞吐率。系统在单位时间内能处理正常作业的个数。

② 响应的时间。系统得到输入到给出输出之间的时间。

③ 利用率。在给定的时间区间中，各种部件(包括硬设备和软系统)被使用的时间与整个时间之比。

④ 丢失率(或阻塞率)。信息传输丢失量与信息传输总量之比。

9.12　脚　本

脚本(Script)就是指通过记事本程序或其他文本编辑器(如 Windows Script Editor、EditPlus 等)创建，并保存为特定扩展名(如.reg、.vbs、.js、.inf 等)的文件。注册表脚本文件就是利用特定的格式编辑的.reg 文件。如对 JScript 脚本编程语言来说，脚本文件扩展名就是.js。另外，wsf 格式是 Microsoft 定义的一种脚本文件格式，即 Window Script File。

脚本通过利用应用程序或工具的规则和语法来表达指令，以控制应用程序(包括注册表程序)中各种元素的反应，也可以由简单的控制结构(如循环语句和 If/Then 语句)组成，这些应用程序或工具包括网页浏览器(支持 VBScript、JScript)、多媒体制作工具、应用程序的宏(比如 Office 的宏)及注册表工具(regedit.exe)等。操作系统中的批处理也可以归入脚本之列，批处理程序也经常由 Windows 环境中的"脚本"替换，所以又称脚本是"Windows 时代的批处理"。

脚本在每一种应用程序中所起的作用都是不一样的，比如在网页中可以实现各种动态效果、各种特效处理，实现各种 HTML 不能实现的功能。而在 Office 组件中，会经常看到"宏"这个工具，它其实就是一系列命令和指令，可以实现任务执行的自动化。

9.13　主流操作系统

9.13.1　Windows 操作系统

Microsoft Windows 是美国微软公司研发的一套操作系统，它问世于 1985 年，起初仅仅是 Microsoft DOS 模拟环境，后续的系统版本由于不断地更新升级，不但易用，而且是当前应用最广泛的操作系统。Windows 采用了图形化模式 GUI，比起从前的 DOS 需要输入指令使用的方式更为人性化。随着计算机硬件和软件的不断升级，微软的 Windows 也在不断升级，从架构的 16 位、32 位再到 64 位，系统版本从最初的 Windows 1.0 到大家熟知的 Windows 95、Windows 98、Windows 2000、 Windows XP、Windows 7、Windows 8、Windows 10。如图 9.5 所示为 Windows 10 的开始界面。

图 9.5　Windows 10 的开始界面

9.13.2　Unix 操作系统

Unix 是最早产生并商用化的操作系统之一，运行 Unix 系统的计算机种类比运行其他操作系统的更为广泛。Android 是一种基于 Linux 的自由及开放源代码的操作系统，主要用于移动设备，如智能手机和平板电脑。SunOS 主要基于 BSD Unix，也是一种开源的 Unix 操作系统。如图 9.6 所示是在 SunOS 5.11 下，CDE(Common Desktop Environment)成功登录后工作站的图形界面。

图 9.6　SunOS 成功登录后的界面

9.13.3　Linux 操作系统

Linux 操作系统是类 Unix 操作系统的一个分支，由于其源码开放，在加入 GUN(自由软件基金会)后，经过互联网上所有开发人员的共同努力，已经成为能够支持各种体系结构的操作系统。它不仅在高端工作站、服务器上表现出色，在网络环境下更具有优势。此外，它也同样适合作为桌面操作系统，也有着良好的图形用户界面。Linux 系统桌面如图 9.7 所示。

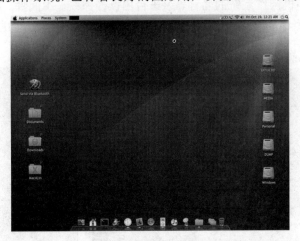

图 9.7　Linux 系统桌面

9.13.4　Mac OS 操作系统

Mac OS 是苹果公司为 Mac 系列产品开发的专属操作系统，是首个在商用领域成功的图形用户界面。Mac OS 是全世界第一个基于 FreeBSD 系统采用"面向对象操作系统"的全面的操作系统，是史蒂夫·乔布斯于 1985 年被迫离开苹果后成立的 NeXT 公司所开发的。后来苹果公司收购了 NeXT 公司，史蒂夫·乔布斯重新担任苹果公司 CEO，Mac 开始使用的 Mac OS 系统得以整合到 NeXT 公司开发的 OpenStep 系统上。如图 9.8 所示为 Mac OS 操作系统界面。

图 9.8　Mac OS 操作系统界面

9.13.5　Android 操作系统

Android 一词的本义指"机器人"，同时也是 Google 于 2007 年 11 月 5 日宣布的基于 Linux 平台的开源手机操作系统的名称，该平台由操作系统、中间件、用户界面和应用软件组成，号称是首个为移动终端打造的真正开放和完整的移动软件。如图 9.9 所示为 Android 操作系统界面。

图 9.9　Android 操作系统界面

9.14 操作系统的新发展

硬件技术的不断发展、应用领域的不断扩展、用户对于计算机系统性能要求的进一步提高，这些都对现代操作系统提出了更高的要求，使得操作系统得到不断的发展。目前，多媒体操作系统、分布式操作系统、嵌入式操作系统等已成为操作系统研究的热点。同时，随着互联网技术的不断发展、个人数字化娱乐的不断扩展，移动操作系统也得到飞速的发展。

1. 多媒体操作系统(Multimedia OS)

多媒体操作系统是指具有多媒体底层扩充模块的系统，可支持对多媒体信息进行采集、编辑、播放及传输，已经在网络视频、媒体制作、游戏、视频点播等方面得到了极为广泛的应用。多媒体操作系统通常支持对多媒体声音、图像及其他多媒体信息的控制和实时处理；支持多媒体的输入/输出及相应的软件接口；支持对多媒体数据和多媒体设备的管理和控制以及图形用户界面管理等功能。也就是说，它能够像一般操作系统处理文字、图形、文件那样去处理音频、图像、视频等多媒体信息，并能够对各种多媒体设备进行控制和管理。当前主流的操作系统都具备多媒体功能。

2. 分布式操作系统(Distributed OS)

分布式操作系统指的是物理上分布且通过通信线路连接起来的多个自治的计算机系统构成的一个完整的系统，主要负责管理分布式处理系统资源和控制分布式程序运行，通过共享资源、加强通信、负载平衡来提高系统的效率。简单来说就是有多个计算机，各自物理硬件上是独立的，通过网络相连，互相通信，通过统一的"中间件"进行协调，共享资源，协同分工完成一件任务的计算机集群。分布式操作系统具有更经济、更高效率、更可靠的优点。分布式操作系统可以分为：分布式计算系统、分布式信息系统、分布式普适系统。

3. 嵌入式操作系统(Embedded OS)

根据 IEEE 的定义，嵌入式操作(Embedded)系统是"控制、监视或者辅助装置、机器和设备运行的装置"。这主要是从应用上加以定义的，从中可以看出嵌入式系统是软件和硬件的综合体，还可以涵盖机械等附属装置。

嵌入式系统主要由嵌入式微处理器、外围硬件设备、嵌入式操作系统以及用户的应用程序四部分组成，它是集软、硬于一体的可独立工作的"器件"。随着硬件技术的不断发展，嵌入式系统的应用范围日益广泛，在目前的工业控制、家用电器、汽车电子、电子医疗器械等设备上，一般都运行有一个嵌入式系统。嵌入式操作系统目前已应用在工业控制、交通管理、信息家电、家庭智能管理、机器人等领域。其未来的发展趋势主要体现在定制化、节能化、网络化和标准化等方面。

4. 移动操作系统(Mobile OS)

移动操作系统称为移动平台或手持式操作系统(Handheld Operating System)，是指在移动设备上运作的操作系统。移动操作系统近似在台式机上运行的操作系统，但是它们通常较为简单，而且提供了无线通信的功能。使用移动操作系统的设备有智能手机、PDA、平板电脑等，另外也包括嵌入式系统、移动通信设备和无线设备等。

本 章 小 结

本章介绍了计算机操作系统概述，操作系统的发展、操作系统的分类、操作系统的功能、操作系统的体系结构、并发、调度和分发、安全和防护、文件系统、容错性、系统性能评估、脚本、主流操作系统和操作系统的新发展。作为最接近于硬件的第一层软件，操作系统具有两个基本功能，那就是资源管理功能和扩展的虚拟机功能。

通过本章的学习，读者应该了解操作系统的概念，批处理系统、分时系统、实时系统、网络操作系统、嵌入式系统等常见类型的功能划分；了解操作系统中核心功能的组成，如进程管理、内存管理、设备管理、文件系统及人机接口等；了解主流的操作系统，如Windows、Unix、Linux 及其各自的特点；了解多媒体操作系统、分布式操作系统、嵌入式操作系统等的发展方向。

习 题

一、选择题

1. 下面命题中对操作系统描述比较全面的是(   )。
   A. 操作系统是管理程序的集合，它以中断驱动的形式执行
   B. 操作系统是计算机设备管理程序集合，通过对设备的管理为用户提供服务
   C. 操作系统提供计算机抽象，为用户安全地使用计算机提供高效支持
   D. 操作系统协调多用户对计算机的使用，为他们提供独占式的使用方式
2. 存储管理方式不包括(   )。
   A. 分区   B. 分页   C. 分时   D. 分段
3. 输入/输出软件的层次结构不包括(   )。
   A. 中断处理程序   B. 设备驱动程序
   C. 设备无关软件层   D. 操作系统内核
4. 常见的文件物理结构不包括(   )。
   A. 断点文件   B. 连续文件   C. 链接文件   D. 索引文件
5. 引入多道程序的目的在于(   )。
   A. 有利于代码共享，减少主、辅存信息交换量
   B. 充分利用存储器
   C. 充分利用 CPU，减少 CPU 等待时间
   D. 提高实时响应速度
6. 以下运行在核心态的软件是(   )。
   A. 编译器   B. 浏览器   C. 操作系统   D. 应用程序

7. 以下不可能发生的进程状态转换是( )。
   A. 就绪态到运行态　　　　　　B. 阻塞态到运行态
   C. 运行态到阻塞态　　　　　　D. 运行态到就绪态

8. 下列设备不是输入设备的是( )。
   A. 扫描仪　　　B. 显示器　　　C. 键盘　　　D. 鼠标

9. 以下设备属于块设备的是( )。
   A. 打印机　　　B. 调制解调器　　　C. 磁盘　　　D. 网卡设备

10. 采用树型文件目录结构的主要目的是( )。
    A. 提高文件搜索效率
    B. 允许文件重名
    C. 便于文件分类
    D. 既可提高文件搜索效率，又可解决文件重名问题

11. 关于死锁，以下说法错误的是( )。
    A. 多个进程并发使用独占设备，就一定会死锁
    B. 多个进程并发使用独占设备，只要安排一个合适的执行顺序，就不会死锁
    C. 对于不同的设备特性，在处理关于死锁的问题上，可以采取不同的解决策略
    D. 死锁发生后，一定有多个进程处于永久等待状态

12. 进程和程序的一个本质区别是( )。
    A. 进程分时使用 CPU，程序独占 CPU
    B. 进程存储在内存中，程序存储在外存中
    C. 进程在一个文件中，程序在多个文件中
    D. 进程为动态的，程序为静态的

13. Unix 属于一种( )操作系统。
    A. 分时系统　　　B. 实时系统　　　C. 批处理系统　　　D. 分布式系统

14. 对于操作系统的层次结构，下列说法错误的是( )。
    A. 各模块之间的组织结构和依赖关系清晰明了
    B. 很容易对操作系统增加或者替换掉一层而不影响其他层次
    C. 增加了系统的可读性和可适应性
    D. 模块间转接随便

15. 实现虚拟存储器的目的是( )。
    A. 实现程序浮动　B. 扩充外存容量　C. 扩充主存容量　D. 实现存储保护

二、简答题

1. 什么是计算机操作系统？它具有哪些基本功能？
2. 操作系统通常有哪些类型？分别有什么特点？
3. 简述进程的状态及其转换。
4. 简述操作系统启动的过程。
5. 什么是并发？并行与并发的区别与联系是什么？
6. 一个操作系统应该有哪些基本组成？

7. 目前主流操作系统有哪些？它们的特点各是什么？

8. 罗列出你常用的输入/输出设备，它们的作用分别是什么？

9. 你目前使用的移动操作系统是什么？它的特点是什么？

10. 为计算机设计操作系统要达到什么目的？设计时应考虑哪些目标？

11. 何谓批处理操作系统？

12. 简述操作系统的层次结构。

13. 文件目录中一般包含什么内容？

14. Unix 进程与通常操作系统的进程有何不同？

三、讨论题

1. 在平时使用的操作系统中，如何认识进程？为什么在操作系统中要引入这个概念而不用程序这个概念？

2. 操作系统是否功能越强大、使用越简单就越好？为何现实世界有多种不同的操作系统存在？为什么不统一为一个操作系统，这样不是会省去很多麻烦吗？

第 10 章　网络与通信

学习目标：

- 了解数据通信基础、计算机网络基础、网络应用程序、可靠数据传输、路由和转发、局域网、资源分配、移动性、社交网络、区块链、5G/6G 网络等基本概念。
- 掌握计算机网络基础、网络应用程序的基本内容。

互联网和计算机网络无处不在，如果没有网络的存在，众多应用程序将无法运行。随着网络应用的发展，人们对网络的依赖性会继续增强。

10.1　数据通信基础

Internet 是信息时代获取信息的重要手段，Internet 的飞速发展离不开计算机网络技术。为了更好地理解计算机网络，本节首先介绍与通信技术有关的基础知识。

10.1.1　数据通信的基本概念

1．信息

信息(Information)是客观事物的属性和相互联系特性的表现，它反映了客观事物的存在形式和运动状态。计算机中的信息一般是字母、数字、符号的组合，而将这些信息进行传输的载体可以是文字、声音、图形、图像等。信息需要进行传输，这就涉及信息的交换，于是产生了现代通信技术。通信的目的是进行信息交换，为了传输这些信息，首先要将每一个字母、数字或符号表示成二进制代码，因为在通信线路上传输的都是二进制代码。

2．数据

数据(Data)是信息的数字化形式或数字化的信息形式。数据通信是指在不同的计算机之间或终端之间，传输用二进制代码表示的字母、数字、符号等序列的过程。数据涉及事物的存在形式，而信息涉及的则是数据的内容和解释。数据有模拟数据和数字数据两种形式。模拟数据是指在某个区间产生的连续值，如声音和视频图像、温度和压力等都是连续变化的值；数字数据是指在某个区间产生的离散值，如文本信息和整数数列等。

3．信号

信号(Signal)是传输介质上携带的信息，在通信系统中常用电信号、光信号、载波信号、脉冲信号、调制信号等来描述。信号有模拟信号和数字信号两种基本形式。模拟信号是在一定的数值范围内可以连续取值的信号，是一种连续变化的电信号(如某些物理量的测量结果、模拟计算机的输出)，这种电信号可以按照不同的频率在各种介质上传输；数字信号是一种离散的脉冲序列(如计算机的输出、数字仪表的测量结果)，它用恒定的正电压和负电压来表示二进制的 1 和 0 值，这种脉冲序列可以按照不同的位速率在有线介质上传输。

4. 信道

信道(Channel)是指发送设备和接收设备之间用于传输信号的介质，也就是传送信息的必经之路。不同的通信信道有不同的数据传输速率，一个信道每秒钟传输比特数的能力称为带宽(Bandwidth)。带宽是指信号具有的频带宽度，单位是 Hz(或 kHz、MHz、GHz 等)。通信信道带宽对数据信号传输中失真的影响很大，信道带宽越宽，信号传输的失真就越小。

10.1.2　数据通信的方式

在数据通信过程中，数据是以数字信号方式还是以模拟信号方式表示，主要取决于选用的通信信道所允许传输的信号类型。如果通信信道不允许直接传输计算机所产生的数字信号，那么就需要在发送端将数字信号转换成模拟信号，在接收端再将模拟信号还原成数字信号，这个过程叫调制解调。在数据通信系统中，用来完成调制解调功能的设备叫作调制解调器(Modem)。即使通信信道允许直接传输计算机所产生的数字信号，但是为了很好地解决收、发双方的同步与具体实现中的技术问题，也需要将数字信号进行波形变换。

1. 通信系统的模型

数据通信系统(Data Communication System)可划分为三大部分，即源系统(或发送端、发送方)、传输系统(或传输网络)和目的系统(或接收端、接收方)。

源系统包括源点和发送器。源点：源点设备产生要传输的数据。例如，从计算机的键盘输入汉字，计算机产生输出的数字比特流。源点又称为源站。发送器：通常源点生成的数据要通过发送器编码后才能在传输系统中进行传输。

传输系统：简单的传输线或者连接在源系统和目的系统之间的复杂网络系统。

目的系统包括接收器和终点。接收器：接收传输系统传送过来的信号，并将其转换为能够被目的设备处理的信息。终点：终点设备从接收器获取传送过来的信息。终点又称为目的站。

2. 串行通信和并行通信

数据通信按照字节使用的信道数，可以分为串行通信和并行通信。

在数据通信中，将待传送的每个字节的二进制代码按由低位到高位的顺序依次发送，每次由发送端传送到接收端的数据只有一位，这种方式称为串行通信(Serial Communication)。

USB(Universal Serial Bus)，即通用串行总线，是一种串行总线系统，支持即插即用和热插拔功能。目前任何一款标准的 USB 设备都可以在任何时间、任何状态下与计算机连接，并且能够马上开始工作。

串行传输适合远程通信，并且能节省传输线，减少成本，但是其传输效率较低。

在数据通信中，将至少有 8 位二进制数据同时通过多位数据线从一个设备传送到另一个设备，称为并行通信(Parallel Communication)。

并行通信的传输速度很快，适合大量的信息传输，但是其传输的成本较高，抗干扰能力较差。

3. 单工、半双工和全双工通信

数据通信按照信号传送方向与时间的关系，可以分为单工通信、半双工通信和全双工通信。

在单工通信(Simplex Communications)方式下，发送器和接收器之间只有一个传输通道，信号单方向地从发送器传输到接收器，任何时候都不能改变信号的传送方向。有线、无线广播、商场里的 PoS(Point of Sales，销售点)终端、计算机和输出设备(如打印机或显示器)之间的通信都是单工通信的典型例子。

在半双工通信(Half-duplex Communications)方式下，发送器和接收器之间有两个传输通道，信号可以双向传送，但必须是交替进行，即一个时间只能向一个方向传送。半双工通信方式一般用在通信设备或传输通道没有足够的带宽去支持同时双向通信，或者通信双方的通信顺序需要交替进行的场合。电话、对讲机就是半双工通信的典型例子。

在全双工通信(Full-duplex Communications)方式下，发送器和接收器之间有两个传输通道，信号可以同时双向传输。全双工是最有效和速度最快的双向通信方式。这种通信方式的信息通过量大，但要求传输通道以足够的带宽给予充分的支持。全双工通信在计算机通信中被广泛使用。

10.1.3　数据传输的方式

数据传输方式主要有基带传输(Baseband Transmission)、频带传输(Band Transmission)和宽带传输(Broadband Transmission)三种。

1. 基带传输

基带就是指电信号所固有的基本频带。基带传输是指在通信信道上传输由计算机或终端产生的 0 或 1 数字脉冲信号，也就是将 0 或 1 直接用两种不同的电压(电流)来表示，然后送到线路上去传输。采用这种传输方式，频带越宽，信道上的电容、电感等对传输信号的波形衰减的影响就越大。基带传输直接传送数字信号，传输的速率越高，传输的距离越短，一般不超过 2km，否则需要加入中继器放大信号，以便延长传输距离。

2. 频带传输

在频带传输系统中，计算机通过调制解调器与电话线路连接，通过电话交换网进行数据传输。频带传输不仅克服了目前许多长途电话线路不能直接传输基带信号的缺点，而且能够实现多路复用，从而提高了通信线路的利用率，适合远距离传输数据。

3. 宽带传输

宽带传输是指传输介质的频带较宽的信息传输，其带宽通常在 300～400MHz 之间，它可以容纳全部广播，并可进行高速数据传输，且传输距离远。宽带传输系统大多是模拟信号传输系统，能在一个信道中传输声音、图像和数据信息，使系统具有多种用途。一条宽带信道能划分为多条逻辑基带信道，实现多路复用，因此信道的容量大大增加。

10.2 计算机网络基础

10.2.1 互联网的组织

Internet 是全球性的、最具影响力的计算机互联网络，也是世界范围的信息资源宝库。目前，它已经成为覆盖全球的信息基础设施之一。

20 世纪 60 年代冷战时期，美国军方为使计算机网络部分受到破坏时仍然能够进行通信，由美国国防高级研究计划局(Defense Advanced Research Projects Agency，DARPA)资助了一个军用网，叫作"阿帕网"(ARPANET)，它于 1969 年正式启用，当时仅有 4 台计算机连接通信，供科学家们进行计算机联网实验用。

20 世纪 70 年代时 ARPANET 已经扩展到几十个计算机网络，但是计算机只能在每个网络内部进行通信，不同的计算机网络之间不能相互通信。因此，ARPANET 进行了新的研究项目，用一种新的方法将不同的计算机局域网互联，形成"互联网"，称为 Internetwork，简称 Internet。

20 世纪 90 年代，计算机网络向互联、高速、智能化方向发展，并获得了广泛应用，Internet 与 ATM(Asynchronous Transfer Mode)技术促进了计算机网络的飞速发展。1993 年，美国建立了国家信息基础设施(National Information Infrastructure，NII)，随后许多国家也制定和建立了本国的 NII，从而极大地推动了计算机网络技术的发展，使计算机网络进入了一个崭新的阶段，即计算机网络互联与高速网络阶段。目前，全球以 Internet 为核心的高速计算机互联网络已经形成，Internet 已经成为人类最重要的、最大的知识宝库。互联网的组织是互联网最重要的组成部分，主要由互联网服务提供商(Internet Service Provide，ISP)和内容提供商(Internet Content Provider，ICP)组成。

互联网服务提供商指的是面向公众提供下列信息服务的经营者：一是接入服务，即帮助用户接入互联网；二是导航服务，即帮助用户在互联网上找到所需要的信息；三是信息服务，即建立数据服务系统，收集、加工、存储信息，定期维护更新，并通过网络向用户提供信息内容服务。根据提供覆盖面积大小以及拥有 IP 地址数目的不同，ISP 也分为不同层次的 ISP，即主干 ISP、地区 ISP 和本地 ISP。

互联网内容提供商即向广大用户综合提供互联网信息业务和增值业务的运营商。ICP 是经国家主管部门批准的正式运营企业，享受国家法律保护。ICP 提供的产品就是网络内容服务，包括搜索引擎、虚拟社区、电子邮箱、新闻娱乐等。ICP 允许用户使用专线、拨号上网等各种方式访问该服务提供商的服务器，提供各种类型的信息服务。

10.2.2 网络交换技术

互联网中最复杂的部分就是网络核心部分，因为网络核心部分要向网络边缘的大量主机提供连通性，使边缘部分中的任何一台主机都能够向其他主机通信。在网络核心部分起特殊作用的是路由器，它是一种专用的计算机。路由器主要提供的是数据传送功能，它主要有以下几种交换技术。

(1) 电路交换(Circuit Switching)。电路交换是一种通过建立连接、通信、释放连接等过程的面向连接的交换方式。当用户发信息时，由源交换机根据信息要到达的目的地址，把线路接到目的交换机上。线路接通后，就形成了一条端对端(用户终端和被叫用户终端之间)的信息通路，在这条通路上双方就可进行通信。通信完毕，由通信双方的任意一方，向自己所属的交换机发出拆除线路的要求，交换机收到此信号后就将该线路拆除。

(2) 报文交换(Message Switching)。报文交换也叫存储转发(Store and Forward)，是在用户之间进行数据传输时，主叫用户不需要先建立呼叫，而先进入本地交换机存储器，等到连接该交换机的中继线空闲时，再根据确定的路由转发到目的交换机。由于每份报文的头部都含有被寻址用户的完整地址，所以路由不是固定分配给某一个用户的，而是由多个用户进行统计复用。在报文交换时，若报文较长，则需要较大容量的存储器；若将报文放到外存储器中，会造成响应时间过长，增加网络延迟时间，而且报文交换通信线路的使用效率不高。

(3) 分组交换(Packet Switching)。分组交换采用存储转发的技术，把来自用户的信息暂存于存储装置中，并划分为多个一定长度的分组，每个分组前边都加上固定格式的分组标记(Lable)，用于指明该分组的发端地址、收端地址、分组序号等，然后再根据地址转发分组。

(4) 混合交换(Integrated Switching)。混合交换是将传送信道分为不同的带宽，将一部分带宽分配给电路交换使用，而将另一部分带宽分配给分组交换使用。

10.2.3　网络物理组成

网络的构成从物理层面上看，主要由主机、路由器、交换机、无线网、接入点和防火墙等组成。

1. 主机

主机(Host)是由两台以上的计算机及终端设备组成的，其中部分主机充当服务器，部分主机充当客户机，连接在互联网上的所有主机组成了互联网的边缘部分，这些主机又称为端系统。端系统的拥有者可以是个人，也可以是单位，当然还可以是某个互联网服务提供商。边缘部分利用核心部分所提供的服务，使众多主机之间能够互相通信并交换或共享信息。

2. 路由器

路由器(Router)是连接两个或多个网络的硬件设备，在网络间起网关的作用，是读取每一个数据包中的地址然后决定如何传送的专用智能性的网络设备。路径的选择就是路由器的主要任务，路径选择包括两种基本的活动，即最佳路径的判定和网间信息包的传送(交换)。

3. 交换机

交换机(Switch)就是一种可以作为网桥的设备，用来进行报文交换。它和集线器最重要的区别为集线器是物理层设备，采用广播的形式来传输信息；交换机多为链路层设备(二层交换机),能够进行地址学习,采用存储转发的形式来交换报文。它和路由器的区别在于路由器有 DDN、ADSL 等接口;而交换机只有以太网接口。

4. 无线网

无线网(Wireless Network)是指无须布线就能实现各种通信设备互联的网络。无线网络技术涵盖的范围很广,既包括允许用户建立远距离无线连接的全球语音和数据网络,也包括为近距离无线连接进行优化的红外线及射频技术。根据网络覆盖范围的不同,可以将无线网络划分为无线广域网、无线局域网、无线城域网和无线个人局域网。

5. 接入点

接入点(Access Point)是指无线局域网用户终端用来接入网络的设备。无线接入点是移动计算机用户进入有线网络的接入点,主要用于家庭、大楼内部以及园区内部,可以覆盖几十米至上百米。无线接入点(又称会话点或存取桥接器)是一个包含很广的名称,它不仅包含单纯性无线接入点,还是无线路由器(含无线网关、无线网桥)等类设备的统称。

6. 防火墙

防火墙(Firewall)是由硬件(如路由器、服务器等)和软件构成的系统,用来在两个网络之间实施接入控制策略。防火墙用来限制企业内部网与外部网之间数据的自由流动,仅允许被批准的数据通过。设置 Internet/Intranet 防火墙实质上就是要在企业内部网与外部网之间检查网络服务请求分组是否合法,网络中传送的数据是否会对网络安全构成威胁。

10.2.4 网络传输媒体

传输媒体也称为传输介质,是网络中连接收、发双方的物理通路,也是通信中实际传送信息的载体。传输介质通常分为有线传输介质和无线传输介质。

1. 有线传输介质

1) 双绞线

双绞线(Twisted Pair)由两根分别包有绝缘材料的铜线螺旋形地绞在一起,芯线为软铜线,线径为 0.4~1.4mm 不等,两线绞合的目的是减少相邻线对间的电磁干扰,它可用于传输模拟和数字信号。长距离传送数字信号可达几 Mb/s,短距离传送信号可达 1Gb/s。

2) 同轴电缆

同轴电缆(Coaxial Cable)由一根内导体铜质芯线外加绝缘层、密集网状编织导电金属屏蔽层以及外包装保护绝缘材料组成。同轴电缆的特点是高带宽及好的噪声抑制性。同轴电缆的带宽取决于电缆长度,1km 的电缆可以达到 1~2Gb/s 的数据传输速率。

3) 光缆

光缆(Optical Fiber Cable)中的光纤是光导纤维的简称,由直径为 8~100μm 的细玻璃丝构成。光纤通信就是一种以光波为载波,光纤为传输介质的通信方式。当光线从高折射率的介质射向低折射率的介质时,折射角将大于入射角,当折射角足够大时,就会出现全反射,也就是当入射角大于某个临界角时会出现全反射。

华裔物理学家高锟(Charles Kuen Kao，1933—2018)，出生于中国上海，拥有英国、美国国籍并持中国香港居民身份。1966 年，他发表论文提出用石英制作玻璃丝(光纤)，其损耗可达 20dB/km，可实现大容量的光纤通信。2009 年，高锟因发明光纤与威拉德·博伊尔(Willard Boyle，1924—2011)和乔治·埃尔伍德·史密斯(George Elwood Smith，1930—　)共享诺贝尔物理学奖。他是光纤通信、电机工程专家，由于他在光纤领域的特殊贡献，获得巴伦坦奖章、利布曼奖、光电子学奖等，被称为"光纤之父"。

高锟　　　　　　　Willard Boyle　　　　　George Elwood Smith

2. 无线传输介质

在一些有线传输介质难以通过或施工困难的场所，如高山、峡谷、湖泊、岛屿等，通信距离很远，对通信安全性要求不高，敷设电缆或光纤既昂贵又费时，若利用无线电波等无线传输介质在自由空间传播，就会有较大的机动灵活性，可以轻松实现多种通信，抗自然灾害能力和可靠性也较高，安装、移动及变更较容易，不易受到环境的限制。常用的无线传输介质有短波、无线地面微波接力通信、卫星通信、甚小口径地球终端(Very Small Aperture Terminal，VSAT)卫星通信、红外线通信和激光通信。

10.2.5　网络分层原理

20 世纪 60 年代以来，计算机网络得到了飞速发展。各大厂商为了在数据通信网络领域占据主导地位，纷纷推出了各自的网络架构体系和标准，如 IBM 公司的 SNA，Novell IPX/SPX 协议，Apple 公司的 AppleTalk 协议，DEC 公司的 DECnet，以及广泛流行的 TCP/IP 协议。同时，各大厂商针对自己的协议生产出了不同的硬件和软件。各个厂商的共同努力促进了网络技术的快速发展和网络设备种类的迅速增长。但由于多种协议的并存，也使网络变得越来越复杂；而且，厂商之间的网络设备大部分不能兼容，很难进行通信。

为了解决网络之间的兼容性问题，帮助各个厂商生产出可兼容的网络设备，国际标准化组织 ISO 于 1984 年提出开放系统互连参考模型(Open System Interconnection Reference Model，OSI/RM)。OSI/RM 很快成为计算机网络通信的基础模型。在设计 OSI 参考模型时，遵循了以下原则：各个层之间有清晰的边界，实现特定的功能；层次的划分有利于国际标准协议的制定；层的数目应该足够多，以避免各个层功能重复。由于 OSI 模型和协议比较复杂，所以并没有得到广泛的应用。而 TCP/IP(Transfer Control Protocol/Internet Protocol，传输控制协议/网际协议)模型因其开放性和易用性在实践中得到了广泛的应用。

10.2.6 网络体系结构

1. OSI/RM 体系结构

OSI/RM 是一个定义异构计算机连接标准的框架结构。OSI 为面向分布式应用的"开放"系统提供了基础,"开放"是指任意两个系统只要遵守参考模型和有关标准,都能实现互联。OSI 参考模型的系统结构是层次式的,由七层组成,从高层到低层依次是应用层、表示层、会话层、传输层、网络层、数据链路层和物理层,如图 10.1 所示。只要遵循 OSI 标准,一个系统就可以和位于世界上任何地方的、也遵循这同一标准的其他任何系统进行通信。

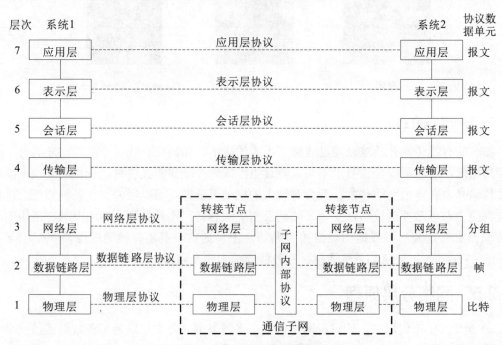

图 10.1 OSI/RM 体系结构

在网络分层体系结构中,每一层在逻辑上都是相对独立的;每一层都有具体的功能;层与层之间的功能有明显的界线;相邻层之间有接口标准,接口定义了低层向高层提供的操作服务;计算机间的通信是建立在同层次之间的基础上的。

2. TCP/IP 体系结构

TCP/IP 是 Internet 赖以存在的基础,Internet 中计算机之间通信必须共同遵循 TCP/IP 通信规定。TCP/IP 的体系结构如图 10.2 所示。

1) 网络接口层

网络接口层是 TCP/IP 协议的最底层,用于负责网络层与硬件设备之间的联系。这一层的作用包括:为 IP 模块发送和接收数据、为 ARP 模块发送 ARP 请求和接收 ARP 应答、为 RARP 模块发送 RARP 请求和接收 RARP 应答。网络接口层主要解决封装成帧、透明传输、差错检测等基本问题。

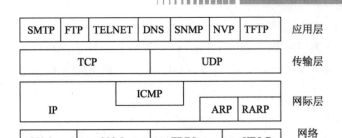

图 10.2　TCP/IP 的体系结构

2) 网际层

网际层主要解决的是计算机到计算机之间的通信问题，其功能包括处理来自传输层的分组发送请求，收到请求后将分组装入 IP 数据包，填充报头，选择路径，然后将数据发往适当的接口；处理数据包；处理网络控制报文协议，即处理路径、流量控制、阻塞等。

3) 传输层

传输层用于解决计算机程序到计算机程序之间的通信问题。由于一个主机同时运行多个进程，因此运输层具有复用和分用功能。传输层在终端用户之间提供透明的数据传输，向上层提供可靠的数据传输服务。

4) 应用层

应用层提供一组常用的应用程序给用户。在应用层，用户调节访问网络的应用程序，应用程序与传输层协议配合，发送或接收数据。

10.3　网络应用程序

10.3.1　命名和地址方案

1. IPv4

每台计算机或路由器都有一个由授权机构分配的号码，称为 IP 地址。IP 地址能够唯一地确定 Internet 上每台计算机的位置。由 32 位二进制数组成的地址称为 IPv4(Internet Protocol version 4)地址。在实际应用中，将这 32 位二进制数分成 4 段，每段包含 8 位二进制数。为了便于应用，将每段二进制数都转换为十进制数，段与段之间用 "." 号隔开，称为点分十进制(Dotted Decimal Notation)，如 202.202.13.234。IP 地址采用层次结构，由网络号与主机号两部分组成，其结构如图 10.3 所示。其中，网络号用来标识一个逻辑网络，主机号用来标识网络中的一台主机。一台 Internet 主机至少有一个 IP 地址，而且这个 IP 地址是全网唯一的。如果一台 Internet 主机有两个或多个 IP 地址，则该主机属于两个或多个逻辑网络。

图 10.3　IPv4 地址结构

根据不同规模网络的需要，为充分利用 IP 地址空间，IP 协议定义了五类地址，即 A 类、B 类、C 类、D 类、E 类。其中 A、B、C 三类由 InterNIC 在全球范围内统一分配，为基本地址；D、E 类为特殊地址。IP 地址采用高位字节的高位来标识地址类别，其编码方案如图 10.4 所示。

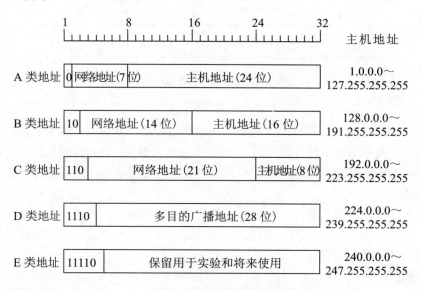

图 10.4　IP 地址编码方案

A 类地址的第 1 位为"0"，B 类地址的前 2 位为"10"，C 类地址的前 3 位为"110"，D 类地址的前 4 位为"1110"，E 类地址的前 5 位为"11110"。

对于 A 类 IP 地址，其网络地址空间长度为 7 位，最大的网络数为 $126(2^7-2)$，减 2 的原因是全 0 表示本网络，全 1 保留作为本软件的循环测试(Loopback Test)。主机地址空间长度为 24 位，每个网络的最大主机数为 $16\,777\,214(2^{24}-2)$，减 2 的原因是全 0 表示本主机所连接到的单个网络地址，全 1 表示该网络上的所有主机。A 类 IP 地址的范围是 1.0.0.0～127.255.255.255。

对于 B 类 IP 地址，其网络地址空间长度为 14 位，最大的网络数为 $16\,384(2^{14})$，主机地址空间长度为 16 位，每个网络的最大主机数为 $65\,534(2^{16}-2)$。B 类 IP 地址的范围是 128.0.0.0～191.255.255.255。

对于 C 类 IP 地址，其网络地址空间长度为 21 位，最大的网络数为 $2\,097\,152(2^{21})$，主机地址空间长度为 8 位，每个网络的最大主机为 $254(2^8-2)$。C 类 IP 地址的范围是 192.0.0.0～223.255.255.255。

D 类 IP 地址是多播地址，主要是给 Internet 体系结构委员会(Internet Architecture Board, IAB)使用的。D 类 IP 地址的范围是 224.0.0.0～239.255.255.255。

E 类 IP 地址保留，主要用于实验和将来使用。E 类 IP 地址的范围是 240.0.0.0～247.255.255.255。

2. IPv6

从计算机本身发展以及 Internet 的规模和网络传输速率来看，IPv4 已经不能满足时代的要求，最主要的问题就是 32bit 的 IP 地址不够用。在 IPv4 中，根据 IP 查用户也比较麻烦，电信部门要保留一段时间的上网日志才行，通常因为数据量很大，运营商只保留三个月左右的上网日志。例如，查前年某个 IP 发帖子的用户就不能实现。为了解决这个问题，最好的办法就是采用具有更大地址空间的下一代网际协议——IPv6(IPng)。

IPv6 把原来的 IPv4 地址增大到了 128bit，其地址点数是 2^{128} 个，是原来 IPv4 地址空间的 2^{96} 倍。IPv6 没有完全抛弃原来的 IPv4，且允许与 IPv4 在若干年内共存，它使用一系列固定格式的扩展首部取代了 IPv4 中可变长度的选项字段。IPv6 对 IP 数据报协议单元的头部进行了简化，仅包含 7 个字段(IPv4 有 13 个)，这样，信息数据报文经过中间的各个路由器时，各个路由器对其处理的速度可以更快，从而可以提高网络吞吐率。IPv6 内置了支持安全选项的扩展功能，如身份验证、数据完整性、数据机密性等。IPv6 仍然支持无连接传送，但是将数据协议单元称为分组，而不是 IPv4 的数据报。IPv6 数据由两大部分组成，即基本首部和后面的有效载荷，有效载荷允许有零个或多个扩展首部，再后面是数据部分。

3. DNS

由于 IP 地址很难记忆，为了使用和记忆方便，Internet 还采用了域名管理系统，简称 DNS(Domain Name System)。DNS 是 1983 年由保罗·莫卡派乔斯(Paul Mockapetris)开发的，原始的技术规范在 882 号因特网标准草案(RFC 882)中发布。1987 年发布的第 1034 和 1035 号草案修正了 DNS 技术规范，并废除了之前的第 882 和 883 号草案。在此之后对因特网标准草案的修改基本上没有涉及 DNS 技术规范部分。域名系统与 IP 地址的结构一样，也是采用层次结构。任何一个连接在

Paul Mockapetris

Internet 上的主机或路由器，都有一个唯一的层次结构的名字，即域名。域名的结构由若干个分量组成，顶级域名放在最右面，各分量之间用"."隔开，如：….三级域名.二级域名.顶级域名。

顶级域名包括国家顶级域名(nTLD)，如.cn 表示中国、.us 表示美国等；国际顶级域名(iTLD)，采用.int；通用顶级域名(gTLD)，如.com 表示公司企业，.net 表示网络服务机构，.org 表示非营利性组织，.edu 表示教育机构(美国专用)，.gov 表示政府部门(美国专用)，.mil 表示军事部门(美国专用)，.aero 表示航空运输企业，.biz 表示公司和企业，.coop 表示合作团体，.info 表示各种情况，.museum 表示博物馆，.name 表示个人，.pro 表示会计、律师和医师等自由职业者等。

中国的第二级域名类型有：.com 表示公司，.gov 表示政府机构，.org 表示非营利性组织，.edu 表示大学、研究所内的学术机构，.bj 表示北京地区，.sh 表示上海地区等。

每一级的域名都是由英文字母和数字组成的(小于 63 个，不分大小写)，完整的域名不超过 255 个字符。域名只是个逻辑概念，并不反映计算机所在的地理位置，如http://www.google.com 等都是域名。输入一个域名地址后计算机会首先向 DNS 服务器搜索相对应的 IP 地址，服务器找到对应的 IP 地址之后，会把 IP 地址返回给浏览器，这时浏览器根据这个 IP 地址发出浏览请求，这样就完成了域名寻址的过程。

4. URL

统一资源定位系统(Uniform Resource Locator，URL)是因特网的万维网服务程序上用

于指定信息位置的表示方法。它最初是由蒂姆·伯纳斯·李(Tim Berners-Lee，1955—　)发明用来作为万维网的地址，现在已经被万维网联盟编制为因特网标准。URL给资源的位置提供一种抽象的识别方法，并用这种方法给资源定位。由此可见，URL实际上就是在互联网上的资源的地址，只有知道了这个资源在互联网上的什么地方，才能对它进行操作。

Tim Berners-Lee

资源是指在互联网上可以被访问的任何对象，包括文件目录、文件、文档、图像、声音等，以及与互联网相连的任何形式的数据。资源还包括电子邮件的地址和USENET新闻组，或USENET新闻组中的报文。URL的一般形式由以下四个部分组成：

<协议>://<主机>:<端口>/<路径>

现在有些浏览器为了方便用户，在输入URL时，允许把前边的"http://"甚至把主机名最前面的"www"省略，然后浏览器替用户把省略的字符添上。

10.3.2　分布式应用程序

网络通信的方式多种多样，目前使用最广泛的是客户端—服务器通信方式、点对点通信方式以及最新兴起的云计算技术，本节将从这三个方面来介绍分布式应用程序。

1. 客户端—服务器

服务器—客户机，即(Client-Server，C/S)结构，通常采取两层结构，服务器负责数据的管理，客户机负责完成与用户的交互任务。

C/S模式的发展经历了从两层结构到三层结构。两层结构由两部分构成：前端是客户机，主要完成用户界面显示，接受数据输入，校验数据有效性，向后台数据库发请求，接受返回结果，处理应用逻辑；后端是服务器，提供数据库的查询和管理。

三层结构的核心概念是利用中间件将应用分为表示层、业务逻辑层和数据存储层三个不同的处理层次。三层结构较两层结构具有一定的优越性和良好的开放性，可减少整个系统的成本，维护升级十分方便；系统的可扩充性良好；系统管理简单，可支持异种数据库，有很高的可用性；可以进行严密的安全管理。

C/S结构在技术上已经很成熟，它的主要优点是交互性强、具有安全的存取模式、响应速度快、利于处理大量数据。但是C/S结构缺少通用性，系统维护、升级需要重新设计和开发，增加了维护和管理的难度，进一步的数据拓展困难较多，所以C/S结构只限于小型的局域网。

2. 点对点

点对点网络(Peer-to-Peer，P2P)，又称点对点技术，是无中心服务器、依靠用户群交换信息的互联网体系，每台客户机都可以与其他客户机实现平等对话的操作，共享彼此的信息资源和硬件资源。

1969年点对点网络收录在第一份RFC文档"RFC1，主机软件"中。

20世纪90年代末期，为了促进点对点技术的发展，SUN公司增加了一些类到Java技术中，让开发者能开发分散的实时聊天的applet和应用。

2015 年宾夕法尼亚州立大学的开发者，联合了麻省理工学院开放知识行动，西蒙弗雷泽大学的研究人员，还有第二代网际网络点对点网络工作组，开发一个点对点网络的学术性应用，这个网络的主要目的是让众多不同学术机构的用户能够共享学术材料。

点对点网络的节点能遍布整个互联网，也给包括开发者在内的任何人、组织或政府带来监控难题。点对点网络在网络隐私要求高和文件共享领域中，得到了广泛的应用。

3. 云计算

云计算(Cloud Computing)是由 Google 公司于 2007 年首先提出的一种商业计算模型，它最基本的思想是将计算任务分布在由大量计算机构成的资源池上，使各种应用系统能够根据需要获取计算力、存储空间和软件服务。目前国内外大型 IT 企业都在推出自己的云计算服务，如 IBM 推出的"智慧地球"、亚马逊推出的弹性计算云(Elastic Compute Cloud，EC2)服务、AT&T(American Telephone & Telegraph)推出的动态托管(Synaptic Hosting)服务、百度云、阿里云等。

云计算是分布式计算、并行计算、效用计算、网络存储、虚拟化、负载均衡等传统计算机和网络技术发展融合的产物。它是基于互联网的相关服务的增加、使用和交付模式，通常涉及通过互联网来提供动态易扩展且经常是虚拟化的资源。云是网络、互联网的比喻说法。

10.3.3　HTTP 协议

HTTP 是一个简单的请求—响应协议，通常运行在 TCP 之上。它指定了客户端可能发送给服务器什么样的消息以及得到什么样的响应。1990 年，HTTP 成为万维网的支撑协议。当时由其创始人万维网之父蒂姆·伯纳斯·李提出，随后万维网联盟成立，组织了IETF(Internet Engineering Task Force)小组进一步完善和发布 HTTP 协议。

HTTP 的发展经历了许多阶段，从最初的 0.9 版本到现在的 2.0 版本，协议内容不断地完善。1991 年 HTTP/0.9 版本发布，该版本的协议就是一个交换信息的无序协议，仅仅限于文字，由于无法进行内容的协商，在双方的握手和协议中，并没有规定双方的内容是什么，也就是图像是无法显示和处理的。

1996 年 HTTP/1.0 版本发布，内容大大增加，任何格式的内容都可以发送。这使得互联网不仅可以传输文字，还能传输图像、视频、二进制文件。

1997 年 HTTP/1.1 版本发布，只比 1.0 版本晚了半年。它进一步完善了 HTTP 协议，直到现在还是最流行的版本，为互联网的大发展奠定了基础。

2015 年 HTTP/2 版本发布，它不叫 HTTP/2.0，是因为标准委员会不打算再发布子版本了，下一个新版本将是 HTTP/3。

HTTP 协议是在人们日常生活、工作中用得比较多的协议。使用浏览器访问网页，就是通过 HTTP 来传递数据；客户端跟服务器交互，大部分会使用到 HTTP 协议。如今，HTTP 已经从一个只在实验室之间交换文件的早期协议进化到了可以传输图像、高分辨率视频和 3D 效果的现代复杂互联网协议。

10.3.4　TCP 和 UDP

1. TCP

传输控制协议(Transmission Control Protocol，TCP)是一种面向连接的、可靠的、基于字节流的传输层通信协议。在简化的计算机网络 OSI 模型中，它完成第四层传输层所指定的功能。在因特网协议族中，TCP 层是位于 IP 层之上，应用层之下的中间层。TCP 旨在适应支持多网络应用的分层协议层次结构。连接到不同但互连的计算机通信网络的主计算机中的成对进程之间依靠 TCP 提供可靠的通信服务。

1981 年的 RFC793 正式给出 TCP 的定义。随着时间的推移，已经对其做了许多改进，各种错误和不一致的地方逐渐被修复。

TCP 并不是对所有的应用都适合，一些新的带有一些内在的脆弱性的运输层协议也被设计出来。比如，实时应用并不需要甚至无法忍受 TCP 的可靠传输机制。在这种类型的应用中，通常允许一些丢包、出错或拥塞，而不是去校正它们。例如通常不使用 TCP 的应用有：流媒体、实时多媒体播放器和游戏、IP 电话(VoIP)等。任何不是很需要可靠性或者是想将功能减到最少的应用可以避免使用 TCP。在很多情况下，当只需要多路复用应用服务时，用户数据报协议(UDP)可以代替 TCP 为应用提供服务。

2. UDP

用户数据报协议(User Datagram Protocol，UDP)是一个简单的面向数据报的通信协议，位于 OSI 模型的传输层。在 TCP/IP 模型中，UDP 为网络层以上和应用层以下提供了一个简单的接口。UDP 只提供数据的不可靠传递，它一旦把应用程序发给网络层的数据发送出去，就不保留数据备份，所以 UDP 有时候也被认为是不可靠的数据报协议。

TCP 和 UDP 最大的区别就是：TCP 是面向连接的，UDP 是无连接的。TCP 协议和 UDP 协议各有所长、各有所短，适用于不同要求的通信环境。在实际的使用中，TCP 主要应用于文件传输精确性要求相对较高且不是很紧急的情景，比如电子邮件、远程登录等。有时在这些应用场景下即使丢失一两个字节也会造成不可挽回的错误，所以这些场景中一般都使用 TCP 传输协议。由于 UDP 可以提高传输效率，所以被广泛应用于数据量大且精确性要求不高的数据传输，比如平常在网站上观看视频或者听音乐的时候应用的基本上都是 UDP 传输协议。

10.3.5　网络套接字

网络套接字(Socket)是一个抽象层，应用程序可以通过它发送或接收数据，可对其进行像对文件一样的打开、读写和关闭等操作。套接字允许应用程序将 I/O 插入到网络中，并与网络中的其他应用程序进行通信。

网络套接字是 IP 地址与端口的组合。套接字 Socket=(IP 地址：端口号)，套接字的表示方法是点分十进制的 IP 地址后面写上端口号，中间用冒号或逗号隔开。每一个传输层连接唯一地被通信两端的两个端点(即两个套接字)所确定。套接字可以看成是两个网络应用程序进行通信时，各自通信连接中的一个端点。通信时，其中的一个网络应用程序将要传输的一段信息写入它所在主机的 Socket 中，该 Socket 通过网络接口卡的传输介质将这段信息发送给另一台主机的 Socket，使这段信息能传送到其他程序中，因此，两个应用程序之间的数据传输要通过套接字来完成。

Socket 最初是美国加利福尼亚大学 Berkeley 分校为 Unix 系统开发的网络通信接口，后来随着 TCP/IP 网络的发展，Socket 成为最为通用的应用程序接口，也是在 Internet 上进行应用开发最为通用的 API。Windows 系统流行起来之后，由 Microsoft 联合了其他几家公司在 Berkeley Sockets 的基础之上进行了扩充，主要是增加了一些异步函数，并增加了符合 Windows 消息驱动特性的网络事件异步选择机制，共同制定了一套 Windows 下的网络编程接口，即 Windows Sockets 规范。Windows Sockets 规范是一套开放的、支持多种协议的 Windows 下的网络编程接口，包括 1.1 版和 2.0 版两个版本。其中 1.1 版只支持 TCP/IP 协议，而 2.0 版可以支持多协议，2.0 版有良好的向后兼容性。

为了满足不同的通信程序对通信质量和性能的要求，一般的网络系统提供了三种不同类型的套接字，以供用户在设计网络应用程序时根据不同的要求来选择。这三种套接字为流式套接字(SOCK-STREAM)、数据报套接字(SOCK-DGRAM)和原始套接字(SOCK-RAW)。Socket 套接字的使用为网络通信带来了极大的方便，促进了网络通信技术的发展，加快了网络通信的效率。

10.4　可靠数据传输

10.4.1　差错控制

差错控制(Error Control)是在数字通信中利用编码方法对传输中产生的差错进行控制，提高传输正确性和有效性的技术。

差错控制是一种保证接收的数据完整、准确的方法，因为实际电话线总是不完善的，数据在传输过程中可能变得紊乱或丢失。为了捕捉这些错误，发送端调制解调器对即将发送的数据执行一次数学运算，并将运算结果连同数据一起发送出去，接收数据的调制解调器对它接收到的数据执行同样的运算，并将两个结果进行比较。如果数据在传输过程中被破坏，则两个结果就不一致，接收数据的调制解调器就申请发送端重新发送数据。

差错控制已成功应用于卫星通信和数据通信。在卫星通信中一般用卷积码或级联码进行前向纠错，而在数据通信中一般用分组码进行反馈重传。此外，差错控制技术也广泛应用于计算机，其具体实现方法大致有两种：利用纠错码由硬件自动纠正产生的差错和利用检错码在发现差错后通过指令的重复执行或程序的部分返回以消除差错。

10.4.2　流量控制

流量控制(Traffic Control)在不同的领域有不同的含义，如航空流量控制、网络流量控制等，本节主要探讨的是网络流量控制。网络流量控制(Network Traffic Control)是利用软件或硬件方式来实现对网络数据流量进行控制的一种措施。

随着网络技术的快速发展，基于网络的应用越来越多、越来越复杂。种类繁多的应用正在吞噬着越来越多的网络资源。网络作为一种新的传媒载体，也正在遭受媒体的冲击。尤其是网络视频、个人媒体、传统电视等媒体向互联网的渗入使得网络中的流量急剧上升，这使得运营商的运营和管理成本大幅度增长。运营商可以应用限流的方法控制网络流量，但这同时也限制了网络媒体的发展，最终不利于互联网的进一步发展。于是开发一种新的技术来控制网络流量成为一个研究热点。

10.4.3　性能问题

计算机性能是指用于衡量计算机系统性能的指标，但最为可靠的衡量尺度是时间。时间可根据计算方法给以不同的定义，如响应时间、CPU 时间等。

20 世纪 60 年代中期，出现了多任务、多用户的计算机系统，随着大家对这种系统的应用，人们发现这些系统表现出来的实际性能并没有预计的好，从而引发了对计算机系统性能评价的研究。计算机系统性能评价就是采用测量、模拟、分析等方法和工具，研究计算机系统的生产率、利用率、响应特性等系统性能。

性能评价技术就是将看不见摸不着的性能转换为人们能够数量化和可以进行度量和评比的客观指标，以及从系统本身或系统模型获取有关性能信息的方法。前者即测量技术；后者包括模拟技术和分析技术。

性能评价通常是与成本分析结合在一起，以获得各种系统性能和性能价格比的定量值，然后可以指导新型计算机系统(如分布式文件系统)和计算机应用系统的设计和改进，包括选择计算机类型、型号和确定系统配置等。

10.5　路由和转发

计算机网络之间的互联是指网络在物理上的连接，两个网络之间至少有一条物理上连接的线路，它为两个网络的数据交换提供了物质基础和可能性，但并不能保证两个网络一定能够进行数据交换，这要取决于两个网络的通信协议是否相互兼容。根据网络互联所在的层次，可使用不同的互联设备进行数据交换。

10.5.1　路由器

网络层互联设备，即路由器(Router)，路由器是网络层上的连接，即不同网络与网络之间的连接。路径的选择就是路由器的主要任务，路径选择包括两种基本的活动，即最佳路径的判定和网间信息包的传送(交换)。

路由器是互联网的主要节点设备，通过路由决定数据的转发。转发策略称为路由选择，这也是路由器名称的由来。作为不同网络之间互相连接的枢纽，路由器系统构成了基于 TCP/IP 的国际互联网络 Internet 的主体脉络，也可以说，路由器构成了 Internet 的骨架。它的处理速度是网络通信的主要瓶颈之一，它的可靠性则直接影响着网络互联的质量。因此，在园区网、地区网乃至整个 Internet 研究领域中，路由器技术始终处于核心地位，其发展历程和方向，成为整个 Internet 研究的一个缩影。在当前我国网络基础建设和信息建设方兴未艾之际，探讨路由器在互联网络中的作用、地位及其发展方向，对于国内的网络技术研究、

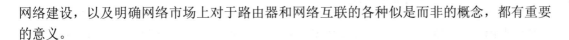

网络建设，以及明确网络市场上对于路由器和网络互联的各种似是而非的概念，都有重要的意义。

10.5.2 路由协议

1. 动态路由

动态路由(Dynamic Routing)是指路由器能够自动地建立自己的路由表，并且能够根据实际情况的变化适时地进行调整。即路由器能够根据相互之间的交换特定路由信息自动地建立自己的路由表，并且能够根据链路和节点的变化适时地进行自动调整。当网络中节点或节点间的链路发生故障，或存在其他可用路由时，动态路由可以自行选择最佳的可用路由并继续转发报文。

动态路由机制的运作依赖路由器的两个基本功能：路由器之间适时的路由信息交换、对路由表的维护。动态路由之所以能根据网络的情况自动计算路由、选择转发路径，是由于当网络发生变化时，路由器之间彼此交换的路由信息会告知对方网络的这种变化，通过信息扩散使所有路由器都能得知网络变化。路由器根据某种路由算法(不同的动态路由协议算法不同)把收集到的路由信息加工成路由表，供路由器在转发 IP 报文时查阅。在网络发生变化时，收集到最新的路由信息后，路由算法重新计算，从而可以得到最新的路由表。

2. 静态路由

静态路由(Static Routing)，一种路由的方式，路由项由手动配置，而非动态决定。与动态路由不同，静态路由是固定的，不会改变，即使网络状况已经改变或是重新被组态。一般来说，静态路由是由网络管理员逐项加入路由表。

静态路由相对于动态路由有优点也有缺点，优点在于：其一，使用静态路由可以提高网络的保密性。因为动态路由需要路由器之间频繁地交换各自的路由表，而对路由表的分析可以揭示网络的拓扑结构和网络地址等信息。因此，出于网络安全方面的考虑也可以采用静态路由。其二，不占用网络带宽，因为静态路由不会产生更新流量。其缺点在于大型和复杂的网络环境通常不宜采用静态路由。一方面，网络管理员难以全面地了解整个网络的拓扑结构；另一方面，当网络的拓扑结构和链路状态发生变化时，路由器中的静态路由信息需要大范围地调整，这一工作的难度和复杂程度非常高。当网络发生变化或故障时，不能重选路由，很可能使路由失败。

10.5.3 IP 协议

IP(Internet Protocol)协议，又称网际协议，它负责 Internet 上网络之间的通信，并规定了将数据从一个网络传输到另一个网络应遵循的规则，是 TCP/IP 协议的核心。因特网看起来好像是真实存在的，但实际上它是一种并不存在的虚拟网络，只不过是利用 IP 协议把全世界所有愿意接入因特网的计算机局域网连接起来，使得它们彼此之间都能够通信。正如人类进行有效交流需要使用同一种语言一样，计算机之间的通信也要使用同一种"语言"，而 IP 协议正是这种语言。

IP 协议具有能适应多样化网络硬件的灵活性,任何一个网络只要可以从一个地点向另一个地点传送二进制数据,就可以使用 IP 协议加入因特网。但是连接在因特网上的每台计算机如果想进行交流和通信,还必须遵守 IP 协议。IP 协议是点到点的,协议简单,但不能保证传输的可靠性,它采用无连接数据报机制,对数据是"尽力传递",不验证正确与否,也不保证分组顺序,不发确认。所以 IP 协议提供的是主机间不可靠的、无连接数据报传送。

10.6 局 域 网

局域网(Local Area Network)用于将有限范围内的各种计算机、终端与外部设备互联成网,通信距离一般限于几千米之内,传输速率为 10Mb/s～1Gb/s,适合低误码率的高质量数据传输环境。局域网主要用来构造一个单位的内部网,如校园网、企业网等,它们属于该单位所有,单位拥有自主管理权,并且网络以资源共享为主要目的。本节将从局域网的起源与发展、局域网的分类、局域网的拓扑结构和以太网等方面来介绍局域网。

10.6.1 局域网的起源与发展

局域网是连接住宅、实验室、大学校园或办公大楼等有限区域内计算机的计算机网络。相比之下,广域网不仅覆盖较大的地理范围,而且还通常涉及固接专线和对于互联网的链接。相比来说互联网则更为广阔,是连接全球商业和个人计算机的系统。

20 世纪 60 年代末,随着计算机在大学和实验室中的普及和日益需求,高效沟通各计算机的联网式思维应运而生。1970 年来自劳伦斯伯克利国家实验室的"章鱼"网络详细报告给出了很好的印证。

20 世纪 70 年代出现了一系列的具有实验性的或早期商业性的局域网技术。1974 年剑桥大学着手研发剑桥环。1973—1975 年帕罗奥多研究中心开始研发以太网,并提交为美国专利。1976 年 Datapoint 公司开始研发链式局域网,并于 1977 年展出,同年即在纽约的大通曼哈顿银行开始商业试行。

20 世纪 70 年代晚期 CP/M 操作系统带来的个人计算机的发展和扩散,再到 1981 年开始普及的 DOS 系统,许多节点扩展出几十个甚至数以百计的计算机。最初只是为了共享在当时昂贵的计算机数据存储器和打印机,从而驱动网络的出现。1983 年起的几年间内这个新兴概念开始火热起来,当时计算机行业专家每年都会展望,称即将到来的那一年为"局域网之年"。

20 世纪 90 年代,局域网主要朝着互联和高速两个方向发展。一方面随着计算机网络化的发展趋势,出现了多种新的网络工作模式,使局域网朝着应用互联的方向发展;另一方面光纤在局域网中的广泛使用,使局域网朝着高速率、大容量的方向发展。局域网的速度已经从共享式升级到交换式。

10.6.2 局域网的分类

局域网的类型很多,按网络使用的传输介质分类,可分为无线局域网和有线局域网。

1. 无线局域网

无线局域网是在几千米范围内的公司楼群或是商场内的计算机互相连接所组建的计算机网络。一个无线局域网能支持几台到几千台计算机的使用。

无线局域网近年来受到非常大的欢迎，尤其是家庭、旧办公楼、食堂和其他一些安装电缆太麻烦的场地。在这些系统中，每台计算机都有一个无线调制解调器和一个天线，用来与其他计算机通信。在大多数情况下，每台计算机与安装在天花板上的一个设备通信。这个设备成为接入点、无线路由器或者基站，它主要负责中继无线计算机之间的数据包，还负责中继无线计算机和 Internet 之间的数据包。

现如今无线局域网的应用已经越来越多，现在的校园、商场、公司以及高铁都在应用。无线局域网的应用为日常的生活和工作都带来很大的帮助，不仅能够快速传输人们所需要的信息，还能让人们在互联网中的联系更加快捷方便。此外，无线局域网的一个标准称为 IEEE 802.11，俗称 Wi-Fi(Wireless Fidelity)，已经被广泛地使用。

2. 有线局域网

有线局域网是把分布在数千米范围内的不同物理位置的计算机设备连在一起，在网络软件的支持下可以相互通信和资源共享的网络系统。

有线局域网使用了各种不同的传输技术。它们大多使用铜线作为传输介质，但也有一些使用光纤。局域网的大小受到限制，这意味着最坏情况下的传输时间也是有界的，并且事先可以知道。了解这些界限有助于网络协议的设计。通常情况下，有线局域网的运行速度在100Mbps 到 1Gbps 之间，延迟很低，而且很少发生错误。较新的局域网可以工作在高达 10Gbps 的速率。和无线网络相比，有线局域网在性能的所有方面都超过了它们。

10.6.3 局域网拓扑结构

局域网通常是分布在一个有限地理范围内的网络系统，一般所涉及的地理范围只有几千米。局域网专用性非常强，具有比较稳定和规范的拓扑结构。

1. 总线型

总线型网络(Bus Network)拓扑结构。在总线型网络拓扑结构中，网络中的所有节点都直接连接到同一条传输介质上，这条传输介质称为总线，如图 10.5 所示。各个节点将依据一定的规则分时地使用总线来传输数据，节点发送的数据帧沿着总线向两端传播，总线上的各个节点都能接收到这个数据帧，并判断是否是发送给本节点，如果是则将该数据帧保留，否则就将该数据帧丢弃。

总线型网络的"广播式"传输是依赖于数据信号沿着总线向两端传播的特性来实现的。总线型网络中所有的节点共享一条总线，一次只允许一个节点发送数据，其他节点只能处于接收状态。为了使各个节点能够有序及合理地使用总线传输数据，必须采用一种分布式访问控制策略来控制各个节点对总线的访问。典型的总线型网络是以太网(Ethernet)。

2. 树型

总线型网络拓扑结构的另一种形式是树型网络(Tree Network)拓扑结构，传输介质是不封闭的分支电缆，如图 10.6 所示。和总线型结构一样，树型拓扑结构中任何一个节点发送的数据都能被其他节点接收。在这种结构的网络系统中，除叶节点及其相连的链路外，任何一个工作站或链路产生故障都会影响整个网络系统的正常运行。

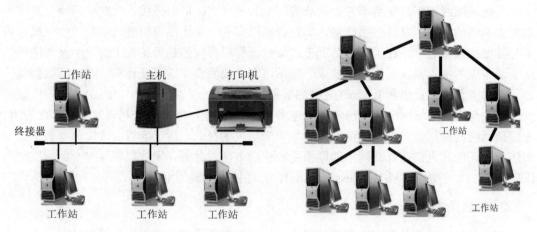

图 10.5　总线型网络拓扑结构　　　　　　　图 10.6　树型网络拓扑结构

3. 星型

星型网络(Star Network)拓扑结构。在星型网络拓扑结构中，每个端点必须通过点到点链路连接到中间节点上，任何两个端节点之间的通信都要通过中间节点来进行，如图 10.7 所示。在星型结构的网络中，可采用集中式访问控制和分布式访问控制两种访问控制策略对网络节点实施网络访问控制。

4. 环型

环型网络(Ring Network)拓扑结构。在环型网络拓扑结构中，各个节点通过中继器连入网络，中继器之间通过点到点链路连接，使之构成一个闭合的环型网络，如图 10.8 所示。节点发送的数据帧沿着环路单向传递，每经过一个节点，该节点就要判断这个数据帧是否是发送给本节点的，如果是，则将数据帧复制下来，然后将数据帧传递到下游节点；如果不是，则直接将数据帧传递到下游节点。数据帧遍历各个节点后，由发送节点将数据帧从环路上取下。

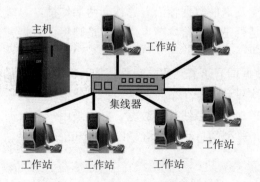

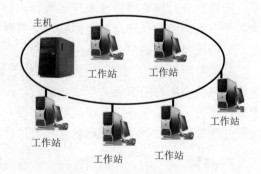

图 10.7　星型网络拓扑结构　　　　　　　图 10.8　环型网络拓扑结构

10.6.4 以太网

以太网(Ethernet)是一种计算机局域网技术。IEEE 组织的 IEEE 802.3 标准制定了以太网的技术标准，它规定了包括物理层的连线、电子信号和介质访问层协议的内容。以太网是当前应用最普遍的局域网技术，取代了其他局域网标准如令牌环、FDDI 和 ARCNET。

以太网是现实世界中最普遍的一种计算机网络。以太网有两类：第一类是经典以太网；第二类是交换式以太网，使用了一种称为交换机的设备连接不同的计算机。经典以太网是以太网的原始形式，运行速度从 3Mbps 到 10Mbps 不等；而交换式以太网正是广泛应用的以太网，可运行在 100Mbps、1000Mbps 和 10000Mbps 那样的高速率，分别以快速以太网、千兆以太网和万兆以太网的形式呈现。

以太网的标准拓扑结构为总线型拓扑，但目前的快速以太网(100BASE-T、1000BASE-T 标准)为了减少冲突，将能提高的网络速度和使用效率最大化，使用集线器来进行网络连接和组织。以太网实现了网络上无线电系统多个节点发送信息的想法，每个节点必须获取电缆或者信道才能传送信息，每一个节点有全球唯一的 48 位地址，也就是制造商分配给网卡的 MAC 地址，以保证以太网上所有节点能互相鉴别。由于以太网十分普遍，许多制造商把以太网卡直接集成进计算机主板。

10.7 资 源 分 配

资源(Resource)指的是一个计算机系统中，限制其运算能力的任何实体或是虚拟的组成元件。任何连接到计算机系统中的装置，都是一个资源，如键盘、屏幕等。计算机系统内部的任何元件都是资源，如 CPU、RAM。计算机系统中的软件，包括档案、网络连线与记忆体区块等，都是一种资源。

10.7.1 资源分配的需求

互联网之所以能够向用户提供许多服务，就是因为互联网有两个重要的基本特点，即连通性和共享。本节将从共享层面来讨论资源分配的问题。

资源是指网络中所有的软件、硬件和数据资源。共享指的是网络中的用户都能够部分或全部地享受这些资源。例如，某些地区或单位的机票、酒店可供全网使用；某些单位设计的软件可供需要的地方有偿调用或办理一定手续后调用；一些外部设备如打印机，可面向用户，使不具有这些设备的地方也能使用这些硬件设备。

资源共享即多个用户共用计算机系统中的硬件和软件资源。在网络系统中终端用户可以共享的主要资源包括处理机时间、共享空间、各种软件设备和数据资源等。资源共享是计算机网络实现的主要目标之一。

资源共享的含义是多方面的，可以是信息的共享、软件共享，也可以是硬件共享。例如，互联网上有许多服务器存储了大量有价值的电子文档，可供网上的用户很方便地下载和读取，由于网络的存在，这些资源就好像在用户身边一样方便使用。在网络中，多台计算机或同一计算机中的多个用户，可同时使用硬件和软件资源。通常多用户同时需要的资源总是超过系统实际物理资源的数量，但采用逻辑资源分配的方式实现资源共享，可较好地处理这个矛盾，从而提高计算机的使用效率。但必须由操作系统进行协调管理，才能避免混乱。方法主要有两种：由操作系统统一管理分配，适用于同一计算机系统中的多用户；用户互相通告，适用于网络系统。

10.7.2 资源分配的分类

在一个计算机系统中，通常都含有各种各样的硬件和软件资源。归纳起来可将资源分为四类：处理器、存储器、I/O 设备以及信息。

1. 处理机分配

处理机分配也可以称为处理机调度，在多道程序设计系统中，内存中有多道程序运行，它们相互争夺处理机这一重要的资源。处理机调度就是从就绪队列中，按照一定的算法选择一个进程并将处理机分配给它运行，以实现进程并发地执行。在传统的操作系统中，处理机调度包括作业调度和进程调度两步。

作业调度的基本任务是从后备队列中按照一定的算法，选择出若干个作业，为它们分配运行所需的资源(首先是分配内存)。在将它们调入内存后，便分别为它们建立进程，使它们都成为可能获得处理机的就绪进程，并按照一定的算法将它们插入就绪队列。

进程调度的任务是从进程的就绪队列中，按照一定的算法选出一个进程，把处理机分配给它，并为它设置运行现场，使进程投入执行。值得提出的是，在多线程 OS 中，通常是把线程作为独立运行和分配处理机的基本单位，为此，须把就绪线程排成一个队列，每次调度时是从就绪线程队列中选出一个线程，把处理机分配给它。

2. 内存分配

内存分配的主要任务是为每道程序分配内存空间，使它们"各得其所"；提高存储器的利用率，以减少不可用的内存空间；允许正在运行的程序申请附加的内存空间，以适应程序和数据动态增长的需要。

在实现内存分配时，可采取静态和动态两种方式。在静态分配方式中，每个作业的内存空间是在作业装入时确定的，在作业装入后的整个运行期间，不允许该作业再申请新的内存空间，也不允许作业在内存中"移动"。在动态分配方式中，每个作业所要求的基本内存空间也是在装入时确定的，但允许作业在运行过程中继续申请新的附加内存空间，以适应程序和数据的动态增长，也允许作业在内存中"移动"。

3. 设备分配

设备分配的基本任务是根据用户进程的 I/O 请求、系统的现有资源情况以及按照某种设备的分配策略，为之分配所需的设备。如果在 I/O 设备和 CPU 之间还存在设备控制器和 I/O 通道，还须为分配出去的设备分配相应的控制器和通道。

为了实现设备分配，系统中应设置设备控制表、控制器控制表等数据结构，用于记录设备及控制器的标识符和状态。根据这些表格可以了解指定设备当前是否可用、是否忙碌，以供进行设备分配时参考。在进行设备分配时，应针对不同的设备类型而采用不同的设备

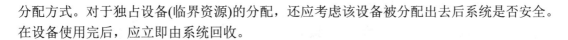

分配方式。对于独占设备(临界资源)的分配，还应考虑该设备被分配出去后系统是否安全。在设备使用完后，应立即由系统回收。

10.7.3 拥塞控制与处理

网络拥塞现象是指到达通信网络中某一部分的分组数量过多，使得该部分网络来不及处理，以致引起这部分乃至整个网络性能下降的现象，严重时甚至会导致网络通信业务陷入停顿，即出现死锁现象。拥塞控制是处理网络拥塞现象的一种机制。

拥塞控制就是防止过多的数据注入网络中，这样可以使网络中的路由器或链路不至于过载。拥塞控制所要做的都有一个前提，就是网络能够承受现有的网络负荷。拥塞控制是一个全局性的过程，涉及所有的主机、所有的路由器，以及与降低网络传输性能有关的所有因素。但连接的端点只要迟迟不能收到对方的确认消息，就可猜想当前网络中某处可能发生了拥塞，但这时却无从知道拥塞到底发生在网络何处，也无法知道具体原因，这时就需要拥塞解决方法来处理。

在处理拥塞时，一般采用缓冲区预分配法、分组丢弃法和定额控制法，这三种方法都能够有效地处理拥塞，使得网络能够顺畅地传输数据，提高网络的性能。

10.8 移 动 性

10.8.1 蜂窝网

蜂窝网络(Cellular Network)又称移动网络(Mobile Network)，是一种移动通信硬件架构，分为模拟蜂窝网络和数字蜂窝网络。由于构成网络覆盖的各通信基地台的信号覆盖呈六边形，从而使整个网络像一个蜂窝而得名。常见的蜂窝网络类型有：GSM 网络、CDMA 网络、3G 网络、4G 网络、5G 网络、6G 网络等。

蜂窝网络主要由以下三部分组成：移动站、基站子系统和网络子系统。移动站就是网络终端设备，比如手机或者一些蜂窝工控设备。基站子系统包括日常见到的移动基站、无线收发设备、专用网络、无数的数字设备等，可以把基站子系统视为无线网络与有线网络之间的转换器。网络子系统主要是放置计算机系统设备，交换机、程控交换机楼宇自控中心设备，音响输出设备，闭路电视控制装置和报警控制中心等。常见的蜂窝网络的类型包括分布式蜂窝网络和蜂窝移动电话。

10.8.2 802.11 网络

802.11 是 IEEE 802 网络协议族的一员，它定义和描述了用于无线网络的物理层和链路层，不同的物理层使用 802.11a、802.11b 等协议具体定义。其关键就是 MAC，它位于各式物理层之上，控制着数据的传输。为了提高无线通信的可靠性，802.11 采用应答的机制，执行出错重传。

802.11 网络由四部分构成：①接入点。接入点是桥接有线与无线网络的设备。接入点的功能不仅于此，但桥接是最主要的，负责将 802.11 网络的帧与其他类型的网络帧相互转换。②基站。无线网络的建立就是为了在基站之间传递数据。基站是网络中的各个计算机设备，比如手机、笔记本电脑等。③无线媒介。无线媒介用于在基站以无线接入点设备之间传送数据帧。最初标准化了两种物理层，即射频和红外线，而射频是使用更为广泛的一种。④分布系统。分布系统是多个射频之间通过有线或者无线的方式互联互通，实现较大范围无线覆盖的系统。802.11 的规范中并没有明确地描述分布系统的细节。大多数的实现都是依靠以桥接引擎和分布式系统媒介构成的射频件转发帧的骨干网络。几乎所有商业上成功的分布网络都用以太网作为其骨干网络技术。

802.11 网络的关键就在于 MAC。MAC 位于各式物理层之上，控制着数据的传输，负责构成网络数据帧以及与有线骨干网络之间的交互。不同的物理层可能提供不同的传输速度，但物理层之间必须彼此合作。

10.8.3 Wi-Fi

Wi-Fi 又称"无线热点"或"无线网络"，是 Wi-Fi 联盟的商标，一个基于 IEEE 802.11 标准的无线局域网技术。

无线网络在无线局域网的范畴是指"无线相容性认证"，实质上是一种商业认证，同时也是一种无线联网技术，以前通过网线连接计算机，而 Wi-Fi 则是通过无线电波来联网。常见的就是一个无线路由器，那么在这个无线路由器的电波覆盖的有效范围都可以采用 Wi-Fi 连接方式进行联网。如果无线路由器连接了一条 ADSL 线路或者别的上网线路，则又被称为热点。

无线网络上网可以简单地理解为无线上网，几乎所有的智能手机、平板电脑和笔记本电脑都支持 Wi-Fi 上网，它是当今使用最广的一种无线网络传输技术。实际上就是把有线网络信号转换成无线信号，使用无线路由器供支持其技术的相关计算机、手机、平板等接收。手机如果有 Wi-Fi 功能的话，在有 Wi-Fi 无线信号的时候就可以不通过移动、联通的网络上网，省掉了流量费。

10.9 社 交 网 络

10.9.1 社交网络概述

社交网络即社交网络服务(Social Network Service)，包括硬件、软件、服务及应用，由于四字构成的词组更符合中国人的构词习惯，因此人们习惯上用社交网络来代指社交网络服务。

社交网络源自网络社交，网络社交的起点是电子邮件。互联网本质上就是计算机之间的联网，早期的 E-mail 解决了远程的邮件传输的问题，至今它也是互联网上最普及的应用，同时它也是网络社交的起点。BBS 则更进了一步，把"群发"和"转发"常态化，理论上实现了向所有人发布信息并讨论话题的功能。

社交网络不仅仅是一些新潮的商业模式，从历史维度来看，它更是一个推动互联网向现实世界无限靠近的关键力量。社交网络涵盖以人类社交为核心的所有网络服务形式，互联网是一个能够相互交流、相互沟通、相互参与的互动平台，它的发展早已超越了当初ARPANET 的军事和技术目的，社交网络使得互联网从研究部门、学校、政府、商业应用平台扩展成一个人类社交的工具。

社交网络更是把其范围拓展到移动手机平台领域，借助手机的普遍性和无线网络的应用，利用各种交友/即时通讯/邮件收发器等软件，使手机成为新的社交网络的载体。社交网络，也就是社交+网络的意思。通过网络这一载体把人们连接起来，从而形成具有某一特点的团体。

10.9.2　社交网络平台

社交网络平台(Social Network Site)，即"社交网站"或"社交网"。社会性网络是指个人之间的关系网络，这种基于社会网络关系系统思想的网站就是社会性网络网站，专指旨在帮助人们建立社会性网络的互联网应用服务；也指社会现有已成熟普及的信息载体。

根据社交目的或交流话题领域的不同，目前的社交网站主要分为四种类型：①娱乐交友型。国外知名的如 Facebook、YouTube、Myspace，国内知名的有猫扑网、优酷网、青娱乐等。②物质消费型。涉及各类产品消费、休闲消费、生活百事等活动，比如前述的口碑网和大众点评网，均以餐饮、休闲娱乐、房地产交易、生活服务等为主要话题。③文化消费型。涉及书籍、影视、音乐等，如国内知名的豆瓣网，主要活动是书评、乐评等。④综合型。话题、活动都比较杂，广泛涉猎个人和社会的各个领域，公共性较强。例如人民网的强国社区以国家话题的交流影响较大；天涯社区是以娱乐、交友和交流为主的综合性社交网站；知名的百度贴吧话题更是无所不有。总的来说，所有社交网站都以休闲娱乐和言论交流为主要特征，最终产物都是帮助个人打造网络关系圈，这个关系圈越来越叠合于网民个人日常的人际关系圈。借助互联网这个社交大平台，网民体验到前所未有的"众"的氛围和集体的力量感。

10.9.3　社交网络安全性分析

社交网络在人们的生活中扮演着重要的角色，它已成为人们生活的一部分，并对人们的信息获得、思考和生活产生不可低估的影响。社交网络成为人们获取信息、展现自我、营销推广的窗口。但是与此同时，社交网络也存在着一些弊端，包括个人信息的泄露等。尤其是青少年，他们处在社交网络的前端，但同时也是受影响最深的。

据来自安全软件公司 Webroot 的一份调查显示，社交网站用户更容易遭遇财务信息丢失、身份信息被盗和恶意软件感染等安全威胁，而且其严重性可能超乎用户自己的想象。该调查发现，2/3 的受访者并没有对自己的社交网站个人信息采取严密的保护措施，其他人可以通过 Google/Baidu 等搜索引擎查看这些敏感信息，另外有半数以上受访者不知道谁能查看他们的个人资料。大约 1/3 受访者表示，其社交网站个人资料中至少包含三种个人身份识别信息，而且超过 1/3 的人在多个网站上使用同一个密码。另外，1/3 的人接受来自陌生人的好友请求。

Webroot 消费者业务的首席技术官迈克·克朗贝格(Mike Kronenberg)表示，社交网站的增长已经成为黑客的一个巨大目标。人们花费在 Facebook 等社交网站上的时间以整个互联网增长速率的3倍进行增长。我们调查的人中有3/10在社交网站上经历过安全攻击，包括个人身份信息被窃、恶意软件感染、垃圾邮件、未经授权的密码修改和钓鱼欺诈。实现安全保护的第一步是认清安全威胁类型，然后了解如何防护它们。计算机犯罪分子使用不同类型的骗术和恶意软件来利用风险行为，一个比较常见的策略是钓鱼，黑客欺骗用户下载一个被感染的文件、访问社交网站之外的风险网站或汇钱给一个"处于困境的朋友"。

10.10 区 块 链

近年来区块链技术高速发展，人们对区块链技术的关注度持续高涨。

10.10.1 区块链的起源

区块链(Blockchain)，是分布式数据存储、点对点传输、共识机制、加密算法等计算机技术的新型应用模式，是比特币的一个重要概念。它本质上是一个去中心化的数据库，同时作为比特币的底层技术，是一串使用密码学方法相关联产生的数据块，每一个数据块中包含了一批次比特币网络交易的信息，用于验证其信息的有效性(防伪)和生成下一个区块。

区块链起源于比特币，2008年11月1日，一位自称中本聪(Satoshi Nakamoto)的人发表了《比特币：一种点对点的电子现金系统》一文，阐述了基于P2P网络技术、加密技术、时间戳技术、区块链技术等的电子现金系统的构架理念，这标志着比特币的诞生。两个月后理论步入实践，2009年1月3日第一个序号为0的创世区块诞生。2009年1月9日出现序号为1的区块，并与序号为0的创世区块相连接形成了链，标志着区块链的诞生。2014年，"区块链2.0"成为一个关于去中心化区块链数据库的术语。对这个第二代可编程区块链，经济学家们认为它是一种编程语言，可以允许用户写出更精密和智能的协议。因此，当利润达到一定程度的时候，就能够从完成的货运订单或者共享证书的分红中获得收益。区块链2.0技术跳过了交易和"价值交换中担任金钱和信息仲裁的中介机构"。它们被用来使人们远离全球化经济，使隐私得到保护，使人们"将掌握的信息兑换成货币"，并且有能力保证知识产权的所有者得到收益。第二代区块链技术使存储个人的"永久数字ID和形象"成为可能，并且对"潜在的社会财富分配"不平等提供解决方案。

2019年1月10日，国家互联网信息办公室发布《区块链信息服务管理规定》，区块链已走进大众视野，成为社会关注的焦点。

10.10.2 区块链的发展前景

区块链的发展趋势是全球性的，英国已经把区块链列为国家战略；新加坡央行在2015年就已经支持了一个基于区块链的记录系统；日本目前在区块链领域也处于领先地位。R3CEV作为首个以创建分布式账本应用为目标而成立的商业联盟，目前在全世界范围内拥有包括花旗、摩根、富国、渣打等50多位成员。而国内目前已成立了中国分布式总账基础协议联盟、中国区块链应用研究中心、金融区块链联盟等，以推动区块链产业研究与合作。

10.11 5G/6G 网络

5G 网络(5G Network)是第五代移动通信网络,其峰值理论传输速度可达每 8 秒 1GB,比 4G 网络的传输速度快 10 倍以上。随着 5G 技术的诞生,用智能终端分享 3D 电影、游戏以及超高画质(UHD)节目的时代正在走来。

5G 网络的主要优势在于通信技术传输速度非常快,比当前的有线互联网要快,比先前的 4GLTE 蜂窝网络快 100 倍;通信技术传输具有较高的稳定性,不会因为工作环境的场景复杂而造成传输时间过长或者传输不稳定的情况,会大大提高工作人员的工作效率。

5G 网络带来的不仅仅是高速、安全的网络,更多的是全球化网络的无缝连接,5G 的兼容性,给各国通信行业带来了一个新的平台。5G 的兼容性也可以把终端生产厂商统一到一个平台上,不同制式、规格的无线终端将被集成,这为全球的通信发展制定了统一的道路。在 5G 网络发展的道路上,中国可以更好地引领世界经济共同发展,更好地同步信息,促进全球经济一体化。5G 的未来对军事、医疗、建筑、教育等各个方面都会带来前所未有的信息便利,整个世界将建成更加智能、完善的移动网络。

随着 5G 网络的投入使用,6G 网络也随之来临。2019 年 11 月 3 日,科技部会同发展改革委、教育部、工业和信息化部、中科院、自然科学基金委在北京组织召开 6G 技术研发工作启动会。6G 网络将是一个地面无线与卫星通信集成的全连接世界。通过将卫星通信整合到 6G 移动通信,实现全球无缝覆盖,网络信号能够抵达任何一个偏远的乡村,让深处山区的病人能接受远程医疗,让孩子们能接受远程教育。此外,在全球卫星定位系统、电信卫星系统、地球图像卫星系统和 6G 地面网络的联动支持下,地空全覆盖网络还能帮助人类预测天气、快速应对自然灾害等。6G 通信技术不再是简单的网络容量和传输速率的突破,它更是为了缩小数字鸿沟,实现万物互联这个"终极目标"。

本 章 小 结

本章介绍了网络的相关知识,包括数据通信基础、计算机网络基础、网络应用程序、可靠数据传输、路由和转发、局域网、资源分配、移动性、社交网络、区块链、5G/6G 网络等。

通过本章的学习,读者应该了解数据串行、并行、单工、半双工和全双工的通信方式;了解数据传输的三种基本方式;了解互联网的组成、网络传输媒体、网络体系结构;了解网络分层的原理,以及可靠数据传输、路由转发等基本概念,熟悉 TCP/IP 协议及 IP 地址的分配方式;对云计算模型及其生态链、社交网络、区块链、5G/6G 网络有初步的认识。

习   题

一、选择题

1. 下述对局域网的作用范围说明,最准确的是(   )。

  A. 几十到几千千米   B. 几到几十千米

  C. 几百米到一千米   D. 几米到几十米

2. 在 TCP/IP 结构模型中，处于网络接口层与传输层之间的是( )。

  A. 物理层   B. 网际层   C. 会话层   D. 表示层

3. URL 的一般形式为( )。

  A. <协议>://<主机>:<端口>/<路径>   B. <协议>:://<主机>:<端口>/<路径>

  C. <协议>://<主机>::<端口>/<路径>   D. <协议>//<主机>:<端口>/<路径>

4. 按照 TCP/IP 协议，接入 Internet 的每一台计算机都有一个唯一的地址标识，这个地址标识为( )。

  A. 主机地址   B. 网络地址   C. IP 地址   D. 端口地址

5. 允许用户远程登录计算机，使本地用户使用远程计算机资源的系统是( )。

  A. FTP   B. Gopher   C. Telnet   D. Newsgroups

6. 防火墙能提供( )服务。

  A. 服务控制   B. 方向控制   C. 用户控制   D. 行为控制

7. DNS 的作用是( )。

  A. 域名与 IP 地址相互转化   B. 域名和 URL 地址互相转化

  C. IP 地址和 URL 地址互相转化   D. 域名和域名互相转化

8. 局域网的远程互联采用的方法有( )。

  A. 拨号连接   B. 专线连接

  C. 公共分组交换数据网连接   D. 无线网连接

9. HTTP 是( )。

  A. 无线应用协议   B. 超文本传输协议   C. 文件传输协议   D. 有线应用协议

10. IPv6 的地址数为( )。

  A. 2^{16} B. 2^{32} C. 2^{64} D. 2^{128}

11. IP 地址是一个 32 位的二进制数，它通常采用点分( )。

  A. 二进制数表示   B. 八进制数表示   C. 十进制数表示   D. 十六进制数表示

12. 在 TCP/IP 协议簇中，UDP 协议在( )工作。

  A. 应用层   B. 传输层   C. 网络互联层   D. 网络接口层

13. 在 IP 地址方案中，129.0.0.1 是一个( )。

  A. A 类地址   B. B 类地址   C. C 类地址   D. D 类地址

14. 下列选项中有关报文说法正确的是( )。

  A. 报文交换采用的传送方式是"存储—转发"方式

  B. 报文交换方式中数据传输数据块的长度不限且可变

  C. 报文交换可以把一个报文发送到多个目的地

  D. 报文交换方式适用于语言连接或交互式终端到计算机的连接

二、简答题

1. ISP 和 ICP 所提供的服务有哪些?

2. 什么是主机、路由器和交换机?

3.　简述分组交换。

4.　什么是 Socket 套接字？Socket 套接字的作用是什么？可以将其分为哪几种？

5.　简述动态路由和静态路由的区别。

6.　简述 TCP/IP 协议的体系结构。

7.　简述 IP 地址。

8.　Internet 提供的主要服务有哪些。

9.　简述域名系统。

10.　简述计算机网络安全技术中防火墙的基本功能及其技术分类。

11.　TCP/IP 的核心理念是什么？

12.　简述 802.11 网络。

13.　请列举你所熟知的社交网络平台。

14.　判定下列 IP 地址中哪些是无效的，并说明其无效的原因。

131.255.255.18　　127.21.19.109　　220.103.256.56　　240.9.12.12

192.5.91.255　　　129.9.255.254　　10.255.255.254

三、讨论题

1.　OSI/RM 规定的计算机网络体系是七层模型结构，而 TCP/IP 只有四层或五层模型结构。试讨论它们的异同点。为什么会有这些变化？

2.　结合你对计算机网络的认识，谈谈计算机网络(特别是 Internet)给人们的生活带来了哪些变化。这些变化有正面的和负面的影响，你是怎样认识的？和同学、老师、周围的人们进行交流，看看他们有什么想法。

3.　结合你对区块链的认识，谈谈区块链技术在未来的发展趋势。

第 11 章 系 统 基 础

学习目标：

- 了解计算范式、状态机、并行性、评估技术、资源分配与调度技术、虚拟化与隔离、冗余下的可靠性、定量评估等基本内容。
- 掌握计算范式、状态机、并行性、评估技术、资源分配与调度技术的基本概念。

底层硬件和软件基础设施以及在其上构建的应用程序被统称为"计算机系统"。计算机系统包含操作系统、并行和分布式系统、通信网络以及计算机体系结构等。

11.1 计 算 范 式

11.1.1 计算范式简介

计算是指使用计算机硬件对输入数据进行处理，获得输出。范式一般指一种风格，具有特定的特点，比如编程语言有不同的编程范式，包括过程式、面向对象式、函数式以及逻辑式等。计算范式就是和某种用于执行计算任务的硬件结构相适应的计算风格。

1. 串行计算

串行计算就是按照程序里指令流的顺序线性执行，只有一条指令流。串行计算不进行任务拆分，一个任务占用一块处理资源。

2. 并行计算

并行计算(Parallel Computing)是指同时使用多种计算资源解决计算问题的过程，是提高计算机系统计算速度和处理能力的一种有效手段。它的基本思想是用多个处理器来协同求解同一问题，即将被求解的问题分解成若干个部分，各部分均由一个独立的处理机来进行计算。并行计算中的不同子任务所占用的不同的处理资源来源于同一块大的处理资源。并行计算可分为时间上的并行和空间上的并行，时间上的并行，是指流水线技术；空间上的并行是指多个处理机并发地执行计算，即通过网络将两个以上的处理机连接起来，达到同时计算同一个任务的不同部分，或者单个处理机无法解决的大型问题。

3. 分布式计算

分布式计算是把一个需要非常巨大的计算能力才能解决的问题分成许多小的部分，然后把这些部分分配给多个计算机进行处理，最后把这些计算结果综合起来得到最终的结果。分布式计算的子任务单独享用计算系统。分布式计算就是在两个或多个软件之间互相共享

信息，这些软件既可以在同一台计算机上运行，也可以在通过网络连接起来的多台计算机上运行。分布式计算将该应用分解成许多小的部分，分配给多台计算机进行处理，这样可以节约整体计算时间，大大提高计算效率。

4. 云计算

云计算(Cloud Computing)是分布式计算的一种，是指通过网络"云"将巨大的数据计算处理程序分解成无数个小程序，然后通过多台服务器组成的系统处理和分析这些小程序得到结果并返回给用户。云计算是一种模型，可以实现随时随地、便捷地从可配置的计算资源共享池中获取所需资源。云计算早期就是简单的分布式计算，解决任务分发，并进行计算结果的合并。通过这项技术，用户可以在很短的时间内(几秒钟)完成对数以万计的数据的处理，从而达到强大的网络服务。

11.1.2 流水线技术

流水线(Pipeline)技术是指在程序执行时多条指令重叠进行操作的一种准并行处理实现技术。从本质上讲，流水线技术是一种时间上的并行技术。流水线是 Intel 首次在 80486 芯片中开始使用的，在 CPU 中由 5~6 个不同功能的电路单元组成一条指令处理流水线，然后将一条指令分成 5~6 步后再由这些电路单元分别执行，这样就能实现在一个 CPU 时钟周期完成一条指令，因此可提高 CPU 的运算速度。经典的"奔腾(Pentium)"处理器的每条整数流水线都分为四级流水，即取指令、译码、执行、写回结果，CPU 的工作也可以大致分为指令的获取、解码、运算和结果的写入四个步骤。采用流水线设计之后，指令就可以连续不断地进行处理。

1. 流水线的特点

(1) 在流水线处理器中，任务连续是充分发挥流水线的效率的必要条件之一。

(2) 一个任务的执行过程可以划分成多个有联系的子任务，每个子任务由一个专门的功能部件实现。

(3) 每个功能部件后面都有缓冲存储部件，用于缓冲本步骤的执行结果。

(4) 同时有多个任务在执行，每个子任务的功能部件并行工作，但各个功能部件上正在执行的是不同的任务。

(5) 各个子任务的执行时间应尽可能相近。

(6) 流水线有装入时间和排空时间，只有流水线完全充满时，流水线的效率才能得到充分发挥。

2. 流水线冲突

流水线冲突是指对于具体的流水线来说，由于"相关性"的存在，使得指令流中的下一条指令不能在指定的时钟周期执行。

(1) 数据冲突：当指令在流水线中重叠执行时，因需要用到前面指令的执行结果而发生的冲突。

(2) 控制冲突：流水线遇到分支指令和其他会改变 PC 值的指令所引起的冲突。

(3) 结构冲突：因硬件资源满足不了指令重叠执行的要求而发生的冲突，如前后指令同时访问存储器。

3. 流水线冲突带来的问题

(1) 导致错误的执行结果。

(2) 流水线可能会出现停顿，从而降低流水线的效率和实际的加速比。

4. 流水线冲突的解决方案

1) 数据冲突的解决方案

(1) 通过定向技术减少数据冲突引起的停顿。

(2) 设置流水线互锁机制。

(3) 依靠编译器解决数据冲突。

2) 控制冲突的解决方案

一旦在流水线的译码段 ID 检测到分支指令，就暂停执行后边的所有指令，直到分支指令到达 MEM 段，确定是否成功并计算出新的 PC 值为止。

3) 结构冲突的解决方案

(1) 可以在前一个指令访问存储器时，将流水线停顿一个时钟，推迟后面取指令的操作，停顿周期称为"流水线气泡"。

(2) 在流水线处理机中设置相互独立的指令。

11.2 状 态 机

11.2.1 状态模式

状态机是状态模式的一种应用，而状态模式是一种行为模式，在不同的状态下有不同的行为。状态模式的行为是平行的、不可替换的，比如电梯状态可以分为开门状态、关门状态、运行状态。状态模式把对象的行为包装在不同的状态对象里，对象的行为取决于它的状态，当一个对象内部状态改变时，行为也随之改变。例如，浏览一篇微博时单击"转发"按钮，如果用户登录了就会跳转到"转发"界面，否则就会跳转到"登录"界面，这就是转发行为在用户登录和未登录状态下的不同表现。

11.2.2 状态机

状态机由状态寄存器和组合逻辑电路构成，能够根据控制信号按照预先设定的状态进行状态转移，是协调相关信号动作、完成特定操作的控制中心。状态机是一个有向图，由一组节点和一组相应的转移函数组成。状态机通过响应一系列事件而运行，每个事件都在属于当前节点的转移函数的控制范围内，其中函数的范围是节点的一个子集，函数返回下一个(也许是同一个)节点，这些节点中至少有一个必须是终态，当到达终态，状态机停止。状态机是包含一组状态集(States)、一个起始状态(Start State)、一组输入符号集(Alphabet)、

一个映射输入符号和当前状态到下一状态的转换函数(Transition Function)的计算模型。当输入符号串,模型随即进入起始状态,它要改变到新的状态,依赖于转换函数。

1. 状态机四要素

出于对状态机的内在因果关系的考虑,状态机的要素归纳如下。

(1) 现态:是指当前所处的状态。

(2) 条件:又称为"事件",当一个条件被满足,将会触发一个动作,或者执行一次状态的迁移。

(3) 动作:条件满足后执行的动作。动作执行完毕后,可以迁移到新的状态,也可以仍旧保持原状态。动作不是必需的,当条件满足后,也可以不执行任何动作,直接迁移到新状态。

(4) 次态:条件满足后要迁往的新状态。"次态"是相对于"现态"而言的,"次态"一旦被激活,就转变成新的"现态"了。

"现态"和"条件"是因,"动作"和"次态"是果。

2. 状态机的两种类型

(1) Moore 状态机:下一状态只由当前状态决定。Moore 状态机的输出只与当前的状态有关,也就是当前的状态决定输出,而与此时的输入无关,输入只决定状态机的状态改变,不影响电路最终的输出。

(2) Mealy 状态机:下一状态不但与当前状态有关,还与当前输入值有关。Mealy 状态机的输出不仅与当前的状态有关,还与当前的输入有关,即当前的输入和当前的状态共同决定当前的输出。

11.3 并 行 性

随着电子器件的发展,计算机的处理能力显著提高,但是,仅仅依靠器件的进展而达到的速度提高,远不能满足现代科学、技术、工程和其他许多领域对高速运算能力的需要。人们需要改进计算机结构,采用各种并行处理技术,以便大幅提高处理速度和解题能力。并行性是指计算机系统具有可以同时进行运算或操作的特性,在同一时间完成两种或两种以上的工作,它包括同时性与并发性两种含义。同时性指两个或两个以上事件在同一时刻发生;并发性指两个或两个以上事件在同一时间间隔发生。

11.3.1 提高并行性的途径

(1) 时间重叠:相邻处理过程在时间上错开,轮流重叠使用同一套硬件的各部分。

(2) 资源重复:重复设置硬件资源提高可靠性和性能。

(3) 资源共享:让多个用户按照一定的时间顺序轮流使用同一套资源,提高资源利用率。

并发的实质是一个 CPU(也可以是多个 CPU)在若干道程序之间多路复用。并发性是多用户共享有限资源,从而提高效率。实现并发技术的关键之一是如何对系统内的多个活动

(进程)进行切换。

11.3.2　并发编程

随着硬件性能的迅猛发展与大数据时代的来临，并发编程日益成为编程中不可忽略的重要组成部分。从简单定义来看，如果执行单元的逻辑控制流在时间上重叠，那它们就是并发(Concurrent)的。并发编程的主要驱动力来自于所谓的"多核危机"。并发就是可同时发起执行的程序，指程序的逻辑结构；并行就是可以在支持并行的硬件上执行的并发程序，指程序的运行状态。并发程序代表了所有可以实现并发行为的程序，这是一个比较宽泛的概念，并行程序也只是它的一个子集。简言之，并发是同一时间应对(Dealing With)多件事情的能力；并行是同一时间做(Doing)多件事情的能力。

1. 线程级并发

从20世纪60年代初期出现时间共享以来，计算机系统中就开始有了对并发执行的支持。从20世纪80年代开始，由单操作系统内核控制的多处理器组成的系统采用了多核处理器与超线程(Hyper-Threading)等技术，允许实现真正的并行。超线程也称为同时多线程(Simultaneous Multi-Threading)，允许一个CPU执行多个控制流。

2. 指令级并行

在较低的抽象层次上，现代处理器可以同时执行多条指令的属性称为指令级并行。在流水线中，将执行一条指令所需要的活动划分成不同的步骤，将处理器的硬件组织成一系列的阶段，每个阶段执行一个步骤。这些阶段可以并行操作，用来处理不同指令的不同部分。一个相当简单的硬件设计，就能够达到接近于一个时钟周期一条指令的执行速率。如果处理器可以达到比一个周期一条指令更快的执行速率，就称之为超标量(Super Scalar)处理器。

3. 单指令、多数据

在最低层次上，处理器允许一条指令产生多个可以并行执行的操作，这种方式称为单指令、多数据，即SIMD并行。

11.4　评 估 技 术

评估技术是计算机系统研究与应用的重要理论基础和支撑技术。

11.4.1　性能指标

1. 时钟频率(主频)

主频是计算机的主要性能指标之一，在很大程度上决定了计算机的运算速度。CPU的工作节拍是由主时钟来控制的，主时钟不断产生固定频率的时钟脉冲，这个主时钟的频率即是CPU的主频。主频越高，意味着CPU的工作节拍越快，运算速度也就越快。

2. 高速缓存

高速缓存可以提高 CPU 的运行效率,目前一般采用两级高速缓存技术,有些使用三层。高速缓冲存储器均由静态随机存取存储器(Random Access Memory,RAM)组成,结构较复杂,在 CPU 管芯面积不能太大的情况下,L1 级高速缓存的容量不可能做得太大。采用回写(Write Back)结构的高速缓存对读和写操作均可提供缓存,而采用写通(Write-through)结构的高速缓存,仅对读操作有效。L2 及 L3 高速缓存容量也会影响 CPU 的性能,原则是越大越好。

3. 运算速度

运算速度是计算机工作能力和生产效率的主要表征,它取决于给定时间内 CPU 所能处理的数据量和 CPU 的主频。一般用 MIPS(百万条指令/秒)和百万次浮点运算/秒(Million Floating-point Operations per Second,MFLOPS)来表示运算速度。MIPS 用于描述计算机的定点运算能力,MFLOPS 则用来表示计算机的浮点运算能力。

4. 运算精度

运算精度是指计算机处理信息时能直接处理的二进制数据的位数,位数越多,精度就越高。参与运算的数据的基本位数通常用基本字长来表示。个人计算机的字长,已由 8088 的准 16 位(运算用 16 位,I/O 用 8 位)发展到现在的 64 位。

5. 内存的存储容量

内存是用来存储数据和程序的,它直接与 CPU 进行信息交换。内存的容量越大,可存储的数据和程序就越多,从而减少与磁盘信息交换的次数,使运行效率得到提高。存储容量一般用字节数来度量。

6. 存储器的存取周期

内存完成一次读(取)或写(存)操作所需的时间称为存储器的存取时间或者访问时间,连续两次读(或写)所需的最短时间称为存储周期。存储周期越短,表示从内存存取信息的时间越短,系统的性能也就越好。

7. 响应时间

响应时间指的是某一事件从发生到结束的这段时间。响应时间既可以是原子的,也可以是由几个响应时间复合而成的。

11.4.2 性能分析

为确保软件能够满足设计的期望值,需要通过分析应用程序的性能以发现潜在的问题,这个过程被称为"性能分析",它包括检查应用程序以确保每个组件有效地工作。

1. 性能分析器的分类

性能分析器本身也是程序,可以在被分析程序运行时收集相关信息,来分析该程序。有些性能分析器为了收集信息,会中断程序的运行,因此在时间测量上有一定的分辨率限制。

1) 事件为基础的性能分析器

Java：JVMTI(JVM 工具接口)API 提供给性能分析器的 hook，可以抓到像函数调用、类别加载、卸载、线程的进入及离开等事件。

Python：Python 的性能分析包括 profile 模块、以调用函数图为基础的 hotshot，以及用"sys.setprofile"函数来捕捉像 c_{call, return, exception} 及 python_{call, return, exception}的事件。

.NET 框架：利用性能分析的 API，可以连接到像是 COM 服务器的性能分析代理器(Profiling Agent)。

2) 统计式的性能分析器

统计式的性能分析器会比其他的分析方式更能知道目的程序各部分占的比例，而且相比之下有较少的边际效应(如存储器缓存或是指令解码的管道线等)。由于统计式的性能分析器对程序的运行速度影响较小，因此可以侦测到一些其他方式侦测不到的问题，这种方式可以看出用户模式及可中断系统模式(例如系统调用)分别占的时间。

3) 插装式性能分析器

有些性能分析可以用插装(也称为逻辑注入)的方式处理目的程序，也就是在目的程序中加入额外指令来收集需要的信息。

2. Amdahl 定律

随着存储系统的日益复杂，对存储系统的性能分析就显得非常必要。单个存储器的性能由生产厂商在数据手册中说明，那么由多个存储体构成的并行存储系统的性能如何分析，尤其是系统的吞吐率及相应时间的分析，必须借助数学模型或者利用软件进行仿真确定。对于更全面的系统仿真将花费非常大的代价，因此实际上多数的性能分析是借助数学模型进行的，为此，利用 Amdahl 定律来说明存储系统性能分析模型。

11.5　资源分配与调度技术

在计算机系统中，通常都含有各种各样的硬件和软件资源，归纳起来可将资源分为四类：处理器、存储器、I/O 设备以及信息(数据和程序)。分配系统资源是指对计算机软件资源和硬件资源进行分配。

11.5.1　资源的种类

计算机资源是指计算机程序运行时所需的 CPU、内存、硬盘和网络资源。各类编程语言在进行软件开发时，都支持对计算资源的申请、分配等操作。

1. CPU 资源

CPU 主要包括控制器、运算器两部分，另外还包括高速缓冲存储器及实现它们之间联系的总线。

2. 内存

内存是计算机中重要的部件之一，它是外存与 CPU 进行沟通的桥梁。计算机中所有程序的运行都是在内存中进行的，因此内存的性能对计算机的影响非常大。

内存分配是指在程序执行的过程中对存储空间的分配或者回收。内存也被称为内存储器或主存储器，其作用是暂时存放 CPU 中的运算数据，以及与硬盘等外部存储器交换的数据。只要计算机在运行中，CPU 就会把需要运算的数据调到内存中进行运算，当运算完成后 CPU 再将结果传送出来。

3. 磁盘

磁盘(Disk)是指利用磁记录技术存储数据的存储器。磁盘是计算机主要的存储介质，可以存储大量的二进制数据，并且断电后也能保持数据不丢失。

4. 网络带宽

网络带宽是指在单位时间(一般指的是 1 秒钟)内传输的数据量。网络带宽作为衡量网络特征的一个重要指标，受到人们的普遍关注。

11.5.2　调度的种类

当计算机系统是多道程序设计系统时，通常会有多个进程或者线程同时竞争 CPU。现行进程在运行过程中，如果有重要或紧迫的进程到达(其状态必须为就绪)，则现行进程将被迫放弃处理器，系统将处理器立刻分配给新到达的进程，这种调度称为抢占式。而让原来正在运行的进程继续运行，直至该进程完成或发生某种事件(如 I/O 请求)，才主动放弃处理机，这种调度属于非抢占式。在操作系统中，完成选择工作的这一部分称为调度程序。

1. 批处理系统调度

1) 先来先服务

最简单的调度算法就是非抢占式的先来先服务(First-Come First-Served，FCFS)算法。早就绪的进程排在就绪队列的前面，迟就绪的进程排在就绪队列的后面，先来先服务总是把当前处于就绪队列之首的那个进程调度到运行状态。也就是说，它只考虑进程进入就绪队列的先后，而不考虑它的下一个 CPU 周期的长短及其他因素。FCFS 算法简单易行，是一种非抢占式策略，但性能不大好。

2) 最短作业优先

最短作业优先(Shortest Job First)算法，是指若有若干个同等重要的作业被启动时，在这些作业的运行时间是已知的情况下，那么运行时间短的作业优先运行。

3) 最短剩余时间优先

最短剩余时间优先(Shortest Remaining Time Next)算法，使用这个算法，调度程序总是选择剩余运行时间最短的那个进程运行。有关的运行时间必须提前掌握，当一个新的作业到达时，其整个时间同当前进程的剩余时间作比较，如果新的进程比当前运行进程需要更少的时间，当前进程就被挂起，而运行新的进程。

2. 交互式系统中的调度

1) 轮转调度

时间片轮转调度是一种最古老、最简单、最公平且使用最广的算法。每个进程被分配一个时间段，称作它的时间片，即该进程允许运行的时间。如果在时间片结束时，进程还在运行，则 CPU 将被剥夺并分配给另一个进程。如果进程在时间片结束前阻塞或结束，则 CPU 当即进行切换。调度程序所要做的就是维护一张就绪进程列表，当进程用完它的时间片后，就被移到队列的末尾。从一个进程切换到另一个进程是需要一定时间的，需要保存和装入寄存器值及内存映像，更新各种表格和队列等。

2) 优先级调度

轮转调度是假设所有的进程是同等重要的，但是实际情况还要加上外部因素，给每一个进程赋予一个优先级，允许优先级最高的进程优先运行。为了防止高优先级的进程一直运行下去，调度程序可能在每个时钟中断降低当前进程的优先级。如果这一行为导致该进程的优先级次于高优先级的进程，则进行进程切换。另一种方法是给每个进程赋予一个允许运行的最大时间片，当用完这个时间片时，次高优先级的进程便获得运行机会。

11.6 虚拟化与隔离

11.6.1 虚拟化技术

在计算机中，虚拟化(Virtualization)是一种资源管理技术，是将计算机的各种实体资源如服务器、网络、内存及存储等抽象、转换后呈现出来，打破实体结构间的不可切割的障碍，使用户可以比原本的组态更好的方式来应用这些资源。这些资源的新虚拟部分是不受现有资源的架设方式、地域或物理组态所限制的。一般所指的虚拟化资源包括计算能力和资料存储。

虚拟化技术主要用来解决高性能的物理硬件产能过剩和老旧硬件产能过低的重组重用，透明化底层物理硬件，从而最大化地利用物理硬件。

1. 虚拟化技术的发展

首次出现虚拟化的概念是在 20 世纪 60 年代，可以使用它来进行对稀有而昂贵的资源——大型机硬件分区。

20 世纪 90 年代，研究人员开始探索如何利用虚拟化来解决与廉价硬件激增相关的一些问题，如利用率不足、管理成本不断攀升和易受攻击等。2000 年，FreeBSD 推出了 FreeBSD jail——真正意义上的第一个功能完整的操作系统虚拟化技术。虚拟化技术可以扩大硬件的容量，简化软件的重新配置过程。CPU 的虚拟化技术可以单 CPU 模拟多 CPU 并行，允许一个平台同时运行多个操作系统，并且应用程序都可以在相互独立的空间内运行而互不影响，从而显著提高计算机的工作效率。

云计算平台包括三类服务，即软件基础实施即服务 IaaS、平台即服务 PaaS、软件即服务 SaaS，而这三类服务的基础则是虚拟化平台。

2. 虚拟化技术的分类

虚拟化是资源的逻辑表示，这种表示不受物理限制的约束，它的主要目标是对包括基础设施、系统和软件等 IT 资源的表示、访问、配置和管理进行简化，并为这些资源提供标准的接口来接收输入和提供输出。

1) 网络虚拟化

网络虚拟化通常包括虚拟局域网和虚拟专用网。虚拟局域网是其典型的代表，它可以将一个物理局域网划分成多个虚拟局域网，或者将多个物理局域网中的节点划分到一个虚拟局域网中，这样提供一个灵活便捷的网络管理环境，使得大型网络更加易于管理，可以通过集中配置不同位置的物理设备来实现网络的最优化。

虚拟专用网可帮助管理员维护 IT 环境，防止来自内网或者外网中的威胁，使用户能够快速、安全地访问应用程序和数据。目前虚拟专用网在大量的办公环境中使用。

2) 存储虚拟化

存储虚拟化就是为主机创建物理存储资源的过程。通过虚拟化技术，多个存储介质模块(如硬盘、RAID)通过一定的手段集中管理起来，所有的存储模块在一个存储池中得到统一管理。

3) 桌面虚拟化

桌面虚拟化技术是一种基于服务器的计算模型，并且借用了传统的瘦客户端的模型，让管理员与用户能够同时获得两种方式的优点：将所有桌面虚拟机在数据中心进行托管并统一管理；同时用户能够获得完整 PC 的使用体验。桌面虚拟化技术最大的好处在于能够使用软件从集中位置来配置 PC 及其他客户端设备，这样方便了企业用户集中管理计算机，运维部门可以在数据中心加强对应用软件、系统补丁、杀毒软件的管理和控制。

4) 表示层虚拟化

表示层虚拟化技术是在本地计算机上显示和操作远程计算机桌面，在远程计算机上执行存储信息和程序，一般通过终端服务来实现。

5) 应用虚拟化

应用虚拟化技术是在一台计算机上显示和操作计算机桌面，在另一台计算机上执行程序和存储信息。

11.6.2 虚拟机的优势

虚拟机(Virtual Machine)是指通过软件模拟的具有完整硬件系统功能的、运行在一个完全隔离环境中的完整计算机系统。在实体计算机上能够完成的工作在虚拟机上都能够实现。

1. 易迁移

迁移虚拟机时，只需要迁移虚拟机的内存和磁盘镜像，就能完成整个操作系统的迁移。而在后一种情况下，在操作系统表中保留有关与每个进程的大量关键状态信息，包括打开的文件、计时器、信号处理程序等。

2. 同时运行不同操作系统的应用

虚拟机在已经停止支持或者无法工作于当前硬件的操作系统上运行遗留应用程序。遗留应用程序可以与当前应用程序同时运行在相同的硬件上。事实上，能同时运行不同操作系统中的应用程序是虚拟机受欢迎的重要原因。

3. 协助开发

程序员不需要在多台机器上安装不同的操作系统来保证软件能在 Windows7、Windows10、不同版本的 Linux、FreeBSD、OS X 及其他操作系统上运行，只需要在一台机器上创建一些虚拟机来安装不同的操作系统。同时，也可以对磁盘进行分区，在不同的分区安装不同的操作系统，不过这种方法实现比较困难。虽然可以安装多个引导程序，但是在操作系统之间切换需要重启计算机，而虚拟机则可以同时运行不同的操作系统，因为这些虚拟机其实只是一些进程。

11.7　冗余下的可靠性

冗余技术又称储备技术，也称容灾备份技术，它是利用系统的并联模型来提高系统可靠性的一种手段。冗余技术分为工作冗余和后备冗余。

工作冗余：一种两个或两个以上的单元并行工作的并联模型。平时，由各处单元平均负担工作，因此工作能力有冗余。

后备冗余：平时只需一个单元工作，另一个单元是冗余的，用作待机备用。

以计算机为例，其服务器及电源等重要设备，都采用一用二备，甚至一用三备的配置。正常工作时，几台服务器同时工作，互为备用。电源也是这样，一旦遇到停电或者机器故障，自动转到正常设备上继续运行，确保系统不停机，数据不丢失。

11.7.1　缺陷和故障

1. 缺陷

软件缺陷(Defect)又称为 Bug，即计算机软件或程序中存在的某种破坏正常运行能力的问题、错误，或者隐藏的功能缺陷。缺陷的存在会导致软件产品在某种程度上不能满足用户的需要。IEEE729-1983 对缺陷有一个标准的定义：从产品内部看，缺陷是软件产品开发或维护过程中存在的错误、毛病等各种问题；从产品外部看，缺陷是系统所需要实现的某种功能的失效或违背。

缺陷的表现形式不仅体现在功能的失效方面，还体现在其他方面。主要类型如下。

(1) 软件没有实现产品规格说明所要求的功能模块。

(2) 软件中出现了产品规格说明指明不应该出现的错误。

(3) 软件实现了产品规格说明没有提到的功能模块。

(4) 软件没有实现虽然产品规格说明没有明确提及但应该实现的目标。

(5) 软件难以理解，不容易使用，运行缓慢，或从测试员的角度看，最终用户会认为不好。

2. 故障

故障是计算机程序的语法错误或逻辑错误。系统故障是指系统在运行过程中，由于某种原因，导致事务在执行过程中以非正常的方式终止。

1) 按故障的持续时间分类

按故障的持续时间可将故障分为永久故障、瞬时故障和间歇故障。永久故障由元器件的不可逆变化所引发，其永久地改变元器件的原有逻辑，直到采取措施消除故障为止；瞬时故障的持续时间不超过一个指定的值，并且只引起元器件当前参数值的变化，而不会导致不可逆的变化；间歇故障是可重复出现的故障，主要由元器件参数的变化、不正确的设计和工艺方面的原因所引发。

2) 按故障的发生和发展进程分类

按故障的发生和发展进程可将故障分为突发性故障和渐发性故障。突发性故障出现前无明显的征兆，很难通过早期试验或测试来预测；渐发性故障是由于元器件老化等其他原因，导致设备性能逐渐下降并最终超出正确值而引发的故障，因此具有一定的规律性，可进行状态监测和故障预防。

3) 按故障的部件分类

按故障的部件可将故障分为硬件故障和软件故障。硬件故障是指故障因硬件系统失效；软件故障是指程序运行一些非法指令，如特权指令。

4) 按故障的严重程度分类

按故障的严重程度可将故障分为破坏性故障和非破坏性故障。破坏性故障既是突发性的又是永久性的，故障发生后往往危及设备和人身的安全；而非破坏性故障一般是渐发性的又是局部的，故障发生后暂时不会危及设备和人身的安全。

除此之外，还可以按照故障的因果关系将其分成物理性故障和逻辑性故障；按故障的表征分为静态故障和动态故障；按故障变量的值是否确定分为确定值故障和非确定值故障等。

3. 缺陷与故障的区别

缺陷通常是系统没有按照用户的要求进行开发，或者开发完成后不及预期；而故障通常是系统完成以后，不能运行或者运行终止等重大问题。

11.7.2 冗余编码

冗余码是一种所用符号数或信号码元数比表示信息所必需的数目多的代码，应用了冗余加密技术，即利用了纠错码的编码原理，在加密的文件中加入了大量的冗余信息，从而达到加密的目的。常用的冗余编码有汉明码、循环码、BCH 码、代数几何码等，内容非常丰富，涉及的领域广泛。国内外很多学者利用冗余码的特点和理论构造了各种各样的公钥密码体制、数字签名方案、秘密共享方案、认证码等。

11.8 定量评估

定量评估是指依据统计数据建立数学模型，并用数学模型计算出分析对象的各项指标及其数值来评估分析的一种方法。它与定性分析评估相对应，定性分析主要凭借分析者的直觉、经验来分析。定量评估是一种数据分析模型，也称为定量分析，定量评估一般需要较高深的数学知识，它是指对社会现象的数量特征、数量关系与数量变化进行分析，其功能在于揭示和描述社会现象的相互作用和发展趋势。

本 章 小 结

本章介绍了系统基础的相关知识，包括计算范式、状态机、并行、评估技术、资源分配与调度、虚拟化与隔离、冗余下的可靠性和定量评估等概念。通过本章的学习，读者应该对计算机系统基础有一定的了解，掌握计算范式、状态机、并行、评估技术和资源分配与调度技术。

习 题

一、选择题

1. 下列( )不是计算范式的一种。

   A. 串行计算　　　　B. 云计算　　　　　　C. 并行计算　　　D. 量子计算

2. 下列不属于流水线冲突的是( )。

   A. 数据冲突　　　　B. 存储冲突　　　　　C. 控制冲突　　　D. 结构冲突

3. 下列不属于状态机四要素的是( )。

   A. 终态　　　　　　B. 条件　　　　　　　C. 次态　　　　　D. 现态

4. 响应时间为( )是用户保持注意力执行本次任务的极限。

   A. 0.1s　　　　　　B. 1s　　　　　　　　C. 5s　　　　　　D. 10s

5. 以下通常用来描述存储容量的是( )。

   A. 10Mbps　　　　B. 10MB/s　　　　　　C. 10MB　　　　　D. 10bit

6. 计算机的程序运行在( )。

   A. 硬盘　　　　　　B. 内存　　　　　　　C. 显存　　　　　D. CPU

7. 一台计算机的下载速度为10Mbps，那么该网络带宽可能为( )。

   A. 9Mbps　　　　　B. 1Mbps　　　　　　C. 10Mbps　　　　D. 100Mbps

8. 下列各项中不是虚拟机平台的是( )。

   A. Virtual Box　　　B. Hyper-V　　　　　C. Docker　　　　D. VMware

9. 当一个作业需要紧急执行，而此时有别的作业占用资源，系统应采用( )调度方法。

   A. 先来先服务　　B. 最短作业优先　　C. 优先级调度　　D. 最短剩余时间优先

10. ( )是发生前没有征兆，并且很难预测到的。

    A. 瞬时故障　　　　B. 渐发性故障　　　C. 突发性故障　　D. 永久性故障

二、简答题

1. 什么是计算范式？

2. 什么是时间上的并行与空间上的并行？

3. 流水线的冲突有哪些？如何解决？
4. 什么是状态机？
5. 如何提高并行性？
6. 简述任务调度。
7. 虚拟化技术的分类有哪些？
8. 缺陷和故障的区别是什么？

三、讨论题

1. 讨论虚拟化技术的影响。
2. 讨论如何评价一台计算机的性能。

第 12 章　并行和分布式计算

学习目标:

- 了解并行算法、分布式系统和云计算。
- 掌握并行基础、并行分解和并行体系结构。

并行计算和分布式计算都要求在逻辑上同时执行多个进程,其计算操作以复杂的方式交叠进行。并行和分布式计算的基础涉及许多领域,包括对基础系统概念的理解,如并发和并行执行、状态/内存操作的一致性和延迟、进程之间的通信和同步,以及原子性、一致性和条件等待等算法。实际运用中为获得更高的运行速度需要理解并行算法、问题分解的策略、系统结构、策略的具体实现及性能分析和优化。

12.1　并　行　基　础

并行处理(Parallel Processing)是计算机系统中能同时执行两个或多个处理的一种计算方法。并行处理可同时工作于同一程序的不同方面。为使用并行处理,首先需要对程序进行并行化处理,也就是说将工作各部分分配到不同处理进程或线程中。

12.1.1　并行处理的应用

只有部分应用程序在满足以下条件的情况下可使用并行处理:具有充足的能充分利用多处理机的应用程序;并行化目标应用程序或用户需进行新的编码来利用并行程序。

并行计算机具有代表性的应用领域有:天气预报建模、大型数据库管理、人工智能、犯罪控制和国防战略研究等,而且它的应用范围还在不断地扩大。并行处理技术主要是以算法为核心、并行语言为描述、软硬件作为实现工具的相互联系而又相互制约的一种结构技术。

12.1.2　并行算法基本策略

在并行处理技术中所使用的算法主要遵循以下三种策略。

1. 分而治之法

把多个任务分解到多个处理器或多个计算机中,然后再按照一定的拓扑结构来进行求解。

2. 重新排序法

采用静态或动态的指令调度方式。

3．显式/隐式并行性结合

显式是指并行语言通过编译形成并行程序；隐式是指串行语言通过编译形成并行程序。显式/隐式并行性结合的关键就在于并行编译，而并行编译涉及语句、程序段、进程以及各级程序的并行性。

12.1.3 并行软件

并行软件可分成并行系统软件和并行应用软件两大类。并行系统软件主要指并行编译系统和并行操作系统；并行应用软件主要指各种软件工具和应用软件包。在软件中牵涉到的程序的并行性主要是指程序的相关性和网络互联两方面。

1．程序的相关性

程序的相关性主要分为数据相关、控制相关和资源相关三类。

数据相关指语句之间的有序关系，主要有流相关、反相关、输出相关、I/O 相关和求知相关等，这种关系在程序运行前就可以通过分析程序确定下来。数据相关是一种偏序关系，程序中并不是每一对语句的成员都是相关联的。可以通过分析程序的数据相关，把程序中一些不存在相关性的指令并行地执行，以提高程序运行的速度。

控制相关指的是语句执行次序在运行前不能确定的情况。它一般是由转移指令引起的，只有在程序执行到一定的语句时才能判断出语句的相关性。控制相关常使正在开发的并行性中止，为了开发更多的并行性，必须用编译技术克服控制相关。

资源相关与系统进行的工作无关，而与并行事件利用整数部件、浮点部件、寄存器和存储区等共享资源时发生的冲突有关。

软件的并行性主要是由程序的控制相关和数据相关性决定的。在并行性开发时往往把程序划分成许多的程序段，也称为颗粒。颗粒的规模也称为粒度，它是衡量软件进程所含计算量的尺度，一般用细、中、粗来描述。划分的粒度越细，各子系统间的通信时延也越低，并行性就越高，但系统开销也越大。因此，人们在进行程序组合优化的时候应该选择适当的粒度，并且把通信时延尽可能放在程序段中进行，还可以通过软硬件适配和编译优化的手段来提高程序的并行度。

2．网络互联

将计算机子系统互联在一起或构造多处理机或多计算机时可使用静态或动态拓扑结构的网络。静态网络的连接方式在程序执行过程中不会改变，常用来实现集中式系统的子系统之间或分布式系统的多个计算节点之间的固定连接。动态网络是用开关通道实现的，它可动态地改变结构，使之与用户程序中的通信要求匹配。动态网络包括总线、交叉开关和多级网络，常用于共享存储型多处理机中。在网络上的消息传递主要通过寻径来实现。在寻径中产生的死锁问题可以由虚拟通道来解决。虚拟通道是两个节点间的逻辑链，它由源节点的片缓冲区、节点间的物理通道以及接收节点的片缓冲区组成。物理通道由所有的虚拟通道分时地共享。虚拟通道虽然可以避免死锁，但可能会使每个请求可用的有效通道频宽降低。因此，在确定虚拟通道数目时，需要对网络吞吐量和通信时延折中考虑。

12.1.4　并行计算机的发展

20 世纪 40 年代开始的现代计算机发展历程可以分为两个明显的发展时代：串行计算时代和并行计算时代。每一个计算时代都从体系结构发展开始，接着是系统软件、应用软件，最后随着问题求解环境的发展而达到顶峰。创建和使用并行计算机的主要原因是并行计算机是解决单处理器速度瓶颈的最好方法之一。

并行计算机是由一组处理单元组成的，这组处理单元通过相互之间的通信与协作，以更快的速度共同完成一项大规模的计算任务。因此，并行计算机的两个最主要的组成部分是计算节点和节点间的通信与协作机制。并行计算机体系结构的发展也主要体现在计算节点性能的提高以及节点间通信技术的改进两方面。

20 世纪 60 年代初期，由于晶体管以及磁芯存储器的出现，处理单元变得越来越小，存储器也更加小巧和廉价。这些技术发展的结果导致了并行计算机的出现，这一时期的并行计算机多是规模不大的共享存储多处理器系统，即所谓的大型主机(Mainframe)。IBM360 是这一时期的典型代表。

20 世纪 60 年代末，同一个处理器开始设置多个功能相同的功能单元，流水线技术也出现了。与单纯提高时钟频率相比，这些并行特性在处理器内部的应用大大提高了并行计算机系统的性能。

1976 年 CRAY-1 问世以后，向量计算机从此牢牢地控制着整个高性能计算机市场 15 年。CRAY-1 对所使用的逻辑电路进行了精心的设计，采用了 RISC 的精简指令集，还引入了向量寄存器，以完成向量运算。这一系列全新技术手段的使用，使 CRAY-1 的主频达到了 80MHz。

从 20 世纪 80 年代开始，微处理器技术一直在高速前进。稍后又出现了非常适合于 SMP 方式的总线协议，而美国加州大学伯克利分校(University of California, Berkeley)则对总线协议进行了扩展，提出了 Cache 一致性问题的处理方案。

同一时期，基于消息传递机制的并行计算机也开始不断涌现。20 世纪 80 年代中期，加州理工大学成功地将 64 个 i8086/i8087 处理器通过超立方体互联结构联结起来。此后，便先后出现了 Intel iPSC 系列、INMOS Transputer 系列、Intel Paragon 以及 IBMSP 的前身 Vulcan 等基于消息传递机制的并行计算机。

20 世纪 80 年代末到 90 年代初，共享存储器方式的大规模并行计算机又获得了新的发展。IBM 将大量早期 RISC 微处理器通过蝶形互联网络联结起来。人们开始考虑如何才能在实现共享存储器缓存一致的同时，使系统具有一定的可扩展性(Scalability)。90 年代初期，斯坦福大学提出了 DASH 计划，它通过维护一个保存有每一缓存块位置信息的目录结构来实现分布式共享存储器的缓存一致性。后来，IEEE 在此基础上提出了缓存一致性协议的标准。

20 世纪 90 年代以来，主要的几种体系结构开始走向融合。属于数据并行类型的 CM-5 除大量采用商品化的微处理器以外，也允许用户层的程序传递一些简单的消息；CRAY T3D 是一台 NUMA 结构的共享存储型并行计算机，但是它也提供了全局同步机制、消息队列机制，并采取了一些减少消息传递延迟的技术。

12.2 并 行 分 解

12.2.1 通信和协调/同步的必要性

MPI 是一个跨语言的通信协议，用于编写并行计算机，支持点对点和广播。MPI 是一个信息传递应用程序接口，包括协议和语义说明，指明如何在各种实现中发挥其特性。MPI 的目标是高性能、大规模性和可移植性。

1. 并行编程模式

MPI 并行程序分为对等模式与主从模式。对等模式就是程序的各个部分地位相同，功能和代码基本一致，只是处理的数据或对象不同；主从模式是程序通信进程之间的一种主从或依赖关系。

2. 点对点通信模式

MPI 最基本的通信模式为点对点通信模式阻塞：发送完成的数据已经复制出发送缓冲区，即发送缓冲区可以重新分配使用，阻塞接受的完成意味着接收数据已经复制到接收缓冲区，即接收方已可以使用。非阻塞：在必要的硬件支持下，可以实现计算和通信的重叠。

3. 组通信

一个特定组内所有进程都参加全局的数据处理和通信操作。

通信——组内数据的传输；同步——所有进程在特定的点上取得一致；计算——对给定的数据完成一定的操作。

12.2.2 独立性和分割

最有效的并行算法和系统，专注于资源并行算法，所以比较明智的做法是通过分割写资源操作和读资源操作来开始并行化。问题是这些频繁访问的数据，可能会在计算机系统间、大存储设备间、NUMA 节点间、CPU 之间(或者核与硬件线程)、页面、Cache 缓存线、同步原语的实例，或者代码临界区之间造成问题，如分割加锁原语叫作"数据加锁"。资源分割通常依赖于用例，如数值计算频繁地将矩阵按行、列或者子矩阵进行分割，而商业计算则频繁地分割写数据结构操作和读数据结构操作，如商业计算进程可能会为一个特定用户从集群里分配一些小计算系统。进程可能会静态地分割数据，或者随时间改变分区。资源分割非常有效，但是随之带来的复杂数据结构也非常有挑战性。

每个分割部分需要一些交互，但是，由于交互会引起开销，不仔细的分割选择会导致严重的性能退化。而且，并行线程的数量常常必须被控制，因为每个线程都会占用一些资源，比如 CPU Cache 空间。如果过多的线程同时执行，从一方面看 CPU Cache 将会溢出，引起过高的 cache miss，从而降低性能；从另外一方面看，大量的线程可能会带来大量计算和 I/O 操作。

12.3 并 行 算 法

并行算法就是用多台处理机联合求解问题的方法和步骤，其执行过程是首先将给定的问题分解成若干尽量相互独立的子问题，然后使用多台计算机同时求解它，从而最终求得原问题的解。

实际上，在自然界中并行是客观存在的普遍现象，关键问题在于能不能很好地利用。人们的思维能力以及思考问题的方法对并行不太习惯，且并行算法理论不成熟，因此总是出现了需求再来研究算法，不具有导向性，同时实现并行算法的并行程序性能较差，往往满足不了人们的需求。

12.3.1 访存模型

并行计算机有五种访存模型：均匀访存模型(Uniform Memory Access，UMA)、非均匀访存模型(Non-uniform Memory Access，NUMA)、全高速缓存访存模型(Cache-Only Memory Access，COMA)、一致性高速缓存非均匀存储访问模型(Coherent-Cache Nonuniform Memory Access，CC-NUMA)、非远程存储访问模型(No-Remote Memory Access，NORMA)。

12.3.2 计算模型

并行计算机没有一个统一的计算模型，不过，人们已经提出了 PRAM(Parallel Random Access Machine)模型、BSP(Bulk Synchronous Parallel)模型、LogP(Latency/overhead/gap/Processor)模型等有价值的参考模型。

并行计算模型是算法设计者与体系结构研究者之间的一个桥梁，是并行算法设计和分析的基础。它屏蔽了并行机之间的差异，从并行机中抽取若干能反映计算特性的可计算或可测量的参数，并按照模型所定义的计算行为构造成本函数，以此进行算法的复杂度分析。

并行计算模型的第一代是共享存储模型，如 SIMD-SM 和 MIMD-SM 的一些计算模型，模型参数主要是 CPU 的单位计算时间。第二代是分布存储模型。在这个阶段，人们逐渐意识到对并行计算机性能带来影响的不仅仅是 CPU，还有通信。

虽然并行算法研究还不是太成熟，但并行算法的设计依然是有章可循的，如划分法、分治法、平衡树法、倍增法/指针跳跃法、流水线法等都是常用的设计并行算法的方法。另外，人们还可以根据问题的特性来选择适合的设计方法。

12.3.3 并行算法的模式

在计算机科学中，分治法是一种很重要的算法。字面上的解释是"分而治之"，就是把一个复杂的问题分成两个或更多的相同或相似的子问题，再把子问题分成更小的子问题，直到最后子问题可以简单地直接求解，原问题的解是子问题解的合并。

MapReduce 是一种编程模型，用于大规模数据集(大于 1TB)的并行运算。"Map(映射)"和"Reduce(归约)"都是从函数式编程语言里借来的，还有从矢量编程语言里借来的特性。

它极大地方便了编程人员在不会分布式并行编程的情况下，将自己的程序运行在分布式系统上。

12.4 并行体系结构

并行体系结构是指许多指令能同时进行的体系结构，一般从时间和空间两方面考虑。

并行体系结构出现主要是因为随着各个领域对高性能计算的要求越来越高，尤其是多媒体领域大数据量高实时性的需求，使得传统的单处理器体系结构已经很难适应大规模并行计算的需求，于是多处理器并行体系结构逐渐成为研究的热点。

多种级别的并行度现在已经成为计算机设计的推动力量，而能耗和成本则是主要约束条件。应用程序中主要有两种并行：数据级并行(Data-Level Parallelism，DLP)，它的出现是因为可以同时操作许多数据项；任务级并行(Thread-Level Parallelism，TLP)，它的出现是因为创建了一些能够单独处理但大量采用并行方式执行的工作任务。

指令级并行在编译器的帮助下，利用流水线之类的思想适度开发数据级并行，利用推理执行之类的思想以中等水平开发数据级并行。向量体系结构和图形处理器(GPU)将单条指令并行应用于一个数据集，以开发数据级并行。线程级并行在一种紧耦合硬件模型中开发数据级并行或任务级并行，这种模型允许在并行线程之间进行交互。请求级并行在程序员或操作系统指定的大量去耦合任务之间开发并行。

12.5 分布式系统

分布式系统(Distributed System)是建立在网络之上的软件系统。正是因为软件的特性，所以分布式系统具有高度的内聚性和透明性。

在一个分布式系统中，一组独立的计算机展现给用户的是一个统一的整体，就好像是一个系统似的。系统拥有多种通用的物理和逻辑资源，可以动态地分配任务，分散的物理和逻辑资源通过计算机网络实现信息交换。系统中存在一个以全局的方式管理计算机资源的分布式操作系统。通常，对用户来说，分布式系统只有一个模型或范型。在操作系统之上有一层软件中间件(middleware)负责实现这个模型。一个著名的分布式系统的例子是万维网(World Wide Web)，在万维网中，所有的一切看起来就好像是一个文档(Web 页面)一样。

12.5.1 分布式系统的分类

分布式计算机系统的体系结构可用处理机之间的耦合度为主要标志来加以描述。耦合度是指系统模块之间互联的紧密程度，它是数据传输率、响应时间、并行处理能力等性能指标的综合反映，主要取决于所选用体系结构的互联拓扑结构和通信链路的类型。

按地理环境衡量耦合度，分布式系统可以分为机体内系统、建筑物内系统、建筑物间系统和不同地理范围的区域系统等，它们的耦合度依次由高到低按应用领域的性质决定。

面向计算任务的分布并行计算机系统和分布式多用户计算机系统，要求尽可能高的耦合度，以便发展成为能分担大型计算机和分时计算机系统所完成的工作。

面向管理信息的分布式数据处理系统，耦合度可以适当降低。

面向过程控制的分布式计算机控制系统，耦合度要求适中，当然对于某些实时应用，其耦合度的要求可能很高。

12.5.2 分布式系统的特征

分布式系统是多个处理机通过通信线路互联而构成的松散耦合的系统。从系统中某台处理机来看，其余的处理机和相应的资源都是远程的，只有它自己的资源才是本地的。一般认为，分布式系统应具有以下四个特征。

1. 分布性

分布式系统由多台计算机组成，它们在地域上是分散的，可以散布在一个单位、一个城市、一个国家，甚至全球范围内。整个系统的功能是分散在各个节点上实现的，因而分布式系统具有数据处理的分布性。

2. 自治性

分布式系统中的各个节点都包含自己的处理机和内存，各自具有独立的处理数据的功能。通常，彼此在地位上是平等的，无主次之分，既能自治地进行工作，又能利用共享的通信线路来传送信息，协调任务处理。

3. 并行性

一个大的任务可以划分为若干子任务，分别在不同的主机上执行。

4. 全局性

分布式系统中必须存在一个单一的、全局的进程通信机制，使得任何一个进程都能与其他进程通信，并且不区分本地通信与远程通信。同时，还应当有全局的保护机制。系统中所有机器上有统一的系统调用集合，它们必须适应分布式的环境，在所有 CPU 上运行同样的内核，使协调工作更加容易。

12.5.3 分布式系统的优缺点

1. 优点

(1) 资源共享。若干不同的节点通过通信网络彼此互联，一个节点上的用户可以使用其他节点上的资源。如分布式系统允许设备共享，使众多用户共享昂贵的外部设备，如彩色打印机；允许数据共享，使众多用户访问共用的数据库；可以共享远程文件，使用远程特有的硬件设备(如高速阵列处理器)，以及执行其他操作。

(2) 加快计算速度。如果一个特定的计算任务可以划分为若干并行运行的子任务，则可把这些子任务分散到不同的节点上，使它们同时在这些节点上运行，从而加快计算速度。另外，分布式系统具有计算迁移功能，如果某个节点上的负载太重，则可把其中一些作业移到其他节点去执行，从而减轻该节点的负载。这种作业迁移称为负载平衡。

(3) 可靠性高。分布式系统具有高可靠性。如果其中某个节点失效了，则其余的节点可以继续操作，整个系统不会因为一个或少数几个节点的故障而全体崩溃。因此，分布式系统有很好的容错性能。系统必须能够检测节点的故障，采取适当的手段，使它从故障中恢复过来。系统确定故障所在的节点后，就不再利用它来提供服务，直至其恢复正常工作。如果失效节点的功能可由其他节点完成，则系统必须保证功能转移的正确实施。当失效节点被恢复或者修复时，系统必须把它平滑地集成到系统中。

(4) 通信方便、快捷。分布式系统中各个节点通过一个通信网络互联在一起。通信网络由通信线路、调制解调器和通信处理器等组成，不同节点的用户可以方便地交换信息。在低层，系统之间利用传递消息的方式进行通信，这类似于单 CPU 系统中的消息机制。单 CPU 系统中所有高层的消息传递功能都可以在分布式系统中实现，如文件传递、登录、邮件收发、Web 浏览和远程过程调用(Remote Procedure Call，RPC)。

2. 缺点

尽管分布式系统具备众多优势，但它也有自身的缺点：主要是可用软件不足，系统软件、编程语言、应用程序以及开发工具都相对很少。此外，还存在通信网络饱和或信息丢失和网络安全问题，方便的数据共享同时意味着机密数据容易被窃取。虽然分布式系统存在这些潜在的问题，但其优点远大于缺点，而且这些缺点也正得到克服。

12.5.4　分布式系统设计难点

虽然分布式系统具有很多优点，然而由于分布式系统自身的特点及应用环境的复杂性，其设计有如下很多难题需要解决。

1. 部分失效问题

由于分布式系统通常由若干部分组成，而各个部分由于各种原因可能发生故障，如硬件故障、软件错误及错误操作等，如果一个分布式系统不对这些故障进行有效的处理，系统某一组成部分的故障可能导致整个系统的瘫痪。

2. 性能和可靠性过分依赖于网络

由于分布式系统是建立在网络之上的，而网络本身是不可靠的，可能经常发生故障，网络故障可能导致系统服务的终止。另外，网络超负荷会导致性能的降低，增加系统的响应时间。

3. 缺乏统一控制

一个分布式系统的控制通常是一个典型的分散控制，没有统一的中心控制。因此，分布式系统通常需要相应的同步机制来协调系统中各个部分的工作。

4. 难以合理设计资源分配策略

在分布式系统中，资源属于各节点，调度的灵活性不如集中式系统，资源的物理分布可能与用户请求的分布不匹配，某些资源可能空闲，而另一些资源可能超载。

5. 安全保密性问题

开放性使得分布式系统中的许多软件接口都提供给用户，这样的开放式结构对于开发人员非常有价值，但同时也为破坏者打开了方便之门。

针对分布式系统存在的上述难点，要保证一个分布式系统的正常运行，就必须对系统资源进行有效的管理，对计算机之间的通信、故障、安全等问题提供有效的处理手段和支持机制。

12.6　云　计　算

"云"实质上就是一个网络，狭义上讲，云计算就是一种提供资源的网络，使用者可以随时获取"云"上的资源，按需求量使用，并且可以看成是无限扩展的，只要按使用量付费就可以。

从广义上说，云计算是与信息技术、软件、互联网相关的一种服务，这种计算资源共享池叫作"云"。云计算把许多计算资源集合起来，通过软件实现自动化管理，只需要很少的人参与，就能让资源被快速提供。

总之，云计算不是一种全新的网络技术，而是一种网络应用概念。云计算的核心概念就是以互联网为中心，在网站上提供快速且安全的云计算服务与数据存储，让每一个使用互联网的人都可以使用网络上的庞大计算资源与数据中心。

云计算是继互联网、计算机后在信息时代的又一种革新，是信息时代的一个大飞跃。云计算具有很强的扩展性和需要性，可以为用户提供一种全新的体验。云计算的核心是可以将很多的计算机资源协调在一起，因此，使用户通过网络就可以获取无限的资源，而且获取的资源不受时间和空间的限制。

12.6.1　云计算的产生背景

互联网自1960年开始兴起，主要用于军方、大型企业等之间的纯文字电子邮件或新闻集群组服务，直到1990年才开始进入普通家庭。随着Web网站与电子商务的发展，网络已经成为目前人们离不开的生活必需品之一。

2006年8月9日，Google首席执行官埃里克·施密特(Eric Schmidt，1955—　)在搜索引擎大会(SES San Jose 2006)上首次提出"云计算"(Cloud Computing)的概念。这是云计算发展史上第一次正式地提出这一概念，有着巨大的历史意义。

2007年以来，"云计算"成为计算机领域最令人关注的话题之一，同样也是大型企业、互联网建设着力研究的重要方向。因为云计算的提出，互联网技术和IT服务出现了新的模式，引发了一场变革。

在2008年，Microsoft发布其公共云计算平台(Windows Azure Platform)，由此拉开了Microsoft的云计算大幕。同样，云计算在国内也掀起一场风波，许多大型网络公司纷纷加入云计算的阵营。

2009年1月，阿里软件在江苏南京建立首个"电子商务云计算中心"。同年11月，中国移动云计算平台"大云"计划启动。

12.6.2 云计算的特点

云计算的可贵之处在于高灵活性、可扩展性和高性价比等，与传统的网络应用模式相比，它具有如下优势与特点。

1. 虚拟化技术

虚拟化突破了时间、空间的界限，是云计算最为显著的特点。虚拟化技术包括应用虚拟和资源虚拟两种。众所周知，物理平台与应用部署的环境在空间上是没有任何联系的，正是通过虚拟平台对相应终端操作完成数据备份、迁移和扩展等。

2. 动态可扩展

云计算具有高效的运算能力，在原有服务器基础上增加云计算功能能够使计算速度迅速提高，最终实现动态扩展虚拟化的层次达到对应用进行扩展的目的。

3. 按需部署

计算机包含许多应用、程序软件等，不同的应用对应的数据资源库不同，所以用户运行不同的应用需要较强的计算能力对资源进行部署，而云计算平台能够根据用户的需求快速配备计算能力及资源。

4. 灵活性高

目前市场上大多数 IT 资源、软件、硬件都支持虚拟化，比如存储网络、操作系统和开发软、硬件等。虚拟化要素统一放在云系统资源虚拟池当中进行管理，可见云计算的兼容性非常强，不仅可以兼容低配置机器、不同厂商的硬件产品，还能够外设获得更高性能计算。

5. 可靠性高

服务器故障也不影响计算与应用的正常运行，单点服务器出现故障可以通过虚拟化技术将分布在不同物理服务器上面的应用进行恢复或利用动态扩展功能部署新的服务器进行计算。

6. 性价比高

将资源放在虚拟资源池中统一管理在一定程度上优化了物理资源，用户不再需要昂贵、存储空间大的主机，可以选择相对廉价的 PC 组成云，一方面可减少费用，另一方面计算性能不逊于大型主机。

7. 可扩展性

用户可以利用应用软件的快速部署来简单快捷地将自身所需的已有业务以及新业务进行扩展。如云计算系统中出现设备的故障，对用户来说，无论是在计算机层面上，抑或是在具体运用上均不会受到阻碍，可以利用计算机云计算具有的动态扩展功能来对其他服务器开展有效扩展。这样一来就能够确保任务得以有序完成。在对虚拟化资源进行动态扩展的情况下，同时能够高效扩展应用，提高计算机云计算的操作水平。

12.6.3　云计算的实现形式

云计算是建立在先进互联网技术基础之上的，其实现形式众多，主要通过以下形式完成。

1. 软件即服务

通常用户发出服务需求，云系统通过浏览器向用户提供资源和程序等。

2. 网络服务

开发者能够在 API 的基础上不断改进，开发出新的应用产品，大大提高了单机程序的操作性能。

3. 平台服务

平台一般服务于开发环境，协助中间商对程序进行升级与研发，同时完善用户下载功能，用户可通过互联网下载，具有快捷、高效的特点。

4. 互联网整合

利用互联网发出指令时，也许同类服务众多，云系统会根据终端用户需求匹配相适应的服务。

5. 商业服务平台

构建商业服务平台的目的是给用户和提供商提供一个沟通平台，从而需要管理服务和软件即服务搭配应用。

6. 管理服务提供商

管理服务提供商常服务于 IT 行业，常见服务内容有扫描邮件病毒、监控应用程序环境等。

12.6.4　云计算的应用

较为简单的云计算技术已经普遍应用于现如今的互联网服务中，最常见的就是网络搜索引擎和网络邮箱。

1. 存储云

存储云又称云存储，是在云计算技术上发展起来的一个新的存储技术。云存储是一个以数据存储和管理为核心的云计算系统。用户可以将本地的资源上传至云端，可以在任何地方连入互联网来获取云上的资源。大家所熟知的 Google、Microsoft 等大型网络公司均有云存储的服务。存储云向用户提供了存储容器服务、备份服务、归档服务和记录管理服务等，大大方便了使用者对资源的管理。

2. 医疗云

医疗云是指在云计算、移动技术、多媒体、5G 通信、大数据、人工智能以及物联网等新技术基础上，结合医疗技术，使用"云计算"来创建医疗健康服务云平台，实现了医疗资源的共享和医疗范围的扩大。因为云计算技术的运用与结合，医疗云可提高医疗机构的效率，方便居民就医。像现在医院的预约挂号、电子病历、医保等都是云计算与医疗领域结合的产物，医疗云还具有数据安全、信息共享、动态扩展、布局全国的优势。

3. 金融云

金融云是指利用云计算的模型，将信息、金融和服务等功能分散到庞大分支机构构成的互联网"云"中，旨在为银行、保险和基金等金融机构提供互联网处理和运行服务，同时共享互联网资源，从而解决现有问题并且达到高效、低成本的目标。因为金融与云计算的结合，现在只需要在手机上简单操作，就可以进行银行转账、购买保险和基金买卖等行为。

4. 教育云

教育云实质上是指教育信息化的一种发展。教育云可以将所需要的任何教育硬件资源虚拟化，然后将其传入互联网中，以向教育机构、学生和老师提供一个方便快捷的平台。现在流行的大型开放式网络课程(Massive Open Online Courses，MOOC)就是教育云的应用。

本 章 小 结

本章介绍了并行和分布式计算的相关内容，包括对基础系统概念的理解，如并发和并行执行、状态/内存操作的一致性和延迟、进程之间的通信和同步来源于信息传递和内存共享等的计算模型，以及原子性、一致性和条件等待等算法，还介绍了并行和分布式计算的实际应用。

通过本章的学习，读者应该了解并行算法、分布式系统和云计算，掌握并行基础、并行分解和并行体系结构。

习　题

一、选择题

1. 并行处理是指(　　)。
   A. 计算机系统中能顺序执行两个或多个处理的一种计算方法
   B. 计算机系统中能同时执行两个或多个处理的一种计算方法
   C. 计算机系统中能执行单个处理的一种计算方法
   D. 计算机系统中能顺序执行单个处理的一种计算方法
2. 并行计算是指(　　)。
   A. 同时使用多种计算资源解决计算问题的过程
   B. 顺序使用多种计算资源解决计算问题的过程
   C. 使用一种计算资源解决计算问题的过程

D. 顺序使用一种计算资源解决计算问题的过程

3. 下列不属于并行计算机的存储访问类型的是( )。

    A. 均匀存储访问   B. 非均匀存储访问

    C. 全高速缓存存储访问   D. 远程存储访问

4. 并行体系结构出现的原因是( )。

    A. 各个领域对高性能计算的要求越来越高

    B. 处理器的运行速度越来越快

    C. 互联网应用越来越普及

    D. 计算机技术的飞速发展

5. 下列属于分布式系统的特征的是( )。

    A. 分布性   B. 自治性   C. 并行性   D. 全局性

6. 下列属于分布式系统的特点的是( )。

    A. 资源共享   B. 计算速度快   C. 可靠性高   D. 通信便捷

7. 下列不属于分布式系统的设计难点的是( )。

    A. 部分失效问题   B. 过度依赖于网络

    C. 缺乏统一的控制   D. 计算资源不足

8. 下列不属于云计算的特点的是( )。

    A. 灵活性低   B. 可靠性高   C. 性价比高   D. 可扩展性

9. 下列属于云计算的实现形式的是( )。

    A. 软件即服务   B. 网络服务   C. 平台服务   D. 互联网整合

10. 下列属于云计算的应用的是( )。

    A. 存储云   B. 医疗云   C. 金融云   D. 教育云

二、简答题

1. 什么叫并行软件?

2. 什么叫并行算法?

3. 什么叫并行分解?

4. 简述并行算法的访存模型。

5. 简述并行算法的模式。

6. 简述并行体系结构。

7. 简述分布式系统的特征。

8. 简述分布式系统的优缺点。

9. 简述云计算的特点。

10. 简述云计算的实现形式。

三、讨论题

1. 并行算法的基本设计技术有哪些?它们的基本思想是什么?

2. 学习并行和分布式计算后,你觉得在哪些方面的收获最大?

第 13 章　信息保障与安全

学习目标：

- 了解信息保障与安全的基本概念、信息安全面临的威胁与攻击、网络安全的相关内容和密码学的一些基本知识。
- 掌握信息保障与安全的设计准则、防错性程序设计等。

在计算机科学这一学科中，安全的概念以及相关知识内容已经成为计算机学科的核心要求。信息保障与安全的范围涵盖了为确保信息和信息系统的机密性、完整性及可用性而在技术和政策上所进行的保护、防卫的控制和处理过程，以及为此提供的证明方法和不可抵赖手段等。

13.1　信息安全基本概念

13.1.1　信息保障与安全的历史

信息安全(Information Security)，意为保护信息及信息系统免受未经授权的进入、使用、披露、破坏、修改、检视、记录及销毁。信息保障(Information Assurance)是确保信息和有关使用风险，其对象是信息以及处理、存储、传输信息的信息系统。

二者相互关联，并且拥有一些共同的目标：保护信息的机密性、完整性、可用性。然而，它们之间仍然有一些微妙的区别，主要存在于达到这些目标所使用的方法及策略，以及所关心的领域。信息安全主要涉及数据的机密性、完整性、可用性，而不管数据的存在形式是电子的、印刷的还是其他形式。

自从人类有了书写文字之后，国家首脑和军队指挥官就已经明白，使用一些技巧来保证通信的机密以及获知其是否被篡改是非常有必要的。

根据历史资料记载，凯撒(Gaius Julius Caesar)在公元前 50 年发明了凯撒密码，用来对重要的军事信息进行加密，从而防止秘密的消息落入错误的人手中时被读取。第二次世界大战使得信息安全研究取得了许多进展，标志着其开始成为一门专业的学问。20 世纪末以及 21 世纪初见证了通信、计算机硬件和软件以及数据加密领域的巨大发展。小巧、功能强大、价格低廉的计算设备使得对电子数据的加工处理能为小公司和家庭用户所负担和掌握，这些计算机很快被通常称为因特网或者万维网的网络连接起来。

在因特网上快速增长的电子数据处理和电子商务应用，以及不断出现的国际恐怖主义事件，增加了对更好地保护计算机及其存储、加工和传输的信息的需求。计算机安全、信息安全以及信息保障等学科，是和许多专业的组织一起出现的，它们都持有共同的目标，即确保信息系统的安全和可靠。

13.1.2 CIA 三元组

CIA 三元组是一个著名的安全策略开发模型，同时也是信息安全的基本原则。CIA 分别指的是：机密性(Confidentiality)、完整性(Integrity)、可用性(Availability)。

(1) 机密性：是指保护数据不受非法截获或未经授权浏览。这一点对于敏感数据的传输尤为重要，同时也是通信网络中处理用户的私人信息所必需的。

(2) 完整性：是指能够保障被传输、接收或存储的数据是完整的和未被篡改的。这一点对于保证重要数据的精确性尤为关键。

(3) 可用性：是指尽管存在可能的突发事件如供电中断、自然灾害、事故或攻击等，但用户依然可得到或使用数据，服务也处于正常运转状态。

机密性、完整性、可用性三者相互依存，形成一个不可分割的整体，三者中任何一个的损害都将影响到整个系统的安全。

13.1.3 信息安全保障面临的威胁

1. 计算机病毒

计算机病毒是一种在人为或非人为的情况下产生的、在用户不知情或未批准下，能自我复制或运行的计算机程序。计算机病毒往往会影响受感染计算机的正常运作，或是被控制而不自知，或者被用作其他用途等用户非自发引导的行为。

2. 计算机蠕虫

与计算机病毒不同的是，计算机蠕虫不需要附在别的程序内，可能不用用户介入操作也能自我复制或运行。计算机蠕虫未必会直接破坏被感染的系统，却几乎都对网络有害。计算机蠕虫可能会执行垃圾代码以发动分布式拒绝服务攻击，令计算机的执行效率极大程度降低，从而影响计算机的正常使用；可能会损毁或修改目标计算机的文件；亦可能只是浪费带宽。

3. 恶意软件

恶意软件也称为"流氓软件"，一般是指通过网络、便携式存储设备等途径散播的，故意对个人电脑、服务器、智能设备、计算机网络等造成隐私或机密数据外泄、系统损害(包括但不限于系统崩溃等)、数据丢失等非使用预期故障及信息安全问题，并且试图以各种方式阻挡用户移除它们，如同"流氓"一样的软件。恶意软件的形式包括二进制可执行文档、脚本、活动内容等。

4. 勒索软件

勒索软件也称为勒索病毒，是一种特殊的恶意软件，被归类为"阻断访问式攻击"。它与其他病毒最大的不同在于手法以及中毒方式。其中一种勒索软件仅是单纯地将受害者的计算机锁起来，而另一种则系统性地加密受害者硬盘上的文件。所有的勒索软件都会要求受害者缴纳赎金以取回对计算机的控制权，或是取回受害者根本无从自行获取的解密密

钥以便解密文件。勒索软件通常以木马病毒的形式传播，将自身掩盖为看似无害的文件，通常会通过假冒成普通的电子邮件等社会工程学方法欺骗受害者点击链接下载，但也有可能与许多其他蠕虫病毒一样利用软件的漏洞在联网的计算机间传播。

5. 漏洞利用

漏洞利用(Exploit)是计算机安全术语，指的是利用程序中的某些漏洞来得到计算机的控制权(使自己编写的代码越过具有漏洞的程序的限制，从而获得运行权限)。在英语中，本词也是名词，表示为了利用漏洞而编写的攻击程序，即漏洞利用程序。

6. 软件后门

软件后门指绕过软件的安全性控制，从比较隐秘的通道获取对程序或系统访问权的黑客方法。在软件开发时，设置后门可以方便修改和测试程序中的缺陷。但如果后门被其他人知道(可以是泄密或者被探测到后门)，或是在发布软件之前没有去除后门，那么它就对计算机系统安全造成了威胁。

13.1.4　身份验证、授权与访问控制

1. 身份验证

身份验证又称"验证"或"鉴权"，是指通过一定的手段，完成对用户身份的确认。其目的是确认当前声称为某种身份的用户，是否为所声称的用户。在日常生活中，身份验证并不罕见。比如，通过检查对方的证件，人们一般可以确信对方的身份。虽然日常生活中的这种确认对方身份的做法也属于广义的"身份验证"，但"身份验证"一词更多地被用在计算机、通信等领域。

身份验证的方法有很多，基本上可分为：基于共享密钥的身份验证、基于生物学特征的身份验证和基于公开密钥加密算法的身份验证。不同的身份验证方法，安全性也各有高低。

2. 授权

授权一般是指对信息安全或计算机安全相关的资源定义与授予访问权限，尤指访问控制。动词"授权"可指定义访问策略与接受访问。例如，人力资源人员通常被授权访问员工记录，而这个策略通常被形式化为计算机系统中的访问控制规则。在运行期间，系统使用已定义的访问控制规则决定是接受还是拒绝经过身份验证的访问请求。可被授权的资源多种多样，包括但不限于单个或数个文件或数据、计算机程序、计算机设备以及计算机软件提供的功能。而得到授权的是计算机用户、计算机软件或其他硬件。

3. 访问控制

访问控制又分为自主访问控制和强制访问控制。

1) 自主访问控制

自主访问控制(Discretionary Access Control，DAC)是由《可信计算机系统评估准则》所定义的访问控制中的一种类型。它是根据主体(如用户、进程或 I/O 设备等)的身份和他所属

的组限制对客体的访问。所谓的自主，是因为拥有访问权限的主体，可以直接或间接地将访问权限赋予其他主体。

2) 强制访问控制

强制访问控制(Mandatory Access Control，MAC)在计算机安全领域指一种由操作系统约束的访问控制，目标是限制主体或发起者访问或对对象或目标执行某种操作的能力。在实践中，主体通常是一个进程或线程，对象可能是文件、目录、TCP/UDP端口、共享内存段、I/O设备等。主体和对象各自具有一组安全属性。每当主体尝试访问对象时，都会由操作系统内核强制施行授权规则——检查安全属性并决定是否可进行访问。任何主体对任何对象的任何操作都将根据一组授权规则进行测试，决定操作是否允许。在数据库管理系统中也存在访问控制机制，因而也可以应用强制访问控制，在此环境下，对象为表、视图、过程等。

13.1.5　责任披露

责任披露(Responsible Disclosure)是计算机安全或其他领域中的一种漏洞披露模型，它限制了漏洞披露的行为，以提供一段时间来修补或修缮即将披露的漏洞或问题。这一特点使之与完全披露模型不同。

硬件和软件的开发人员通常需要一些时间和资源才能修复新发现的错误。而黑客和计算机安全科学家认为，让公众了解高危害的漏洞是其社会责任。隐瞒这些问题可能导致虚假的安全感。为了避免这种情况，相关各方经过协调，就修复漏洞和防止未来发生任何损害达成了一致意见。根据漏洞的潜在影响、开发和应用紧急补丁或变通方案所需要的预计时间，以及其他因素，有限披露时限可能在几天到几个月不等。

13.2　安全性设计准则

13.2.1　最小权限原则

在信息安全、计算机科学和其他领域，最小特权原则(Principle of Least Privilege，POLP)，也称为最低特权原则或最低权限原则，要求在计算环境的特定抽象层中，每个模块(如进程、用户或程序)只能访问对其合法目的必要的信息和资源。赋予每一个合法动作最小的权限，就是为了保护数据以及功能避免受到错误或者恶意行为的破坏。

该原则意味着仅向用户账户或进程授予执行其预期功能所必需的特权。例如，仅用于创建备份的用户账户不需要安装软件，因此它仅具有运行备份和与备份相关的应用程序的权限，其他任何特权(如安装新软件)均被阻止。该原则也适用于通常以普通账户工作的个人计算机用户，并且仅在情况必要时才打开特权且受密码保护的账户(即超级用户)。

13.2.2　端到端原则

端到端的原则是在一个计算机网络中的设计框架。在根据该原则设计的网络中，特定应用程序的功能驻留在网络的通信端节点中，而不是存在于建立网络的中间节点(如网关和路由器)中。

该原则的基本前提是将功能添加到简单网络的收益会迅速减少，尤其是在最终主机仅出于一致性(即基于规范的完整性和正确性)的原因而必须实现这些功能的情况下。不管是否使用该功能，实现特定功能都会招致一些资源损失，并且在网络中实现特定功能会将这些损失分配给所有客户端。端到端原则与网络中立原则密切相关，有时被视为直接先驱。

通俗来说，遵循端到端原则的网络设计思路应该是这样的：如果一种机制能在端系统实现，那么就不应该将其在网络核心中实现，网络核心应该尽可能提供通用的服务，而具体应用相关的功能应该避免在网络核心中出现。端到端原则旨在让客户机承担网络应用的开发和创新，而让网络本身保持相对简单。这种相对简单的核心网络模型也是网络能够在上层变换实现不同应用的技术基础，确保网络能够被位于边缘的用户扩展新的应用功能。端到端原则的显著好处是保持了因特网的伸缩性、通用性和开放性。

以 ARPANET 为例，没有端到端的确认和重传机制，就没有任意可靠的数据传输。ARPANET 旨在网络的任何两个端点之间提供可靠的数据传输，就像计算机与附近的外围设备之间的简单 I/O 通道一样。为了纠正分组传输的任何潜在故障，通常采用确认和重传方案将正常的 ARPANET 消息从一个节点传递到下一个节点；在成功地切换之后，它们将被丢弃，在数据包丢失的情况下，没有进行源到目的地的重新传输。但是，尽管付出了巨大的努力，最初的 ARPANET 规范中所设想的完美可靠性却无法提供。一旦 ARPANET 远远超出其最初的四节点拓扑，这一事实就变得越来越明显。因此，ARPANET 为追求真正的端到端可靠性提供了基于网络的逐跳可靠性机制的固有局限性的有力依据。

13.2.3 防御性编程

防御性编程(Defensive Programming)是防御式设计的一种具体体现，它是为了保证对程序的不可预见的使用不会造成程序功能上的损坏。它可以被看作是为了减少或消除墨菲定律的想法。防御性编程主要用于可能被滥用、恶作剧或无意地造成灾难性影响的程序上。

防御性编程通常通过以下途径提高软件和源码的质量。

(1) 提高工程质量——减少 bug 和问题。

(2) 提高源码可读性——源码应该变得可读且可理解，并且能经受代码审计。

(3) 让软件能通过预期的行为来处理不可预期的用户操作。

值得注意的是，过度的防御性编程可能会预防不可能发生的错误，这将导致运行时间与维护的损耗。当源码中拥有过多异常捕捉和异常处理时，就可能导致结果不正确或者被隐藏。常见的防御性编程技术有理性的重用代码和遗留代码等。

理性的重用代码有助于减少 bug，因为重用的代码往往是广为利用且经得起测试的。然而，重用代码往往不是最好的方案，越是底层的代码(往往指框架)，重用代码带来的潜在危害就越大。重用过于复杂的代码将大大增加代码的复杂度。

与此同时，在重用旧代码、包、API、配置等事物前，人们必须思考这些事物是否值得被重用，思考这些是否会造成遗留问题，导致遗留代码的产生。遗留问题的产生，往往是因为旧的设计无法适应当今的需求，尤其旧的设计往往不是为了当今需求，因此开发和测试可能存在缺陷。

13.3 防错性程序设计

13.3.1 常见编程错误

1. 缓冲区溢出

缓冲区溢出是指，当计算机向缓冲区内填充数据位数时，超过了缓冲区能保存的最大数据量，从而破坏程序运行。造成此现象的原因有以下几个。

(1) 存在缺陷的程序设计。

(2) C 语言中，由于不像其他一些高级语言会自动进行数组或者指针的边界检查，从而增加了溢出风险。

(3) C 语言中的标准库还具有一些非常危险的操作函数，使用不当也为溢出创造条件。

(4) 操作系统所使用的缓冲区又被称为"堆栈"。在各个操作进程之间，指令会被临时储存在"堆栈"中，"堆栈"也会出现缓冲区溢出。

2. 内存泄露

内存泄露并非指内存在物理上的消失，而是应用程序分配某段内存后，由于设计错误，导致在释放该段内存之前就失去了对该段内存的控制。内存泄露会因为减少可用内存的数量从而降低计算机的性能。在最糟糕的情况下，过多的可用内存被分配掉导致全部或部分设备停止正常工作，或者应用程序崩溃。以发生的方式来分类，内存泄露可以分为以下四类。

(1) 常发性内存泄露。发生内存泄露的代码会被多次执行到，每次被执行的时候都会导致一块内存泄露。

(2) 偶发性内存泄露。发生内存泄露的代码只有在某些特定环境或操作过程下才会发生。常发性和偶发性是相对的，对于特定的环境，偶发性的也许就变成了常发性的。所以测试环境和测试方法对检测内存泄露至关重要。

(3) 一次性内存泄露。发生内存泄露的代码只会被执行一次，或者由于算法上的缺陷，导致总会有一块且仅一块内存发生泄露。比如，在类的构造函数中分配内存，在析构函数中却没有释放该内存，所以内存泄露只会发生一次。

(4) 隐式内存泄露。程序在运行过程中不停地分配内存，但是直到结束的时候才释放内存。例如，服务器程序需要连续、长期运行，不及时释放内存可能导致最终耗尽系统的所有内存。所以，称这类内存泄露为隐式内存泄露。隐式内存泄露的危害性非常大，因为它较之于常发性内存泄露和偶发性内存泄露更难被检测到。

3. 内存越界

内存越界是指向系统申请一块内存后，使用时却超出申请范围，常见的有使用特定大小数组时发生内存越界。当内存泄露的代码运行时，所带来的错误是无法避免的，可能会造成：

(1) 破坏堆中内存分配信息数据。

(2) 破坏程序其他对象的内存空间。

(3) 破坏空闲内存块。

13.3.2 防错性编程

1. 安全编码

安全编码的关键要素是采用良好的文档和强制的编码规范。安全编码规则的目标是消除不安全的编码实践，因为这些不安全的因素会导致可利用的漏洞。如果应用这些安全编码标准，可以帮助设计出安全的、可靠的、可用性和可维护性高的高质量系统，并且这些安全编码规范还可作为评估源代码质量特性的一个指标。

2. 异常处理

异常处理是编程语言中的一种机制，用于处理软件或信息系统中出现的异常状况(即超出程序正常执行流程的某些特殊条件)。编程语言的异常处理机制中，异常(Exception)这一术语所描述的通常是一种数据结构，这种数据结构可以存储与某种异常情况(Exceptional Condition)相关的信息。抛(Throw)是用来移交控制权的机制，抛出异常也可以称作引发(Raise)异常。异常抛出后，控制权会被移交至某处的接(Catch)。

如果要表示当前子程序无法正常执行，抛出异常是很好的选择。无法正常执行的原因可以是输入参数无效(比如值在函数的定义域之外)，也可以是无法获得所需的资源(比如文件不存在、硬盘出错、内存不足)等。从子程序编程者的视角，异常用于通知外界该子程序不能正常执行，是一种很有用的机制。如果系统没有异常机制，则编程者需要用返回值来标示发生了哪些错误。通过异常处理，人们可以对用户在程序中的非法输入进行控制和提示，以防程序崩溃。

13.4 网 络 安 全

13.4.1 网络安全概念

网络信息安全是一门涉及计算机科学、网络技术、通信技术、密码技术、信息安全技术、应用数学、数论、信息论等多种学科的综合性学科。它主要指保护网络系统的硬件、软件及其系统中的数据，不受偶然的或者恶意的原因破坏、更改和泄露，保证系统连续、可靠、正常地运行，网络服务不中断。

网络安全包括为防止和监视未经授权的访问、滥用、修改或拒绝计算机网络和网络可访问资源而采取的策略和实践。网络安全涉及对网络中数据访问的授权，该授权由网络管理员控制。选择或分配给用户的 ID 和密码或其他身份验证信息使用户能够访问其权限内的信息和程序。网络安全性涵盖了日常工作中使用的各种计算机网络，包括公共和专用计算机。在企业、政府机构和个人之间进行交易和沟通时，网络可以是私有的，如在公司内部，也可以是其他开放给公众访问的网络。网络安全涉及组织、企业和其他类型的机构。黑客通过基于网络的入侵来达到窃取敏感信息的目的，也有人以基于网络的攻击见长，被人收买通过网络来攻击商业竞争对手企业，造成网络企业无法正常运营，网络安全就是为了防范这种信息盗窃和商业竞争攻击所采取的措施。

网络安全从身份验证开始，通常使用用户名和密码。由于这仅需要一个详细的身份验证用户名(即密码)，因此有时称之为单因素身份验证。身份验证完成后，防火墙将强制执行访问策略，如允许网络用户访问哪些服务。尽管可以有效防止未经授权的访问，但是此组件可能无法检查可能有害的内容，如通过网络传输的计算机蠕虫或特洛伊木马。防病毒软件或入侵防御系统(IPS)可帮助检测并阻止此类恶意软件的行为。基于异常的入侵检测系统也可能像 Wireshark 流量一样监视网络并可能出于审核目的和更高级别的分析而记录下来。较新的系统将无监督机器学习与完整的网络流量分析相结合，可以检测到来自内部人员恶意的主动网络攻击或破坏用户计算机的目标外部攻击。

13.4.2　网络安全面临的威胁

网络存在着各式各样的安全威胁，常见的有自然灾害、网络系统本身的脆弱性、用户操作失误、人为的恶意攻击、计算机病毒、垃圾邮件和间谍软件、计算机犯罪等。

1. 自然灾害

计算机信息系统仅仅是一个智能的机器，容易受到自然灾害及环境(如温度、湿度、震动、冲击、污染)的影响。目前，人们不少使用计算机的空间都没有防震、防火、防水、避雷、防电磁泄漏或干扰等措施，接地系统也欠缺周到考虑，抵御自然灾害和意外事故的能力较差。

2. 网络系统本身的脆弱性

Internet 技术的最显著优点是开放性。然而，这种广泛的开放性，从安全性上看，反而成了易受攻击的弱点。加上 Internet 所依赖的 TCP/IP 协议本身安全性就不高，运行该协议的网络系统就存在欺骗攻击、拒绝服务、数据截取和数据篡改等威胁和攻击。

3. 用户操作失误

用户安全意识不强、用户口令设置简单、用户将自己的账号随意泄露等，都会对网络安全带来威胁。

4. 人为的恶意攻击

这种攻击是计算机网络面临的最大威胁。恶意攻击又可以分为主动攻击和被动攻击两种。主动攻击是以各种方式有选择地破坏信息的有效性和完整性；被动攻击是在不影响网络正常工作的情况下，进行截获、窃取、破译以获得重要机密信息。这两种攻击均可对计算机网络造成极大的危害，并导致重要数据的泄露。现在使用的网络软件或多或少存在一定的缺陷和漏洞，网络黑客们通常采用非法侵入重要信息系统的手段，窃听、获取、攻击、侵入有关敏感性的重要信息，修改和破坏信息网络的正常使用状态，造成数据丢失或系统瘫痪，给国家造成重大政治影响和经济损失。

5. 计算机病毒攻击

计算机病毒是可存储、可执行、可隐藏在可执行程序和数据文件中而不被人发现，触发后可获取系统控制的一段可执行程序，它具有传染性、潜伏性、可触发性和破坏性等特点。计算机病毒主要是通过复制文件、传送文件、运行程序等操作传播。在日常的使用中，软盘、硬盘、光盘和网络是传播病毒的主要途径。计算机病毒运行后轻则可能降低系统工作效率，重则可能损坏文件，甚至删除文件，使数据丢失，破坏系统硬件，造成各种难以预料的后果。近年来出现的多种恶性病毒都是基于网络进行传播的，这些计算机网络病毒破坏性很大，如"CIH 病毒""熊猫烧香病毒"可谓是人人谈之而色变，它给网络带来了很严重的损失。

6. 垃圾邮件和间谍软件

一些人利用电子邮件地址的"公开性"和系统的"可广播性"进行商业、宗教、政治等活动，把自己的电子邮件强行"推入"别人的电子邮箱，强迫他人接收垃圾邮件。与计算机病毒不同，间谍软件的主要目的不在于对系统造成破坏，而是窃取系统或是用户信息，威胁用户隐私和计算机安全，并可能小范围地影响系统性能。

7. 计算机犯罪

通常是利用窃取口令等手段非法侵入计算机信息系统，传播有害信息，恶意破坏计算机系统，实施贪污、盗窃、诈骗和金融犯罪等活动。

13.4.3　网络安全防护策略

尽管计算机网络信息安全受到威胁，但是采取适当的防护措施就能有效地保护网络信息的安全。常用的计算机网络信息安全防护策略有以下几种。

1. 加强用户账号的安全

用户账号的涉及面很广，包括系统登录账号和电子邮件账号、网上银行账号等应用账号，而获取合法的账号和密码是黑客攻击网络系统最常用的方法。首先是对系统登录账号设置复杂的密码；其次是尽量不要设置相同或者相似的账号，尽量采用数字与字母、特殊符号的组合的方式设置账号和密码，并且要尽量设置长密码并定期更换。

2. 安装防火墙和杀毒软件

网络防火墙技术是一种用来加强网络之间访问控制，防止外部网络用户以非法手段进入内部网络，访问内部网络资源，保护内部网络操作环境的特殊网络互联设备。它对两个或多个网络之间传输的数据包按照一定的安全策略来实施检查，以确定网络之间的通信是否被允许，并监视网络运行状态。根据防火墙所采用的技术不同，可将它分为：包过滤型、地址转换型、代理型和监测型。

包过滤型防火墙采用网络中的分包传输技术，通过读取数据包中的地址信息判断这些"包"是否来自可信任的安全站点，一旦发现来自危险站点的数据包，防火墙便会将这些数据拒之门外。

地址转换型防火墙将内侧 IP 地址转换成临时的、外部的、注册的 IP 地址。内部网络访问因特网时，对外隐藏了真实的 IP 地址。外部网络通过网卡访问内部网络时，它并不知道内部网络的连接情况，而只是通过一个开放的 IP 地址和端口来请求访问。

代理型防火墙也称为代理服务器，位于客户端与服务器之间，完全阻挡了二者间的数据交流。当客户端需要使用服务器上的数据时，首先将数据请求发给代理服务器，代理服务器再根据请求向服务器索取数据，然后再传输给客户端。由于外部系统与内部服务器之间没有直接的数据通道，外部的恶意侵害也就很难伤害到内部网络系统。

监测型防火墙是新一代防火墙产品，所采用的技术已经超越了最初的防火墙的定义。此类型防火墙能够对各层的数据进行主动的、实时的监测，通过分析这些数据，能够有效地判断出各层中的非法侵入。同时，监测型防火墙一般还带有分布式探测器，这些探测器安置在各种应用服务器和其他网络的节点之中，不仅能检测来自网络外部的攻击，同时对来自内部的恶意破坏也有极强的防范作用。

个人计算机使用的防火墙主要是软件防火墙，通常和杀毒软件配套安装。杀毒软件是人们使用得最多的安全技术，这种技术主要针对病毒，可以查杀病毒，且现在的主流杀毒软件还可以防御木马及其他一些黑客程序的入侵。但要注意，杀毒软件必须及时升级，升级到最新的版本，才能有效地防毒。

3. 及时安装漏洞补丁程序

漏洞是可以在攻击过程中利用的弱点，包括软件、硬件、程序缺点、功能设计或者配置不当等。美国威斯康星大学(University of Wisconsin)的 Miller(米勒)给出一份有关现今流行的操作系统和应用程序的研究报告，指出软件中不可能没有漏洞和缺陷。如今越来越多的病毒和黑客利用软件漏洞攻击网络用户，比如有名的攻击波病毒就是利用微软的 RPC 漏洞进行传播，震荡波病毒就是利用 Windows 的 LSASS 中存在的一个缓冲区溢出漏洞进行攻击。当用户的系统程序中有漏洞时，就会造成极大的安全隐患。为了纠正这些漏洞，软件厂商发布了补丁程序。用户应及时安装漏洞补丁程序，以解决漏洞程序带来的安全问题。扫描漏洞可以使用专门的漏洞扫描器，比如 COPS、Tripwire、Tiger 等软件，也可使用 360 安全卫士、瑞星卡卡等防护软件扫描并下载漏洞补丁。

4. 入侵检测和网络监控技术

入侵检测是近年来发展起来的一种防范技术，综合采用了统计技术、规则方法、网络通信技术、人工智能、密码学、推理等技术和方法，其作用是监控网络和计算机系统是否出现被入侵或滥用的征兆。根据采用的分析技术可将其分为签名分析法和统计分析法。

签名分析法：用来监测对系统的已知弱点进行攻击的行为。人们从攻击模式中归纳出它的签名，编写到 DS 系统的代码里。签名分析实际上是一种模板匹配操作。

统计分析法：以统计学为理论基础，以系统正常使用情况下观察到的动作模式为依据来辨别某个动作是否偏离了正常轨道。

5. 文件加密和数字签名技术

文件加密与数字签名技术是为提高信息系统及数据的安全保密性，防止秘密数据被外部窃取、侦听或破坏所采用的主要技术之一。根据作用不同，文件加密主要分为数据传输、数据存储、数据完整性的鉴别三种。

数据传输加密技术主要用来对传输中的数据流加密，通常有线路加密和端对端加密两种。前者侧重在路线上而不考虑信源与信宿，是对保密信息通过的各线路采用不同的加密密钥提供安全保护。后者则指信息由发送者通过专用的加密软件，采用某种加密技术对所发送文件进行加密，把明文加密成密文，当这些信息到达目的地时，由收件人运用相应的密钥进行解密，使密文恢复成为可读数据明文。

数据存储加密技术的目的是防止在存储环节上的数据失密，可分为密文存储和存取控制两种。前者一般是通过加密法转换、附加密码、加密模块等方式对本地存储的文件进行加密和数字签名。后者则是对用户资格、权限加以审查和限制，防止非法用户存取数据或合法用户越权存取数据。

数据完整性鉴别技术主要是对介入信息的传送、存取、处理的人的身份和相关数据内容进行验证，达到保密的要求，一般包括口令、密钥、身份、数据等项的鉴别。系统通过对比验证对象输入的特征值是否符合预先设定的参数，实现对数据的安全保护。

数字签名是解决网络通信中特有安全问题的一种有效方法，它能够实现电子文档的辨认和验证，在保证数据的完整性、私有性、不可抵赖性方面有着极其重要的作用。数字签名的算法有很多，其中应用最广泛的是 Hash 签名、DSS 签名和 RSA 签名。

13.5　密　码　学

13.5.1　密码学的发展过程

密码学是一门非常古老的学科，早期的密码技术是把人们能够读懂的消息变换成不易读懂的信息用来隐藏信息内容，使得窃听者无法理解消息的内容，同时又能够让合法用户把变换的结果还原成能够读懂的消息。

手工阶段的密码技术可以追溯到几千年以前，这个时期的密码技术相对来说非常简单。可以说密码技术是伴随着人类战争的出现而出现的。早期的简单密码主要体现在实现方式上，即通过替换或者换位进行密码变换，其中比较著名的有法国弗吉尼亚(Vigenere)密码、古罗马凯撒密码等。尽管密码学技术与其他学科一样在不断向前发展，但在第一次世界大战之前，很少有公开的密码学文献出现。

一个密码算法的安全性往往是就一定的时间阶段而言的，与人类当时的科技水平息息相关。随着人类计算水平的提高，针对密码的破译水平也突飞猛进，因此密码技术也必须与时俱进，不断发展。人类对于密码算法的安全性有着越来越高的要求，这往往导致所设计的密码算法的复杂度急剧增大。在实际应用中，一个密码算法效率越高越好，因此人们就采用了机械方法以实现更加复杂的密码算法，改进加解密手段。20 世纪初就出现了不少专用密码机，比如 Colossus，该密码机是由英国人图灵设计的。

随着通信、电子和计算机等技术的发展，密码学得到前所未有的系统发展。1949 年，香农发表了"保密系统的通信理论"，给出了密码学的数学基础，证明了一次一密密码系统的完善保密性。由于各种原因，从 1949 年到 1967 年，全世界的密码学文献几乎为零，尽管密码技术一直在发展。直到 20 世纪 70 年代初期，IBM 提出 Feistel 网络并发表了在分组密码方面的研究报告，密码学才开始呈现出民间研究的前兆。

随着社会的发展，不管是政府还是普通百姓都对信息的安全有了更多的认识，信息安全需求也不断增长。在这一背景下，20 世纪 70 年代末，数据加密标准(Data Encryption Standard，DES)算法由美国政府确定，其具体的加密细节也被公开，从而使得基于 DES 加密的安全性只依赖于对密钥的保密。在 1976 年，迪非(Whitefield Diffie)和赫尔曼(Martin Hellman)提出了"密码学新方向"，开辟了公钥密码技术理论，使得密钥协商、数字签名等密码问题有了新的解决方法，也为密码学的广泛应用奠定了基础。手工阶段和机械阶段使用的密码技术可以称为古典密码技术，主要采用简单的替换或置换技术。DES 的公布与公钥密码技术的问世标志着密码学进入高速发展的现代密码学时代。

密码技术不但可以用于对网上所传送的数据进行加解密，而且也可以用于认证，进行数字签名，以及关于完整性、安全套接层、安全电子交易等的安全通信标准和网络协议安全性标准中。

13.5.2　密码体制的分类

1. 对称密码体制

就对称密码体制而言，除了算法公开外，还有一个特点就是加密密钥和解密密钥可以比较容易地互相推导出来。对称密码体制按其对明文的处理方式，可分为序列密码算法和分组密码算法。自 20 世纪 70 年代中期，美国首次公布了分组密码加密标准 DES 之后，分组密码开始迅速发展，使得世界各国的密码技术差距缩小，也使得密码技术进入了突飞猛进的阶段。典型的分组密码体制有数字加密标准(Data Encryption Standard，DES)、三重数据加密算法(Triple DES，3DES)、国际数据加密算法(International Data Encryption Algorithm，IDEA)、高级数据加密标准(Advanced Encryption Standard，AEC)等。

2. 公钥密码体制

公钥密码体制问世不久，梅克尔(Ralph Merkle)也于 1978 年独立提出这一体制。该密码体制的诞生可以说是密码学的一次"革命"，公钥密码体制解决了对称密码算法在应用中的致命缺陷，即密钥分配问题。就公钥密码体制而言，除了加密算法公开外，其具有不同的加密密钥和解密密钥，加密密钥是公开的(称作公钥)，解密密钥是保密的(称作私钥)，且不能够从公钥推出私钥，或者说从公钥推出私钥在计算上是"困难"的。这里"困难"是计算复杂性理论中的概念。

公钥密码技术的出现使得密码学得到了空前发展。在公钥密码出现之前，密码主要应用于政府、外交、军事等部门，如今密码在民用领域也得到了广泛应用。1977 年，为了解决基于公开信道来传输 DES 算法的对称密钥这一公开难题，里维斯特(Ron Rives)、沙米尔(Adi Shamir)、阿德曼(Leonard Adleman)提出了著名的公钥密码算法 RSA，该算法的命名就是采用了三位发明者姓氏的首字母。RSA 公钥密码技术的提出，不但很好地解决了基于公开信道的密钥分发问题，而且还可以实现对电子信息的数字签名，防止针对电文的抵赖以及否认。特别地，利用数字签名技术，人们也可以很容易发现潜在的攻击者对电文进行的非法篡改，进而实现了信息的完整性保护。公钥密码体制中的典型算法除了 RSA 外，还有椭圆曲线密码(Elliptic Curve Cryptography，ECC)、Rabin、Elgamal 和数论研究单位算法(Number Theory Research Unit，NTRU)等。

13.5.3 密码协议

密码学的用途是解决人们生活中遇到的许多问题，这些问题通过合理地使用密码算法来解决。密码学要解决的问题是面临第三方攻击的通信安全问题，这些问题包括信息机密性、信息来源的可靠性、信息的完整性、通信实体的完整性、通信实体的欺诈性等。利用密码算法解决这些问题，需要对密码算法采取一系列步骤来实施，最后达到解决问题的目的，这一系列步骤就称为密码协议。

可见，所谓密码协议指的是在完成某项安全通信任务的过程中，各通信主体需要采用密码技术进行的一系列步骤。密码协议的目的不仅仅是为了简单的秘密性，参与协议的各方可能为了计算一个数值需要共享它们的秘密部分、共同产生随机序列、确定互相的身份或同时签署合同等。

1. 认证协议

认证协议是一个认证过程，是两方或多方通信实体为达到向对方证明自己拥有某种属性进行的一系列步骤。认证协议可以分为三个子类型：数据源认证、实体认证、密钥建立认证协议。

1) 数据源认证

数据源认证与数据完整性认证无法完全隔离开来，从逻辑上来讲，被篡改过的消息可以认为不是来自最初的消息源。不过，这两个概念差别很大，且用途、功能不同。数据源认证协议包含以下特征：包含从某个声称的消息源到接收者的传输过程，该接收者在接收时会验证消息；接收方执行消息验证的目的在于确认消息发送者的身份，防止敌手冒充合法用户发送消息；接收方执行消息验证的目的还在于确认收到的消息是否完整(离开消息源之后没有被篡改)；验证的进一步目的是验证消息的鲜活性(消息是否第一次从正确的消息源被发送出来的)。

2) 实体认证

所谓实体认证指的是依照认证协议进行通信的一个过程。基于实体认证技术，一个通信实体可以向另一个通信实体证实自己的身份并得到对方的确认。认证协议的一个重要目标就是实体认证。

3) 密钥建立认证协议

密钥建立认证协议主要实现以下功能：为参与某具体协议的若干参与者实现身份认证，并为这些参与者建立一个新的共享密钥，用于后续的安全通信。作为应用最为广泛的网络通信协议之一，密钥建立认证协议所生成的会话密钥可以构建安全通道，保证应用层上的后续通信的安全。当然，该协议也可以与公钥密码体制一起使用，同时实现机密性和认证性。密钥建立认证协议通常分为密钥分发协议和密钥交换协议(或密钥协商)等。人们经常用到的密钥建立认证协议包括 Kerboros 认证协议、Needham-Schroeder 认证协议等。在密钥建立协议中会包含对实体认证和数据源认证。密钥建立认证协议也可用于无线网络中安全切换认证，在无线网络中，一个终端用户可能由于实际通信需求，需要切换到另一个基站所覆盖的范围内，这个用户就需要和新的接入点进行相互认证和密钥协商。

2. 协议面临的典型攻击

在密码技术领域中，认证协议会面临多种攻击方法，这就是认证协议的安全性问题难以解决的原因所在。正如毛文波博士在其书中指出：对认证协议或认证的密钥建立协议的成功攻击，通常并不是指攻破该协议的密码算法，相反，它通常是指攻击者能够以某种未授权并且不被察觉的方式获得某种密码信任证件或者破坏某种密码服务，同时不用破坏某种密码算法。这是由于密码设计的错误，而不是密码算法的问题。密码协议面临的典型攻击众多。

1) 消息重放攻击

攻击者预先记录某个协议先前的某次运行中的某条消息，然后在协议新的运行中重放(重新发送)记录的消息。由于认证协议的目标是建立通信方之间的真实通信，并且该目标通常是通过多方直接交换新鲜的消息来实现，所以协议之间的消息重发会导致通信方的错误判断，从而导致通信者之间不真实的通信，且通信者察觉不到。

2) 中间人攻击

中间人攻击在本质上就是众所周知的"象棋大师问题"，它主要针对缺乏双方认证的通信协议中，在攻击过程中，攻击者能够把协议的参与者所提出的困难问题提交给另一个参与者来回答，然后把答案交给原来的提问者，反之亦然。

3) 平行会话攻击

在攻击者的安排下，一个协议的多个运行并发执行，在此过程中，攻击者能够从一个运行中得到另外某个运行中的困难问题答案，从而达到攻击的目的。

4) 交错攻击

某个协议的两次或多次运行在攻击者的特意安排下按交织的方式执行。在这种模式下，攻击者可以合成其需要的特定消息并在某个运行中进行传送，以便得到某主体的应答消息，此应答消息又被用于另外运行的协议中，如此交错运行，最终达到其攻击目的。在协议的攻击类型中，还有其他更多的攻击方法，比如姓名遗漏攻击、类型缺陷攻击、密码服务滥用攻击等。对密码协议的攻击无法穷尽，除了人们发现或已知的很多攻击之外，可能还存在很多人们没有发现的潜在攻击。由上述针对各种密码协议的攻击方法来看，密码协议所面临的攻击方式是多种多样的，常常会以令人非常吃惊的方式出现。如何设计安全的密码协议或如何检测一个密码协议是否安全是密码技术中的一个重要课题。

本 章 小 结

本章介绍了信息保障与安全领域中的相关知识，如信息安全基本概念、安全性设计准则、防错性程序设计、网络安全和密码学等。信息保障与安全的应用非常广泛地渗透到其他计算机领域中，如信息管理、可靠数据传输、操作系统、网络应用程序、软件过程、资源分配与调度等。

　　信息安全保障的范围涵盖了为确保信息和信息系统的机密性、完整性及可用性而在技术和政策上所进行的保护、防卫的控制和处理过程，以及为此提供的证明方法和不可抵赖手段。因此，保护信息系统安全，确保信息系统过去和现在的运行状态及数据正确无误的人才成为社会的急需。

习　　题

一、选择题

1. 网络安全是在分布式网络环境中对(　　)提供安全保护。
   A. 信息载体　　　　　　　　　　　　B. 信息的处理、传输
   C. 信息的存储、访问　　　　　　　　D. 以上三项都是

2. 数据保密性安全服务的基础是(　　)。
   A. 数据完整性机制　　　　　　　　　B. 数字签名机制
   C. 访问控制机制　　　　　　　　　　D. 加密机制

3. 口令破解的最好方法是(　　)。
   A. 暴力破解　　　B. 组合破解　　　　C. 字典攻击　　　D. 生日攻击

4. 网络后门的功能是(　　)。
   A. 保持对目标主机长期控制　　　　　B. 防止管理员丢失密码
   C. 为定期维护主机　　　　　　　　　D. 防止主机被非法入侵

5. 现代病毒木马融合了(　　)新技术。
   A. 进程注入　　　B. 注册表隐藏　　　C. 漏洞扫描　　　D. 以上都是

6. 用于实现身份鉴别的安全机制是(　　)。
   A. 加密机制和数字签名机制　　　　　B. 加密机制和访问控制机制
   C. 数字签名机制和路由控制机制　　　D. 访问控制机制和路由控制机制

7. 身份鉴别是安全服务中的重要一环，以下关于身份鉴别的叙述不正确的是(　　)。
   A. 身份鉴别是授权控制的基础
   B. 身份鉴别一般不用提供双向的认证
   C. 目前一般采用基于对称密钥加密或公开密钥加密的方法
   D. 数字签名机制是实现身份鉴别的重要机制

8. 当用户收到了一封可疑的电子邮件，要求提供银行账户及密码，这是属于(　　)。
   A. 缓存溢出攻击　B. 钓鱼攻击　　　　C. 暗门攻击　　　D. DDOS 攻击

9. 为了防御网络监听，最常用的方法是(　　)。
   A. 采用物理传输(非网络)　　　　　　B. 信息加密
   C. 无线网　　　　　　　　　　　　　D. 使用专线传输

10. 以下关于对称密钥加密说法正确的是(　　)。
    A. 加密方和解密方可以使用不同的算法
    B. 加密密钥和解密密钥可以是不同的
    C. 加密密钥和解密密钥必须是相同的

D. 密钥的管理非常简单

11. 信息安全的基本属性是(   )。

A. 保密性   B. 完整性

C. 可用性、可控性、可靠性   D. 以上三项都是

12. 密码学的目的是(   )。

A. 研究数据加密 B. 研究数据解密   C. 研究数据保密 D. 研究信息安全

13. 防火墙用于将 Internet 和内部网络隔离(   )。

A. 是防止 Internet 火灾的硬件设施

B. 是网络安全和信息安全的软件和硬件设施

C. 是保护线路不受破坏的软件和硬件设施

D. 是起抗电磁干扰作用的硬件设施

14. 要解决信任问题，使用(   )。

A. 公钥   B. 自签名证书   C. 数字证书   D. 数字签名

二、简答题

1. 防火墙的实现技术有哪两类？防火墙的局限性是什么？

2. 什么是信息安全？

3. 信息安全有哪些常见的威胁？信息安全的实现有哪些主要技术措施？

4. 解释身份认证的基本概念。

5. 什么是网络蠕虫？它的传播途径是什么？

6. 有哪些计算机病毒防范措施？

7. 简述主动攻击与被动攻击的特点，并列举主动攻击与被动攻击现象。

8. 简述对称密钥密码体制的原理和特点。

9. 解释访问控制的基本概念。

三、讨论题

1. 怎样构建有效的信息安全防护体系？

2. 密码学未来有哪些发展趋势？

第 14 章 离 散 结 构

学习目标：

- 了解离散结构的研究对象及主要内容。
- 掌握集合论、关系与函数、基础逻辑、证明方法、计数基础、图、树和离散概率。

离散结构(Discrete Structure)是现代数学的一个重要学科，它涉及的概念、方法和理论，被大量应用于计算机科学与技术的研究。

14.1 离散结构的研究对象及主要内容

离散与连续是相对立的，但是它们又是相互统一的。连续事物通常可以离散化，并不会丧失其固有的性质；而通过离散量的变化分析，可以寻求事物连续变化的规律。离散结构研究的内容不仅包含离散结构理论本身，还包含计算机应用对象的离散结构的研究，如数学建模、数值计算等。

14.1.1 离散结构的研究对象

离散结构的研究对象是离散量的结构和相互关系，以及离散系统结构的数学模型和建模方法。离散结构是研究计算机科学的基本数学工具。通过本章的学习，读者可以建立起现代数学关于离散结构的观念，掌握处理离散量的一些简单数学方法，培养逻辑推理和抽象思维能力，为其他专业课程的学习做好准备。

14.1.2 离散结构研究的主要内容

离散结构研究的内容主要有传统离散数学包含的数理逻辑、集合论、代数结构和图论四部分，另外还包括计算机应用对象的离散结构的研究，如离散概率、数值计算、运筹学、数学建模与模拟等。

集合论研究集合怎样表示数以及集合的运算，研究非数值计算信息的表示和处理，以及数据间关系的描述；数理逻辑是用数学的方法来研究推理的规律；代数结构则是讨论由对象集合及其运算与性质组成的数学结构的一般特性；图论的研究对象是由点和线组成的各种图，研究图的点和线的关系及其特点；离散概率研究事件在离散的样本空间发生的可能性的大小；数值计算研究各种数学问题的数值计算方法的设计、分析以及有关的数学理论与实现；运筹学解决现实世界中有关经营、管理和决策的最优化问题；数学建模与模拟研究复杂事物和系统数学模型建立的理论及方法，并利用计算机求解或模拟实现的技术与方法。

14.2 集 合 论

集合论(Set Theory)产生于 16 世纪末，并于 19 世纪末由德国数学家格奥尔格·康托尔(Georg Cantor，1845—1918)建立，从而奠定了集合论的基础，康托尔也因此被公认为是集合论的创始人。康托尔出生于俄国圣彼得堡(今俄罗斯圣彼得堡)，父亲是犹太血统的丹麦商人，母亲出身艺术世家，他对数学的贡献是集合论和超穷数理论。

集合论是从一个比"数"更简单的概念——集合(Sets)出发，定义数及其运算，进而发展到整个数学。集合论是研究集合的数学理论，包含了集合、元素和成员关系等最基本的数学概念。计算机科学及应用的研究与集合论有着非常密切的关系。集合不仅可以用来表示数及其运算，还可以用于非数值信息的表示和处理。例如，在数据库中，数据的删除、插入、排序，数据间关系的描述，数据的组织和查询等都很难用传统的数值计算来处理，却可以简单地用集合运算加以实现。

14.2.1 集合的基本概念

集合还没有一个精确的定义，直观来讲，把一些事物汇集在一起组成的一个整体叫作集合，而这些事物就可以称为这个集合的元素或者成员。集合通常用大写的英文字母来表示。如可以用 R 表示实数集。

表示一个集合的方法通常有列举法、描述法和文氏图法。

(1) 列举法。列举法就是列举出集合的所有元素，元素之间用逗号隔开，并把它们用花括号括起来，如 $A = \{a, b, c, d\}$。

当列举法无法列出所有元素时，可以采用元素的一般形式或适时地利用省略号，如 $A = \{1, 2, 3, \cdots, n, \cdots\}$。

(2) 描述法。用描述法表示集合时，不要求列出集合中的所有元素，只要把集合中的元素具有的性质或满足的条件用文字或字符描述出来即可，如 $B = \{x | x$ 是大于等于 8 的正整数$\}$，表示集合 B 是由大于等于 8 的正整数构成的；又如 $C = \{x | P(x)\}$，表示集合 C 是由具有性质 P 的元素 x 构成的。

(3) 文氏图(韦恩图)。用一条封闭曲线直观地表示集合及其关系的图形称为文氏图(韦恩图)。

14.2.2 函数

函数(Function)也称映射(Mapping)。函数也是一种二元关系，与普通的二元关系相比，函数可以看作是一种特殊的二元关系。

设 F 为二元关系，若对于任意的 x，$x \in \text{dom}(F)$ 都存在唯一的 $y \in \text{ran}(F)$ 使 xFy 成立，则称 F 为函数。对于任意函数 F，如果都有 xFy，则记为 $y = F(x)$，并称 y 为 F 在 x 上的值。

14.3　数 理 逻 辑

数理逻辑(Mathematical Logic)是用数学的方法研究关于推理、证明等问题的学科，也叫作符号逻辑。它的本质是研究如何通过利用纯粹的公理系统和符号演算以及推理方法来代替人们思维中的逻辑推理过程，并由此将整个的数学建立在这样一个逻辑基础之上。

数理逻辑的思想萌芽于莱布尼茨"能否用数学的语言将推理过程及结论描述出来"的设想。1847 年，布尔建立了"布尔代数"，并创立了一套符号，建立了一系列运算法则，开始利用代数的方法来研究逻辑问题，从而初步奠定了数理逻辑的基础。数理逻辑在 19 世纪末 20 世纪初得到了较大的发展，符号系统不断地完善，逐步奠定了现代数理逻辑最基本的理论基础，使之成为一门独立的学科。

数理逻辑是用数学的方法研究推理理论及规律的一个数学分支，它包含了命题逻辑与谓词逻辑两个部分。

14.3.1　命题逻辑

命题逻辑也称命题演算或语句演算，它研究以命题为基本单位构成的前提和结论之间的推导关系。命题逻辑是知识形式化表达和推理的基础框架。

命题是命题逻辑中最为基础的概念。所谓命题，是指具有确定真值的陈述句，即陈述句是真是假二者必居其一，也只居其一。

数理逻辑是研究推理的数学分支，数理逻辑研究的中心问题是推理，而推理的前提和结论都是表达判断的陈述句。因此，表达判断的陈述句就成了推理的基本要素。

在数理逻辑中，能够分辨真假但不能同时既真又假的陈述句称为命题。这种陈述句有明确的对错之分，而不是其他类似于感叹句、祈使句等。

在命题中，有些命题是简单的陈述句，并且它们不能够被分成更为简单的陈述句，这样的命题称为简单命题，也称为原子命题，通常用符号 p、q、r、s 表示。常真命题用符号 t 表示，常假命题用符号 f 表示。

例如：8 是奇数。

李平是学生。

这两个命题都属于简单命题。

再来看三个例子：

x 小于 y，其中 x 和 y 是任意的两个数。

请不要随地吐痰！

我正在说谎。

这三句话都不是命题。第一个例子的真值不确定，第二个例子是祈使句，所以都不是命题。像"我正在说谎"这样能由真推出假，又由假能推出真，从而既不能为真，又不能为假的陈述句称为悖论，悖论不是命题。

14.3.2 谓词逻辑

在命题逻辑中，命题是基本单位，对简单命题不再分解，因而命题逻辑的推理存在很大的局限性。例如，著名的苏格拉底三段论：

所有的人都是要死的。

苏格拉底是人。

所以苏格拉底是要死的。

用 p, q, r 依次符号化以上三个简单命题，将推理的形式结构符号化为$(p \land q) \rightarrow r$，由于上式不是重言式，所以用命题逻辑就无法证明该命题的正确性。原因在于命题逻辑不能刻画命题内部的逻辑结构，也就无法建立在命题内部逻辑结构之间联系上的命题间的关系。因此需要引入谓词逻辑，从而使人们能够对命题的内部逻辑结构进行深入的研究。

谓词逻辑就是对简单命题作进一步的分解，分析命题内部的逻辑结构和命题间的内在联系，它是命题逻辑的扩充和发展。其中，个体词、谓词和量词是逻辑命题符号化的三个基本要素。

1. 个体词

原子命题中所描述的对象，是可以独立存在的客体，可以是具体的，也可以是抽象的，如李明、自然数、计算机、思想等。表示具体或特定的客体的个体词称为个体常元，一般用小写英文字母 $a, b, c, \cdots$ 表示；将表示抽象或泛指的个体词称为个体变元，一般用 $x, y, z, \cdots$ 表示。个体变元的取值范围称为个体域或论域。个体域可以是有穷集合，如$\{1, 2, 3\}$，也可以是无穷集合，如自然数集合 **N**、实数集合 **R** 等。有一个特殊的个体域，它是由宇宙间一切事物组成的，称为全总个体域。

2. 谓词

用来描述个体词的性质或个体词之间关系的词称为谓词。当谓词与一个个体相联系时，刻画了个体的性质；当与两个或两个以上个体相联系时，则刻画了个体之间的关系。

谓词中有一类谓词，被称为谓词常元，表示具体性质和关系的谓词、表示特定的谓词，可以用 $F, G, H, \cdots$ 表示；另一类，则称为谓词变元，表示抽象或泛指的谓词、表示不确定的谓词，也可用 $F, G, H, \cdots$ 表示。

3. 量词

表示个体常元或变元之间数量关系的词称为量词。

量词共有两种：一是全称量词；二是存在量词。全称量词表示"所有的""每一个""对任何一个""一切""任意的"，符号为"$\forall$"。如 $\forall x F(x)$ 表示个体域中所有个体都有性质 F，$\forall x \forall y G(x,y)$ 表示个体域里的所有个体 x 和 y 都有关系 G，其中 F 和 G 是谓词。

存在量词表示"存在着""有一个""至少有一个""存在一些""对于一些""某个"等，符号为"$\exists$"。如 $\exists x F(x)$ 表示个体域中存在个体有性质 F，$\exists x \exists y G(x,y)$ 表示个体域里存在个体 x 和 y 有关系 G。

继续讨论苏格拉底三段论，可以将论题符号化为

$\forall x(M(x) \to P(x))$，$M(a) \Rightarrow P(a)$

式中：$M(x)$——x 是人；

　　　　$P(x)$——x 是要死的；

　　　　a 苏格拉底。

以上命题公式的真值是 T。

将以下命题用谓词逻辑符号化。

(1) 所有的自然数都是大于零的。

(2) 没有不犯错误的人。

(3) 这个班有些学生请假了。

解：

(1) 设 $A(x)$：x 是自然数；

$B(x)$：x 大于零。

则原命题符号化为：$\forall x(A(x) \to B(x))$。

(2) 设 $A(x)$：x 是人；

$B(x)$：x 犯错误。

则原命题符号化为：$\neg \exists x(A(x) \to \neg B(x))$。

(3) 设 $A(x)$：x 是这个班的学生；

$B(x)$：x 请假了。

则原命题符号化为：$\exists x(A(x) \wedge B(x))$。

14.4　证　明　方　法

数学上的证明包括两个不同的概念。首先是非形式化的证明：一种以自然语言写成的严密论证，用来说服听众或读者去接受某个定理或论断的正确性。由于这种证明使用了自然语言，因此对于非形式化证明在严谨性上的标准，将取决于听众或读者对课题的理解程度。非形式化证明出现在大多数的应用场合，如科普讲座、口头辩论、初等教育或高等教育的某些部分。有时候非形式化的证明被称作"正式的"，但这只是强调其中论证的严谨性。而当逻辑学家使用"正式证明"一词时，指的是另一种完全不同的证明——形式化证明。

在数理逻辑中，形式化证明并不是以自然语言书写，而是以形式化的语言书写：这种语言包含了由一个给定的字母表中的字符所构成的字符串。而证明则是一种由这些字符串组成的有限长度的序列。这种定义使得人们可以谈论严格意义上的"证明"，而不涉及任何逻辑上的模糊之处。研究证明的形式化和公理化的理论称为证明论。尽管从理论上来说，每个非形式化的证明都可以转化为形式化证明，但实际中很少会这样做。对形式化证明的研究主要应用在探讨关于可证明性的一般性质，或说明某些命题的不可证明性等。

14.4.1　证明的基本概念

1. 蕴含

如果事件 A 发生必导致事件 B 发生，则称 A 蕴含了 B，或者说 B 包含了 A，记为 A 包

含于 B。蕴含的符号：A 蕴含 B，记为 "$A \rightarrow B$"。

2. 等价

对于两个命题 p、q，如果 $p \Rightarrow q$ 且 $q \Rightarrow p$，则称 p 是 q 的充分必要条件，也称 p 与 q 等价，记作 $p \Leftrightarrow q$。

3. 逆命题

如果一个命题的条件与结论分别是另一个命题的结论与条件，那么这两个命题称为互逆命题。如把其中一个称为原命题，那么另一个称为它的逆命题。

4. 否命题

对于两个命题，若其中一个命题的条件和结论分别是另一个命题的条件的否定和结论的否定，则这两个命题互为否命题。如果把其中一个称为原命题，那么另一个就叫作它的否命题。

5. 逆否命题

一个命题的条件和结论分别是另一个命题的结论的否定和条件的否定，这样的两个命题叫作互为逆否命题；如果把其中一个命题叫作原命题，另一个就叫作原命题的逆否命题。

6. 否定

对于一个写成标准形式：若 P 则 Q 的命题的否定，先否定量词，全称转换成存在，存在转换成全称，然后再否定结论，条件不否定。

7. 矛盾

如果两件事物在一件不存在时另一件一定存在，那么这两件事物就有矛盾。

14.4.2 基本证明的方法

证明方法有很多种，下面介绍三种基本的证明方法。

1. 直接证明法

直接证明也称为逻辑演绎，是指从公认的事实或者公理出发，运用逻辑推演而导出需要证明的命题的真伪的方法。直接证明法一般使用谓词逻辑，运用存在量词或全称量词。主要的证明方式有肯定前件论式、否定后件论式、假言三段论式以及选言三段论式等。

2. 反证法

反证法是一种古老的证明方法，其思想为：欲证明某命题是假命题，则反过来假设该命题为真。在这种情况下，若能通过正确有效的推理导致逻辑上的矛盾(如导出该命题自身为假，于是陷入命题既真且假的矛盾)，则能证明原来的命题为假。无矛盾律和排中律是反证法的逻辑基础。反证法的好处是在反过来假设该命题为真的同时，等于多了一个已知条件，这样对题目的证明非常有帮助。

3. 数学归纳法

数学归纳法通常被用于证明某个给定命题在整个自然数范围内成立。欲证明以自然数 n 编号的一串命题，先证明命题 1 成立，并证明当命题 n 成立时命题 $n+1$ 也成立，则对所有的命题都成立。在皮亚诺公理系统中，自然数集合的公理化定义就包括了数学归纳法。数学归纳法有不少变体，比如从 0 以外的自然数开始归纳。广义上的数学归纳法也可以用于证明一般良基结构，如集合论中的树。另外，超限归纳法提供了一种处理不可数无穷个命题的技巧，是数学归纳法的推广。

14.5　计　数　基　础

14.5.1　计数论及其应用

计数(Count)亦称数数，是算术的基本概念之一，指数事物个数的过程。

1. 分类加法计数原理

完成一件事，有 n 类办法，在第 1 类办法中有 m_1 种不同的方法，在第 2 类办法中有 m_2 种不同的方法……在第 n 类办法中有 m_n 种不同的方法，那么共有 $N = m_1 + m_2 + \cdots + m_n$ 种不同的方法。

2. 分步乘法计数原理

完成一件事，需要分成 n 个步骤，做第 1 步有 m_1 种不同的方法，做第 2 步有 m_2 种不同的方法……做第 n 步有 m_n 种不同的方法，那么共有 $N = m_1 \times m_2 \times \cdots \times m_n$ 种不同的方法。

3. 容斥原理

在计数时，必须注意没有重复，没有遗漏。为了使重叠部分不被重复计算，人们研究出一种新的计数方法，这种方法的基本思想是：先不考虑重叠的情况，把包含于某内容中的所有对象的数目先计算出来，然后再把计数时重复计算的数目排除出去，使得计算的结果既无遗漏又无重复，这种计数方法称为容斥原理。

4. 等差数列

等差数列是指从第二项起，每一项都等于前一项加上同一个数 d 的有限数列或无限数列，又叫算术数列。这个数 d 称为等差数列的公差。

5. 等比数列

等比数列是指从第二项起，每一项与它的前一项的比值等于同一个常数的一种数列，常用 G、P 表示。这个常数叫作等比数列的公比，公比通常用字母 q 表示($q \neq 0$)，等比数列 $a_1 \neq 0$。其中 $\{a_n\}$ 中的每一项均不为 0。注：$q=1$ 时，a_n 为常数列。

14.5.2　鸽巢原理

原理 1：把多于 $n+1$ 个物体放到 n 个抽屉里，则至少有一个抽屉里的东西不少于两件。

原理 2：把多于 $mn+1$（n 不为 0）个物体放到 n 个抽屉里，则至少有一个抽屉里有不少于 $(m+1)$ 个物体。

原理 3：把无数多件物体放入 n 个抽屉里，则至少有一个抽屉里有无数个物体。

14.5.3　排列与组合

排列组合是组合学中最基本的概念。所谓排列，就是指从给定个数的元素中取出指定个数的元素进行排序。组合则是指从给定个数的元素中仅仅取出指定个数的元素，不考虑排序。

排列组合的中心问题是研究给定要求的排列和组合可能出现的情况总数。排列组合与古典概率论关系密切。

14.5.4　求解递推关系

递推是按照一定的规律来计算序列中的每个项，通常是通过计算前面的一些项来得出序列中的指定项的值。其思想是把一个复杂的庞大的计算过程转化为简单过程的多次重复，该算法利用了计算机速度快和不知疲倦的特点。下面是两个常见的递推关系。

1. Fibonacci 数列

在所有的递推关系中，Fibonacci 数列应该是大家最熟悉的。Fibonacci 数列的代表问题是由意大利著名数学家 Fibonacci 于 1202 年提出的"兔子繁殖问题"。

问题的提出：有雌雄一对兔子，假定过两个月便可繁殖雌雄各一的一对小兔子。问过 n 个月共有多少对兔子？

解：兔子的规律为数列 1, 1, 2, 3, 5, …，通过递归的思想有：

(1) 当 $n=0$ 或 1 时，存在 $f(n)=1$；

(2) 当 $n \geq 2$ 时，存在 $f(n)=f(n-1)+f(n-2)$。

Fibonacci 数列常出现在比较简单的组合计数问题中。

2. Hanoi 塔问题

问题的提出：Hanoi 塔由 n 个大小不同的圆盘和三根木柱 a, b, c 组成。开始时，这 n 个圆盘由大到小依次套在 a 柱上，要求把 a 柱上 n 个圆盘按下述规则移到 c 柱上：

(1) 一次只能移一个圆盘。

(2) 圆盘只能在三个柱上存放。

(3) 在移动过程中，不允许大盘压小盘。

问将这 n 个盘子从 a 柱移动到 c 柱上，总计需要移动多少个盘次？

解：设 h_n 为 n 个盘子从 a 柱移动到 c 柱所需移动的盘次。显然，当 $n=1$ 时，只需要把 a 柱上的盘子直接移动到 c 柱上就可以了，故 $h_n=1$。当 $n=2$ 时，先将 a 柱上的小盘子移动

到 b 柱上去；然后将大盘子从 a 柱移到 c 柱上；最后，将 b 柱上的小盘子移到 c 柱上，共计 3 个盘次，故 h_n=3。以此类推，当 a 柱上有 n 个盘子时，总是先借助 c 柱把上面的 $n-1$ 个盘子移到 b 柱上，然后把 a 柱最下面的盘子移动到 c 柱上；再借助 a 柱把 b 柱上的 $n-1$ 个盘子移动到 c 柱上；总共移动 $h_{n-1}+1+h_{n-1}=2h_{n-1}+1$ 个盘次。

所以 $h_n=2h_{n-1}+1$ 的边界条件：$h_1=1$。

所以，递推算法以初始(起点)值为基础，用相同的运算规律，逐次重复运算，直至运算结束。这种从"起点"重复相同的方法直至到达一定"边界"，犹如单向运动，用循环可以实现。递推的本质是按规律逐次推出(计算)先一步的结果。

14.5.5　模运算基础

"模"是"Mod"的音译，模运算多应用于程序编写中。Mod 的含义为求余。模运算在数论和程序设计中都有着广泛的应用，从奇偶数的判别到素数的判别，从模运算到最大公约数的求法，从孙子问题到凯撒密码问题，无不充斥着模运算的身影。

给定一个正整数 p，任意一个整数 n，一定存在等式 $n=kp+r$。其中 k、r 是整数，且 $0 \leqslant r < p$，称 k 为 n 除以 p 的商，r 为 n 除以 p 的余数。p 对于正整数和整数 a,b，定义如下运算。

取模运算：$a \% p$(或 $a \bmod p$)，表示 a 除以 p 的余数。

模 p 加法：$(a+b) \% p$，其结果是 $a+b$ 算术和除以 p 的余数，也就是说，$(a+b)=kp+r$，则 $(a+b) \% p=r$。

模 p 减法：$(a-b) \% p$，其结果是 $a-b$ 的算术差除以 p 的余数。

模 p 乘法：$(a*b) \% p$，其结果是 $a*b$ 的算术乘法除以 p 的余数。

说明：

(1) 同余式：正整数 a,b 对 p 取模，它们的余数相同，记作 $a \equiv b \% p$ 或者 $a \equiv b \pmod p$。

(2) $n \% p$ 得到结果的正负由被除数 n 决定，与 p 无关。例如：$7\%4=3$，$-7\%4=-3$，$7\%-4=3$，$-7\%-4=-3$(在 Java、C/C++中%是取余，在 Python 中是模运算，此处%按取余处理)。

14.6　图　和　树

图论(Graph Theory)是一门既古老而又年轻的学科。图论是数学的一个分支，它以图为研究对象。早在 18 世纪初，研究人员便以图为工具来解决一些实际问题。但是，图的理论研究和应用研究并未真正得到广泛的发展和重视，直到 20 世纪中后期才真正确立了图论在数学领域的地位。

图作为一种刻画离散结构的有力工具、有限集合上的关系，可用一种直观的图——关系图来表示。可以想象，在运筹规划、网络研究、计算机程序流程分析中，都会用到类似关系图的直观描述，那就是图。

14.6.1　图的基本概念

1. 图的由来

图论的研究起源于有名的哥尼斯堡七桥问题，如图 14.1 所示。1736 年，瑞士数学家莱昂哈德·欧拉(Leonhard Euler，1707－1783)解决了由来已久的哥尼斯堡七桥问题，并发表了第一篇图论方面的论文——《哥尼斯堡七桥问题无解》，由此标志着图论研究的开始，所以人们普遍认为欧拉是图论的创始人。

关于哥尼斯堡七桥问题是这样描述的：哥尼斯堡城内有一条河畔，河中有两个小岛，城市与小岛由 7 座小桥相连，如图 14.1(a)所示。当时人们提出这样一个想法：是否能够从城市或小岛上的一点出发，经由 7 座桥，并且只经过每座桥一次，然后回到原地。许多人都不得其解，但欧拉却用一个十分简明的工具——图，解决了这一问题，如图 14.1(b)所示。

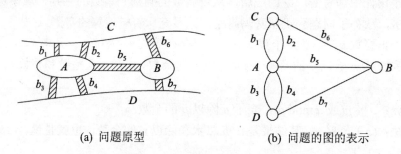

(a) 问题原型　　　　　　　　　(b) 问题的图的表示

图 14.1　哥尼斯堡七桥问题

在图 14.1(b)中，节点用来表示河两岸及两个小岛，边用来表示小桥，如果人们按照上面提到的那种想法过桥，那么必定可以从图的某一节点出发，经过每条边一次且仅经过一次后又回到原节点。这时，对每个节点而言，每离开一次，总相应地要进入一次，而每次进出都不能重复同一条边，因此它应当与偶数条边相连接。然而，图 14.1(b)中并非每个节点都与偶数条边相连接。由此，欧拉得出结论：不可能找到这样一种走法。

这个问题中，图 14.1(b)只是图 14.1(a)的抽象画法，与几何图形不同，人们不必关心图 14.1(b)中图形的节点位置，也不必关心边的长短、形状，只需要关心节点与边的连接关系即可。也就是说，人们所要研究的图是不同于几何图形的另一种数学结构的。

2. 图的基本概念

定义：图(Graph) G 由三部分组成。

(1) 非空集合 $V(G)$，称为图 G 的节点集，其成员称为节点或顶点(Nodes or Vertices)。

(2) 集合 $E(G)$，称为图 G 的边集，其成员称为边(Edges)。

(3) 函数 Ψ_G: $E(G) \rightarrow (V(G)，V(G))$，称为边与顶点的关联映射(Associatve Mapping)。

这里 $(V(G),V(G))$ 称为 $V(G)$ 的偶对集，其成员偶对形如 (u,v)，其中，u,v 为节点，它们未必不同。$\Psi_G(e)=(u,v)$ 时称边 e 关联端点 u,v。

14.6.2　树

基尔霍夫在解决电路理论求解联立方程问题时提出了树的概念。树是图论中一种重要的特殊图。

定义：一个连通且无圈(回路)的无向图称为一棵树。

显然，由定义可知，树是个简单图，即它无环和平行边。

在树中，度数为 1 的节点称为树叶；度数大于 1 的节点称为内点或分支节点。若图中的每个连通分支都是树，则称该图为森林。

如图 14.2 所示，14.2(a)和 14.2(b)都是树，14.2(c)是森林。

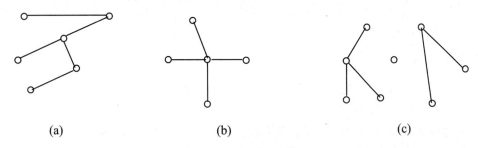

| (a) | (b) | (c) |

图 14.2　树和森林

由于树无环且无重边(否则有回路)，所以树必是简单图。下面来讨论树的性质。

给定图 $G = <V, E>$ 的节点数为 n，边数为 m，以下关于树的定义是等价的。

(1) G 是树；

(2) G 中无圈且任两个节点之间有且仅有一条路；

(3) G 中无圈且 $m = n-1$；

(4) G 连通且 $m = n-1$；

(5) G 连通且对任何 $e \in E(G)$，$G - e$ 不连通；

(6) G 无圈且对任何 $e \in E(\overline{G})$，$G + e$ 恰有一个包含 e 的圈。

推论　T 是森林的充要条件是 $m = n - \omega$。其中 m 为 T 的边数；n 为 T 的节点数；ω 为 T 的连通分支数。

定理　任意一棵非平凡树至少含有两片树叶(两个 1 度节点)。

14.7　离　散　概　率

概率(Probability)在推理过程中具有非常重要的作用，它通常用来衡量事件发生的可能性的大小或者人们期待的事件占总体事件的比例。本节简单地介绍关于离散概率(Discrete Probability)的一些基本知识。

1. 样本空间

定义：概率试验通常是指人们对随机现象的结果进行观察、记录的过程，通常记为 E。

定义：样本空间指的是概率试验的所有结果的集合，通常记为 S。样本空间中的每个元素分别称为样本点或基本事件。如果样本空间含有有限个或可数的离散的样本点，该样本空间就是离散样本空间。

以下讨论的概率是基于离散样本空间而言的。

例如，投掷两枚质量均匀的硬币，一个是 1 角面值的，一个是 1 元面值的。如果以硬币投掷的正、反为记录结果，可以得到样本空间为：

S_1={正正，正反，反正，反反}

如果以硬币落到正面的个数为记录结果，则样本空间为：

S_2={0，1，2}

可以看出，这两个样本空间都是离散的样本空间。同时也可知，同一个概率试验可以有不同的样本空间。

2. 随机事件

定义：离散样本空间 S 的任意子集，称为 S 中的事件。不能分解的事件为简单事件，即简单事件只有唯一的样本点。

如果与概率试验 E 相关联的多个事件不能同时出现，称为互斥事件。

特别，由一个样本点组成的单点集，称为基本事件。

样本空间 S 包含所有的样本点，它是 S 自身的子集，在每次试验中它总是发生的，S 称为必然事件。空集ϕ不包含任何样本点，它也作为样本空间中的子集，它在每次事件中都不发生，ϕ称为不可能事件。

上例中，如果事件 A：两个硬币的面向相同。事件 A 可表示为：A={正正，反反}。

3. 概率

定义：设 S 为概率试验 E 的离散样本空间，且试验的每个结果的可能性相同，如果 A 是与 E 相关的一个事件，则 A 出现的概率即为离散概率，记为

$$P(A) = \frac{|A|}{|S|}$$

式中，$|A|$表示事件 A 的样本点数；$|S|$表示离散样本空间 S 中的样本点总数。

本 章 小 结

本章介绍了离散结构的基本知识，包括离散结构的研究对象及主要内容、数理逻辑、集合论、代数结构、图论和离散概率。

通过本章的学习，读者应该了解命题逻辑、谓词逻辑、集合的基本概念；对样本空间、样本点、事件、离散概率等概念有一个初步的认识。

习 题

一、选择题

1. 下列是命题的是( )。

　　A. 5 是正数吗?　　　　　　　　　B. $x+1=2$

　　C. 请大家坐好　　　　　　　　　　D. 任何一个整数的平方仍然是正数

2. 下列命题为真的是( )。

　　A. 2 是素数,且 4 是素数　　　　　B. $2+1=0$,且 $2+1=3$

　　C. 2 是整数,且 4 是实数　　　　　D. $2=0$,或 5 比 2 小

3. 令 $A=\{a,\{b,c\}\}$,下列结论成立的是( )。

　　A. $b\in A$　　　　B. $\{b,c\}\in A$　　　　C. $\{a\}\in A$　　　　D. $\{b,c\}\subseteq A$

4. 令 A 为正整数集合,定义 A 上的关系 R: $a\,R\,b$ 当且仅当 $2a\leqslant b+1$,下列有序对属于 R 的是( )。

　　A. (2,2)　　　　B. (3,2)　　　　C. (6,15)　　　　D. (15,6)

5. $A=\{a,b,c,d\}$,$B=\{1,2,3\}$,下列 A 到 B 的关系 R,不是函数的是( )。

　　A. $R=\{(a,1),(b,2),(c,1),(d,2)\}$

　　B. $R=\{(a,1),(a,2),(c,1),(d,2)\}$

　　C. $R=\{(a,3),(b,2),(c,1)\}$

　　D. $R=\{(a,1),(b,1),(c,1),(d,1)\}$

二、简答题

1. 令 x 和 y 是正整数,$P(x)$: x 是奇数,$Q(x)$: x 是素数,$R(x,y)$: $x+y$ 是偶数。写出下列汉语命题的符号化命题公式。

(1) 所有正整数都是奇数。

(2) 有的正整数是素数。

(3) 对任意正整数 x,存在正整数 y,其和为偶数。

(4) 存在正整数 y,对任意正整数 x,其和为偶数。

2. 令 p: 2 是素数,q: 3 是素数,r: 4 是素数。用汉语写出下列命题。

(1) $((\neg p)\wedge q)\Rightarrow r$

(2) $r\Rightarrow(p\vee q)$

三、讨论题

联系现实生活中的问题及大家目前了解的计算机领域研究的问题,看看哪些问题的解决与图密切相关。

第15章 计算科学

学习目标：

- 掌握建模与仿真的概念和评价指标。
- 掌握建模与仿真的基本知识。

计算科学是计算机科学应用的一个领域，它涉及的概念、方法和理论被大量应用于计算机科学与技术的研究。

15.1 建模与仿真引言

在计算机出现之前，科学研究中的绝大部分工作是利用数学手段或其他方法对事物或真实世界进行描述，也就是建模活动。计算机的出现对科学和工程技术的发展产生了深远的影响，建模与仿真成为当今现代科学技术研究的主要内容，建模与仿真技术也渗透到各学科和工程技术领域。

建模与仿真这一领域的发展可分为两个阶段。其一是计算机出现之前，主要是在物理科学基础上建模；其二是 20 世纪 40 年代计算机诞生以后，出现了计算机仿真技术，它的发展也促进了建模技术的发展。建模与仿真联系日益紧密，密不可分。60 多年来，我国在建模与仿真方面发展迅速并取得了很大成就。20 世纪 50 年代，建模与仿真技术最早应用于自动控制领域；20 世纪 60 年代，建模与仿真不仅应用在连续系统和工程领域，而且扩展到离散事件系统和社会经济等非工程领域；20 世纪 70 年代，训练仿真器获得突破性进展；20 世纪 80 年代，我国建立了一大批具有先进水平的仿真实验室和仿真工程，应用于型号研制，在仿真算法和仿真软件方面取得了很大成就；20 世纪 90 年代，我国对新的先进仿真技术展开研究。

中国工程院李伯虎(1938—　)院士长期从事仿真计算机系统、系统寻优、数字仿真软件、分布仿真、现代集成制造系统总体技术、并行工程与虚拟制造等方面的研究工作，2012 年获国际建模仿真学会终身成就奖。

李伯虎

15.1.1 建模与仿真的概念

建模与仿真是指构造实际世界系统的模型和在计算机上进行仿真的有关复杂活动，它主要包括实际系统、模型和计算机三个基本部分，同时考虑三个基本部分之间的关系。建模主要研究实际系统与模型之间的关系，它通过对实际系统的观测和检测，在忽略次要因素及不可检测变量的基础上，用数学的方法进行表述，从而获得实际系统的简化近似模型。仿真关系主要研究计算机的程序实现与模型之间

的关系，其程序能为计算机所接受并在计算机上运行。

1. 建模活动

建模活动是具有特殊形式的人与外界的相互作用，它由两个不同的步骤组成。

(1) 模型的建立或形式化，产生出一个现实世界系统的模型，它是人类通过一种抽象的表示方法以获得对自然现象的充分理解。

(2) 对形式化模型进行分析与利用，以便掌握如何按照人类的意志对现实系统进行控制。

2. 计算机仿真

计算机仿真是对复杂模型的求解。它可以求解许多复杂而无法用数学手段解析求解的问题，可以预演或再现系统的运动规律或运动过程，还可以对无法直接进行实验的系统进行仿真试验研究，从而节省大量的资源和费用。

3. 实际系统

实际系统是所关注的现实世界的某个部分，它具有独立行为规律，是互相联系又互相作用的对象的有机组合。实际系统可能是自然或人工的、现在存在的或是未来所计划的。它包括三个要素，分别是实体、属性和活动。实体是指组成系统的具体对象。系统中的实体具有一定的相对独立性，又相互联系构成一个整体。属性是指对实体特征的描述，用特征参数或变量表示。活动是实体在一段时间内持续进行的操作或过程。

15.1.2 建模与仿真的评价指标

构造一个真实系统的模型，在模型上进行实验成为系统分析、研究的十分有效的手段。为了达到系统研究的目的，系统模型用来收集系统有关信息和描述系统有关实体。也就是说，模型是为了产生行为数据的一组指令，它可以用数学公式、图、表等形式表示。模型是真实对象和真实关系中那些有用的和令人感兴趣的特性的抽象，是对系统某些本质方面的描述，它以各种可用的形式提供被研究系统的信息。模型描述可视为对真实世界中的物体或过程的相关信息进行形式化的结果，模型在所研究系统的某一侧面具有与系统相似的数学描述或物理描述。

由一个实际系统构造一个模型的任务一般包括两个方面的内容：第一是建立模型结构，第二是提供数据。在建立模型结构时，要确定系统的边界，还要鉴别系统的实体、属性和活动；而提供数据则要求能够包含在活动中的各个属性之间有确定的关系。

一般来说，系统模型的结构具有以下一些性质。

(1) 相似性。模型与真实系统间的属性上具有相似的特性和变化规律。

(2) 简单性。实用的前提下，模型越简单越好。

(3) 多面性。对于由许多实体组成的系统来说，由于其研究的目的不同，决定了所要收集的与系统有关的信息也是不同的。所以用来表示系统的模型并不是唯一的，对同一个系统可以产生相应于不同层次的多种模型。

在建模关系中，建模者最关注的是模型的有效性，它反映了建模关系正确与否，即模型如何充分地表示实际系统。模型的有效性可以用实际系统数据和模型产生的数据之间的符合程度来度量，它可分为三个不同级别的模型有效。

复制有效是指输入输出数据是相匹配的，就认为模型复制是有效的。这类有效的建模只能描述实际系统过去的行为或试验，不能说明实际系统将来的行为，这是低水平的有效。

预测有效是指掌握了实际系统的内部状态及其总体结构，可预测实际系统的将来的状态和行为变化，但对实际系统内部的分解结构尚不明白。在实际系统取得数据之前，能够由模型看出相应的数据，这就认为模型是预测有效。

结构有效是指不但搞清楚了实际系统内部之间的工作关系，而且了解了实际系统的内部分解结构。结构有效是模型有效的最高级别，不但能重复被观测的实际系统的行为，而且能反映实际系统产生这个行为的操作过程。

计算机可以处理复杂模型。在模型的计算机仿真中需要消耗计算机资源和建模者的人力资源，应考虑和权衡的资源有仿真时间、计算机程序中描绘模型结构和存储状态变量值所需的空间、将模型转变成描绘模型的程序、排除程序故障以及调整参量和其他相关程序以及实验框架。

15.1.3 仿真过程

仿真的过程大致可分为以下四个步骤。

(1) 系统分析：明确问题并提出总体方案。首先要把被模拟的系统内容表达清楚，弄清仿真的目的和系统边界(即所研究的问题涉及的范围，包括要把所研究的系统与影响系统的环境区分开来)，确定问题的目标函数和可控变量，并加以数量化，然后找出系统的实体、属性和活动，描述子系统和总系统的关系。

(2) 模拟构造：包括建立模型、收集数据、编写程序、程序验证和模型确认等。建立模型就是选择合适的仿真方法，确定系统的初始状态，设计整个系统的仿真流程图。然后根据需要收集、整理数据，用通用语言或仿真语言编写、调试程序。

(3) 模拟运行和改进：首先确定一些具体的运行方案，如初始条件、参数、步长等，然后输入数据，运行程序，将得出的仿真结果与实际系统比较，进一步分析和改进模型，直到符合实际系统要求为止。

(4) 设计格式输出仿真结果：包括提供文件的清单，记录重要的中间结果，输出格式要有利于用户了解整个仿真过程，分析和使用仿真结果。

15.1.4 建立模型

用来表示系统的模型并不是唯一的，对同一个系统可以产生相应于不同层次的多种模型。建模的一般步骤如下。

(1) 清楚问题的建模目的及建模对象的特征，尽量了解并搜集各种相关的信息。

(2) 抓住问题本质，建立合适的模型。

(3) 利用数学公式或方程、图、约束等建立合适的模型。

(4) 对模型求解(通常使用数值计算方法)。

(5) 对求解的结果进行分析，包括误差分析、稳定性分析、灵敏度分析等。

(6) 检验模型是否能较好地反映实际问题，并对模型加以修正。

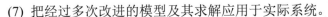

(7) 把经过多次改进的模型及其求解应用于实际系统。

用于正式的模型和建模的技术有很多，蒙特·卡罗方法于 20 世纪 40 年代由美国在第二次世界大战中研制原子弹的"曼哈顿计划"的成员 S.M. 乌拉姆和冯·诺依曼再次提出。在这之前，蒙特·卡罗方法就已经存在。1777 年，法国数学家布丰(Georges Louis Leclere de Buffon，1707—1788)提出用投针实验的方法求圆周率，被认为是蒙特·卡罗方法的起源。通常蒙特·卡罗方法通过构造符合一定规则的随机数来解决数学上的各种问题。对于那些由于计算过于复杂而难以得到解析解或者根本没有解析解的问题，蒙特·卡罗方法是一种有效的求出数值解的方法。

15.2　处　　理

15.2.1　基本的编程概念

1. 算法

算法是由有限个定义明确的步骤组成的，每个步骤和整个过程都在有限的时间内完成。一个算法的优劣可以用空间复杂度与时间复杂度来衡量。

2. 分析

分析是了解问题的要求是什么，如何用一个算法来解决问题，信息可以如何表示使得一台计算机能够处理。

3. 软件流程

软件开发是 20 世纪 60 年代中后期才开始崛起的新领域，其发展十分迅速。当时由于人们缺乏开发大规模软件的经验，发展初期曾呈现较为混乱的状态。软件工程的传统途径是生命周期方法学。通常，软件生存周期包括可行性分析和项目开发计划、需求分析、概要设计、详细设计、编码、测试、维护等活动，可以将这些活动以适当的方式分配到不同阶段去完成。

15.2.2　数值方法

应用计算机进行数值计算所采用的方法称为数值方法。现代数值计算正是通过将现代计算数学中的高性能数值计算方法编制成程序或软件，以此控制电子计算机的高速运行并实现计算目标，以获得科学研究或工程应用所需要的数值结果。数值拟合算法是一种把现有数据通过数学方法来代入一条数式的表示方式。科学和工程问题可以通过诸如采样、实验等方法获得若干离散的数据，根据这些数据，我们往往希望得到一个连续的函数(也就是曲线)或者更加密集的离散方程与已知数据相吻合，这个过程就叫作拟合。常见的数值拟合算法有二分法、迭代法、牛顿法、弦割法等。

15.2.3 并行与分布式计算的基本属性

1. 带宽

"带宽"一词最初指的是电磁波频带的宽度，也就是信号的最高频率与最低频率的差值。目前，它被广泛地借用在数字通信中，用来描述网络或线路理论上传输数据的最高速率。带宽应用的领域非常多，可以用来标识信号传输的数据传输能力、单位时间内通过链路的数据量、显示器的显示能力。

2. 滞后时间

被控对象的被控变量的变化落后于干扰的现象叫滞后。滞后分纯滞后和过渡滞后，实际对象中，往往是纯滞后与过渡滞后同时存在，很难严格区别，常常把两者合起来统称为滞后时间。滞后的存在是不利于控制的，所以，在设计和安装控制系统时，应尽量把滞后减到最小。纯滞后又叫传递滞后，它是由于物料量或能量的传送过程需要一定的时间而造成的。过渡滞后又叫容量滞后，有的对象具有两个或两个以上的容量，称为多容量对象，如夹套式蒸汽加热器、串联的液位容器等。

3. 可扩展性

可扩展性是指音箱是否支持多声道同时输入，是否有接无源环绕音箱的输出接口，是否有 USB 输入功能等。这是一个广泛的概念，在许多领域都有应用。可扩展性在软件工程领域是指：设计良好的代码允许更多的功能在必要时可以被插入适当的位置。这样做的目的是应对未来可能需要进行的修改，而造成代码被过度工程化地开发。

可扩展性是软件拓展系统的能力。简单地说，可扩展性就是关于如何处理更大规模的业务。比如，Web 应用程序就是允许更多的人使用你的服务。如果你不能弄清楚如何提高性能的同时向外扩展，没关系，只要你能处理更大规模的用户，即使是存在多个单点故障也没有问题。组合的可扩展性除了要求满足用户可以不断发展，还要满足因技术发展需要而实现的扩展和升级的需求。

4. 粒度

颗粒是指尺寸在毫米到纳米之间，具有特定形状的几何体。颗粒不仅指固体颗粒，还有雾滴、油珠等液体颗粒。粒度指颗粒的大小。通常球体颗粒的粒度用直径表示；立方体颗粒的粒度用边长表示；对于不规则的颗粒，可将与之有相同行为的某一球体直径作为该颗粒的等效直径。粒度的大小常用 D50、D97 和比表面积等指标表示。

粒度分布指用特定的仪器和方法反映出的不同粒径颗粒占粉体总量的百分数。粒度分布有区间分布和累计分布两种形式。区间分布又称为微分分布或频率分布，它表示一系列粒径区间中颗粒的百分含量。累计分布也叫积分分布，它表示小于或大于某粒径颗粒的百分含量。粒度分布可用不同的方法表示：①表格法，指用表格的方法将粒径区间分布、累计分布一一列出的方法；②图形法，指在直角坐标系中用直方图和曲线等形式表示粒度分布的方法；③函数法，指用数学函数表示粒度分布的方法，这种方法一般在理论研究时用，

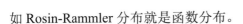

如 Rosin-Rammler 分布就是函数分布。

5. 并行性

并行性是指计算机系统具有可以同时进行运算或操作的特性,在同一时间完成两种或两种以上的工作。它包括同时性与并发性两种含义。同时性是指两个或两个以上的事件在同一时刻发生。并发性是指两个或两个以上事件在同一时间间隔发生。按照并行性的一般含义,可以将并行技术大致分为数据并行和功能并行,二者都需依赖于并行硬件体系结构。

6. 并行体系结构

计算机体系结构是指根据属性和功能不同而划分的计算机理论组成部分及计算机基本工作原理、理论的总称。并行体系结构是指许多指令能同时进行的体系结构,一般从时间和空间两方面考虑。并行体系结构出现主要是因为随着各个领域对高性能计算的要求越来越高,尤其是多媒体领域大数据量高实时性的需求,使得传统的单处理器体系结构已经很难适应大规模并行计算的需求,于是多处理器并行体系结构逐渐成为研究的热点。

并行体系结构有以下五种访存模型:均匀访存模型(UMA)、非均匀访存模型(NUMA)、全高速缓存访存模型(COMA)、一致性高速缓存非均匀存储访问模型(CC-NUMA)和非远程存储访问模型(NORMA)。

7. 并行编程模式

并行编程模式是一些具有明确定义的编程模式——用以描述并行编程的形式和方法,通俗地说就是指并行编程的一种形式、一种方式,就像串行编程时,是采用过程式还是结构化。并行编程模式主要指并行编程时,程序员将程序各模块并行执行时,模块间的通信方式。目前并行编程模式主要有以下三种:共享内存模式,以 OpenMP 为代表;消息传递模式,以 MPI、PVM 为代表;数据并行模式,以 Fortran 为代表。

8. 网格计算

网格计算是分布式计算的一种,是一门计算机科学。它研究如何把一个需要非常巨大的计算能力才能解决的问题分成许多小的部分,然后把这些部分分配给许多计算机进行处理,最后把这些计算结果综合起来得到最终结果。

网格计算的目的是,通过任何一台计算机都可以提供无限的计算能力,可以接入浩如烟海的信息。这种环境将能够使各企业解决以前难以处理的问题,最有效地使用它们的系统,满足客户要求并降低它们计算机资源的拥有和管理总成本。

15.3　数　值　分　析

数值分析(Numerical Analysis)也称计算方法或数值计算,它研究的是各种数学问题的数值计算方法的设计、分析以及有关的数学理论与实现。数值计算应用领域非常广泛,求解各类问题的计算方法也多种多样,如可以利用数值逼近方法求解微积分数学中的求值等问题。目前,数值分析已被广泛应用于科研与工程领域的数学模型中。

随着计算机的发展和普及，数值分析已经成为工程设计与科学研究的重要手段。掌握数值计算方法，会用计算机解决科学与工程实际中提出的数值计算问题，已成为科技人员必须具备的能力。在数学发展中，理论和计算是紧密联系的。现代计算机的出现为大规模的数值分析创造了条件，集中而系统地研究适用于计算机的数值方法变得十分迫切和必要。数值分析正是在大量的数值计算实践和理论分析工作的基础上发展起来的，它不仅仅是一些数值方法的积累，而且揭示了包含在多种多样的数值方法之间的相同的结构和统一的原理。数值算法是进行科学计算必不可少的基本常识，更为重要的是通过对它们的讨论，能够使人们掌握设计数值算法的基本方法和一般原理，为在计算机上解决科学问题打下基础。

15.3.1　数值分析中的误差

数值方法中的计算公式及参与运算的数，都和数学中的一般情况有所不同，即计算公式中的运算必须是在计算机上可执行的运算，参与运算的数必须是有限小数或整数。因此，数值方法中的取数和运算往往也会出现误差，算得的结果一般也为近似值。

1. 误差的种类及来源

一个物理量的真实值和我们算出的值往往存在差异，这个差异称为误差。在科学计算中误差一般来源于以下四个方面：模型误差、观测误差、截断误差和舍入误差等。

(1) 模型误差：在建立数学模型过程中，要将复杂的现象抽象归结为数学模型，往往要忽略一些次要因素的影响，而对问题做一些简化。这样建立起来的数学模型实际上必定只是所研究的复杂客观现象的一种近似的描述，它与真实客观存在的实际问题之间有一定的差别，这种误差称为模型误差。

(2) 观测误差：在建模和具体运算过程中所用的数据往往是通过观测和测量得到的，受观测方式、仪器精度以及外部观测条件等多种因素的限制，不可能获得精确值，由此产生的误差称为观测误差。

(3) 截断误差：在不少数值运算中常遇到超越计算，它们需用极限或无穷过程来求得。然而计算机却只能完成有限次算术运算和逻辑运算，因此需将解题过程化为一系列有限的算术运算和逻辑运算，因此要对某种无穷过程进行截断。这种用有限过程代替无限过程所引起的误差称为截断误差。

(4) 舍入误差：在数值计算过程中还会遇到无穷小数，计算机受到机器字长的限制，它所能表示的数据位数只能是有限的，如按四舍五入规则取有限位。由此引起的误差称为舍入误差。

综上所述，误差是不可避免的。在实际问题中求精确解是没有意义的，求近似解是正常的。问题是如何尽量减少误差，提高精度。在上述四种误差中，前两种是客观存在的，后两种是由计算方法引起的。数学模型一旦建立，进行具体计算时所考虑的就是截断误差和舍入误差。

2. 算法的数值稳定性

为了防止误差传播、积累带来的危害，提高计算的稳定性，在数值计算中应注意以下几点。

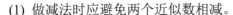

(1) 做减法时应避免两个近似数相减。

在数值运算中,两个相近数相减会使有效数字严重损失,例如 x=532.65,y=532.52 都具有五位有效数字,但 $x-y$=0.13 只有两位有效数字,所以要尽量避免。通常采用的方法是改变计算公式,如果计算公式不能改变,则可采用增加有效位数的方法。

(2) 注意简化计算步骤,减少运算次数。

在数值运算中,同样一个计算题,如果能减少运算次数,不但可节省计算机的计算时间,还能减少舍入误差。

(3) 防止大数"吃"小数。

若参与运算的数的数量级相差很大,而计算机的位数有限,如不注意运算次序,就可能出现大数"吃掉"小数的现象,影响计算结果。

(4) 避免绝对值太小的数做除数,以免产生溢出。

15.3.2 函数逼近

函数逼近是函数论的一个重要组成部分,涉及的基本问题是函数的近似表示问题。在数学的理论研究和实际应用中经常遇到下列问题:在选定的一类函数中寻找某个函数 g,使它是已知函数 f 在一定意义下的近似表示,并求出用 g 近似表示 f 而产生的误差。这就是函数逼近问题。从实际应用的角度来看,要解决一个函数的最佳逼近问题,需要构造出最佳逼近元和算出最佳逼近值。一般来说,要精确解决这两个问题十分困难。这种情况促使人们为寻求最佳逼近元的近似表示和最佳逼近值的近似估计而设计出各种数值方法。在插值、求积(计算积分的近似值)、函数的展开理论中也都建立了相应的数值方法。

15.3.3 数值积分与微分

1. 数值积分

数值积分是计算定积分数值的方法和理论。数值积分利用黎曼积分等数学定义,用数值逼近的方法近似计算给定的定积分值。

2. 数值微分

数值微分是根据函数在一些离散点的函数值,推算它在某点的导数或某高阶导数的近似值。通常用差商代替微商,或用一能近似代替该函数的较简单的函数,如多项式、样条函数等的相应导数作为所求导数的近似值。

15.3.4 微分方程

微积分中研究了变量的各种函数及函数的微分与积分。如函数未知,但知道变量与函数的代数关系式,便组成代数方程,通过求解代数方程得到未知函数。同样,如果知道自变量、未知函数及函数的导数组成的关系式,得到的便是微分方程,通过求解微分方程可求解出未知函数。未知函数是一元函数的,叫作常微分方程;未知函数是多元函数的,叫作偏微分方程。微分方程有时也简称方程。

本 章 小 结

本章介绍了计算科学相关的内容，包括建模与仿真、处理和数值分析等。

通过本章的学习，读者应该了解数值分析领域的很多有价值的思想和技术，包括数值表示的精度、误差分析、数值方法等。

习　题

一、选择题

1. 下列不是建模与仿真的基本组成部分的是(　　)。

    A. 实际系统　　　B. 实体　　　　　　C. 模型　　　　D. 计算机

2. 下列不是系统模型结构的性质的是(　　)。

    A. 相似性　　　B. 简单性　　　　C. 唯一性　　　D. 多面性

3. 下列不是图像的处理技术的是(　　)。

    A. 线处理　　　B. 组处理　　　　C. 几何处理　　　D. 帧处理

4. 下列不是粒度分布的表示方法的是(　　)。

    A. 表格法　　　B. 图形法　　　　C. 函数法　　　D. 描述法

5. 数值分析又称(　　)。

    A. 数值计算　　　B. 科学计算　　　C. 数学分析　　　D. 数值科学

6. 下列说法中不属于数值方法设计中的可靠性分析的是(　　)。

    A. 方法的收敛性　B. 方法的稳定性　　C. 方法的计算量　D. 方法的误差估计

7. 将一些复杂的计算过程转换为简单的、多次重复的过程的是(　　)。

    A. 构造法　　　B. 迭代法　　　　C. 离散法　　　D. 递推法

8. (　　)不是常用的数值计算方法。

    A. 构造法　　　B. 迭代法　　　　C. 离散法　　　D. 近似替代法

9. 用 $1+x$ 近似表示 e^x 所产生的误差是(　　)误差。

    A. 模型　　　　B. 观测　　　　　C. 截断　　　　D. 舍入

二、简答题

1. 简述建模活动的组成步骤。
2. 描述仿真过程的步骤。
3. 数值分析常用的方法有哪几种？
4. 数值计算方法的误差有哪几种？

三、讨论题

1. 谈谈数值分析、建模与仿真各自的主要用途及其联系。
2. 结合自身的实际，谈谈你对计算科学的理解。

第 16 章 图形学与可视化

学习目标:

● 了解图形学的基本概念、图形系统、计算机视觉和可视化、图形用户界面、图形绘制、图像通信、几何建模、计算机动画的基本知识。

● 掌握图形学的基本概念、图形用户界面设计要素、图形绘制的基本内容。

16.1 图形学的基本概念

16.1.1 计算机图形信息的处理

从不同的角度出发,可以把计算机图形信息的处理分为计算机图形学(Computer Graphics)、图像处理(Image Processing)和模式识别(Pattern Recognition)三个领域。

计算机图形学是研究怎样用计算机构造(生成)图形,并把图形的描述数据(数学模型)通过指定的算法转换(处理)成图形显示的一个学科领域。为了生成图形,首先要有原始数据或数学模型,并把该模型的参数输入、存储在计算机中;然后再根据需求,对模型进行有效处理;最后将处理结果在输出设备上显示。

图像处理是将客观世界中存在的物体影像处理成新的数字化图像的相关技术。首先要将客观世界中存在的物体影像经过采集、量化输入到计算机中;然后由计算机对这些量化的数据进行转换,使之成为点阵图,并根据情况对该图像进行增强、去噪、复原、分割、重建、编码、存储、压缩、恢复、传输等不同处理;最后得到输出图像。

模式识别是指当图像信息输入计算机后,首先对它进行预处理和特征抽取等;然后对图像进行分析和识别,找出其中蕴含的内在联系或抽象模型;最后由计算机按照需求得到该图像的分类与描述。

计算机图形学、图像处理和模式识别三者之间有着千丝万缕的联系,彼此相互融合、相互促进,三者之间的关系如图 16.1 所示。

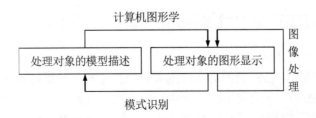

图 16.1 计算机图形学、图像处理、模式识别之间的关系

16.1.2 计算机图形学的起源和发展

1. 计算机图形学的起源

1952 年在 MIT 的实验室里诞生了世界上第一台数控铣床的原型。1963 年，MIT 的伊凡·爱德华·苏泽兰(Ivan Edward Sutherland，1938—　)发表了《画板：一个人机图形通信系统》(Sketchpad：A Man Machine Graphical Communication System)的博士论文，首次阐述了计算机图形学这个概念，证明了交互式计算机图形学是一个可行的、有用的研究领域，这标志着计算机图形学作为一个全新的领域开始起步。1983 年，为纪念计算机图形学的先驱考恩斯(S. A. Cowens)而建立以他的名字命名的奖项时，就把第一个 Cowens 奖授予了苏泽兰；1975 年，苏泽兰被系统、管理与控制论学会授予"杰出成就奖"；1986 年，IEEE 授予苏泽兰 Emanuel

Ivan Edward
Sutherland

R. Piore(皮奥尔)奖；1988 年，苏泽兰成为当年的图灵奖获得者；苏泽兰还是美国工程院 Zworykin(兹沃里金)奖的第一位得主；1994 年，ACM 又授予苏泽兰软件系统奖。苏泽兰是虚拟现实之父、计算机图形学之父和图形界面的创始人。

1964 年，史蒂夫·孔斯(Steve Coons)提出了用小块曲面片组合表示自由型曲面时，使曲面片边界上达到任意高次连续阶的理论方法，此方法得到工业界和学术界的极大推崇，称之为孔斯曲面。孔斯和法国雷诺汽车公司(Renault)的皮埃尔·艾蒂安·贝塞尔(Pierre Etienne Bézier)并列，被称为现代计算机辅助几何设计技术的奠基人。

2. 计算机图形学的发展

从 20 世纪 60 年代中期开始，MIT、通用汽车公司(General Motors Corporation)、洛克西德飞机制造公司(Loughead Corporation)、AT&T 等都开展了计算机图形显示的工作。

20 世纪 70 年代，由于光栅显示器的诞生，光栅图形学算法迅速发展起来，基本图形操作和相应的算法纷纷出现。70 年代后，很多国家应用计算机图形学开发 CAD 图形系统，并应用于设计、过程控制和管理、教育等方面。

20 世纪 80 年代中期以来，大规模集成电路使计算机硬件性能提高，图形学得到飞速的发展。

20 世纪 90 年代以来，图形学更加广泛地应用于动画、科学计算可视化、CAD/CAM、虚拟现实等领域，这给计算机图形学提出了更高、更新的真实性和实时性要求。

16.1.3 计算机图形学的主要研究内容

计算机图形学的主要研究对象是点、线、面、体、场的数学构造方法及其图形显示，以及随时间变化的情况。计算机图形学的主要目的就是利用计算机及其显示设备产生令人赏心悦目的真实感图形。其主要研究内容包括以下几个方面。

(1) 描述复杂物体图形的方法与数学工具。三维景物的表示是计算机图形显示的前提和基础，包括曲线、曲面的造型技术，实体造型技术，以及纹理、云彩、波浪等自然景物的造型和模拟。三维场景的显示包括光栅图形生成算法、线框图形以及真实感图形的理论和算法。

(2) 物体图形描述数据的输入。

(3) 几何和图形数据的存储，包括数据压缩和解压。

(4) 物体图形数据的运算处理，包括基于图像和图形的混合绘制技术、自然景物仿真、图形用户接口、虚拟现实、动画技术和可视化技术等。

(5) 物体图形数据的输出显示，包括图形硬件和图形交互技术等。

(6) 实时动画和多媒体技术，包括实现高速动画的各种硬/软件方法、开发工具、动画语言及多媒体技术。

(7) 制定与图形应用软件有关的技术标准。

16.1.4　计算机图形学的应用

随着计算机图形学的不断发展，计算机图形学处理图形的领域越来越广泛。

1. 计算机辅助设计与制造

CAD 是利用计算机快速的数值计算和强大的图文处理功能，辅助工程技术人员进行产品设计、工程绘图和数据管理的一门计算机应用技术，是计算机科学技术发展和应用中的一门重要技术。在设计中通常要用计算机对不同方案进行大量的计算、分析和比较，以决定最优方案；各种设计信息，不论是数字的、文字的或图形的，都能存放在计算机的内存或外存里，并能快速地检索；设计人员通常从草图开始设计，将草图变为工作图的繁重工作可以交给计算机完成；由计算机自动产生的设计结果，可以快速做出图形，使设计人员及时对设计

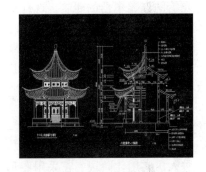

CAD

做出判断和修改；利用计算机可以进行与图形的编辑、放大、缩小、平移、旋转等有关的图形数据加工工作。CAM 是通过直接的或间接的计算机与企业的物质资源或人力资源的连接界面，把计算机技术有效地应用于企业的管理、控制和加工操作。

2. 用户可视化接口

图形比文字、报表更直观、逼真。所谓"一目了然""百闻不如一见"都是说明形象观察的优越性和必要性。图、文两种形式相结合大大改善了计算机交互操作的用户界面，开辟了很多计算机应用的新领域。图形用户接口采用了图形化的操作界面，用非常容易识别的各种图标来将系统各项功能、各种应用程序和文件，直观、逼真地表示出来。用户可通过鼠标、菜单和对话框来完成对应程序和文件的操作。图形用户接口元素包括窗口、图标、菜单和对话框，图形用户接口元素的基本操作包括菜单、窗口和对话框等操作。

图形用户界面

3. 地理信息系统与制图

国土基础信息系统是国家经济信息系统的一个组成部分。这是将过去分散的表册、照片、图纸等资料整理成统一的数据库,记录全国的大地和重力测量数据、高山和平原地形、河流和湖泊水系、道路桥梁、城镇乡村、农田林地植被、国界和地区界及地名等。利用这些存储的信息不仅可以绘制平面地图,而且可以生成三维的地形地貌图,以及高层次的国土整治预测和决策,并可以为综合治理和资源开发研究提供科学依据。

三维地图

4. 过程控制和指挥系统

计算机图形学在过程控制和作战指挥自动化中占有重要的地位。美国早期的 SAGE(Semi-Automatic Ground Environment)战术防空计划直接推动了现代的光笔图形显示器的研制。现代战争是多单位、多兵种的智能协同作战,战役指挥员和统帅部都必须及时了解各单位的态势情况。过去单纯依靠电话和地图指挥作战的方式已经发展成为利用计算机网络和图形显示设备直接传输态势变化并部署和下达作战命令的方式。

作战指挥中心

5. 计算机动画和艺术

计算机动画已经成为计算机图形学的一个分支,并进入了实用化阶段。它采用图形与图像的处理技术,借助于编程或动画制作软件生成一系列景物画面,其中当前帧是前一帧的部分修改,采用连续播放静止图像的方法产生物体运动的效果。当动画和电影的画面刷新率为 24 帧/秒时,人眼看到的就是连续的画面效果。计算机动画的应用领域包括动画制作、广告、电子游戏、电影特技、产品模拟试验、教学演示、训练模拟、作战演习等。

电影特技

计算机图形学的应用领域还包括事务管理、办公自动化和虚拟现实系统等。

16.1.5 计算机图形的标准化

国际标准化组织和其他一些机构相继提出了许多计算机图形学的标准,这些标准都遵循与计算机硬件无关、能实现程序的可移植性的原则。采用这些标准,克服了不同机器的硬件差异,推动了计算机图形学的普及。

1. 计算机图形接口

计算机图形接口(Computer Graphics Interface,CGI)是 ISO TC97 组提出的图形设备标

准，标准号是 ISO DP9636。CGI 是第一个针对图形设备接口，而不是应用程序接口的交互式计算机图形标准，它提供控制图形硬件的一种与设备无关的方法，也可以看作图形驱动程序的一种标准。它可以使应用程序和图形库直接与各种不同的图形设备相作用，使其在各种图形设备上不经修改就可以运行，即在用户程序和虚拟设备之间以一种独立于设备的方式提供图形信息的描述和通信。CGI 规定了发送图形数据到设备的输出和控制功能，从图形设备接收图形数据的输入、查询和控制功能。

2. 计算机图形元文件标准

计算机图形元文件标准(Computer Graphics Metafile，CGM)于 1987 年正式成为 ISO 标准，它提供了一个在虚拟设备接口上存储与传输图形数据及控制信息的机制。CGM 规定了生成、存储、传送图形信息的格式，这对生成公用的图形磁盘文件，并用打印机、绘图仪绘制这些图形非常有用。

3. 计算机图形核心系统

计算机图形核心系统(Graphics Kernel System，GKS)是第一个 ISO 图形标准，是由德国工业标准化组织协会提出并被多个国家采纳、引用的第一个图形软件国际标准。它提供了在应用程序和图形输入/输出设备之间的功能接口，定义了一个独立于语言的图形核心系统。在具体应用中，必须符合所使用语言的约定方式，把 GKS 嵌入相应的语言之中进行图形的输入、输出、变换及组合等交互设计操作。

4. 初始图形交换规范

初始图形交换规范(Initial Graphics Exchange Specification，IGES)是为了使不同的 CAD/CAM 系统之间交换数据而约定的一种通用数据格式，它是 CAD/CAM 应用最为广泛的数据交换标准。

5. 图形库

图形库(Graphics Library，GL)是在工作站上应用的一个工业标准图形程序库，按其功能可分为基本图素、坐标变换、设置属性和显示方式、输入/输出、真实图形显示等。OpenGL 标准(Open Graphics Library，OpenGL)是一个共享开放式三维图形标准。它提供了一个标准的计算机图形学所使用的数学模型到显示的接口，并独立于硬件设备和操作系统。以 OpenGL 标准为基础开发的应用程序，可以运行在当前各种操作系统上且便于在不同平台间进行移植。现今，OpenGL 已成为高性能图形和交互式视景处理的工业标准，广泛应用于军事、CAD/CAM、虚拟现实等领域。

6. 程序员层次交互式图形系统

程序员层次交互式图形系统(Programmer's Hierarchical Interactive Graphics System，PHIGS)是 ISO 于 1986 年公布的计算机图形系统标准。PHIGS 是为具有高度动态性、交互性的三维图形应用而设计的图形软件工具库，能够在系统中高效率地描述应用模型，迅速修改图形模型的数据，并可以绘制显示修改后的图形模型。它也在程序与图形设备之间提供了一种功能接口。

7. 计算机图形参考模型

计算机图形参考模型(Computer Graphics Reference Model，CGRM)是 ISO 提出的计算机图形国际标准。CGRM 定义了一个框架结构，它可以用来比较现有的和未来的计算机图形标准，描述它们之间的关系，从而为计算机图形的用户和计算机图形软件的开发人员提供有关方面的重要信息。

16.2　图　形　系　统

计算机图形系统由硬件和软件两部分组成，硬件包括主计算机、图形显示器、I/O 交互工具和存储设备；软件包括操作系统、高级语言、图形软件和应用软件。现代计算机图形系统与一般计算机系统最主要的差别是具有图形的输入、输出设备以及必要的交互工具，在速度和存储容量上具有较高的要求。另外，人也是计算机图形系统的组成部分。在计算机图形系统中，需要用到计算机各大组成部分的功能，这些功能和一般计算机系统的功能一样，只不过所处的环境、发挥的作用不同而已。

16.2.1　图形系统的处理器

GPU(Graphic Processing Unit，图形处理器)是相对于 CPU 的一个概念。由于在现代计算机中图形的处理变得越来越重要，需要一个专门的图形核心处理器。GPU 是显示卡的"心脏"，它决定了显卡的档次和大部分性能。

在图形系统的处理器内，要对一个图形进行处理，需要进行两类操作。

(1) 图形形成。在这一阶段处理用户程序或命令。图形可从系统提供的图形元素(如线、正文)中产生，图形元素具有其所需要的属性，如线的颜色、正文字体等。用户界面是这一过程的一部分。

(2) 图形显示。在光栅系统中，规定的图元必须进行扫描转换。屏幕必须刷新以防止闪动，用户的输入需要在显示屏上重新定位。最适合这些工作的处理器不是那些用在多计算机上的标准型的处理器，而是专用卡板和芯片。

16.2.2　图形系统的存储器

在图形系统中常采用系统存储器、显示处理存储器和帧缓冲存储器这三类存储器。系统存储器存放由 CPU 执行的程序、图形指令和操作系统命令等。显示处理存储器存放扫描转换和光栅操作的程序。帧缓冲存储器存放扫描转换和光栅操作的图像。

16.2.3　图形系统的输入设备

图形系统的输入设备与计算机的常用输入设备有很大的差异，除了需要常用的输入设备，还需要一些专用的图形输入设备。图形输入设备可分为向量型和光栅扫描型两大类。

(1) 向量型输入设备。采取跟踪轨迹、记录坐标点的方法输入图形，主要输入的数据形式为直线或折线构成的图形数据。常用的向量型图形输入设备有键盘、数字化仪、鼠标、光笔和触摸屏等。键盘有 ASCII 编码键、命令控制键和功能键，可实现图形操作的某一特定功能。

(2) 光栅扫描型输入设备。采取逐行扫描，按一定密度采样的方式输入图形，主要的数据输入形式为一幅由亮度值构成的像素矩阵。这类设备常采用自动扫描输入方式，因此输入迅速方便。常用的光栅扫描型输入设备有扫描仪和摄像机等。

16.2.4　图形系统的输出设备

图形系统的输出设备是以纸、胶片、塑料薄膜等物质为介质，输出人眼可见并能长期保存的图形的计算机外部设备。图形输出设备也可分为向量型和光栅扫描型两大类。向量型设备的作画机构随着图形的输出形状而移动并成像；光栅扫描型设备的作画机构按光栅矩阵扫描整张图面，并按输出内容对图面成像。光栅扫描型输出设备包括点阵式打印机、热敏印刷机、静电印刷机、喷墨印刷机及激光打印机等。常用的图形输出设备有显示器、打印机和绘图仪。

(1) 显示器。显示器是重要的输出设备，有随机扫描显示器、存储管式显示器、光栅扫描式显示器、液晶显示器、等离子显示器等。

(2) 打印机。打印机有激光打印机、喷墨打印机、针式打印机等。

(3) 绘图仪。绘图仪按结构不同可以分为平板式(Flat)和滚筒式(Drum)。平板式绘图仪将图纸固定在平板上，平板上方有 y 方向的导轨，电机驱动笔架沿导轨可作 y 方向的移动。y 方向的导轨架在 x 方向的导轨之上，因此可由 x 方向的电机驱动 y 方向的导轨带动笔架，沿着 x 方向的导轨移动，这样笔架上的笔就可按照输出量做二维方向的移动和绘图。滚筒式绘图仪的笔架的 y 方向的移动方式与平板式相同,但 x 方向的移动则由滚筒的旋转完成。滚筒式绘图仪比平板式绘图仪价格便宜，占地面积小，但是精度稍差，只能接受一种大小的图纸，而且在绘图过程中对图面监视困难。

绘图仪

16.3　计算机视觉和可视化

16.3.1　人的视觉

感觉是人与周围世界联系的窗口，它的任务是识别周围的物体，并判断这些物体之间的关系。从输入点阵形式的信号到形式化的对客观世界表述的各种概念，要经过复杂的信息处理和推理。而认知是以人们对周围客观世界的概念为基础的，如果没有感觉，人的思维活动就失去了基本的依据。在各种感觉器官中，视觉是人最重要的感觉，它是人的主要感觉来源，因为人认识外界的信息中 70%来自视觉。视觉是一个复杂的感知和思维过程，视觉器官(眼睛)接收外界的刺激信息，而大脑对这些信息通过复杂的机理进行处理和解释，使这些刺激具有明确的物理意义。

16.3.2　计算机视觉

计算机视觉(Computational Vision)就是用各种成像系统代替视觉器官作为输入手段,由计算机来代替大脑完成处理和解释。计算机视觉的最终研究目标就是使计算机像人那样通过视觉观察和理解世界,具有自主适应环境的能力。因此,在实现最终目标以前,研究人员努力建立一种视觉系统,这个系统能依据视觉敏感和反馈以某种程度的智能完成一定的任务。计算机视觉是根据计算机系统的特点进行视觉信息的处理,用计算机信息处理的方法研究人类视觉的机理,建立人类视觉的计算理论,是一个非常重要的研究领域。

有不少学科的研究目标与计算机视觉相近或有关,包括图像处理模式识别或图像识别、景物分析和图像理解等,这些学科之间相互交叉、相互重叠,但学科之间又存在差异。现今,随着计算机视觉的快速发展,计算机视觉技术在不同领域也都有广泛的应用。在医学领域中,计算机视觉可以提取图像数据,用于患者的医疗诊断;在军事领域中,可用于探测敌方士兵、车辆以及导弹制导等。

16.3.3　可视化

数据可视化(Data Visualization)技术是指运用计算机图形学和图像处理技术,将数据转换为图形或图像在屏幕上显示出来,并进行交互处理的理论、方法和技术。它涉及计算机图形学、图像处理、计算机辅助设计、计算机视觉及人机交互技术等多个领域。

数据可视化概念首先来自科学计算可视化(Visualization in Scientific Computing),研究人员不仅需要通过图形图像来分析由计算机输出的数据,而且需要了解在计算过程中数据的变化。

随着计算机技术的发展,数据可视化概念已大大扩展,它不仅包括科学计算数据的可视化,而且包括工程数据和测量数据的可视化。研究人员常把这种空间数据的可视化称为体视化(Volume Visualization)技术。随着网络技术和电子商务的发展,研究人员又提出了信息可视化(Information Visualization)的要求,这已成为数据可视化技术中新的热点。目前正在发展的虚拟现实技术,也依赖于计算机可视化技术。

16.4　图形用户界面

用户界面(User Interface,UI)是实现人与计算机之间交互的接口,通过用户的直接输入和计算机的即时反馈,使人机交互变得直观。程序员设计的用户界面应该是一个直观的、对用户透明的界面,用户在首次接触这个软件就应觉得一目了然,不需要进行太多的培训就可以方便地上手使用。但在实际开发中,真正能够做到这一点却并不容易。每一个程序员在编程过程中都应当遵循某些最基本的标准,尽管他们对这些标准中某些部分还很不熟悉,或者没有用到。对 Windows 的开发人员而言,微软公司出版的《窗口界面:应用设计指南》是在微机平台上界面设计的公认标准。随着技术的不断进步,会不断地出现新的窗口控件,从而导致其中很多标准的增加或修改。

图形用户界面(Graphical User Interface,GUI)是采用图形方式显示的计算机操作用户界面。图形用户界面通过图形设计运用视觉隐喻实现界面的导航、交互及内容之间的信息传达。1973 年,历史上第一个图形用户界面操作系统——Alto 诞生,它是施乐帕克(Xerox Palo)研究中心的研究人员开发的,这是第一个把所有计算机元素结合到一起的图形操作系统,大多数现代的图形用户界面都由此而来。1985 年,微软公司发布了自己的图形用户界面系统 Windows 1.0。其中的界面以纯色作为背景,桌面包含了时钟、窗口等简单的图形元素。

图形用户界面允许用户使用鼠标等输入设备操纵屏幕上的图标或菜单选项,以选择命令、调用文件、启动程序或执行其他一些日常任务。与通过键盘输入文本或字符命令来完成例行任务的字符界面相比,图形用户界面有直接操控、能见能点及善用隐喻等优点。图形用户界面由窗口、下拉菜单、对话框及其相应的控制机制构成,在各种新式应用程序中都是标准化的,即相同的操作总是以同样的方式来完成。在图形用户界面,用户看到和操作的都是图形对象,应用的是计算机图形学的技术。

Alto 系统界面

16.5　图　形　绘　制

16.5.1　基本绘制

1. 真实感图形绘制

真实感图形绘制是通过综合运用数学、物理学、计算机科学和心理学等知识,在计算机图形输出设备上生成像彩色照片那样的具有真实感的图形的技术。在进行图形绘制时,我们经常对图形进行渲染。图形渲染是将三维的光能传递处理转换为一个二维图像的过程。进行真实感图形绘制一般需经过场景造型、取景变换、视域剪裁、消除隐藏面及可见面光亮度计算等步骤。真实感图形绘制包括扫描线算法、光线跟踪算法以及光能辐射度方法等。

2. 光线追踪

光线追踪是真实感图形绘制中的经典算法。在计算机中对现实场景或虚拟场景进行显示,除了要构建场景图形外,还要将场景中的各种光照效果模拟出来,这样生成的场景才能更逼真。光线跟踪算法采用逆向跟踪技术,既在几何上相似,也能通过一些光照明模型模拟出大部分光照效果。光线跟踪算法易于实现且视觉效果很好,但它通常将每条光线都当作是独立的光线,每次都需要重新计算,性能较为低下。

16.5.2　高级绘制

1. 非真实感绘制

随着真实感绘制被广泛应用,人们发现真实感图像往往无法满足人们实际的审美与工作需求。在工作、医学等领域，人们更热衷于使用简洁明了的手绘图像，这一现象在艺术领域尤其明显。因此，非真实感绘制应运而生。非真实感绘制是指利用计算机生成不具有照片般真实感而具有手绘风格图形的技术。非真实感绘制方法主要有基于笔刷模型的非真实感绘制方法、基于流体模拟的非真实感绘制方法和基于纹理合成的非真实感绘制方法。非真实感绘制技术被广泛应用于动画制作、电影和电子游戏等领域。

2．阴影映射

阴影映射是指一种产生阴影的技术。阴影映射的概念最初由 Lance Williams(兰斯·威廉姆斯)于 1978 年在《在曲面上投射阴影》论文中提出。阴影是光线被阻挡的结果，阴影能够使场景看起来真实得多，并且可以让观察者获得物体之间的空间位置关系。阴影映射是以光的位置为视角进行渲染，我们能看到的东西都将被点亮，看不见的一定是在阴影之中了。对光照场景进行渲染，保存能够看到的物体表面深度，即为阴影图。然后，正常的场景中的每个点都与阴影图进行比较，判断场景中的每个点能否被光线看到，从而进行正常场景的渲染。阴影映射被广泛用于场景预渲染、游戏设备以及高端计算机游戏中。

3．遮挡剔除

当进行图形绘制时，经常会遇到物体的遮挡。遮挡剔除就是当一个物体被其他物体遮挡住而不在摄像头的可视范围内时不对其进行渲染。遮挡剔除将只把可以确定看见的物体送去渲染，降低了被渲染对象的个数，从而降低了每帧的渲染时间。

16.6 图 像 通 信

图像通信是用来传送静止的或活动的图像信息，它能把难以用符号、语言描述的任意图形、绘画以及动作、色彩等，通过电信手段传送给对方，为对方的视觉所接收。

图像通信是一种利用视觉的通信，接收者所收到的图像可以是像传真那样的"硬拷贝"，也可以是像电视、电话、荧光屏上所显示的(不做记录的)"软拷贝"。不管是哪种情况，都是作用于人的视觉，为人的双眼所观察到的。人眼所看到的信息内容，包括人或物的形状、位置、大小、色彩表情等，比符号和语言要丰富得多。1843 年英国物理学家亚历山大·贝恩(Alexander Bain)取得了传真发明的专利，但正式使用传真通信始于 20 世纪 20 年代；1937年，英国开始黑白电视广播；1964 年，美国贝尔实验室在纽约万国博览会上展出可视电话，由于占用频带宽、传输效率低、成本高，未得到广泛应用。20 世纪 70 年代中期，采用频带压缩技术，可视电话进入实用阶段；1992 年，国际电话电报咨询委员会(CCITT)通过H.261 视频编码标准等国际建议，为图像通信的发展铺平了道路。

图像通信系统有两种构成方式，即终端对终端方式和终端对中心方式。在终端对终端方式中，系统内的任意两台图像终端机都可以通过交换机和传输电路相接，建立起通信联系。在终端对中心方式中，系统中所有的图像通信终端机都经传输电路、交换机与图像信息中心相连接。该系统中的用户都可以通过一问一答的"会话"方式，从储存丰富的图像数据库中检索

传真机

到自己所需的信息。传真通信、电视电话通信等属于终端对终端方式；可视图文通信、图像检索等属于终端对中心方式。

图像通信有多种分类方法。根据接收方显示图像的方式进行分类，图像通信可以分为图像记录通信和映像通信。图像记录通信是以硬拷贝形式接收图像的，可以永久保留记录，传真通信便是它的典型代表；映像通信接收下来的信息一般是显示在荧光屏上的，电视电话、会议电视便是它的典型代表。对于映像通信，还可以根据发送图像的内容进一步加以区分，分为活动图像通信、静止图像通信、写画通信等。根据图像通信的利用形态进行分类，图像通信可分为终端对终端的通信和终端对中心的通信。

16.7　几 何 建 模

几何建模是 20 世纪 70 年代中期发展起来的。它是一种通过计算机表示、控制、分析和输出几何实体的技术，是 CAD/CAM 技术发展的一个新阶段。几何建模就是形体的描述和表达，是建立在几何信息和拓扑信息基础上的建模，主要处理零件的几何信息和拓扑信息。几何信息一般是指物体在欧氏空间(欧氏几何所研究的空间称欧氏空间，它是现实空间的一个最简单并且相当确切的近似描述)中的形状、位置和大小，一般指点、线、面、体的信息；拓扑信息则是指物体各分量的数目及其相互间的连接关系。

几何建模系统是能够定义、描述、生成几何实体，并能交互编辑的系统。模型一般由数据、数据结构、算法三部分组成。目前常用的三维几何造型系统是线框造型、曲面造型和实体造型。

16.7.1　线框建模

线框建模就是利用基本线素来定义物体的框架线段信息，由一系列直线、圆弧、点及自由曲线组成，描述的是轮廓外形。三维线框模型采用表结构，在计算机内部存储物体的顶点及棱线信息，将实体的几何信息和拓扑信息清楚地记录在边表与顶点表中。

线框建模这种方法需要的信息量少，计算速度快，对硬件要求低，所占存储空间少，数据易于处理，绘图显示速度快。但是线框建模存在二义性，使用一种数据表示的图形，有时候也可能看成另一种图形，缺少面的信息，不能消除隐藏线和隐藏面。线框模型是被广泛采用的模型，它不仅仅适用于二维软件几何模型，现在的 Autodesk 3D Studio 等建模软件也是基于线框结构进行几何建模。它们对线框结构进一步改进，其三维模型的基础是多边形，已不是线段、圆弧、点这样的基础图素。

16.7.2　曲面建模

曲面建模是通过对物体的各个表面或曲面进行描述而构成曲面的一种建模方法。建模时，先将复杂的外表面分解成若干个组成面，这些组成面可以构成一个个基本的曲面元素，然后通过这些面素的拼接就构成了所要的曲面。

曲面建模克服了线框模型的许多缺点，可以完整地定义三维物体的表面，消除隐藏线和隐藏面，生成逼真的彩色图像。随着曲面建模的广泛应用，现今许多曲面设计的软件也应运而生，如 Alisa、CATIA 等。

16.7.3　实体建模

在曲面建模中无法确定面的哪一侧存在实体，哪一侧没有实体。而实体建模是在计算机内部以实体描述客观事物，一方面可以提供实体完整的信息，另一方面可以实现对可见边的判断。实体建模主要通过定义基本体素，利用体素的集合运算或基本变形操作实现的。实体建模的特点是覆盖三维立体的表面与其实体同时生成。实体建模采用表结构存储数据，与曲面建模相比，实体建模不仅记录全部的几何信息，而且记录点、线、面、体的信息。

实体建模在计算机内部主要有两种表示方法，分别是：边界表示法和构造立体几何(CSG)表达。边界表示法是用物体封闭的边界表面描述物体的方法，主要用于建立实体的三维模型，有利于生成和绘制线框图、投影图，有利于与二维绘图功能衔接生成工程图。构造立体几何(CSG)表达的基本思想是物体都是由一些基本体素按照一定的顺序拼合而成的，通过记录基本体素及它们的集合运算表示物体的生成过程。一个物体的 CSG 表示是一个有序的二叉树，树的非终端节点表示各种运算，树的终端节点表示体素。构造立体几何(CSG)表达可以方便地实现对实体的局部修改。

16.8　计算机动画

计算机动画(Computer Animation)，又称计算机绘图技术，是通过使用计算机制作动画的技术，是计算机图形学和动画的子领域。计算机动画分二维动画和三维动画。二维动画是平面上的画面，纸张、照片或计算机屏幕显示，无论画面的立体感多强，终究是二维空间上模拟真实三维空间效果；三维动画的画面中的景物有正面、侧面和反面，调整三维空间的视点，能够看到不同的内容。

为了制造运动的影像，画面显示在计算机屏幕上，很快被一幅和前面的画面相似但移动了一些的新画面所代替。这个技术和电视、电影制造移动的假象的原理一样。三维计算机动画本质上是定格动画(Stop Motion，或称静帧采集)的数字化后代，动画中的形象建立在计算机屏幕上并被装上了一个骨架。三维形象的四肢、眼睛、嘴巴、衣服由动画制作者来操纵。动画由计算机绘制出来。动画也就是使一幅图像"活"起来的过程。使用动画可以清楚地表现出一个事件的过程，或是展现一个活灵活现的画面。动画是一门通过在连续多格的胶片上拍摄一系列单个画面，从而产生动态视觉的技术和艺术，这种视觉效果是通过将胶片以一定的速率放映体现出来的。

16.8.1　动画序列的创建

创建动画序列有两种基本方法：实时动画和逐帧动画。实时动画的每个片段在生成后就立即播放，因此生成动画的速率必须符合刷新频率的约束。逐帧动画场景中的每一帧是单独生成和存储的，这些帧可以记录在胶片上或以"实时回放"模式连贯显示出来。简单的动画可以实时生成，而复杂动画的生成要慢得多，通常逐帧生成。然而，有些应用不论动画复杂与否，始终要求可以实时生成。例如，为了即时响应控制命令的改变，飞行模拟

器必须生成实时的计算机动画。在这些场合,我们常常采用专用的硬件与软件来快速生成复杂的动画序列。

16.8.2　动画序列的设计

创建动画序列是一项复杂的工作,通常按照以下几步来进行:故事情节拆分、对象定义、关键帧描述、插值帧生成。

故事情节拆分是为动作的每一个参与者给出对象定义。对象可能使用基本形体如多边形或样条曲线进行定义。另外,情节中每一角色或对象的运动也通常给出描述。

关键帧是动画序列中特定时刻的一个场景的详细图示。复杂的运动要比简单缓慢变化的运动需要更多的关键帧。设置关键帧通常是高级动画师的任务,并且经常为动画中每个角色安排一个单独的动画师。

插值帧是关键帧之间的帧,其数量取决于用来显示动画的介质。电影胶片要求每秒 24 帧,而图形终端按每秒 60 帧进行刷新。一般情况下,运动的时间间隔设定为每一对关键帧之间有 3～5 个插值帧。

16.8.3　动画技术

在制作动画时,动画师使用多种方法来描绘和强调运动序列,这些方法包括对象变形、间隔动画帧、运动的预期与完结及动作聚焦。

挤压和拉伸是模拟加速效果(特别是对非刚性物体)的最重要的技术之一。另一个技术是定时,即确定运动帧之间的间隔。一个缓慢运动的物体用多个间隔很近的帧表示,而一个快速运动的物体用其运动路径较少的帧来表示。

16.8.4　计算机动画应用

如今计算机动画的应用十分广泛,不但让应用程序表现得更加生动,增添多媒体的感官效果,还应用于游戏的开发、电视动画制作、创作吸引人的广告、电影特技制作、生产过程及科研的模拟等。

本 章 小 结

本章介绍了计算机图形信息系统的基本内容,包括计算机图形学、图形系统、计算机视觉和可视化、图形用户界面、图形绘制、图像通信、几何建模、计算机动画等。

通过本章的学习,读者应了解图形学中的基本概念、图形学的起源及主要研究方向、图形学应用;同时也了解图形用户界面的元素、设计、计算机动画及几何建模的方式、图形的基本绘制和高级绘制等基本知识。

习 题

一、选择题

1. 计算机图形学是研究怎样用计算机构造图形，并把图形的(　)通过指定(　)转换成图形显示的一门学科。

    A. 数据　　　　　B. 程序　　　　　C. 算法　　　　　D. 数学模型

2. 下面各项中不属于计算机图形学的应用范围的是(　)。

    A. 计算机动画　　　　　　　　　B. 从遥感图像中识别道路等线划数据

    C. Quick Time 技术　　　　　　　D. 影视三维动画制作

3. 最常见的标量场可视化方法不包括(　)。

    A. 颜色映射　　　B. 高度图　　　　C. 轮廓法　　　　D. 光线跟踪

4. 下面不是国际化标准组织(ISO)批准的图形标准的是(　)。

    A. GKS　　　　　B. PHIGS　　　　C. DXF　　　　　D. CGM

5. 触摸屏是一种(　)。

    A. 输入设备　　　　　　　　　　B. 输出设备

    C. 既是输入设备又是输出设备　　D. 以上都不是

6. GPU 是(　)。

    A. 中央处理器　　B. 图形处理器　　C. 输入/输出设备 D. 内部存储器

7. 当前用户界面的主流是(　)。

    A. 命令语言交互界面　　　　　　B. 图形用户交互界面

    C. 多媒体人机交互界面　　　　　D. 多通道人机交互界面

8. 下列不是三维几何造型的是(　)。

    A. 线框造型　　　B. 表面造型　　　C. 曲线造型　　　D. 实体造型

9. 对图形进行光栅化一般分为两个步骤，先确定有关像素，再用图形的颜色或其他属性对像素进行(　)。

    A. 读操作　　　　B. 写操作　　　　C. 读写操作　　　D. 存取操作

10. 关键帧是动画序列中特定(　)的一个场景的详细图示。在每一个关键帧中，每一个对象的位置依赖于该帧的(　)。

    A. 时间　　　　　B. 对象　　　　　C. 位置　　　　　D. 时刻

二、简答题

1. 什么是计算机图形学？计算机图形学主要研究的内容有哪些？

2. 计算机图形学、图形处理与模式识别的本质区别是什么？请各举一例说明。

3. 什么是真实感绘制？什么是非真实感绘制？非真实感绘制的方法有哪些？

三、讨论题

1. 列举你在现实生活中见到的计算机图形学方面的应用例子，并对应用例子用图形学方面的知识去分析。

2. 计算机可视化自 1987 年提出以来，在工程和计算机领域得到了广泛的应用和发展，谈谈你身边的计算机可视化的应用及可视化给人们的生活带来的变化。

第 17 章　人 机 交 互

学习目标：

- 了解人机交互技术基础、人机交互模型、人机系统交互界面的构架、人机界面的设计、数据交互、语音交互、图像交互、行为交互、人机交互新发展、3D 及 4D 打印和人机交互的发展趋势。
- 掌握人机交互、人机交互模型的基本概念。

人机交互技术是计算机用户界面设计中的重要内容之一，人机界面的设计在计算机程序设计中占有很重要的地位。

17.1　人机交互技术基础

人机交互(Human-Computer Interaction，HCI)技术是指通过计算机输入、输出设备，以有效的方式实现人与计算机对话的技术，包括通过输入设备向计算机输入有关信息及提示、请示等，并利用显示设备向人们呈现这些大量信息。人机交互技术是计算机用户界面设计中的重要内容之一。人机交互技术涉及计算机科学与技术、电子科学与技术、人工智能、信息论、控制论、数学、物理学、人机工程学、工业设计、语言学、心理学、伦理学、认知学、社会学、人类学、生物学等学科领域，是计算机、网络通信、人工智能、分布计算、虚拟现实等信息技术发展到今天必然产生的交叉学科，其应用领域十分广泛，发展前景非常广阔。

人机界面的目的是实现人机交互功能，消除各种干扰信息，包括界面本身的干扰，从而将人们的注意力集中到任务本身。这是一种理想化的设计构思，是走向人机交互体验环境所必须完成的目标。这种设计理念，与施乐帕克(Xerox Palo)研究中心首席科学家马克·威瑟(Mark Weiser，1952—1999)提出的"普适计算"(Ubiquitous computing(ubicomp)、pervasive computing，又称普存计算、普及计算、遍布式计算、泛在计算，是一个强调和环境融为一体的计算概念，而计算机本身则从人们的视线里消失)思想一脉相承。他认为从长远看计算机会消失，这种消失并不是技术发展的直接后果，而是人类心理的作用，因为计算变得无所不在，不可见的人机交互也无处不在，就像人们时刻呼吸着的氧气一样，看不见却可以体验到。

Mark Weiser

人机交互技术的发展经历了以下四个阶段。

1. 第一阶段(1959—1969)

1959 年，美国学者沙克尔(B. Shackel)从人们在操纵计算机时如何才能减轻疲劳出发，发表了被认为是人机界面的第一篇论文《关于计算机控

B. Shackel

制台设计的人机工程学》。1960 年，Liklider JCK 首次提出"人机紧密共栖(Human-Computer Close Symbiosis)"的概念，发表了《人-计算机共生关系》，被视为人机界面学的启蒙观点。1962 年 MIT 博士生苏泽兰成功开发了著名的"画板"系统，从此计算机仿真学、飞行模拟、矢量图、电子游戏和虚拟现实技术都开始发展。1969 年，在英国剑桥大学召开了第一次人机系统国际大会，同年第一份专业杂志《国际人机研究》(*International Journal of Mechatronics and Manufacturing Systems*，IJMMS)创刊。

2. 第二阶段(1970—1979)

1970 年成立了两个 HCI 研究中心：一个是英国拉夫堡大学(Loughborough University)的 HUSAT 研究中心，另一个是美国 Xerox Palo Alto 研究中心。1970—1973 年出版了 4 本与计算机相关的人机工程学专著，为人机交互界面的发展指明了方向。

3. 第三阶段(1980—1995)

20 世纪 80 年代初期，相继出版了 6 本专著，对最新的人机交互研究成果进行了总结。人机交互学科逐渐形成了自己的理论体系和实践范畴的架构。理论体系从人机工程学独立出来，更加强调认知心理学以及行为学和社会学的某些人文科学的理论指导；实践范畴从人机界面拓延开来，强调计算机对于人的反馈交互作用。"人机界面"一词被"人机交互"所取代，HCI 中的 I，也由 Interface(界面/接口)变成了 Interaction(交互)。

4. 第四阶段(1996 年至今)

20 世纪 90 年代后期以来，随着高速处理芯片、多媒体技术和 Web 技术的快速发展和应用，人机交互的研究重点也转移到智能化交互、多模态、多通道、多媒体交互、虚拟交互以及人机协同交互等方面，更加强调"以人为中心"的人机交互技术方面。

随着信息技术的高速发展，人机交互技术实现了三次重大革命，即鼠标、多点触控和体感技术。鼠标在位置指示上比键盘更加人性化，是"自然人机交互"的始祖；多点触控颠覆了传统的"交互模式"，带来全新的基于手势的交互体验；体感技术利用即时动态捕捉、影响识别、麦克风输入、语音识别等功能，实现了不需要任何手持设备可进行人机交互的全新体验。

17.2 人机交互模型

人机交互模型是对人机交互系统中的交互机制进行描述的结构概念模型。人们已经提出了用户、交互、人机界面、评价等多种模型，这些模型从不同角度描述了交互过程中人和机器的特点及其交互过程。了解人机交互模型是开发一个人机交互系统的基础，设计有关交互产品所要理解和熟练掌握的知识。

在人机交互领域的模型研究方面，较早提出的一个有影响的模型是 Norman 的执行—评估循环模型。在这个模型中，Norman 将人机交互过程分为执行和评估两个阶段，包含七个步骤：建立目标、形成意图、动作描述、执行动作、理解系统状态、解释系统状态、根据目标和意图评估系统状态。

1. 人机交互框架模型

阿博德(Gregory D. Abowd)和比尔(Russell Beale)改进了 Norman 模型,提出了交互框架模型,该模型为了同时反映交互系统中用户和系统的特征,将交互分为系统、用户、输入和输出四部分,交互过程表现为信息在四部分之间的流动和对信息描述方式的转换上。这个模型较好地反映了交互的一般特征,其中输入和输出一起形成人机界面(人机接口或用户界面)。在一个交互周期中有目标建立、执行、表示和观察四个阶段,前两个阶段负责对用户意图的理解;后两个阶段负责对系统输出的解释和评价。

2. 用户概念模型

用户概念模型用于提供用户的基本信息,用户的信息根据设计用途可以分为以下三类。

(1) 用户的个人信息。用户的个人信息包括用户的姓名、电话、邮件地址等。用户模型对用户基本信息的描述,提供了提取上下文环境信息的数据。

(2) 应用人群信息。该信息描述了面向特定领域的用户信息,如用户在完成任务时所处的环境、用户在任务过程中的地位等。这类信息提供用户完成任务流程、操作、所处环境的相关信息给开发人员,使开发人员根据用户工作的实际情况选择界面的设计方案,并使最后的设计结果真正满足用户的可用性需求。

(3) 用户与系统的连接信息。此类描述信息被用于开发人员了解该类用户与本系统之间的关联协议、数据输入/输出方法等,以便进行系统功能设计。

17.3 人机系统交互界面的构架

1. 语言交互界面

真正意义上的人机交互开始于联机终端的出现,此时计算机用户与计算机之间可借助一种双方都能理解的语言进行交互式对话。根据语言的特点可将其分为以下几种。

(1) 形式语言。形式语言是一种人工语言,其特点是简洁、严密、高效,如应用于数学、化学、音乐、舞蹈等各领域的特殊语言。计算机语言不仅是操纵计算机的语言,而且是处理语言的语言。

(2) 自然语言。自然语言通常是指一种自然的随文化演化的语言。英语、汉语、日语都是自然语言,而世界语言则为人造语言,是一种由人蓄意为某些特定目的而创造的语言。不过,有时所有人类使用的语言都会被视为"自然"语言,以相对于如编程语言等为计算机而设计的"人造"语言。自然语言是人类交流和思维的主要工具,其特点是具有多义性,且微妙、丰富。

(3) 类自然语言。类自然语言是一种高级计算机语言,是为了构建完善的自然语言处理系统而设计的一种中间语言。它采用面向对象的高级编程语言进行编写,以经过归纳提炼的自然语言语法作为语法,采用分级的动态语素结构对自身语法进行渐进修正来实现系统的学习能力并确保知识的有效性。

2. 图形用户交互界面

20 世纪 70 年代,美国施乐公司的研究人员开发出了第一个图形用户界面,这样的设計使得計算機實現了字符界面向圖形界面的轉變，開啟了新的紀元。從此以後，微軟、蘋果等操作系統陸續出現，界面設計不斷完善，操作系統的不斷更新變化也將圖形用戶界面設計帶進新的時代。GUI 是當前用戶界面的主流，廣泛應用於各種台式計算機和圖形工作站。比較成熟的商品化系統有 Apple 的 Macintosh、IBM 的 PM(Presentation Manager)、Microsoft 的 Windows 和運行於 Unix 環境下的 X-Window、OpenLook、OSF/Motif 等。當前各類圖形用戶界面的共同特點是以窗口管理系統為核心，使用鍵盤和鼠標作為輸入設備。窗口管理系統除了基於可重疊多窗口管理技術之外，廣泛採用的另一核心技術是事件驅動(Event-Driven)技術。圖形用戶界面和人機交互過程極大地依賴視覺和手動控制的參與，因此具有強烈的直接操作特點。

雖然菜單與圖形用戶界面並沒有必然的聯繫，但圖形用戶界面中菜單的表現形式比字符用戶界面更為豐富，在菜單項中可以顯示不同的字體、圖標甚至產生三維效果。菜單界面與命令語言界面相比，用戶不需要學習複雜的代碼，無須回憶系統命令，只需要通過其中的圖形對象進行確認，電子產品收到操作指令後，對用戶進行結果的反饋，反饋的結果即用戶接收到的信息，也是圖形對象，從而大大降低了記憶負荷，而且用戶無須具備專業知識和操作技能就能夠實現操作。但菜單的缺點是靈活性和效率較差，可能不太適合於專家用戶。圖形用戶界面的優點是具有一定的文化和語言獨立性，並可提高視覺目標搜索的效率；其缺點是需要占用較多的屏幕空間，並且難以表達和支持非空間性的抽象信息的交互。

3. 多媒體人機交互界面

多媒體技術被認為是在智能用戶界面和自然交互技術取得突破之前的一種過渡技術。在多媒體用戶界面出現之前，用戶界面已經經過了從文本向圖形的過渡，此時用戶界面中只有兩種媒體——文本和圖形(圖像)，它們都是靜態媒體。多媒體技術引入了動畫、音頻、視頻等動態媒體，特別是引入了音頻媒體，從而極大豐富了計算機表現信息的形式，拓寬了計算機輸出的帶寬，提高了用戶接收信息的效率。

多媒體用戶界面豐富了信息的表現形式，但基本上限於信息的存儲和傳輸方面，並沒有理解媒體信息的含義，這是其不足之處，從而也限制了它的應用場合。多媒體與人工智能技術結合起來進行的媒體理解和推理的研究將改變這種現狀。多通道用戶界面研究的興起，將進一步提高計算機的信息識別、理解能力，提高人機交互的效率和用戶友好性，將人機交互技術和用戶界面設計引向更高的境界。

4. 多通道人機交互界面

多媒體用戶界面豐富了信息表現形式，提高了用戶感知信息的效率，拓寬了計算機到用戶的通信帶寬，而用戶到計算機的通信帶寬卻仍停留在圖形用戶界面(WIMP/GUI)階段的鍵盤和鼠標器時期，從而成為當今人機交互技術的瓶頸。自 20 世紀 80 年代後期以來，多通道用戶界面(Multimodal User Interface)成為人機交互技術研究的嶄新領域，在國際上受到高度重視。多通道用戶界面的研究正是為了消除當前 WIMP/GUI、多媒體用戶界面通信帶寬不平衡的瓶頸，綜合採用視頻、語音、手勢等新的交互通道、設備和交互技術，使用戶利用多個通道以自然、並行、協作的方式進行人機對話，通過整合來自多個通道的精確的和不精確的輸入來捕捉用戶的交互意圖，提高人機交互的自然性和高效性。國外研究(包括上述項目)涉及鍵盤、鼠標器之外的輸入通道，主要是語音和自然語言、手勢、書寫和眼動方面，并以具体系统研究为主。

5. 从虚拟现实到增强现实再到混合现实

1）虚拟现实

虚拟现实(Virtual Reality，VR)的概念在 1965 年由苏泽兰发表的论文 *The Ultimate Display* 提出，并于 1966 年在 MIT 林肯实验室研制出第一台头盔式显示器；1993 年美国波音公司将其应用于波音 777 的开发，1996 年英国投入了世界第一套虚拟现实环球网络。作为一种新型人机交互形式，虚拟现实技术比以前任何人机交互形式都有希望彻底实现和谐的、以人为中心的人机界面。多通道和多媒体技术的许多应用成果可以直接应用于虚拟现实技术，而虚拟现实技术正是一种以集成为主的技术，从本质上说是一种高度逼真地模拟人在现实生活中视觉、听觉、动作(甚至包括嗅觉)等行为的人机交互技术；信息处理系统已不再是建立在单维的数字化空间上，而是建立在一个多维的信息空间中，虚拟现实技术就是支撑这个多维信息空间的关键技术。综合运用"虚物实化"和"实物虚化"，使得虚拟环境中既有计算机创造出来的虚拟实体，又有真实世界物景。

虚拟现实技术的出现实际上是计算机图形学、人机接口技术、传感器技术及人工智能技术等交叉与综合的结果。以虚拟现实技术为代表的新型人机交互技术旨在探索自然和谐的人机关系，使人机界面从以视觉感知为主发展到包括视觉、听觉、触觉、力觉、嗅觉、动觉等多种感觉通道感知，从以手动输入为主发展到包括语音、手势、姿势、视线等多种效应通道输入。

2）增强现实

增强现实(Augmented Reality)技术是一种将虚拟信息与真实世界巧妙融合的技术，简称 AR。这种技术的目标是在屏幕上把虚拟世界套在现实世界并进行互动，通过科学技术模拟仿真后再叠加到现实世界被人类感官所感知，从而达到超现实的感官体验。这种技术广泛运用了多媒体、三维建模、实时跟踪及注册、智能交互、传感等多种技术手段，将计算机生成的文字、图像、三维模型、音乐、视频等虚拟信息模拟仿真后，应

增强现实

用到真实世界中，两种信息互为补充，从而实现对真实世界的"增强"。1966 年，计算机图形学之父和增强现实之父苏泽兰开发出了第一套增强现实系统，是人类实现的第一个 AR 设备，被命名为达摩克利斯之剑(Sword of Damocles)，同时也是第一套虚拟现实系统。1992 年，增强现实这一术语正式诞生。两个早期的增强现实原型系统——VirtualFixtures 虚拟帮助系统和 KARMA 机械师修理帮助系统被分别提出。1997 年，罗纳德·阿祖玛(Ronald Azuma)发布了第一个关于增强现实的报告，提出了一个已被广泛接受的增强现实定义。

3）混合现实

混合现实技术(Mixed Reality，MR)是虚拟现实技术的进一步发展，该技术通过在现实场景呈现虚拟场景信息，在现实世界、虚拟世界和用户之间搭起一个交互反馈的信息回路，来增强用户体验的真实感。

混合现实

17.4　人机界面的设计

设计界面体现了人与物交流信息的本质，也是设计艺术的内涵，它包括设计的各个方面，明确了设计的目标与程序。

按照设计界面把人机界面分为三类，有助于考察设计界面的多种因素。当然，这种划分是不可能完全绝对的，三类界面之间在含义上也可能存在交互和重叠。

(1) 功能性界面。对功能性界面来说，它实现的是使用性内容，任何一件产品的内、外环境或平面视觉传达作品其存在的价值首要在于其使用性，由使用性牵涉到多种功能因素的分析及实现功能的技术方法与材料运用。

(2) 情感性界面。任何一件产品或作品只有与人的情感产生共鸣才能被人所接受，"敝帚自珍"正体现着人的感情寄托，也体现着设计作品的魅力所在。现代符号学的发展也日益开拓这一领域，以尽力缩小这种不确定性，逐步加强理性化成分。符号学逐渐应用于民俗学、神话学、宗教学、广告学等领域。同时，符号学还用于分析利用人体感官进行的交际，并将音乐、舞蹈、服装、装饰等都作为符号系统加以分析研究，这都为设计艺术提供了宝贵的且有借鉴价值的情感界面设计方法和技术手段。

(3) 环境性界面。任何设计都要与环境因素相联系，它包括社会、政治、文化等领域，环境因素一般处于非受控与难以预见的变化状态。环境性界面设计所涵盖的因素是极为广泛的，包括政治、历史、经济、文化、科技和民族等，这方面的界面设计正体现了设计艺术的社会性。

信息时代中，网络界面设计已成为界面设计的一个重要方面。网络界面作为人机界面设计的一种，是界面设计的外延。由于计算机技术的迅速发展，网络界面设计可以运用计算机图像、声音等多方面技术进行虚拟与现实的转化，提供图像、声音等多方位的信息。因此，网络界面设计是信息时代设计的重要方面，如何运用现代艺术设计的理念对网络界面进行设计，是从事艺术设计人员所要面临的问题。人性化的设计是网络界面设计的核心，如何根据人的心理、生理特点，运用技术手段，创造简单、友好的界面，是网络界面设计的重点。

17.5　数　据　交　互

数据交互是人通过输入数据的方式与计算机进行交流的一种方式，它是人机交互的重要内容和形式。其一般的交互过程是首先由系统向操作者发出提示，提示用户输入及如何输入；接着用户通过输入设备把数据输入计算机；然后，系统响应用户输入，给出反馈信息，并显示在屏幕上(或者以其他方式显示)；同时系统对用户输入进行检查，如有错误就向用户指出，让用户重新输入。不同的数据输入形式决定了数据交互的不同方式。

1. 数据交互的方式

数据交互具有以下一些方式。

(1) 问答式对话数据输入交互，即系统提问用户回答。其优点是简单易用；缺点是单调且输入速度慢。

(2) 菜单选择数据输入交互。若数据从一个确定的可供选择的清单中选取输入，可用菜单方式。用户输入代表各项的数字代码可以选择所需数据。更复杂的可以使用笔或者鼠标对文字菜单或图标进行选择。现有的菜单选择数据输入交互方式有 PDA 操作界面的菜单输入方式和各种智能手机中的图形交互选项等。

(3) 填表数据输入交互。输入界面是一个待填充的表格，用户可以按照提示填入合适的数据。

(4) 直接操纵数据输入交互。该方式可通过光标移动进行查找或选择，输入方便，但常有预设范围的限制。

(5) 关键词数据输入交互。在软件的应用过程中，熟练的操作用户，经常用快捷键来辅助操作。

(6) 条形码数据输入。条形码经条形码读入器识别并读入，并把条形码序列翻译成数据序列。如图书馆中书籍的编号、超市中商品的信息都可以借助条形码来实现。

(7) 光学字符识别。光学字符识别(Optical Character Recognition，OCR)系统可以让计算机通过模式比较来识别一些具有不同字体和大小的印刷体。如办公自动化中的文本输入、邮件的自处理和订单数据的输入等。

(8) 声音数据输入交互。此法输入的速度很快，最大特点是不用手和眼睛，适合要输入数据同时还要完成手脚并用的工作场合和不宜使用纸张及不能使用键盘的场合。

(9) 图像数据输入。通过对图像进行特征提取和分析，自动识别限定的标志、字符和编码结构等。

2. 数据交互设备

数据输入设备有键盘、鼠标、跟踪球、操纵杆、触摸屏、手写板、光笔、数字化输入板、手势板和三维输入设备等，数据输出设备有显示器和打印机等。

17.6　语　音　交　互

语音识别技术的研究从 20 世纪 50 年代开始。1952 年，世界上第一个能识别英文字母发音的实验系统 Audry 系统被成功研制。20 世纪 60 年代，计算机的应用推动了语音识别的发展，重要成果有提出动态规划(Dynamic Programming，DP)和线性预测分析技术(Linear Prediction，LP)，后者能够很好地解决语音信号产生模型的问题，对语音识别产生了深远影响。20 世纪 70 年代，语音识别领域的研究得到突破，理论上 LP 技术得到进一步发展，动态时间归正技术(Dynamic Time-warping，DTW)基本成熟，特别提出了矢量量化(Vector Quantization，VQ)和隐马尔科夫模型(Hidden Markov Model，HMM)；实践上实现了基于现行预测倒谱和 DTW 技术的特定人孤立语音识别系统。20 世纪 80 年代，HMM 模型和人工神经元网络(ANN)在语音识别中成功应用。进入 20 世纪 90 年代，多媒体时代的来临迫切要求语音识别系统从实验室走向应用。许多发达国家如美国、日本，以及 IBM、Apple、AT&T Bell 等著名公司都投入巨资为语音识别系统进行实用化开发研究。当前，美国在非特定人大词汇表连续语音隐马尔科夫模型识别方面起主导作用，日本在大词汇表的连续语音神经网络识别、模拟人工智能进行语音后处理方面处于主导地位。

在日常生活中,人类的沟通大约有 75%是通过语音来完成的。语音交互就是研究人们如何通过自然的语音或机器合成的语音同计算机进行交互的技术,它涉及多学科的交叉,如语言学、心理学、人机工学、计算机技术等,同时对未来语音交互产品的开发和设计也有前瞻式的引导作用。语音交互不仅要对语音识别和语音合成技术进行研究,而且还要对人在语音通道下的交互机理、行为方式等进行深入研究。语音识别和语音合成的结合,构成了一个"人机通信系统"。

语音交互系统一般采取两种途径:一种是用基于语音识别和理解技术,依靠音频进行交互的系统;另一种是利用语音技术与系统的其他交互方式结合在一起进行交互的系统,在这种方式中语音不再占主导地位,它只是交互系统的一部分。

2013 年 7 月 26 日,Google Android 业务副总裁雨果·巴拉(Hugo Barra,1976—   )表示,Google 正在开发一种新技术,可以将手机变成"通用翻译器"。对于通话的双方,拨打电话的人可以说母语,然后手机将其同步翻译成接听电话人的母语传给接听者。

Hugo Barra

17.7　图　像　交　互

科学研究表明,人类信息传递主要通过语言、文字和图像三种渠道。而且,人类从外界获得的信息有 70%以上来自视觉系统,也就是从图像中获得。所以,对图像交互的研究和探讨将意义重大,对产品设计的创新也有引导作用。图像交互的应用领域空前广泛,如人脸图像的识别、手写交互界面和数字墨水等。

图像交互,简单地说就是计算机根据人的行为去理解图像,然后做出反应。其中,让计算机具备视觉感知能力是首要解决的问题。目前人们研究的机器视觉系统可以分为图像处理(最低级层次)、图像识别(较高级层次)和图像感知(最高层次)。图像处理是对图像进行各种加工以改善视觉效果,就是把输入图像转换成具有所希望特性的另一幅图像的过程,是一个从图像(输入)到图像(输出)的过程。图像识别是对图像中感兴趣的目标进行检测和测量,以获得它们的客观信息,从而建立对图像的描述,本质上是一个从图像到数据的过程。图像感知是在图像识别的基础上,进一步研究图像中单个目标的性质和它们的相互关系,并得出对图像内容含义的理解以及对原来客观场景的解释,从而指导和规划行动。在图像感知中,输入的是一幅图像,输出的则是对该图像的解释。

17.8　行　为　交　互

人们在相互交流过程中,除了使用语音交互外,还常常借助于身体语言,即通过身体的姿态和动作来表达意思,这就是人体行为交互。人体行为交互不仅能够加强语言的表达能力,有时还能起到语音交互所不能起到的作用,如时装表演、舞台小品的表演等。人机行为交互是计算机通过定位和识别人类、跟踪人类肢体运动、跟踪表情特征,从而理解人类的动作和行为,并做出响应的智能反馈过程。

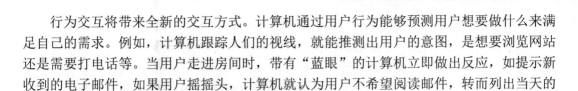

行为交互将带来全新的交互方式。计算机通过用户行为能够预测用户想要做什么来满足自己的需求。例如，计算机跟踪人们的视线，就能推测出用户的意图，是想要浏览网站还是需要打电话等。当用户走进房间时，带有"蓝眼"的计算机立即做出反应，如提示新收到的电子邮件，如果用户摇摇头，计算机就认为用户不希望阅读邮件，转而列出当天的日程安排等。

17.9　人机交互新发展

交互设计从依赖于计算机的桌面系统交互发展到移动设备的交互，再发展到依托于智能环境、虚拟环境的交互，进而发展到情感与心灵的交互。人机交互的方式多种多样，而且交互方式伴随着技术的发展在不断地升级，给处于核心地位的人带来更好的交互体验。常见的人机交互方式包括实体按键、输入键盘、屏幕手势、视觉反馈、声音反馈、触感反馈、重力感应以及语音交互等。除了常见的人机交互方式，还出现了如下新颖的人机交互方式。

1. 三维交互

人类生存在三维的物理世界中，对三维空间的感知非常熟悉，三维的交互方式为操作提供了很大的自由度，使人类感觉很舒服，使用时心情更加愉悦。

2. 手势交互

手势交互主要有两种方式：一种是光学跟踪，第二种是数据手套。传统的屏幕手势是指在触摸屏上面进行单击、双击、拖动、滑动、长按、两个手指相向滑动等。在虚拟现实中的手势交互，是把人的身体或肢体作为输入通道，如手部姿势、手臂姿势、头部姿势、腿部姿势、身体摇摆姿势等，然后通过多媒体终端设备的感应，识别人的各种动作，进而产生相应的反馈结果。

3. 触觉交互

通过人类敏感的触觉可产生交互效果，触觉交互可以给人更加真实的感受，使人具有高度的沉浸感，在输入的过程中，可以捕捉用户的动作；在输出的过程中，可以为用户提供真实的触觉体验。比如虚拟现实游戏中的振动反馈，使输出设备产生振动，进而传递给用户来感知。

4. 多通道交互

多通道交互是指通过多通道组合多个形式，比如可穿戴设备可以感应心跳、脉搏等身体数据，可以探测到人的走、跑、跳等肢体动作，可以识别人的语音指令，可以探测环境的数据，可以提供振动，可以调节不同的温度等身体可感知的信号。

5. 人脸识别

人类的脸部特征独一无二，不容易被复制，采集人脸信息方便快捷。人脸识别属于生物特征识别技术，通过人脸识别与多媒体终端产生交互，可以明显区分出生物体的个性特征，可以深入应用到很多领域，如人脸识别支付、摄像监视、公安系统侦破案件等。

6. 表情识别

表情识别的主要目的在于建立和谐而友好的人机交互环境，使得计算机能够看人的脸色行事，从而营造真正和谐的人机环境，通过识别人的面部表情、声调高低或者身体姿势等动作，给出相应的反馈。表情识别可以应用于安全和医疗领域，识别工人、司机的表情，进而判断他们的疲劳程度，也可以用于虚拟现实游戏领域，增强游戏的趣味性。

7. 眼标

人机交互基本上都离不开用户的视觉，用户能用眼睛来操控图形界面更为方便。利用人类眼睛活动与大脑感知之间的关系，用捕捉眼球细微动作的装置，鉴别眼睛在显示屏上的移动和注视。如果计算机使用者盯住屏幕上的某个链接图标"按键"，电视机就自动执行"按键"对应的操作。人类用眼睛搜索和盯住一个目标的准确性和速度远远超过用手移动鼠标。

17.10 3D 打 印

3D 打印技术是一种快速成型技术，它以数字模型文件为基础，运用粉末状金属或塑料等可黏合材料，通过一层又一层的多层打印方式，最终直接打印出产品，形成"数字化制造"。它无须机械加工或任何模具，就能直接从计算机图形数据中生成任何形状的零件，从而极大地缩短产品的研制周期，提高生产率和降低生产成本。3D 打印常用的材料有尼龙玻纤、耐用性尼龙材料、石膏材料、铝材料、钛合金、不锈钢、镀银、镀金以及橡胶类材料。3D 打印技

Urbee 3D 打印汽车

术可以用来打印飞机、玩具、家具、珠宝、赛车零件、固态电池、个人定制的手机、房子、汽车和小提琴等。

3D 打印技术源自 19 世纪美国研究的照相雕塑和地貌成型技术，学界将其称为"快速成型技术"。1983 年，查尔斯·胡尔(Charles Hull, 1939—)发明了"光固化成型法"，能够以逐层叠加的方式制作物体，这种技术被工业领域采用，以便迅速开发原型产品、难以寻找的零部件和太过独特的设计。2010 年 11 月，Urbee 推出世界上第一辆由巨大的 3D 打印机打印而成的汽车样车。2013 年 11 月，美国 3D 打印公司"固体概念"(SolidConcepts)设计制造出 3D 打印金属手枪。2019 年 4 月，以色列特拉维夫大学(Tel Aviv University)的研究人员以病人自身的组织为原材，打印出全球首例 3D 打印心脏。

3D 打印机的应用领域也在随着技术进步而不断扩展。打印皮肤、软骨、骨头和身体其他器官的"生物打印机"已经研发成功，可以制造雕塑并修复雕塑、制造由塑料和聚合物制成的三维物体并打印出实品。在设计行业，3D 打印而成的沙盘十分漂亮，鞋类的设计和鼠标手柄的设计都精致美丽。在航天科技与军事领域，3D 打印技术也在快速发展，3D 生物打印机被送往国际空间站，它可以帮助宇航员在失重环境下自制所需的零件，降低了空间站对地面补给的依赖；美国海军利用 3D 打印等先进制造技术快速制造舰艇零件，借此提升执行任务的速度并降低成本。

17.11　4D 打 印

4D 打印是指利用"可编程物质"和 3D 打印技术，制造出在预定的刺激下(如放入水中，或者加热、加压、通电、光照等)可自我变换物理属性(包括形态、密度、颜色、弹性、导电性、光学特性、电磁特性等)的三维物体。"可编程物质"是指能够以编程方式改变外形、密度、导电性、颜色、光学特性、电磁特性等属性的物质。4D 打印的第四维是指物体在制造出来以后，其形状或性能可以自我变换。

4D 打印运动鞋

2013 年 12 月 25 日，在美国加州举行的 TED 2013 大会上，来自美国 MIT 的计算机科学家斯凯拉·蒂比茨(Skylar Tibbits)展示了 4D 打印技术，这项技术由 MIT 和 3D 打印公司 Stratasys 合作开发，斯凯拉·蒂比茨被公认为是 4D 打印技术的发明者。从 2013 年 MIT 开展 4D 打印实验开始，很多国家着手在军事、医学及日常生活等领域探索技术应用。

2015 年，第一件镂空 4D 连衣裙和第一双 4D 鞋子问世，一定程度上实现了"量体裁衣"。2016 年，中国首次采用生物可降解材料，成功地将 4D 打印气管外支架用于婴儿复杂先天性心脏病的救治。2017 年，美国国家航空航天局利用 4D 打印技术制作出用于外太空的先进纤维材料，形成保护航天器的外层材料。2018 年，香港城市大学研究团队成功开发 4D 打印陶瓷技术。

如今，4D 打印已逐渐从实验室成果走向人类的日常生活。在医学领域，4D 打印的血管具有自我调节和自我修复的效果；在军事领域，结合 4D 打印技术的伪装服，可在兼顾轻便性的同时，能根据季节、周围环境重塑成需要的形态，为侦察人员执行任务提供便利；在建筑领域，利用 4D 打印技术开发出的"自适应"水管，可以根据水管外壁受力的不同自行改变其管道直径、材料刚性，比如，遭遇洪水、地震等自然灾害时，能够扩大直径或者使材料变为柔性，以保证供水正常。

17.12　人机交互的发展趋势

纵观人机交互的发展史，可以从中发现以下几个方面的趋势和特质。

(1) 集成化：即集成了语音识别、手势识别、表情识别和肢体动作识别的交互形式，通过融合各种识别结果输出最终判断。

(2) 智能化：在人机交互中，使计算机更好地自动捕捉人的姿态、手势、语音和上下文等信息。了解人的意图，并做出合适的反馈或者动作，提高交互活动的自然性和高效性，使人机之间的交互像人与人交互一样自然、方便，是计算机科学家正在积极探索的新一代交互技术的一个重要内容。人机交互和人工智能的结合，使得交互技术得到极大的提升。人机交互的智能化，其终极追求就是使人机互动变得像人人互动一样自然与流畅。

(3) 标准化：人机交互设备的标准化可降低制造成本，提高不同设备之间的兼容性，鼠标和键盘就是一个很好的案例。当先进的人机交互技术逐渐从"百花齐放"走向"大一统"的时候，标准化就是用户乃至整个社会的必然需求。

本 章 小 结

本章介绍了人机交互技术相关知识,阐述了人机交互技术的应用领域及相关内容,以及人机界面设计、数据交互、语音交互、图像交互、行为交互等。

通过本章的学习,读者应该对人机交互的原理和技术有一定的了解,熟悉命令语言、图形用户、多媒体人机交互的方式,理解功能性、情感性和环境性三类界面的具体含义,了解人机交互的具体形式和3D打印、4D打印。

习 题

一、选择题

1. 人机界面应具备的特性是( )。
   A. 功能性界面　　　　　　　　　　　B. 情感性界面
   C. 环境性界面　　　　　　　　　　　D. 完整性界面

2. Norman 的执行—评估循环模型步骤不包括( )。
   A. 建立目标　　　　　　　　　　　　B. 执行动作
   C. 解释系统状态　　　　　　　　　　D. 根据测试评估系统状态

3. 人机交互模型中,交互周期不包括( )阶段。
   A. 目标建立　　　　B. 执行　　　　　C. 表现　　　　　D. 检测

4. 运用计算机图形学和图像处理技术,将数据转换为图形或图像在屏幕上显示出来,并进行交互处理的理论、方法和技术是( )。
   A. 人机交互技术　　　　　　　　　　B. 虚拟现实技术
   C. 现代的数据可视化技术　　　　　　D. 多媒体技术

5. 在用户概念模型中,描述用户的信息的分类不包括( )。
   A. 用户的个人信息　　　　　　　　　B. 应用人群信息
   C. 用户与系统的连接信息　　　　　　D. 系统信息

6. 人机界面交互方式有( )。
   A. 数据交互　　　　B. 图像交互　　　C. 语音交互　　　D. 行为交互

7. 多媒体是指计算机处理信息媒体的多样化是以( )方式进行的。
   A. 交互　　　　　　B. 声音　　　　　C. 视频　　　　　D. 文本

8. 多媒体技术的特点有( )。
   A. 交互性　　　　　B. 集成性　　　　C. 实时性　　　　D. 协同性

9. MPC 是( )的英文简称。
   A. 微型计算机　　　　　　　　　　　B. 大型计算机
   C. 多媒体计算机　　　　　　　　　　D. 高性能计算机

二、简答题

1.　什么是人机交互技术？它的发展阶段有哪些？
2.　人机界面交互有哪几种方式？
3.　数据交互主要的交互形式有哪些？

三、讨论题

1.　如何才能设计友好的人机界面？
2.　多媒体计算机技术逐渐进入人们的生活，多媒体在娱乐方面的应用必将在很大程度上改变人们的生活方式，谈谈多媒体技术对人们的生活会带来哪些变化。

第 18 章　智　能　系　统

学习目标:

- 了解人工智能系统、知识表达及推理方法、搜索技术、自然语言处理、计算智能、机器学习方法、机器人学、人工智能的应用。
- 掌握智能系统基础问题、基本搜索策略、基本知识表达和推理方法、基本机器学习方法。

智能系统是指能产生人类智能行为的计算机系统,它包括十分广泛的科学,由不同的领域组成,如专家系统、机器学习、智能计算、计算机视觉等。

18.1　人工智能系统

18.1.1　人工智能

人工智能(Artificial Intelligence, AI),又称为机器智能(Machine Intelligence, MI),是研究、设计和应用智能机器或智能系统来模拟人类智能活动的能力,以延伸人类智能的科学。它是一门综合了计算机科学、控制论、信息论、生理学、神经生理学、语言学和哲学的交叉学科。人工智能的研究课题涵盖面很广,从机器视觉到专家系统,包括了许多不同的领域,其目标是利用各种自动机器或智能机器模仿、延伸和扩展人的智能,实现某些“机器思维”或脑力活动自动化。

人工智能的起源可以追溯到人类试图用机器来代替人的部分脑力劳动开始。公元前 850年,古希腊就流传着借助机器人帮助人们劳动的神话传说。公元前 900 多年,我国记载有歌舞机器人的传说,这些都说明古代关于人工智能已经形成了初步设想。

17 世纪帕斯卡开发了世界上第一台会演算的机械加法器。莱布尼茨在这台加法器的基础上发展并制成了进行全部四则运算的计算器,同时他提出了逻辑机的设计思想,即通过符号体系对对象的特征进行推理,这种“万能符号”和“推理计算”的思想就是现代化“思考”机器的萌芽。

20 世纪人工智能接连出现很多开创性的进展。1936 年,图灵在《理想计算机》中提出了著名的“图灵机模型”。1945 年,图灵进一步论述了电子数字计算机设计思想,1950 年他又在《机器会思考吗?》一文中提出了著名的“图灵测试”:一个人在不接触对方的情况下,通过一种特殊的方式,和对方进行一系列问答,如果在相当长时间内,他无法根据这些问题判断对方是人还是计算机,那么就可以认为这个计算机具有同人相当的智力,即这台计算机是智能的。该测试的本质是让人类测试机器是不是智能的,自此“人机大战”成了人工智能的焦点,并在人工智能的发展史中接连上演。

1956 年,美国达特茅斯学院(Dartmouth College)的一次历史性聚会被认为是人工智能学科正式诞生的标志,此后人工智能进入了快速发展期。这一阶段开发了许多堪称神奇的程序,计算机可以解决代数应用题、证明几何定理、学习和使用英语。当时大多数人几乎无法相信机器能够如此"智能",而研究者们表现出相当乐观的情绪,认为 20 年间就可以出现完全智能的机器。

20 世纪 70 年代,人工智能的发展遇到了瓶颈,即使最杰出的人工智能程序也只能解决问题中最简单的一部分,也就是说所有的人工智能程序都只是"玩具"。

20 世纪 80 年代中期,在经历了 10 多年的低潮之后,人工神经元网络的研究取得了突破性进展,学者们提出了很多新的神经元网络模型,并将其广泛应用于模式识别、故障诊断、预测、智能控制等多个领域。从此,人工智能开始了新的发展阶段。

深蓝(Deep Blue)是美国 IBM 公司研制的一台高性能并行计算机,它由多个专为国际象棋比赛设计的微处理器组成,该系统每秒可计算 2 亿步棋。深蓝计划源自许峰雄在美国卡内基梅隆大学(Carnegie Mellon University)攻读博士学位时的研究,第一台计算机名为"晶体测试",在州象棋比赛中获得了名次,后来他又研制了另一台计算机"沉思"(Deep Thought,该名源于《银河系漫游指南》(*The Hitchhiker's Guide to the Galaxy*)中的一台超级计算机),芯片工艺是 3 微米。许峰雄在 1989 年加入 IBM 研究部门,并继续进行超级计算机的研究工作,当时他与穆雷·坎贝尔(Murray Campbell)研究并行计算问题。1992 年,IBM 委任谭崇仁为超级计算机研究计划主管,领导研究小组开发专门用以分析国际象棋的深蓝超级计算机。1996 年 2 月 10 日至 17 日,深蓝首次挑战国际象棋世界冠军加里·基莫维奇·卡斯帕罗夫(Гарри Кимович Каспаров,1963—   ),但以 2∶4 落败。其后研究小组把深蓝加以改良,1997 年 5 月再度挑战卡斯帕罗夫,比赛在 1997 年 5 月 11 日结束,最终深蓝以两胜一负三平战胜卡斯帕罗夫,成为首个在标准比赛时限内击败国际象棋世界冠军的计算机,如图 18.1 所示。

深蓝

比赛照片

比赛照片

图 18.1　深蓝比赛

2016 年 1 月 27 日,《自然》封面文章报道,Google 研究者开发的名为"阿尔法围棋"(AlphaGo)的人工智能机器人,在没有任何让子的情况下,以 5∶0 完胜欧洲围棋冠军、职业二段选手樊麾,在围棋人工智能领域实现了一次史无前例的突破。2016 年 3 月 9 日至 15日,阿尔法围棋程序挑战世界围棋冠军李世石的围棋人机大战五番棋在韩国首尔举行,比赛采用中国围棋规则,最终阿尔法围棋以 4∶1 的总比分取得了胜利。2016 年 12 月 29 日晚到 2017 年 1 月 4 日晚,阿尔法围棋在弈城围棋网和野狐围棋网以"Master"为注册名,依次对战数十位人类顶尖围棋高手,取得 60 胜 0 负的辉煌战绩。2017 年 5 月 23 日到 27

日，在中国乌镇围棋峰会上，阿尔法围棋以 3：0 的总比分战胜排名世界第一的世界围棋冠军柯洁。2018 年的第五届世界互联网大会上，新华社联合搜狗公司发布全球首个合成新闻主播——"AI 合成主播"，并且在 2019 年首位 AI 合成女主播正式上岗，这不仅在全球 AI 合成领域实现了技术创新和突破，更是在新闻领域开创了实时音视频与 AI 真人形象合成的先河，如图 18.2 所示。

图 18.2　柯洁大战"阿尔法围棋"

随着全球范围内大量资本的涌入、产业界的积极布局，人工智能(AI)技术与应用正在加速结合，并呈现持续升温的态势。2017 年的两会上，"人工智能"更是首次被写入政府工作报告。李克强总理在 2017 年、2018 年、2019 年三年的政府工作报告中都提及人工智能产业的发展。

人类对人工智能自古以来就有持久而狂热的追求，并设法用机器来代替人的部分脑力劳动，用机器来延伸和扩展人类的某种智能行为。人工智能从诞生、发展至今经历了漫长的发展道路，许多学者为此而不懈努力。

18.1.2　智能行为

机器是否有可能思考这个问题历史悠久，机器是否有可能思考是二元并存理念和唯物论思想之间的区别。笛卡儿在 1637 年《谈谈方法》中曾预言图灵测试。

笛卡儿指出机器能够与人类交互，但认为这样的机器不能做出适当的反应，但是任何人都可以。因此，笛卡儿借此区分机器与人类。笛卡儿没有考虑到机器语言能力未来能够被克服。

1. 图灵测试

图灵测试是图灵在 1950 年提出的一个关于判断机器是否能够思考的著名思想实验，测试某机器是否能表现出与人等价或者无法区分的智能。测试的谈话仅限于使用唯一的文本管道、计算机键盘和屏幕，这样的结果不依赖于计算机把单词转换为音频的能力。图灵测试是人工智能哲学方面的第一个严肃的提案。

2014 年 6 月 8 日，首次有计算机通过图灵测试，尤金·古斯特曼(Eugene Goostman)成功地在英国雷丁大学(University of Reading)所举办的测试中骗过研究人员，令他们以为"它"是一位名为尤金·古特曼(Eugene Goostman)的 13 岁男孩，但后来有文章指出它其实并非真正地通过了测试。

2. 理性与非理性推理

推理是逻辑学名词，通过一个或几个被认为是正确的陈述、声明或判断达到另一真理的行动，而这真理被相信是从前面的陈述、声明或判断中得出的直接推理。理性推理是指

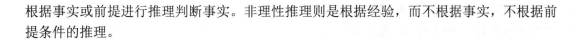

根据事实或前提进行推理判断事实。非理性推理则是根据经验，而不根据事实，不根据前提条件的推理。

18.2 知识表达及推理方法

在人工智能中，问题的表示、任务的描述、逻辑的判断和推理等都离不开知识。对知识的描述和表示一直是人工智能研究中的一个十分重要的内容和课题。

18.2.1 知识与知识表示

1. 知识的概念

知识是人类对客观世界及其内部运行规律的认识与经验的总和，是人类利用这些规律改造世界的方法和策略。一般来说，把有关信息关联在一起所形成的信息结构称为知识。在计算机科学和智能程序设计中，研究的知识仅仅是有关现实世界的一部分知识。

在人工智能系统中有对象性、事件性、性能性、元知识等几种类型的知识。这些知识是对客观世界及其内部运行规律的认识，也是对客观世界原理的认识，如对事物的本质、现象、状态、属性、关系、运动等的认识。

知识具有相对正确性、不确定性、可表示性与可利用性等多个特征。知识的相对正确性是指知识在一定的条件下是正确的，但在另一种条件下却可能是不正确的。因此，知识必须经过实践的检验，才能判断其正确性。知识的不确定性是指事物介于“真”与“假”之间的中间状态，它具有随机性、模糊性、经验性或不完全性。这是由于世界上事物之间的关系是复杂的，有时难以用“真”或“假”两种状态表示，即“真”的程度是不同的，这种关系通常是模糊的。知识的可表示性是指知识可以用适当的形式表示出来，如用文本、声音、语言、图形、姿势等。知识的可利用性是指知识可以被利用，人们每天都在利用自己所掌握的知识解决所面临的各种问题。

2. 知识的表示

知识表示是对知识的一种描述，是指把知识客体中的知识因子与知识关联起来，便于人们识别和理解知识，在人工智能中主要是指适用于计算机的一种数据结构。知识表示是人工智能研究的基本问题，在人工智能中，经常使用的知识表示方法有一阶谓词逻辑表示法、问题归约表示法、语义网络表示法、框架表示法、剧本表示法、产生式表示法、状态空间表示法、过程表示法、面向对象表示法等，并且有主观知识表示和客观知识表示两种知识表示方法。在建立一个具体的智能系统时，究竟采用哪种表示模式，目前还没有一个标准，也不存在一个万能的知识表示模式。

18.2.2 一阶谓词逻辑表示法

谓词逻辑是可以表现出人类思维规律的最准确的符号语言，是在人工智能中进行知识表达的最重要的方法。在谓词逻辑中，原子命题分解成个体词和谓词。个体词是可以独立存在的事或物，包括现实物、精神物和精神事三种；谓词则是用来刻画个体词的性质的词，即刻画事和物之间的某种关系表现的词。

18.2.3　经典推理技术

知识表示方法为人工智能问题的求解打下了基础。从问题表示到问题的解决，有一个求解的过程。为实现求解的过程，采用的基本方法包括推理技术和搜索技术。

推理是人类求解问题的主要思维方法，其任务是利用知识，因此与知识的表示方法有密切关系。推理是指依据一定的规则从已有的事实推出结论的过程，相应的带有规划的概念，这时不仅是求解问题，还要寻找一个优化的求解步骤。规划体现了求解的目的，而推理则反映了问题中各个部分间的逻辑关系。前者涉及效率问题，后者则与正确性有关。经典的推理主要是确定性推理，常见的有规则演绎推理、消解演绎推理等，它们建立在经典逻辑的基础上，运用确定性知识进行精确推理，也是一种单调性推理。

1. 规则演绎推理

对许多公式来说，子句型是一种低效率的表达式，因为一些重要信息可能在求取子句型过程中丢失。基于规则的问题求解系统采用易于叙述的 if-then(如果……那么)规则来求解问题。在所有的基于规则的系统中，每个 if 可能与某断言集中的一个或多个断言匹配，有时把该断言集称为工作内存。在许多基于规则的系统中，then 部分用于规定放入工作内存的新断言。这种基于规则的系统叫作规则演绎系统，在这种系统中，通常称每个 if 部分为前项，称每个 then 部分为后项。有时，then 部分用于规定动作，这时称这种基于规则的系统为反应式系统或产生式系统。

基于规则的演绎系统和产生式系统，均有正向推理(Forward Reasoning)和逆向推理(Backward Reasoning)两种推理方式。正向推理是指从 if 部分向 then 部分推理的过程，它是从事实或状况向目标或动作进行操作的；逆向推理则是从 then 部分向 if 部分推理的过程，它是从目标或动作向事实或状况进行操作的。

2. 消解演绎推理

消解演绎推理又称为消解原理，是鲁滨逊(J. A. Robinson)于 1965 年首先提出的，它是谓词逻辑中一个相当有效的机械化推理方法。消解原理的出现被认为是自动推理，特别是定理机器证明领域的重大突破。归结的含义将由命题逻辑和谓词逻辑分别给出定义。归结原理是以子句集为背景展开的研究。

在谓词公式、某些推理规则及转换合一等概念的基础上，能够进一步研究消解原理，或称为归结原理。消解是一种可用于一定的子句公式的重要推理规则。一个子句定义为由文字的析取组成的公式。当消解可使用时，消解过程被应用于母体子句对，以便产生一个导出子句。

3. 与/或形演绎推理

与/或形演绎推理与消解演绎推理不同，消解演绎推理要求把有关问题的知识及目标的否定都化成子句形式，然后通过归结进行演绎推理，所遵循的推理规则是归结规则；与/或形演绎推理则不再把有关的知识转化为子句集，而是把领域知识和已知事实分别用蕴含式及与/或形表示出来，然后通过运用蕴含式进行演绎推理，从而证明某个目标公式。与/或形演绎推理可分为正向演绎、逆向演绎和双向演绎三种推理形式。

4. 产生式系统

产生式系统(Production System)是由波斯特于 1943 年提出的产生式规则(Production Rule)而得名的。1965 年，美国的纽厄尔和西蒙利用这个原理建立了一个人类的认知模型。同时，斯坦福大学利用产生式系统结构设计出第一个专家系统 DENDRAL。产生式系统用来描述若干个不同的以一个基本概念为基础的系统，这个基本概念就是产生式规则或产生式条件和操作对象。在产生式系统中，知识分为两部分，用事实表示静态知识，如事物、事件及其关系；用产生式规则表示推理过程和行为。由于这类系统的知识库主要用于存储规则，因此又把这类系统称为基于规则的系统(Rule Based System)。

18.2.4　高级知识推理方法

现实世界中遇到的问题和事物间的关系往往比较复杂，客观事物存在的随机性、模糊性、不完全性和不精确性，导致人们认识上有一定程度的不确定性。为此，需要在不完全和不确定的情况下运用不确定知识进行推理，即进行不确定性推理。此外，求解过程中得到的有关问题的结论也并非随知识的增加而单调增加，因此，还有必要进行非单调推理的研究。这些推理都不同于经典推理，常被称为高级知识推理技术。常见的高级知识推理技术有非单调推理、时序推理等。

1. 逻辑推理和定理证明

推理是指从已有事实(前提)推出新的事实(结论)的过程。逻辑推理是人工智能研究中最持久的领域之一。人们之所以能够高效地解决一些复杂问题，除了拥有大量的专业知识外，还由于他们具有合理选择知识和运用知识的能力。关于知识的运用，一般称为推理方式。传统的形式化推理技术，是以经典的谓词逻辑为基础，它与人工智能中早期的问题求解及难题求解的关系相当密切，在定理证明中的应用也十分广泛。近年来，随着人工智能研究的不断深入，人类求解一些复杂问题的过程要比机械的演绎方式复杂得多，因此在推理领域形成了许多高级推理方式，对这些方式的研究也成了人工智能研究的重要内容之一。

而运用计算机进行数学领域的定理证明也成为人工智能的研究方向之一。用计算机来进行定理证明并不是一件容易的事。例如，1976 年 7 月，美国伊利诺伊大学(University of Illinois)的凯尼斯·阿佩尔(Kenneth Appel，1932—2013)和沃夫冈·哈肯(Wolfgang Haken，1928—　)用三台大型计算机，花费 1200 小时，做了 100 亿个判断，证明了长达 124 年未解决的难题——四色定理，即如果在平面上划出一些邻接的有限区域，那么在合适的条件下，必定可以用四种颜色来给这些区域染色，使得每两个邻接区域染的颜色都不一样。这是人工智能应用于定理证明的一个标志性成果。

Kenneth Appel　Wolfgang Haken

2. 非单调推理

基于谓词逻辑的推理系统是单调的，该系统中已知为真的命题数目随着推理的进行而严格地增加。但人类的思维过程和推理活动在本质上是非单调的，人们对客观事物的认识和信念总是不断调整和深化的，于是出现了非单调推理。非单调推理由明斯基(Minsky)于1975 年提出。非单调推理具有的特征是推理系统的定理集合不随推理过程的进行而单调增大，新推出的定理很可能会修正甚至否定原有的一些定理，使得原来能够解释的一些现象变得不能解释。实现非单调推理的方法主要有两种：一种是在经典逻辑中增加某些公理，用以导出非单调推理的结果(如限定推理)；另一种是定义特定的非经典逻辑(如缺省推理和自认识逻辑)。

3. 时序推理

时序推理是由艾伦(Allen)提出的，它是一种用于表示时间知识和进行时间区间推理的方法，能够表示事件之间的时序关系。它不是建立在逻辑基础上的，消除了一阶谓词逻辑的局限性，因而具有较大的实用价值，已获得广泛的应用。

4. 其他推理

除了上述推理技术外，还存在其他重要的高级推理技术，它们主要是一些不精确的推理技术，这类推理技术主要包括概率推理、限定推理、可信度方法、证据理论、贝叶斯推理等。

18.2.5　不确定性推理方法

不确定性推理是从不确定的初始证据出发，通过运用不确定性的知识，最终推出具有一定程度的不确定性但却是合理或者近乎合理的结论的思维过程。在不确定性推理中，"不确定性"一般分为两类：一是知识的不确定性，二是证据的不确定性。

1. 知识不确定性的表示

知识的表示与推理是密切相关的两个方面，不同的推理方法要求有相应的知识表示与之对应。在确立不确定性的表示方法中，有两个直接相关的因素需要考虑：一是要根据领域问题的特征把其不确定性比较准确地描述出来，满足问题求解的需要；二是便于推理过程中对不确定性地推算。只有把这两个因素结合起来考虑，相应的表示方法才是实用的。

2. 证据不确定性的表示

在推理中，有两种来源不同的证据：一种是用户在求解问题时提供的初始证据，另一种是在推理中用前面推出的结论作为当前推理的证据。对于前一种情况，由于这种证据多来源于观察，因而通常是不精确、不完全的，即具有不确定性。对于后一种情况，由于所使用的知识及证据都具有不确定性，因而推出的结论当然也具有不确定性。

一般来说，证据不确定性的表示方法应与知识不确定性的表示方法保持一致，以便于推理过程中对不确定性进行统一的处理。

3. 模糊推理

模糊推理是近似推理，根据近似推理理论，模糊推理规则是用模糊集合表示的自然语言的语句推出的结果，也是一个模糊集。换言之，用模糊集合表示的自然语言的语句的语言值是一个模糊集合。

模糊推理是利用模糊性知识进行的一种不确定性推理。模糊推理与其他不确定性推理有着本质的区别。其他不确定性推理的理论基础是概率论，它所研究的事件本身有明确的含义，只是由于发生的条件不充分，使得在条件与事件之间不能出现确定的因果关系，从而在事件的出现与否上表现出不确定性。那些推理模型是对这种不确定性，即随机性的表示与处理。模糊推理的理论基础是模糊集理论以及在此基础上发展起来的模糊逻辑。它所处理的事物自身是模糊的，概念本身没有明确的外延，一个对象是否符合这个概念难以明确地确定，模糊推理是对这种不确定性(即模糊性)的表示与处理。在人工智能的应用领域中，知识及信息的不确定性大多是由模糊性引起的，这就使得对模糊推理的研究显得格外重要。1965 年，美国加州大学伯克利分校控制理论学家扎德(Lotfi Asker Zadeh，1921—2017)教授在 *Information and Control* 上发表的开创性论文 *Fuzzy Sets*，创立了模糊集合论。1996 年，王国俊(1935—2013)教授建立了模糊命题演算的形式系统 L~*，之后在系统 L~*的框架中，从语义上为模糊推理规则构建了逻辑基础。

Lotfi Asker Zadeh　　　王国俊

4. 可信度方法

可信度方法是肖特里菲(E. H. Shortlife)等人在确定性理论的基础上，结合概率论等提出的一种不确定性推理方法。它首先在专家系统 MYCIN 中得到了成功的应用。由于该方法比较直观、简单，而且效果也比较好，因而受到人们的重视。

人们在长期的实践活动中，通过对客观世界的认识积累了大量的经验，当面临一个新事物或者新情况时，往往可以用这些经验对问题的真、假或为真的程度做出判断。这种根据经验对一个事物或对象为真的相信程度称为可信度。可信度带有较大的主观性和经验性，其准确性难以把握。但由于人工智能面临的大多是结构复杂的不良问题，难以给出精确的数学模型，先验概率及条件概率的确定又比较困难，因而用可信度来表示知识及证据的不确定性仍不失为一种可行的方法。

18.3　搜　索　技　术

在求解一个问题时，涉及两个方面：一是该问题的表示，如果一个问题找不到一个合适的表示方法，就谈不上对它的求解；二是选择一种相对合适的求解方法。在人工智能领域中，绝大多数问题缺乏直接求解的方法，因此，搜索不失为一种求解问题的方法。

18.3.1 问题空间与状态空间

1. 问题空间

问题空间是问题解决者对问题客观陈述的理解，通常由问题的给定条件、目标和允许的认知操作三种成分构成。

问题空间是被试在解决问题时对面临的任务环境的内部表征，而不是问题解决的任务环境本身。比如，在一个问题解决的实验中，实验者给被试提供若干指令和一组刺激。为了实现问题的解决，被试必须把问题的这些构成成分(规定的条件、目标、规则及其他有关情境)编码成某种内部的心理表征，这种内部的表征就是被试的问题空间。它包括呈现给他的问题的起始状态、要求达到的目标状态、问题在解决过程中的各种可能的中间状态(想象的或经验的)、可以使用的算子(操作)，也包括与问题情境有关的"约束"，如关于不可以做什么的限制及客体或客体特征的结合方式的限制。由此可见，问题空间是由被试对所要解决的有关问题的一切可能的认识状态构成的。

问题空间会随着问题解决的进程而逐渐得到丰富和扩展。而且，在解决某一特定问题时，不同个体的问题空间可能是有差别的，尤其是对那些规定不良的问题，问题空间的差异较为明显。问题解决的信息加工理论认为，一个被试对问题的解决过程，就是穿越其问题空间搜索一条通往问题目标状态的路径。

2. 状态空间

状态空间是控制工程中的一个名词。状态是指在系统中可决定系统状态、最小数目变量的有序集合。而所谓状态空间则是指该系统全部可能状态的集合。简单来说，状态空间可以视为一个以状态变数为坐标轴的空间，因此系统的状态可以表示为此空间中的一个向量。所谓状态就是用来表示系统状态、事实等叙述型知识的一组变量或者数组。操作就是用来表示引起状态变化的过程型知识的一组关系或函数。

18.3.2 基本搜索策略

搜索技术是用搜索方法寻求问题解答的技术。搜索问题出现在人工智能的许多领域中。通常情况下，把与问题有关的一些事实所描述的现实世界称为状态。人工智能所讨论的状态都是非瞬时状态。当然，状态转移或状态改变是瞬时的。搜索问题研究的就是状态及状态的转移。

一个状态必须包括一切对现实世界来说是重要的东西，即一切对推理必需的事实。事实的数量可能很多，而且会在许多状态之间推理，以达到目标状态。因此，状态的描述应尽可能简洁，只记录正在讨论的与特定问题有关的事实。例如，考察从城市中一个交叉路口乘汽车到另一个交叉路口。如果把这一问题理解成一个搜索问题，则状态就是汽车在城市中的位置。由于汽车行驶路线仅在交叉路口才可能改变，可将状态表示成交叉路口名。这里，搜索问题就是要找到以所要到达状态为结束的一串状态，即汽车所要经过的一串交叉路口名。

可以用有向图来理解搜索问题。有向图由节点和连接节点的有向弧组成。把节点理解成问题求解过程中的状态，把有向弧理解成算符的具体应用。在搜索问题中，有一个开始状态和若干个目标状态。搜索的各种方法，从搜索图上来说，都归结为求一条从开始状态到其中一个目标状态的路径。

1. 搜索过程

(1) 从初始或者目的状态出发，并将它作为当前状态。

(2) 扫描操作算子集，将适用当前状态的一些操作算子作用在其上面而得到新的状态，并建立指向其父节点的指针。

(3) 检查所生成的新的状态是否满足结束状态，如果满足，则得到解，并可沿着有关指针从结束状态反向到达开始状态，给出一个解答路径；否则，将新的状态作为当前状态，返回第(2)步再进行搜索。

2. 启发式搜索

启发式搜索(Heuristically Search)又称为有信息搜索(Informed Search)，它是利用问题拥有的启发信息来引导搜索，达到缩小搜索范围、降低问题复杂度的目的。在具体求解过程中，启发式搜索能够利用与该问题有关的信息来简化搜索过程，这类信息称为启发信息。通常以下两种情况使用启发式搜索。

(1) 由于问题陈述和数据获取方面存在模糊性，可能会使一个问题没有一个确定的解。

(2) 虽然一个问题可能有确定解，但是其状态空间特别大，搜索中生成扩展的状态数会随着搜索的深度呈指数增长。

但是，启发式策略是极易出错的。在解决问题的过程中启发仅仅是下一步将要采取措施的一个猜想，常常根据经验和直觉来判断。由于启发式搜索只有有限的信息(比如当前状态的描述)，要想预测进一步搜索过程中状态空间的具体行为则很难。一个启发式搜索可能得到一个次最佳解，也可能一无所获。这是启发式搜索固有的局限性，这种局限性不可能由所谓更好的启发式策略或更有效的搜索算法来消除。一般来说，启发信息越强，扩展的无用节点就越少。

18.3.3　高级搜索方法

遗传算法(Genetic Algorithm，GA)是利用查尔斯·罗伯特·达尔文 (Charles Robert Darwin，1809—1882)的"适者生存，优胜劣汰"的自然进化规则进行搜索和完成对问题求解的一种新方法。遗传算法是仿真生物遗传学和自然选择机理，通过人工方式所构造的一类搜索算法。从某种程度上说，遗传算法是对生物进化过程进行的数学方式仿真。1975 年，美国学者约翰·亨利·霍兰德(John Henry Holland，1919—2008)在他的著作《自然和人工系统中的适应》(*Adaptation in Natural and Artificial Systems*)中首次提出遗传算法。1989 年，大卫·戈德堡(David Goldberg)的著作《搜索、优化和机器学习中的遗传算法》(*Genetic Algorithms in Search，Optimization and Machine Learning*)对遗传算法做了全面系统的

Charles Robert
Darwin

John Henry
Holland

总结和论述，奠定了现代遗传算法的基础。经过几十年的发展，遗传算法已经广泛地应用于组合优化、机器学习、信号处理、自适应控制和人工生命等领域。它是现代有关智能计算中的关键技术。

遗传算法类似于自然进化，通过作用于染色体(Chromosome)上的基因(Genes)寻找好的染色体来求解问题。遗传算法的基本思想是在问题的求解过程中，把搜索空间视为遗传空间，把问题的每一个可能解看作一个染色体，染色体里面有基因，所有的染色体组成群体(Population)。依据某种评价标准对每一个染色体进行评价，计算其适应度，并根据适应度对每一个染色体进行选择、变异和交换操作，淘汰适应度小的染色体，留下适应度大的染色体，从而得到新的群体。新的群体优于旧的群体，对新的群体再施加自然选择法则，结果一代胜过一代，直到达到预定的优化标准。

遗传算法已用于求解带有应用前景的一些问题，如遗传程序设计、函数优化、排序问题、人工神经网络、分类系统、计算机图像处理、机器人运动规划等。

18.4   自然语言处理

自然语言处理(Natural Language Processing，NLP)是计算机科学领域与人工智能领域的一个重要方向，它研究能实现人与计算机之间用自然语言进行有效通信的各种理论和方法。自然语言处理是一门融语言学、计算机科学、数学于一体的科学，但由于它的难度很大，至今仍未能达到很高的水平。

18.4.1   自然语言的发展

最早的自然语言理解方面的研究工作是机器翻译。1949 年，美国人威弗首先提出了机器翻译设计方案。20 世纪 60 年代，国外对机器翻译曾有大规模的研究工作，耗费了巨额费用，但人们当时显然是低估了自然语言的复杂性，语言处理的理论和技术均不成熟，所以进展不大。主要的做法是存储两种语言的单词、短语对应译法的大辞典，翻译时一一对应，技术上只是调整语言的顺序。但日常生活中语言的翻译远不是如此简单，很多时候还要参考某句话前后的意思。

大约从 20 世纪 90 年代开始，自然语言处理领域发生了巨大的变化。这种变化的两个明显的特征如下。

(1) 对系统输入。要求研制的自然语言处理系统能处理大规模的真实文本，而不是如以前的研究性系统那样，只能处理很少的词条和典型句子。只有这样，研制的系统才有真正的实用价值。

(2) 对系统的输出。鉴于真实地理解自然语言是十分困难的，对系统并不要求能对自然语言文本进行深层的理解，但要能从中抽取有用的信息。例如，对自然语言文本进行自动地提取索引词，过滤，检索，自动提取重要信息，进行自动摘要等。

同时，由于强调了"大规模"，强调了"真实文本"，下面两方面的基础性工作也得到了重视和加强。

(1) 大规模真实语料库的研制。大规模的经过不同深度加工的真实文本的语料库，是

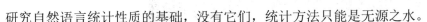

研究自然语言统计性质的基础，没有它们，统计方法只能是无源之水。

(2) 大规模、信息丰富的词典的编制工作。规模为几万、十几万，甚至几十万词，含有丰富的信息(如包含词的搭配信息)的计算机可用词典对自然语言处理的重要性是很明显的。

1. 萌芽期

1956 年以前，可以看作自然语言处理的基础研究阶段。一方面，人类文明经过了几千年的发展，积累了大量的数学、语言学和物理学知识，这些知识不仅是计算机诞生的必要条件，同时也是自然语言处理的理论基础。另一方面，图灵在 1936 年首次提出了"图灵机"的概念。"图灵机"作为计算机的理论基础，促使了 1946 年电子计算机的诞生，而电子计算机的诞生又为机器翻译和随后的自然语言处理提供了物质基础。

由于来自机器翻译的社会需求，这一时期也进行了许多自然语言处理的基础研究。1948 年香农把离散马尔科夫过程的概率模型应用于描述语言的自动机。接着，他又把热力学中"熵"的概念引用于语言处理的概率算法中。1956 年，艾弗拉姆·诺姆·乔姆斯基提出了上下文无关语法，并把它运用到自然语言处理中。他们的工作直接引起了基于规则和基于概率这两种不同的自然语言处理技术的产生，而这两种不同的自然语言处理方法，又引发了数十年有关基于规则方法和基于概率方法孰优孰劣的争执。

2. 发展时期

自然语言处理在发展时期很快融入了人工智能的研究领域。由于有基于规则和基于概率这两种不同方法的存在，自然语言处理的研究在这一时期分为了两大阵营：一个是基于规则方法的符号派(Symbolic)，另一个是采用概率方法的随机派(Stochastic)。

这一时期，两种方法的研究都取得了长足的发展。从 20 世纪 50 年代中期开始到 60 年代中期，以乔姆斯基(Chomsky)为代表的符号派学者开始了形式语言理论和生成句法的研究，60 年代末又进行了形式逻辑系统的研究。而随机派学者采用基于贝叶斯方法的统计学研究方法，在这一时期也取得了很大的进步。但由于在人工智能领域，这一时期多数学者注重研究推理和逻辑问题，只有少数来自统计学专业和电子专业的学者在研究基于概率的统计方法和神经网络，所以，在这一时期，基于规则方法的研究势头明显强于基于概率方法的研究势头。这一时期的重要研究成果包括 1959 年美国宾夕法尼亚大学(University of Pennsylvania)研制成功的 TDAP 系统、布朗美国英语语料库的建立等。1967 年美国心理学家迪克·奈瑟尔(Ulric Neisser，1928—2012)提出认知心理学的概念，直接把自然语言处理与人类的认知联系起来了。

随着研究的深入，人们看到基于自然语言处理的应用并不能在短时间内得到解决。从 20 世纪 70 年代开始，自然语言处理的研究进入了低谷时期。但尽管如此，一些发达国家的研究人员依旧继续着他们的研究。由于他们的出色工作，自然语言处理在这一低谷时期同样取得了一些成果。20 世纪 70 年代，基于隐马尔科夫模型(Hidden Markov Model，HMM)的统计方法在语音识别领域获得成功。20 世纪 80 年代初，话语分析(Discourse Analysis)也取得了重大进展。之后，由于自然语言处理的研究者对于过去的研究进行了反思，有限状态模型和经验主义研究方法也开始复苏。

3. 复苏时期

Yoshua Bengio

20 世纪 90 年代中期以后,有两件事从根本上促进了自然语言处理研究的复苏与发展。一件事是 20 世纪 90 年代中期以来,计算机的速度和存储量大幅增加,为自然语言处理改善了物质基础,使得语音和语言处理的商品化开发成为可能;另一件事是 1994 年 Internet 商业化和同期网络技术的发展使得基于自然语言的信息检索和信息抽取的需求变得更加突出。

语言模型解决的是在给定已出现词语的文本中,预测下一个单词的任务。这可以算是最简单的语言处理任务,但却有许多具体的实际应用,如智能键盘、电子邮件回复建议等。当然,语言模型的历史由来已久。第一个神经语言模型——前馈神经网络(Feed-forward Neural Network),是意大利计算机科学家约书亚·本吉奥(Yoshua Bengio)等人于 2001 年提出的,它以某词语之前出现的 n 个词语作为输入向量。

2013 年和 2014 年是神经网络模型开始在 NLP 中被采用的时间。三种主要类型的神经网络成为使用最广泛的:循环神经网络(Recurrent Neural Network)、卷积神经网络(Convolutional Neural Network)和递归神经网络(Recursive Neural Network,RNN)。递归神经网络(RNN)是处理 NLP 中普遍存在的动态输入序列的理想选择。RNN 很快被经典的长期短期记忆网络(LSTM)所取代,后者证明其对消失和爆炸梯度问题更具弹性。

2018 年发布的 BERT 是一个 NLP 任务的里程碑式模型,它的发布势必带来一个 NLP 的新时代。BERT 是一个算法模型,它的出现打破了大量的自然语言处理任务的记录。在 BERT 的论文发布后不久,Google 的研发团队还开放了该模型的代码,并提供了一些在大量数据集上预训练好的算法模型下载方式。Google 开源这个模型,并提供预训练好的模型,这使得所有人都可以通过它来构建一个涉及 NLP 的算法模型,从而节约了大量训练语言模型所需的时间、精力、知识和资源。

18.4.2　句法和语义的分析

由于理解句子需要用到各种知识,如语法、语义、句法、语音、语用等,而且理解过程中涉及许多复杂的工作,因此一般把句子的理解分为以下几个阶段。

(1) 语法分析。主要目的是将词的线性序列变换为表示词间关系的结构,并查出违反语言词间组合规则的词序列,终止对它们做进一步的处理,如语法分析器应拒绝这样的句子"Girl the go the to store"。

(2) 语义分析。语法分析所产生的结构被赋予意义,即在语法结构与所涉及任务域中的实体间建立映射。若映射无法建立,则句子作为语义异常而被拒绝。语义分析就是通过分析找出词义、结构意义及其结合意义,从而确定语言所表达的真正含义或概念。在语言自动理解中,语义越来越成为一个重要的研究内容。

(3) 句法分析。它是对句子和短语的结构进行分析。自动句法分析的方法有很多,如短语结构语法、功能语法、格语法等。句法分析针对的单位是句子,其目的是找出词、短语等的相互关系及各自在句子中的作用,并用相应的层次结构来表示。

(4) 语音分析。根据音位规则,从语言流中区分出各个独立的音素,再根据音位形态规则找出各个音节及其对应的词素或词。

(5) 语用分析。利用语用知识对所得句子的语义进行重新解释来获得真正的语义。它描述语言的环境知识、语言与语言使用者在某个给定语言环境中的关系。

不过，上述几个阶段的分界十分模糊，并不是绝对可分的。例如在语法分析中，有时就需要利用语义分析来消除二义性。

18.4.3 机器翻译

计算机出现后，人们就想到用它来进行机器翻译，但用计算机来翻译却困难重重，这些困难有词的多义性、文法多义性和成语等。如果不能较好地克服这些困难，就不能实现真正的机器翻译。

机器翻译就是用计算机来模拟人的翻译过程。计算机在翻译前，在它的存储器中已经存储了语言学工作者编好并由数学工作者加工过的机器词典和机器语法。计算机进行翻译时，首先查找词典，找到词的意义和一些语法特征，如果查到的词不止一个意义，就要进一步搞清楚各个词之间的关系，以便理顺一个句子。

用计算机进行机器翻译的过程可分为原文输入、原文分析、译文综合和输出几个步骤。这几个步骤中都需要用到人工智能的相关知识。目前，机器翻译仍处于研究阶段，机器翻译的效果仍不理想，需要人工智能工作者不断努力，以获得更好的机器翻译效果。

在机器翻译的领域有很多难点，比如，语言的复杂程度、上下文的关联、各地方言的区别、同一段话不同语气的意思、联合上下文语境表达含义的不同、一句话内多种语言的切换等。目前业内主要的实现手段有基于规则的、基于统计的、基于实例的以及基于神经网络的。

(1) 基于规则的机器翻译，是最古老也是见效最快的一种翻译方式。根据翻译的方式可将它分为：直接基于词的翻译、结构转换的翻译和中间语的翻译。

举个例子"we do chicken right"会翻译为"我们做鸡右"。从字面上理解，基于词的翻译就是直接把词进行翻译，但是也不是这么简单，会通过一些词性的变换、专业词汇的变换、位置的调整等一些规则，进行修饰。基于结构转换的翻译，就是不仅仅考虑单个词，而是考虑到短语的级别。比如"do chicken"有可能被翻译成"烹饪鸡"，那么"we do chicken right"整句话就好多了，"我们烹饪鸡好吗"。

最后一种就是基于中间语的翻译，比如过去在金本位的年代，各国都有自己的货币。中国使用中国的货币，美国使用美国的货币，那么货币之间怎么等价呢？就可以兑换成黄金来衡量价值，这样就可以进行跨币种的买卖了。翻译也是如此，倘若由两种语言无法直译，那么也可以先翻译成中间语，然后通过中间语进行两种语言的翻译。

(2) 基于统计的机器翻译明显要比基于规则的高级得多，因为它引入了一些数学的方法，总体上显得更加专业。

首先，我们有一段英文想要把它翻译成汉语，比如"we do chicken right"，会根据每个词或者短语，罗列它可能出现的翻译结果："我们/做/鸡/右、我们/做/鸡/好吗、我们/干/鸡/怎么样等。"这样的结果有很多种。然后我们需要一个大量的语料库，即有大量的文章，这些文章会提供每一种翻译结果出现的概率，概率的计算方式可能是使用隐马尔科夫模型，即自己算相邻词的概率，这个原理在《数学之美》中有介绍，感兴趣的同学可以学习一下。

最终挑选概率最高的翻译结果作为最终的输出。

(3) 基于实例的机器翻译。这种翻译也比较常见,通俗点说就是抽取句子的模式,当你输入一句话想要翻译的时候,会搜索相类似的语句,然后替换成不一样的词汇。举个例子:"I gave zhangsan a pen","I gave lisi an apple",就可以抽取它们相似的部分,直接替换不一样的地方的词汇就行。这种翻译其实效果不太好,而且太偏领域背景。

(4) 基于神经网络的机器翻译。在深度学习火起来后,这种方式越来越受关注。我们先简单地来了解一下什么是神经网络。

基本的意思就是我们会有很多的输入,这些输入经过一些中间处理得到输出,得到的输出又可以作为下一个计算过程的输入,这样就组成了神经网络。在机器翻译中主要使用的是循环神经网络,即上一次的输出可以作为这次的输入继续参与计算。

在翻译的过程中,虽然是以句子为单位进行翻译的,但是每一句话都会对下一句话的翻译产生影响,这样就做出了上下文的感觉。比如 do chicken 单纯的翻译有很多种翻译结果,但是如果前面出现过厨师等这类的词句,那么这个单词就更倾向翻译成烹饪鸡。

影响机器翻译的结果往往取决于译入跟译出语之间在词汇、文法结构、语系甚至文化上的差异。例如,英文与荷兰文同为印欧语系日耳曼语族,这两种语言间的机器翻译结果通常会比中文与英文间机器对译的结果要好很多。现阶段,大众使用机器翻译的目的可能更多的是了解原文句子或段落的要旨,而不是精确地翻译。总的来说,机器翻译还没有达到可以取代专业(人工)翻译的程度,并且也尚无法成为正式的翻译。

总之,自然语言处理是一个复杂的问题,但对它的研究又能带动人工智能技术上的更大发展。在当今这个信息发达的社会,人们迫切需要一种能够进行语言转换的工具,以方便不同语言的人们之间的交流。因此,自然语言理解的研究就成为当今人工智能最热门的研究领域之一。

18.4.4 语音识别

长期以来,语音识别系统在对每个建模单元的统计概率模型进行描述时,大多采用高斯混合模型(Gaussian Mixture Model,GMM)。由于估计简单和有成熟的区分度训练技术支持,这种模型适合海量数据训练,所以它也就在语音识别应用中居于垄断性地位。不过,GMM 本质上是一种浅层网络建模,对特征的状态空间分布不能充分描述,其特征维度一般也就几十维,对特征之间的相关性也不能进行充分描述。因而,GMM 建模是一种似然概率建模,能力有限。

2011 年,微软公司在识别系统研究方面取得了成果,这种基于深度神经网络的成果,对语音识别原有的技术框架进行了彻底的改变。

由于采用了深度神经网络,特征之间的相关性得到了充分的描述,连续多帧的语音特征并在一起后,形成了一个高维特征。由此,深度神经网络就得以采用高维特征训练来模拟,最终形成较为理想的适合模式分类的特征。在线上服务时,深度神经网络的建模技术能够和传统的语音识别技术进行无缝对接,大幅度提升了语音识别系统的识别率。语音识别在线下的服务方法是:在实际解码过程中,仍采用传统的 HMM 声学模型、传统的统计语言模型和传统的动态 WFST 解码器。在声学模型的输出分布计算时,完全用"神经网络的输出后验概率乘以一个先验概率来代替传统 HMM 模型中的 GMM 的输出似然概率"。这样的语音识别系统比传统的 GMM 语音识别系统的误识别率下降了 25%。

Google 公司是最早采用深层神经网络进行声学建模的工业化应用企业之一,其产品中采用的深度神经网络有 4～5 层。相比而言,百度采用的深度神经网络达到了 9 层。这就是百度更好地解决了深度神经网络在线计算的技术难题的原因所在。因而,百度在拓展海量语料的 DNN 模型训练方面占有更大的优势。

由于深度神经网络的采用,使得语音识别技术得到了广泛应用。就大家常见的来说,如语音导航、语音拍照、语音拨号、语音唤醒等功能,已经成为各智能应用上最普遍的终端。另外,智能语音操控也由当初的聊天功能发展成为能帮助用户解决实际问题的功能性应用。现在,几乎所有的主流智能手机都带有一定程度的语音功能,如苹果公司 iOS 有 Siri、Google 公司 Android 有 Google Now、微软公司 Windows Phone 有 Cortana 等。在这方面,智能语音正走向成熟,智能语音控制成为行业发展的一大特色。

随着智能操作系统时代的来临,平板电脑、智能家居和智能汽车等产品不断出现,语音识别功能被引入越来越多的应用之中,由此,语音智能系统迎来了新的机遇。这其中,随着语音识别技术的提高,智能语音由"听话"变为了"懂话",实现了语音交互。

18.5　计　算　智　能

计算智能是以生物进化的观点认识和模拟智能。按照这一观点,智能是在生物的遗传、变异、生长以及外部环境的自然选择中产生的。在用进废退、优胜劣汰的过程中,适应度高的(头脑)结构被保存下来,智能水平也随之提高。因此说计算智能就是基于结构演化的智能。计算智能涉及模糊计算、进化计算、神经计算等领域,它的研究和发展反映了当今科学技术多学科交叉与集成的重要发展趋势。

18.5.1　计算智能概述

计算智能(Computational Intelligence,CI)也称为"软计算",是指借用自然界(生物界)规律的启迪,根据其原理模仿设计求解问题的算法。目前这方面的内容很多,如人工神经网络技术、遗传算法、进化规划、模拟退火技术、集群智能技术等。

计算智能技术是将问题对象通过特定的数学模型进行描述,使之变成可操作、可编程、可计算和可视化的一门学科,它运用其所具有的并行性、自适应性、自学习性来对信息、神经、生物、化学等学科中的海量数据进行规律挖掘和知识发现。由于其在整个计算过程中自始至终考虑计算的瞬时性和敏捷性,因此对于复杂的问题对象通过任务分解或变换方法,使得问题对象在有限的时间内获得令人满意的解答。

计算智能技术是一门涉及物理学、数学、生理学、心理学、神经科学、计算机科学、智能技术等的交叉学科。过去,计算智能技术的进步总是离不开人工智能,特别是人工神经网络技术的发展,但是以符号推理为特征的人工智能技术由于过于依赖规则,以至于被认为缺少数学支持而遭到质疑;而以自学习、自适应、高度并行性为特征的人工神经网络技术,虽然有坚实的数学支撑,但却无法精确处理实际问题中的各种小样本集事件,这些都大大地限制了智能计算技术的进一步发展。近年来，诸如进化计算、人工神经网络、支持向量机等智能计算技术的出现，使智能计算技术发展成不但能处理海量数据等大样本集的问题对象，而且也能自适应地处理小样本事件集的数据，从而使该项技术受到人们的广泛关注。同时，它在工程技术领域的大量应用也促进了对计算智能的研究。

18.5.2 群体智能

群居昆虫以集体的力量进行觅食、御敌、筑巢，这种群体所表现出来的"智能"就称为群体智能(Swarm Intelligence)，如蜜蜂采蜜、筑巢以及蚂蚁觅食、筑巢等。人们从群居昆虫互相合作中得到启迪，研究其中的原理，以此原理来设计新的求解问题的算法。群体智能最早被用在细胞机器人系统的描述中，它的控制是分布式的，不存在中心控制。群体智能及其优化计算方法有蚁群优化算法和粒子群优化算法。

1. 蚁群优化算法

蚁群(Ant Colony)优化算法是一种用来寻找优化路径的概率模型，它是1992年首先由意大利学者多里戈(Marco Dorigo，1961—   )等人提出，其灵感来源于蚂蚁寻找食物过程中发现路径的行为，也称为蚁群系统。利用该方法求解旅行推销员问题、指派问题、Job-shop高度问题等，取得了一系列较好的效果。受其影响，蚁群系统模型逐渐引起了其他研究者的注意，并用该算法来解决一些实际问题。

Marco Dorigo

从许多对蚁群算法的分析中可以看出，它的优点是较强的鲁棒性，对基本蚁群算法模型稍加修改，即可应用于其他问题。分布式计算中，蚁群优化算法是一种基于种群的进化算法，具有本质并行性，易于并行实现，易于与其他方法结合，如蚁群优化算法很容易与其他启发式算法结合，以改善算法的性能。

2. 粒子群优化算法

粒子群优化算法(Particle Swarm Optimization，PSO)是一种进化计算技术(Evolutionary Computation)，由艾伯哈特(Eberhart)和肯尼迪(Kennedy)教授于1995年提出，源于对鸟群捕食的行为研究。PSO同遗传算法类似，是一种基于迭代的优化工具，系统初始化为一组随机解，通过迭代搜寻

Russ Eberhart   James Kennedy

最优值，但是并没有用遗传算法用的交叉(Crossover)及变异(Mutation)，而是粒子在解空间追随最优的粒子进行搜索。

18.5.3 人工神经网络

人工神经网络(Artificial Neural Network，ANN)是20世纪80年代以来人工智能领域兴起的研究热点。它从信息处理角度对人脑神经元网络进行抽象，建立某种简单模型，按不同的连接方式组成不同的网络，在工程与学术界也常直接简称为神经网络或类神经网络。神经网络是一种运算模型，由大量的节点(或称神经元)之间相互连接构成。每个节点代表一种特定的输出函数，称为激励函数(activation function)。每两个节点间的连接都代表一个

对于通过该连接信号的加权值，称之为权重，这相当于人工神经网络的记忆。

1943 年，心理学家麦卡洛克(W. S. McCulloch，1898—1969)和数理逻辑学家皮茨(W. Pitts)建立了神经网络和数学模型，称为 MP 模型。他们通过 MP 模型提出了神经元的形式化数学描述和网络结构方法，证明了单个神经元能执行逻辑功能，从而开创了人工神经网络研究的时代。

1949 年，心理学家提出了突触联系强度可变的设想。20 世纪 60 年代，人工神经网络得到了进一步发展，更完善的神经网络模型被提出，其中包括感知器和自适应线性元件等。1982 年，美国加州理工学院 (California Institute of Technology)的物理学家约翰·约瑟夫·霍普菲尔德(John Joseph Hopfield，1933—   )提出了 Hopfield 神经网格模型，引入了"计算能量"的概念，给出了网络稳定性判断。1984 年，他又提出了连续时间 Hopfield 神经网络模型，为神经计算机的研究做了开拓性的工作，开创了神经网络用于联想记忆和优化计算的新途径，有力地推动了神经网络的研究。20 世纪 90 年代中期，随着统计学习理论和支持向量机的兴起，神经网络学习的理论性质不够清楚、试错性强、在使用中充斥大量"窍门"的弱点更为明显，于是神经网络的研究进入低谷。2010 年前后，随着计算能力的迅猛提升和大数据的涌现，神经网络研究在"深度学习"的名义下又重新崛起。

人工神经网络是人类采用许多处理元件(如电子元件)构成的模拟人脑神经系统的结构和功能而建立的网络。人工神经网络或模拟神经网络是由模拟神经元组成的，可把 ANN 看成是以处理单元(Processing Element，PE)为节点，用加权有向弧(链)相互连接而成的有向图。其中，处理单元是对生理神经元的模拟，而有向弧则是轴突—突触—树突对的模拟。有向弧的权值表示两个处理单元间相互作用的强弱。它是一种具有大脑风格的信息处理，其本质是通过网络的变换和动力学行为获得某种并行分布式的信息处理功能，并在不同层次和程度上模仿人脑神经系统的信息处理功能。

神经系统是由数目繁多的神经元组合而成。大脑皮层有 100 亿个以上的神经元，每立方毫米约有数万个，它们互相连接形成神经网络。通过感觉器官和神经接收来自身体内外的各种信息，传递至中枢神经系统内，经过对信息的分析和综合，再通过运动神经发出控制信息，从而实现机体与内外环境的联系，协调全身的各种机能活动。

人工神经网络是由大量的简单基本元件——神经元相互连接而成的自适应非线性动态系统。每个神经元的结构和功能比较简单，但大量神经元组合产生的系统行为却非常复杂。

心理学家和认知科学家研究神经网络的目的在于探索人脑加工、储存和搜索信息的机制，弄清人脑功能的机理，建立人类认知过程的微结构理论；生物学、医学、脑科学专家试图通过神经网络的研究推动脑科学向定量、精确和理论化体系发展，同时也寄希望于临床医学的新突破；信息处理和计算机科学家研究这一问题的目的在于寻求新的途径以解决不能解决或解决起来有极大困难的大量问题，构造更加逼近人脑功能的新一代计算机。

18.6 机器学习方法

18.6.1 机器学习简介

机器学习是继专家系统之后人工智能应用的又一个重要研究领域，是人工智能和神经计算的核心研究课题之一。机器学习是研究如何使用机器来模拟人类学习活动、获取知识和技能的理论和方法，以改善系统性能的一门学科。随着人工智能、神经网络、专家系统等学科的迅速发展，人们更加关注机器学习的研究。

机器学习是最近几十年兴起的一门多领域交叉学科，涉及概率论、统计学、逼近论、凸分析、算法复杂度理论等多门学科，专门研究计算机怎样模拟或实现人类的学习行为，以获取新的知识或技能，重新组织已有的知识结构使之不断改善自身的性能。它是人工智能的核心，是使计算机具有智能的根本途径。机器学习理论主要是设计和分析一些让计算机可以自动"学习"的算法。机器学习算法是一类从数据中自动分析获得规律，并利用规律对未知数据进行预测的算法。因为学习算法中涉及了大量的统计学理论，同时机器学习与统计推断学的联系尤为密切，因此也被称为统计学习理论。算法设计方面，机器学习理论关注可以实现的、行之有效的学习算法。很多推论问题属于无程序可循难度，所以部分机器学习研究是开发容易处理的近似算法。

机器学习的发展最早可以追溯到对人工神经网络的研究。1943 年，沃伦·麦卡洛克(Warren McCulloch)和沃尔特·皮茨(Wallter Pitts)提出了神经网络层次结构模型，确立了神经网络的计算模型理论，从而为机器学习的发展奠定了基础。1950 年，图灵提出了著名的"图灵测试"，使人工智能成为科学领域的一个重要研究课题。

1957 年，美国的康奈尔大学(Cornell University)教授弗兰克·罗森布拉特(Frank Rosenblatt)提出了感知机(Perceptron)概念，并且首次用算法精确定义了自组织自学习的神经网络数学模型，设计出了第一个计算机神经网络。这个机器学习算法成为神经网络模型的开山鼻祖。1959 年美国 IBM 公司的塞缪尔(A.M.Samuel)设计了一个具有学习能力的跳棋程序，曾经战胜了美国保持 8 年不败的冠军。这个程序向人们初步展示了机器学习的能力。

1980 年夏，在美国卡内基梅隆大学举行了第一届机器学习国际研讨会，标志着机器学习研究在世界范围内兴起。1986 年，*Machine Learning* 创刊，标志着机器学习逐渐为世人瞩目并开始加速发展。

1986 年，鲁姆哈特(Rumelhart)、辛顿(Hinton)和威廉姆斯(Williams)联合在《自然》杂志上发表了著名的反向传播算法(BP)。1989 年，美国贝尔实验室学者杨立昆(Yann LeCun)教授提出了目前最为流行的卷积神经网络(CNN)计算模型，推导出基于 BP 算法的高效训练方法，并成功地应用于英文手写体识别。

进入 20 世纪 90 年代，多浅层机器学习模型相继问世，诸如逻辑回归支持向量机等，这些机器学习算法的共性是数学模型为凸代价函数的最优化问题，理论分析相对简单，容易从训练样本中学习到内在模式，来完成对象识别、人物分配等初级智能工作。

2006 年，机器学习领域的泰斗杰弗里·辛顿(Geoffrey Hinton)和鲁斯兰·萨拉赫库第诺夫(Ruslan Salakhutdinov)发表文章，提出了深度学习模型。主要论点包括：多个隐藏的人工神经网络具有良好的特征学习能力；通过逐层初始化来克服训练的难度，实现网络整体调优。这个模型的提出，开启了深度网络机器学习的新时代。2012 年，Hinton 研究团队采用深度学习模型赢得了计算机视觉领域最具有影响力的 ImageNet 比赛冠军，标志着深度学习进入第二阶段。

深度学习近年来在多个领域取得了优异的成绩，推出了一批成功的商业应用，诸如Google 翻译、苹果语音工具 Siri、微软的 Cortana 个人语音助手、蚂蚁金服的 Smile to Pay

扫脸技术。2016 年开启了人工智能的时代,特别是 2016 年 3 月,Google 的 AlphaGo 与围棋世界冠军、职业九段棋手李世石进行围棋人机大战,以 4∶1 的总比分获胜。2017 年世界癌症日当天,天津三中心医院举行了智能机器人义诊活动。机器创作歌曲、绘画、诗歌、小说、电影也有了不俗的成绩。2017 年 10 月 18 日,DeepMind 团队公布了最强版 AlphaGo,代号为 AlphaGo Zero,它能在无任何人类输入的条件下,从空白状态学起,自我训练的时间仅为 3 天,自我对弈的棋局数量为 490 万盘,能以 100∶0 的战绩击败前辈。

18.6.2　机器学习的方法与任务

1. 机器学习系统的基本结构

人工智能大师哈伯特·西蒙(Herbert A.Simon,1916—2001)认为学习就是系统在不断重复的工作中对本身能力的增强或者改进,使得系统在下一次执行同样的任务或者类似任务时,会比现在做得更好或者效率更高。以哈伯特·西蒙的学习定义为出发点,建立简单的学习模型如图 18.3 所示。

Herbert A.Simon

在该结构中,环境向系统的学习部分提供某些信息,学习部分利用这些信息修改知识库,以增进系统执行部分完成任务的效能,执行部分根据知识库完成任务,同时将获得的信息反馈给学习部分。在具体的应用当中,环境、知识库和执行部分决定了具体的工作内容,学习部分所需要解决的问题完全由上述三个部分确定。

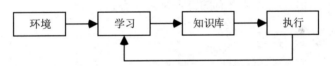

图 18.3　学习系统的基本结构

2. 机器学习的方法

被最广泛采用的两大机器学习方法是监督学习(Supervised Learning)和无监督学习(Unsupervised Learning)。大多数的机器学习(大概 70%)是监督学习,无监督学习大概占 10%～20%,有时也会使用半监督学习和强化学习这两个技术。

(1) 监督学习:算法利用标签实例进行训练,就像已知所需输出的输入,例如,一个设备可以有的数据点标记为"F"(失败)或"R"(运行)。学习算法收到了一系列有着对应正确输出的输入,且算法通过对比实际输出和正确输出进行学习,以找出错误,然后相应地进行模型修改。通过分类、回归、预测和梯度提高的方法,监督学习使用模式来预测额外的未标记数据的标签的值。监督学习被普遍应用于用历史数据预测未来可能发生的事件,例如,它可以预测,什么时候信用卡交易可能是欺诈性的,或哪个保险客户可能提出索赔。

(2) 无监督学习:使用无历史标签的相反数据,系统不会被告知"正确答案"。算法必须弄清楚被呈现的是什么,其目标是探索数据并找到一些内部结构。无监督学习对事务性数据的处理效果很好。

(3) 半监督学习：和监督学习相同，但它同时使用了标签和无标签数据进行训练，通常情况下是少量的标记的数据与大量的未标记的数据(因为未标记的数据并不昂贵，且只需要较少的努力就可获得)，如分类、回归和预测。

(4) 强化学习：经常被用于机器人、游戏和导航。通过强化学习，该算法通过试验和错误发现行动产生的最大回报。这种类型的学习有三个主要组成部分：代理(学习者或决策者)、环境(一切的代理交互)和行动(什么是代理可以做的)。其目标是代理选择的行动，可以在一个给定的时间内最大化预期奖励。通过一个好的策略，代理将更快地达到目标。因此，强化学习的目标是学习最好的策略。

3. 机器学习的典型任务

(1) 回归。回归问题就是指利用现有的数据，找出一个数学表达式，这个表达式能很好地描述这些数据的变化趋势，是一个预测连续数量的任务。回归问题是一个有监督学习问题。

(2) 分类。找一个函数判断输入数据所属的类别，可以是二类别问题(是/不是)，也可以是多类别问题(在多个类别中判断输入数据具体属于哪一个类别)，是一个预测离散数量的任务。分类问题是一个有监督学习的模式识别问题。

(3) 聚类。聚类是模式识别的问题，但聚类问题属于无监督学习的一种。

(4) 降维。降维是机器学习中很重要的一种思想。在机器学习中经常会碰到一些高维的数据集，而在高维数据情形下会出现数据样本稀疏、距离计算等困难，这类问题是所有机器学习方法共同面临的严重问题，称之为"维度灾难"。另外在高维特征中容易出现特征之间的线性相关，这也就意味着有的特征是冗余存在的。

18.6.3　简单统计学习

统计学和机器学习之间的界定一直很模糊，无论是业界还是学界一直认为机器学习只是统计学披了一层光鲜的外衣。常见的说法是："机器学习和统计的主要区别在于它们的目的。机器学习模型旨在使最准确的预测成为可能；统计模型是为推断变量之间的关系而设计的。"这个说法从技术上看是没错，但是并没有给出清晰且令人满意的答案。其实，机器学习的理论基础多来自统计学。

1. 朴素贝叶斯分类器

朴素贝叶斯分类器是一系列以假设特征之间强(朴素)独立下运用贝叶斯定理为基础的简单概率分类器。该分类器模型会给问题实例分配用特征值表示的类标签，类标签取自有限集合。它不是训练这种分类器的单一算法，而是一系列基于相同原理的算法：所有朴素贝叶斯分类器都假定样本每个特征与其他特征都不相关。

朴素贝叶斯分类是一种十分简单的分类算法，叫它朴素贝叶斯分类是因为这种方法的思想真的很朴素。朴素贝叶斯分类的思想基础是这样的：对于给出的待分类项，求解在此项出现的条件下各个类别出现的概率，哪个最大，就认为此待分类项属于哪个类别。

举个例子，如果一种水果具有红、圆和直径大概 3 英寸等特征，该水果就可以被判定为苹果。尽管这些特征相互依赖或者有些特征由其他特征决定，然而朴素贝叶斯分类器认为这些属性在判定该水果是否为苹果的概率分布上是独立的。对于某些类型的概率模型，在监督式学习的样本集中能获得非常好的分类效果。在许多实际应用中，朴素贝叶斯模型参数估计使用最大似然估计方法。换而言之，在不用到贝叶斯概率或者任何贝叶斯模型的情况下，朴素贝叶斯模型也能奏效。

分类通过两步来完成，第一步，用已知的实例集构建分类器。这一步一般发生在训练阶段或学习阶段。用来构建分类器的已知实例集称作训练实例集，训练实例集中的每一个实例称作训练实例。由于训练实例的类标记是已知的，所以分类器的构建过程是有导师的学习过程。相比较而言，在无导师的学习过程中，训练实例的类标记是未知的，有的时候甚至连要学习的类别数也可能是未知的，比如聚类。

第二步，使用构建好的分类器分类未知实例。这一步一般发生在测试阶段或叫工作阶段。用来分类的未知实例称作测试实例。一般在分类器被用来预测之前，需要对它的分类精度进行评估，只有分类准确率达到要求的分类器才可以用来对测试实例进行分类。

2. 归纳学习

归纳学习是符号学习中研究得最为广泛的一种方法。给定关于某个概念的一系列已知的正例和反例，其任务是从中归纳出一个一般的概念描述。归纳学习能够获得新的概念，创立新的规则，发现新的理论。

归纳学习旨在从大量的经验数据中归纳抽取出一般的判定规则和模式，是从特殊情况推导出一般规则的学习方法。在机器学习领域，一般将归纳学习问题描述为使用训练实例以引导一般规则的搜索问题。

3. 最大似然估计

最大似然估计是一种统计方法，用来求一个样本集的相关概率密度函数的参数。这个方法最早是遗传学家以及统计学家罗纳德·费雪爵士在 1912 年至 1922 年间开始使用的。称之为"最大可能性估计"更加通俗易懂。

18.6.4 拟合问题

拟合，形象地说就是把平面上一系列的点，用一条光滑的曲线连接起来。拟合的曲线一般用函数表示，最常用的拟合方法是最小二乘法。

1. 过拟合问题

过拟合是指为了得到一致假设而使假设变得过度严格。过拟合问题出现的根本原因是特征维度过多，模型假设过于复杂，参数过多，训练数据过少，噪声过多，导致拟合的函数完美地预测训练集。但是过拟合对新数据的测试集预测结果较差，过度地拟合了训练数据。

(1) 观察值与真实值存在偏差。

训练样本的获取，本身就是一种抽样，抽样操作就会存在误差。举个例子，如果做人脸识别，图像都有背景，假设背景为 A，如果这一批人脸数据的背景 A 都相似，训练出来的模型检测到背景 A，就会认为是人脸，这个背景 A 就是你样本引入的误差。

(2) 数据太少，导致无法描述问题的真实分布。

举个抛硬币的例子，这是一个二项分布，但是如果连续抛了 10 次硬币，结果都是正面，那么你根据这个数据学习，是无法揭示规律的。根据统计学的大数定律(通俗地说，这个定理就是，在试验不变的条件下，重复试验多次，随机事件的频率近似于它的概率)，当样本多了，这个真实规律必然出现。

2. 欠拟合问题

机器学习中一个重要的话题便是模型的泛化能力，泛化能力强的模型才是好模型。对于训练好的模型，若在训练集表现差，在测试集表现同样会很差，这可能是欠拟合导致。欠拟合是指模型拟合程度不高，数据距离拟合曲线较远，或指模型没有很好地捕捉到数据特征，不能够很好地拟合数据。

18.7 机 器 人 学

18.7.1 机器人学简介

机器人学是与机器人设计、制造和应用相关的科学，又称为机器人技术或机器人工程学，主要研究机器人的控制与被处理物体之间的相互关系。

1. 机器人学的发展

20 世纪初期，机器人就已经躁动于人类社会和经济的"母胎"之中，人们还有几分不安地期待它的到来。美国人乔治·德沃尔(George Devol)在 1954 年设计了第一台电子程序可编的工业机器人，并于 1961 年发表了该项机器人专利。工业机器人问世后的头十年，机器人技术的发展较为缓慢，主要成果是 1973 年 Cincinnati Milcron 公司制成的第一台适于投放市场的机器人 T3。20 世纪 70 年代，人工智能学界对机器人产生浓厚的兴趣，他们发现机器人的出现与发展为人工智能的发展带来了新的生机。到 20 世纪 80 年代后期，由于传统机器人用户应用工业机器人已趋于饱和，使国际机器人学研究和机器人产业显得不景气。1995 年以后，世界机器人数量逐年增加，机器人学以较好的发展势头进入 21 世纪。近年来，全球机器人行业发展迅速，但是工业上运行的机器人九成以上都不具有智能。移动智能机器人是一类具有较高智能的机器人，也是智能机器人研究的前沿和重点领域。

智能机器人的研究和应用体现了广泛的学科交叉，如机器人体系结构、控制智能、触觉、听觉、视觉、智能行为等。操作电灯开关、使用餐具等行为对于人类来说并不复杂，但机器人要完成这些任务，却不是简单的事情，它要求机器人具备在求解上述这类问题时所应具有的能力，这种能力实际上包含了较多的智能。智能机器人的研究将促进人工智能各方面的发展和进步，同时，也将为人类提供更多、更好的人工智能技术。

2. 机器人的特点

机器人至今还没有统一的定义，科学家对机器人的定义是："机器人是一种自动化的机器，这种机器具备一些与人或者生物相似的智能能力，如感知能力、规划能力、动作能力和协同能

力，是一种具有高度灵活性的自动化机器。"

(1) 通用性。机器人的通用性取决于其几何特性和机械能力，通用性指的是某种执行不同的功能和完成多样的简单任务的实际能力。通用性也意味着机器人具有可变的几何结构，即根据生产工作需要进行变更的几何结构，或者说，在机械结构上允许机器人执行不同的任务或以不同的方式完成同一工作。

(2) 适应性。机器人的适应性是指其对环境的自适应能力，即所设计的机器人能够自我执行未经完全指定的任务，而不管任务执行过程中所发生的没有预计到的环境变化。

(3) 智能性。智能机器人应具有各种智能特性和功能。

18.7.2　智能机器人的研究领域

机器人已经在各种工业、农业、商业、制造业、旅游业以及国防等领域获得越来越普遍的应用。下面是一些比较重要的智能机器人研究领域。

1. 传感器和感知系统

(1) 各种新型传感器的开发，包括视觉、听觉、力觉等。
(2) 主动视觉、高速运动视觉和模糊视觉信息处理技术。
(3) 听觉信息处理和连续语言理解与处理。
(4) 虚拟现实技术等。

2. 计算机系统

(1) 智能机器人控制计算机系统的体系结构。
(2) 通用与专用计算机语言。
(3) 新型计算机与并行处理。
(4) 人机通信等。

3. 自动规划和调度

(1) 控制知识的表示和推理。
(2) 路径规划、任务规划、含有不确定性的规划、协调操作规划和基于传感信息的规划。
(3) 任务协商与调度。
(4) 多运动目标的优化和决策等。

4. 应用研究

(1) 智能机器人在交通中的应用。
(2) 军用智能机器人。
(3) 采矿机器人和矿山安全检测与报警机器人。
(4) 应用于服务业的智能机器人，包括机器用机器人、手术机器人等。
(5) 智能机器人在农业、工业等领域的应用。
(6) 无人驾驶汽车。
(7) 其他应用。

18.7.3 代理

人们通常所说的代理是指代理服务器(Proxy Server)，其功能就是代理网络用户去取得网络信息。形象地说，它是网络信息的中转站。代理服务器是 Internet 链路级网关所提供的一种重要的安全功能，它主要工作在开放系统互联(OSI)模型的对话层。

IT 界的代理(Agent)概念是由美国 MIT(麻省理工学院)的著名计算机学家和人工智能学科创始人之一的马文·明斯基(Marvin Lee Minsky，1927—2016)提出来的。智能代理(Intelligent Agent)是定期地收集信息或执行服务的程序，它不需要人工干预，具有高度智能性和自主学习性，可以根据用户定义的准则，主动地通过智能化代理服务器为用户搜集最感兴趣的信息，然后利用代理通信协议把加工过的信息按时推送给用

Marvin Lee Minsky

户，并能推测出用户的意图，自主制订、调整和执行工作计划。广义的智能代理包括人类、物理世界中的移动机器人和信息世界中的软件机器人。而狭义的智能代理则专指信息世界中的软件机器人，它是代表用户或其他程序，以主动服务的方式完成的一组操作的机动计算实体。主动服务包括主动适应性和主动代理。总之，智能代理是指收集信息或提供其他相关服务的程序，它不需要人的即时干预。

1. 自治与半自治

自治代理是能够持续运行不需要人为的干预，根据外界环境的变化，自动地对自己的行为和状态进行调整。而半自治代理虽然也有较高的自治能力，但是它会受到环境中其他实体制约或部分控制。

2. 感知和与环境交互的重要性

代理的运行环境在不断变化，具有不确定性，它必须具有感知和与环境进行交互的能力判断系统的行为，才能根据外界环境的变化自动地对自己的行为和状态进行调整，以实现不需要人为的干预就能够持续运行。

18.8　人工智能的应用

人工智能的发展就是为了解决人类生活中的一些问题，目前人工智能已经应用在各行各业，包括医疗、家居、金融、交通和工业制造等。

18.8.1　智能家居

智能家居是在互联网影响之下物联化的体现。智能家居通过物联网技术将家中的各种设备(如音视频设备、照明系统、窗帘控制、空调控制、安防系

智能音箱

扫地机器人

统、数字影院系统、影音服务器、影柜系统、网络家电等)连接到一起，提供家电控制、照明控制、电话远程控制、室内外遥控、防盗报警、环境监测、暖通控制、红外转发以及可编程定时控制等多种功能和手段。与普通家居相比，智能家居不仅具有传统的居住功能，同时兼备建筑、网络通信、信息家电、设备自动化，提供全方位的信息交互功能，甚至为各种能源费用节约资金。例如智能门锁、智能音箱、扫地机器人等。值得一提的是，近两年随着智能语音技术的发展，智能音箱成为一个爆发点。智能音箱不仅是音响产品，而且是涵盖了内容服务、互联网服务及语音交互功能的智能化产品，不仅具备 Wi-Fi 连接功能，提供音乐、有声读物等内容服务及信息查询、网购等互联网服务，还能与智能家居连接，实现场景化智能家居控制。

18.8.2　智能零售

人工智能在零售领域的应用已十分广泛，正在改变人们购物的方式。无人便利店、智慧供应链、客流统计、无人仓/无人车等都是热门方向。通过大数据与业务流程的密切配合，人工智能可以优化整个零售产业链的资源配置，为企业创造更多效益，让消费者的体验更好。在设计环节，机器可以提供设计方案；在生产制造环节，机器可以进行全自动制造；在供应链环节，由计算机管

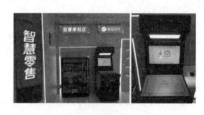

智能零售

理的无人仓库可以对销量以及库存需求进行预测，合理进行补货、调货；在终端零售环节，机器可以智能选址，优化商品陈列位置，并分析消费者购物行为。

18.8.3　智能出行

生活中越来越多的生活用品被智能设备替代，比如人们经常使用的手表、行车记录仪等。智能手环比我们普通的手表多了许多功能，例如智能手环不仅可以看时间，还可以测心率、记录步数、获取手机消息等，这为人们的日

平衡车　　　　　智能手环

常生活提供了许多便利。还有路上常见的平衡车、滑板车等出行设备，比起传统的出行方式或许要有不少乐趣。

18.8.4　人工智能改变生活

随着技术的发展，人工智能的应用场景越来越丰富，其触角已伸向生活的方方面面，更多的想法和概念化为现实。科技源于生活，又改变生活。科技无论如何发展，终究还是要为"人"服务的。从蒸汽机到电力，再到计算机，回顾历次工业革命，科技的进步无一不带来生产力的提高、人力的解放，人工智能亦是如此。

本 章 小 结

本章介绍了智能系统的相关知识，包括人工智能的基本概念、起源、学派及应用领域，还包括人工智能知识及其表达方法、知识的推理技术、搜索技术、自然语言处理、计算智

能、基本的机器学习方法、机器人学和人工智能的应用。

通过本章的学习，读者应该对人工智能这个领域有初步的了解，明确智能的基础知识以及知识的表示形式和相关的推理技术，对一般和高级的搜索技术都有一定的理解，掌握自然语言中句法和语义的分析过程以及机器翻译的概念，熟悉计算智能的相关算法，对机器学习的发展、研究方向、学习策略和方法有初步的认识。

习　题

一、选择题

1. 研究、设计和应用智能机器或智能系统来模拟人类智能活动的能力，以延伸人类智能的科学是(　　)。

    A. 人工智能　　　B. 遗传算法　　　　C. 机器学习　　　　D. 模式识别

2. 知识不具有的特性是(　　)。

    A. 绝对正确性　　B. 可表示性　　　　C. 不确定性　　　　D. 可利用性

3. 人类对客观世界及其内部运行规律的认识与经验的总和是(　　)。

    A. 智能　　　　　B. 知识　　　　　　C. 识别　　　　　　D. 专家

4. 使用 if-then 规则求解问题属于(　　)。

    A. 消解演绎推理　　　　　　　　　B. 规则演绎推理

    C. 与/或形演绎推理　　　　　　　D. 产生式系统

5. 用模糊性知识进行的一种不确定性的推理是(　　)。

    A. 模糊推理　　　B. 不确定性推理　　C. 非单调推理　　　D. 时序推理

6. 问题空间的构成不包括 (　　)。

    A. 给定条件　　　B. 状态　　　　　　C. 目标　　　　　　D. 允许的认知操作

7. (　　)不是基于规则的机器翻译。

    A. 直接基于词的翻译　　　　　　　B. 基于结构转换的翻译

    C. 基于中间语的翻译　　　　　　　D. 基于统计的机器翻译

8. 从群居昆虫互相合作中得到启迪，研究其中的原理，以此原理来设计新的求解问题的算法是(　　)。

    A. 群体智能　　　B. 计算智能　　　　C. 启发式搜索　　　D. 模糊推理

9. 在机器学习中，同时使用少量已标记的数据和大量未标记的数据的学习方法是(　　)。

    A. 监督学习　　　B. 无监督学习　　　C. 半监督学习　　　D. 强化学习

10. 聚类问题属于(　　)。

    A. 监督学习　　　B. 无监督学习　　　C. 半监督学习　　　D. 强化学习

11. (　　)不是导致过拟合的原因。

    A. 参数过少　　　B. 假设过于复杂　　C. 噪声过多　　　　D. 训练数据过于复杂

12. 机器人暂时不具有的特性是(　　)。

    A. 适应性　　　　B. 智能性　　　　　C. 情感性　　　　　D. 通用性

二、简答题

1. 什么是人工智能？
2. 人工智能的主要研究和应用领域是什么？其中哪些是新的研究热点？
3. 知识表示的方法有哪些？
4. 经典的推理技术有哪些？
5. 什么是启发式搜索？
6. 简述监督学习、无监督学习和半监督学习的区别。
7. 什么是过拟合？试举例说明。
8. 人工神经网络有哪些模型？试举出五个例子。
9. 简述机器人的特点。
10. 举五个生活中用到智能的例子。

三、讨论题

1. 举一两个例子说明你感兴趣的人工智能研究领域。
2. 讨论智能在生活中的应用。
3. 讨论人工智能带来的失业问题会对人类造成威胁。

第 19 章　社会问题与专业实践

学习目标：

了解计算的社会环境、分析工具、职业道德、知识产权、隐私和公民自由、专业交流、可持续性、历史、计算经济性、安全政策、法律和计算机犯罪。

随着计算机技术的迅速发展和广泛应用，伴随而来的诸如网络空间的自由化、网络环境下的知识产权、计算机从业人员的价值观等各种社会问题已经极大地影响着计算机产业乃至整个社会的发展，并引起了业界人士的高度重视。CC 2020 报告要求计算机专业的学生不仅要了解专业技术知识，还要了解与之相关的社会问题和专业实践。

19.1　社　会　环　境

19.1.1　计算的社会寓意

现今，计算机科学与技术深刻影响着个人、组织的交往方式和相互关系，对人类社会不同文化群体和社会结构造成巨大冲击。计算机信息技术的快速发展对人类社会而言是一把双刃剑，将对社会产生深远的影响。

一方面，计算机科学与技术赋予传统的社会安全、经济活动与工程管理前所未有的社会化、网络化，极大提升了效能。例如以在线论坛、博客和社会软件为代表的互联网新媒体在凝聚民心、降低事件危害及还原事件真相等方面发挥了不可替代的积极作用，比如SARS(Severe Acute Respiratory Syndrome)、汶川地震、三鹿奶粉、新冠肺炎(新型冠状病毒肺炎、Corona Virus Disease 2019，简称新冠肺炎、COVID-19)等。在社会经济和工程管理领域，信息技术大大降低了企业内部、消费者、企业—消费者之间的交易成本，促进了经济繁荣与工程管理模式的涌现。

另一方面，计算机科学与技术的发展及其带来的社会化效应提升了社会、经济与生产的规模和过程的复杂性、交互性、实时性，引发许多新问题。以社会媒体为代表的网络信息传播不仅会激发和助推群众性事件，而且使突发群众性事件变得更加不可预测和难以控制。在社会经济领域，网络化的交易方便人们的同时也促生了许多新的商业欺诈形式。在工程系统中，由于生产、运输、采购、产品投放等环节的开放性增强，人与人之间的社会交互程度加深，不管是生产系统内部或外界的干扰和波动都将直接影响策略和规章制度的执行效果，从而导致管理与控制面临很大的不确定性。

19.1.2　社交媒体

社交媒体(Social Media)是指互联网上基于用户关系的内容生产与交换平台。社交媒体是人们彼此之间用来分享意见、见解、经验和观点的工具和平台，主要包括社交网站、微博、微信、博客、论坛、播客等。

在社交媒体中，每个人都是自己多元社会网络的中心，同时又是他人社会网络的一环。社会交往不再是基于群体的交往，而是个体与个体之间的网络化联系。个人拥有更大的自主权和选择权，个人主义在社交媒体中更加彰显，传统邻里社区逐渐让位于基于互联网和手机等新媒体技术形成的新型社区。社交媒体中具有集体主义倾向的用户对社交媒体往往能够产生心理拥有感，从而消除了隐私顾虑，不会采用隐私保护措施，增加了隐私泄露的可能性。

社交媒体提高了人们的阅读写作能力，写博客、更新状态、发微信等都使人们更习惯去阅读及写作。不同地区、国家之间的用户也可以使用社交媒体进行文化交流。

19.2　分　析　工　具

伦理学是哲学的一个分支，它是规范人们生活的规则和原理，包括风俗、习惯和道德规范等。法律是具有国家或地区强制力的行为规范，道德是控制我们行为的规则、标准。伦理学是道德的哲学，是对道德规范的讨论、建立和评价。计算机伦理学是应用伦理学的一个分支，它是在开发和使用计算机相关技术和产品、IT 系统时的行为规范和道德指引。

19.2.1　伦理的论证

德国著名哲学家亚瑟·叔本华(Arthur Schopenhauer，1788—1860)说："伦理学不在于呼吁，而在于论证。"伦理学是一个直面伦理冲突、诉诸商谈程序、寻求道德共识的探索过程。在这个寻求共识的商议过程中，所有的商谈参与者都要为自己的见解与立场提供理据，也就是为自己的道德判断做出论证。这种论证并不是凭空杜撰的，往往要从历史上已经出现的各种伦理学派与道德学说中汲取养料，并以它们为根据。

Arthur Schopenhauer

伦理学直面的是社会实践中众多的道德冲突、伦理悖论，所寻求的是这些悖论与冲突的解答方案，这就决定了伦理学不可能仅仅依赖历史上曾经出现的某一种价值诉求或论证方式，而是必须着眼于各种各样的规范伦理的类型。

伦理学的论证问题，体现在对不同的价值诉求或论证方式的考察上，看它们各自有何特点、有何得失利弊；看它们是靠什么向应用伦理学提供解答道德难题的理据的；看它们是否值得应用、如何得到应用。

19.2.2　伦理学理论

伦理学的理论是研究道德背后的规则和原理。它是伦理分析的基础，为人们提供道德判断的理性基础，使人们能对不同的道德立场进行分类和比较，使人们能在有理由的情况下坚持某种立场。伦理决策就是将伦理学作为进行决策时所要依赖的准绳。伦理决策中人们具有有限道德，包括沽名钓誉、偏见、群体互惠、漠视未来以及利益冲突等。

19.3 职业道德

职业道德分析的主要内容包括道德与职业道德的含义以及计算机领域中专业技术人员和计算机用户各自应该承担的道德责任等问题。

19.3.1 道德的哲学含义

作为哲学领域的一个理论分支,道德是在社会中调整人与人之间以及个人和社会之间关系的行为规范的总和,它以善与恶、正义与邪恶、诚实与虚伪等道德概念来评价人的各种行为并调整人与人之间的关系。道德学用于判定什么是对或错、好或坏,通过各种形式教育人们逐渐形成一定的习惯。道德行为就是基于伦理价值观念而建立的道德原则所采取的行为方式。

19.3.2 职业道德的概念及作用

职业道德的概念有广义和狭义之分。广义的职业道德是指从业人员在职业活动中应该遵循的行为准则,涵盖了从业人员与服务对象、职业与职工之间的关系;狭义的职业道德是指在一定职业活动中应遵循的、体现一定职业特征的、调整一定职业关系的职业行为准则和规范。职业道德的基本要求主要包括以下四个方面。

(1) 忠于职守、乐于奉献。

(2) 实事求是、不弄虚作假。

(3) 依法行事、严守秘密。

(4) 公正透明、服务社会。

职业道德是社会道德体系的重要组成部分,它一方面具有社会道德的一般作用,另一方面又具有自身的特殊作用。职业道德的基本职能是调节职能,一方面,它可以调节从业人员的内部关系,即运用职业道德规范约束职业内部人员的行为,促进职业内部人员的团结与合作。另一方面,职业道德又可以调节从业人员和服务对象之间的关系。如职业道德规定了制造产品的工人要怎样对用户负责;营销人员怎样对顾客负责;医生怎样对病人负责;教师怎样对学生负责等。从业人员职业道德水平高是产品质量和服务质量的有效保证,良好的职业道德有助于维护和提高行业的信誉。职业道德是整个社会道德的主要内容。职业道德涉及每个从业者如何对待职业,如何对待工作,同时也是一个从业人员的生活态度、价值观念的表现;是一个人的道德意识、道德行为发展的成熟阶段,具有较强的稳定性和连续性。另外,职业道德也是一个职业集体,甚至是一个行业全体人员的行为表现,如果每个行业、每个职业集体都具备优良的道德,对整个社会道德水平的提高肯定会发挥重要作用。

19.3.3 计算机专业人员的职业道德准则

由于计算机在人类社会中发挥着越来越重要的作用,作为计算机的专业人员在本领域将会遇到一些特殊的道德问题,这些问题大到涉及国家机密,小则关系个人信誉。鉴于道德问题的复杂性和敏感性，许多人都倾向于回避这些理论问题。

为了给计算机专业人员建立一套道德准则，IEEE 和 ACM 于 1994 年成立了联合指导委员会，负责为计算机行业制定一组标准，给工业决策、职业认证和教学工作提供参考。

ACM 道德和职业行为规范包含 24 条规则，其中有 8 条是一般性的道德准则。根据这些准则，一个有道德的人应该做到以下几点。

(1) 为社会的进步和人类生活的幸福做出贡献。

(2) 不要伤害别人。

(3) 诚实以获得他人的信赖。

(4) 公平、无歧视地对待他人。

(5) 尊重别人的知识产权和获取经济利益的权利。

(6) 使用别人的知识产权时给予对方适当的荣誉。

(7) 尊重别人的隐私权。

(8) 尊重机密性。

该规则也定义了专业人员应该遵循的若干准则，作为一名计算机专业人员应该做到以下几点。

(1) 致力于专业工作的程序及产品，以达到最高的质量、最高的效率和最高的价值。

(2) 获取并保持本领域的专业能力。

(3) 了解并遵守与专业相关的现有法令。

(4) 接受并提供合适的专业评论。

(5) 对计算机系统的冲击应有完整的了解并给出详细的评估。

(6) 尊重协议并承担相应的责任。

(7) 增进非专业人员对计算机工作原理和运行结果的理解。

(8) 仅仅在获得授权时才使用计算和通信资源。

这些基本准则为计算机专业人员使用计算机提供了明确的指导，计算机专业人员应该遵循相应的专业道德准则。

19.3.4 计算机用户的道德

除了计算机行业的专业人员以外，每一个计算机用户实际上也面临着相应的道德问题。

1. 自觉抵制软件盗版和信息剽窃

对计算机用户而言，迫切需要解决的道德问题之一就是拒绝对计算机软件的非法复制。大多数计算机软件是有版权的，相关法律禁止对版权软件进行非法的复制和使用。现在的软件盗版形式已经从早期的生产商仿制软件光盘、销售商在所售计算机中预装软件发展为互联网在线软件盗版。互联网的繁荣使软件盗版行为涉及的范围更广，例如，将未经著作权人授权销售和使用的软件上传到网站上，供网络用户有偿或无偿下载使用，或者在网站上刊登广告，在网上销售仿制的软件。

免费软件(Freeware)是指可以自由且免费地使用，并可以复制给别人的软件，而且不必支付任何费用给程序的作者，使用上也不会出现任何日期或软件使用上的限制。不过当用户复制给别人的时候，必须将完整的软件档案复制给他人，且不得收取任何费用或转为其他商业用途。用户在未经程序作者同意的情况下，更不能擅自修改该软件的程序代码，否则视同侵权。

由于计算机和 Internet 的普及，人们获取信息的渠道日益增多。对他人信息的引用，计算机用户应该保持负责而有道德的态度，明确指出类似于作者姓名、文章标题、出版地点、日期等相关信息，以尊重他人的劳动成果。近年来，随着移动互联网的迅猛发展和微博、微信等应用的推广，个人信息已经完全暴露在互联网中，如果没有很好地对信息进行保护或者滥用他人信息，那么后果可能十分严重。

2. 对计算机访问必须经过授权

"黑客"是指那些利用专业技术，对他人的计算机系统未经授权实施非法访问的人。未经授权而实施的访问无论是否造成危害，都是错误的，甚至可能是违法犯罪行为。

3. 使用计算机网络时应该自律

目前的 Internet 还存在一些问题，一个重要而且难以避免的原因就是不存在一个统一的管理机构，因此也就无法实现或强化特定的规则或标准。比如一个比较现实的问题就是网络色情的蔓延，鉴于 Internet 本身的特性，这个问题难以获得彻底的解决，对于未成年人的保护很多时候只能依靠周围有限的社会环境。

当然，最重要的还是在于所有计算机用户的自律。具有道德观念或社会责任感的人不会在网络上实施违背法律和道德规范的行为，从而能够减少此类问题的发生。

19.4 知 识 产 权

19.4.1 知识产权的概念

目前，在世界范围内尚没有一个关于知识产权的统一的定义。根据中国《民法通则》的规定，知识产权属于民事权利，是基于创造性智力成果和工商业标记依法产生的权利的统称。

《知识产权法教程》对知识产权的定义为：知识产权指的是人们可以就其智力创造的成果依法享有的专有权利。

知识产权从本质上说是一种无形财产权，它的客体是智力成果或知识产品，是一种无形财产或者一种没有形体的精神财富，是创造性的智力劳动所创造的劳动成果。它与房屋、汽车等有形财产一样，都受到国家法律的保护，都具有价值和使用价值。

知识产权主要具有以下几个特点。

(1) 无形性。无形性是指相关法律所保护的对象(即无形财产)是无形的，知识产权的权利人往往只有在主张自己权利时(即在侵权诉讼中)才能确认为权利人。因此，在有些西方国家，将知识产权称为"诉讼中的物权"。

(2) 专有性。专有性是指非经知识产权所有人的同意，除法律规定的相关情况以外，他人不得占有或使用该项智力成果。

(3) 地域性。地域性是指法律保护知识产权的有效地区范围。任何国家法律所确认的知识产权，只在其本国领域内有效，除非该国与他国签订有双边协定或该国参加了有关知识产权保护的国际公约。知识产权的这一特点表明这种无形财产有别于有形财产。有形财产没有严格的地域限制，原则上具有域外效力，即一项有形财产转移到他国境内时，权利人一般不会丧失对该有形财产的权利。

(4) 时间性。时间性是指法律保护知识产权的有效期限，期限届满即丧失效力。凡丧失效力的知识产权，任何人都可以无偿使用，即知识产权并不是永久性的法律权利。时间性要求既保证智力成果的享有者获得应有的经济利益，达到鼓励智力成果创造的目的，同时又要防止由于权利人对其智力成果的长期垄断而阻碍社会经济、文化和科学事业的发展。

(5) 法律限制。大部分知识产权的获得需要经过法定的程序，比如，商标权的获得需要经过登记注册。知识产权是私权，法律承认其具有排他的独占性，但因人的智力成果具有高度的公共性，与社会文化和产业的发展有密切关系，不宜为任何人长期独占，所以法律对知识产权规定了很多限制。例如专利权的发生须经申请、审查和批准，对授予专利权的发明、实用新型和外观设计规定有各种条件，对某些事项不授予专利权。在知识产权的存续期上，法律也有特别规定，这一点是知识产权与所有权大不相同的。

19.4.2　知识产权的法律基础

知识产权是依据智力成果的具体内容和社会作用来确定其具体权利形式的。

近年来，我国已经制定并实施了一整套软件知识产权保护的法律和法规，已经形成了比较完善的知识产权保护法律体系，主要包括《中国知识产权司法保护纲要》《中华人民共和国著作权法》《中华人民共和国专利法》《中华人民共和国商标法》《出版管理条例》《电子出版物管理规定》《计算机软件保护条例》等。在网络管理法规方面，我国制定了《中文域名注册管理办法(试行)》《网站名称注册管理暂行办法实施细则》《关于音像制品网上经营活动有关问题的通知》等管理规范。

另外，我国非常重视加强与世界各国在知识产权领域的交流与合作，积极参与相关国际组织的活动，已在司法保护和双边及多边协议、协定等各个方面进行了一定的国际合作。1980 年 6 月 3 日，中国正式成为世界知识产权组织成员国，在 1985 年 3 月 19 日加入《保护工业产权巴黎公约》，1993 年 10 月 1 日签署《专利合作条约》，2001 年 12 月 11 日签署《与贸易有关的知识产权协议》，进一步融入国际知识产权保护的法律框架之内。

现今，我国国内保护知识产权的法制体系也在日益完善。1987 年，颁布实施《中华人民共和国民法通则》，规定了知识产权民法的保护制度。2009 年 10 月，颁布实施《中华人民共和国专利法》。2014 年 5 月，颁布实施了最新修订版的《中华人民共和国商标法》。2017 年 11 月，颁布实施了《中华人民共和国反不正当竞争法》。2017 年 4 月，最高人民法院首次发布《中国知识产权司法保护纲要》。2018 年 9 月，中共中央办公厅、国务院办公厅印发《关于加强知识产权审判领域改革创新若干问题的意见》等重要文件。2019 年 11 月 24 日，中共中央办公厅、国务院办公厅印发了《关于强化知识产权保护的意见》。2021 年 6 月，颁布实施了最新修订版《中华人民共和国著作权法》。

19.4.3　计算机软件的版权

对计算机产业的知识产权而言，迫切需要解决的问题就是计算机软件的版权问题。

人们使用的软件根据知识产权的要求可以分为三类：①自由软件是免费提供给所有用户的，人们可以自由地复制或使用这些软件。②共享软件具有版权，创作者将共享软件提供给用户进行复制和试用，用户在试用后如果希望长期继续使用这个软件或者获得该软件进一步的扩展功能，软件的版权拥有者就有权要求用户进行注册或付费，并可能向注册用户提供更加丰富的服务和更多的软件功能。大部分计算机软件都是有版权的，各国法律禁止对版权软件进行非法的复制和使用。③盗版软件是指对版权软件进行非法复制和使用。在大多数国家，计算机软件盗版是一种犯罪行为。

19.4.4　发明专利权

发明专利权是由国家专利主管机关根据国家颁布的专利法授予专利申请者或其权利接受者，在一定的期限内实施其发明以及授权他人实施其发明的专有权。世界各国用来保护专利的法律是专利法，专利法所保护的是已经获得专利权、可以在生产建设过程中实现的技术方案。各国专利法普遍规定，能够获得专利权的发明应当具备新颖性、创造性和实用性。

19.4.5　商业秘密

商业秘密是《中华人民共和国反不正当竞争法》保护的一项重要内容，它的法律定义是：不为公众所知悉的、能为权利人带来经济利益、具有实用性并经权利人采取保密措施的技术信息和经营信息。

根据《中华人民共和国反不正当竞争法》的有关规定，任何一项商业秘密必须具备三个基本条件：①该项商业秘密不为公众所知悉，即该秘密具有"新颖性"。②该项商业秘密能够为权利人带来经济效益，即该秘密具有"价值性"。③该项商业秘密已被权利人采取了保密措施加以保守，这是商业秘密存在的最重要的一点。通常，商业秘密的保护时间是以该秘密被泄露的时间来确定。

如果一项软件的技术设计没有获得专利权，而且尚未公开，这种技术设计就是非专利的技术秘密，可以作为软件开发者的商业秘密而受到保护。一个软件尚未公开的源程序清单通常被认为是开发者的商业秘密。有关一项软件的尚未公开的设计开发信息，如需求规格、开发计划、整体方案、算法模型、组织结构、处理流程、测试结果等都可被认为是开发者的商业秘密。对于商业秘密，其拥有者具有使用权和转让权，可以许可他人使用，也可以将之向社会公开或者去申请专利。不过，对商业秘密的这些权利不具有排他性，任何人都可以对他人的商业秘密进行独立地研究开发，也可以采用反向工程等方法以获取相关秘密，并且可以使用、转让、许可他人使用、公开这些秘密或者对这些秘密申请专利。

19.4.6　商标权

对商标的专用权也是软件权利人的一项知识产权。所谓商标，是指商品的生产者为了与他人的商品相区别而专门设计的标志，一般来说为文字、图案等，如 IBM、WPS。这些商标通常是经商标管理部门获准注册，在其有效期内未经注册人认可的使用都构成对他人商标的侵犯。

19.4.7　剽窃

剽窃，指抄袭(别人的思想或言词)、采用(创作出的产品)而不说出其来源。我国司法实践中认定剽窃一般来说遵循三个标准：第一，被剽窃的作品是否依法受《中华人民共和国著作权法》保护。第二，剽窃者使用他人作品是否超出了适当引用的范围。这里的范围不仅从量上来把握，还要从质上来确定。第三，引用是否标明出处。

19.5　隐私和公民自由

19.5.1　隐私权

隐私，又称私人秘密。隐私权是指人们享有的私人生活安宁与私人信息秘密依法受到保护，不被他人非法侵扰、知悉、收集、利用和公开的一种人格权，而且权利主体对他人在何种程度上可以介入自己的私生活，对自己的隐私是否向他人公开以及公开的人群范围及程度具有决定权。隐私权是一种基本人格权利，自由主义是隐私权的政治哲学基础。

从权利内容上把隐私权分为个人特征的隐私权(姓名、身份、肖像、声音等)、个人资料的隐私权、个人行为的隐私权、通信内容的隐私权和匿名的隐私权等。针对计算机网络与电子商务中的隐私权的分类，从权利形态方面可以把隐私权分为隐私不被窥视的权利、不被侵入的权利、不被干扰的权利和不被非法收集利用的权利等。

19.5.2　隐私保护的法律基础

在中国，民法没有把隐私权确立为一项独立的人格权，只是借助司法解释并通过保护名誉权的方式或以维护公序良俗保护公民的隐私权，采取的是间接保护方法。在我国宪法、刑法、民法通则及侵权责任法中均有隐私保护的法律法规。

19.5.3　隐私保护技术

本节仅讨论在 Internet 上保护隐私的技术问题。现在有许多保护隐私的技术可供用户使用，这些技术大致可以分为以下两类。

1. 建立私人信息保护机制的技术

建立私人信息保护机制的技术，如 Cookies 管理、提供匿名服务、防火墙、数据加密技术、差分隐私保护等。Cookies 管理技术使用户可以选择禁用或有条件使用 Cookies，以避免其私人信息被泄露。提供匿名服务的技术通过代理或其他方式为用户提供了匿名访问和使用 Internet 的能力，使用户在访问和使用 Internet 时隐藏其身份和属于个人隐私的信息。差分隐私是一种比较强的隐私保护技术，其原理是用算法加扰个人用户数据，使之无法回溯到个人，然后对数据进行批量分析，得出大规模的趋势规律，保护了用户身份信息和数据细节。简单地说，差分隐私技术使你获取的数据内容对于推测出更多的数据内容几乎没有用处。虽然差分隐私技术可以保证一个数据集的每个个体都不被泄露，但数据集整体的统计学信息却可以被外界了解。由于不同的技术和隐私保护工具对私人信息保护的强度不同，所以我们应该采取多种方式来防范别有用心的人蓄意获取他人隐私的行为。

2. 增强隐私政策的透明性的技术

如今很多 Web 站点在用户访问时使用增强隐私政策的透明性的技术，保护了用户的某些隐私信息。这类保护隐私的技术虽然不能直接提供保护私人信息的能力，但能够增加 Web 站点隐私政策的透明性，加强用户在隐私政策上与站点的交流，从而有利于隐私保护，如 P3P(Platform for Privacy Preferences Project)标准。在能够使用 P3P 的 Web 站点上，用户访问该站点之前，浏览器首先把该站点的隐私政策翻译成机器可识别的形式，然后把它传递给用户，这样用户就可以基于该信息决定是否进入该网站。

19.6 专业交流

专业交流是向不同的受众传递技术信息，这些受众可能对这些信息抱有不同的目的与需要。在计算机技术中进行有效的专业交流主要包括以下几个方面。

1. 总结技术材料

总结技术材料主要包括阅读、理解并编写源代码和文档。源代码(也称源程序)是指未编译的按照一定的程序设计语言规范书写的文本文件，是一系列可读的计算机语言指令。在进行源代码编写时对代码进行注释对于软件维护和软件复用都有巨大的好处。文档按照不同功能可分为教程、指南、解释和技术参考。在进行文档的编写时，应明确文档功能，以理解作为基本的导向，描述问题的背景和关联内容以及对问题进行解释说明。

2. 团队沟通

在一个项目组中，建立起良好的团队协作至关重要，因而在项目管理过程中，团队沟通是不可忽略的重要环节。在团队沟通中，常用的沟通方式一般有当面沟通、会议沟通、邮件沟通和文档沟通等。在进行团队沟通时，选择恰当的沟通形式和方式，选择并采用合适的沟通风格、沟通技巧和团队接收反馈的方式，可以有效提高效率。

3. 与利益相关者沟通

利益相关者是指与客户有一定利益关系的个人或组织群体，可能是客户内部的(如雇员)，也可能是客户外部的(如供应商)。项目交付成果可能会影响利益相关者中的某人或组织，同时这些人或组织会做出相应行动来影响项目的推进。与利益相关者进行有效的沟通利于项目的推进。

4. 协作工具

协同工作是利用多媒体和计算机通信技术等建立一个协同工作的环境，该环境具有集成一体化的多媒体多模式操作系统平台，具有适合于支持计算机协同工作的管理、使用和创作的各种工具。协作工具在协同工作中必不可少，合理地使用协作类办公工具可以大大

提升团队工作效率。常见的协作工具有 Google Docs、Microsoft Office、 Teambition、Basecamp、Yammer 等。

19.7 可持续性

联合国将可持续性描述为"这种发展既满足当代人的需求，又不损害后代人满足自身需求的能力"。

在信息技术快速发展的时代，计算机的可持续发展是一个必须重视的问题。计算机不仅给人类生活带来了诸多便利，而且其强大的信息处理能力也能合理地安排和组织工业生产活动。

但是，制造一台计算机需要上百种原材料和化学物质。美国微电子和电脑协会的报告指出，计算机的高物耗、高能耗及其对环境的影响是当今所有制造业中最大的。电子废弃物在回收及综合利用过程中，不同程度存在着污染环境和损害人体健康的现象。对于电子废弃物，我国正逐步完善电子废弃物处理的法律法规体系，采取法律手段强制电子废弃物的循环利用。

19.8 历 史

计算方式随着人类社会的不断进步而不断向前发展，从"手工计算"到"机械计算"，再到"电子计算"，其计算能力是不断增强的，并且每种计算方式都与其时代特点相吻合。在人类生产力水平低下的时期，计算需要以手工的方式来完成。之后，随着生产力的发展、工业时代的到来，机械计算逐步代替了手工计算，差分器等的发明、机械技术的发展，推进计算进入了机械时代。当人类将电作为生产劳动的主要动力时，电子计算也就应运而生了。当计算到达了电子方式之后，其计算的复杂程度已是人类自身所无法完成的，然而人类依然在追求、探索。随着科学工程技术的高速发展，对于计算技术提出了愈来愈高的要求，迫切需要处理大量二维和三维数据，如天气预报、核研究、结构工程以及一切包含大量矩阵运算的问题。通常的电子计算机的设计依据为冯•诺依曼的基本原理，即以时间上串行结构来减少互连数目，因此"瓶颈"效应、时钟歪斜、互联带宽和交叉干扰等固有限制使计算机的容量和运算速度的发展受到限制。光计算具有内禀并行处理特性，高速、高容量和无交叉干扰的特点，已经成为突破当今电子计算机局限性的最有效途径之一。而随着生物技术的不断发展，人类尝试着制造生物芯片，企图以生物芯片来实现类似人脑的计算，从而完成一些更为复杂的、非定量的计算。今天借助计算机网络发展到网络计算，科技工作者推出了云计算。在大数据年代，云计算技术是个了不起的进步，但是云计算是与网络并存的，网络安全直接影响到云计算安全。

19.9 计算经济性

计算机技术不仅改变了人们的生活和工作方式，在很大程度上解放了劳动力，而且对于经济发展起到了重要的推动作用，是促进我国经济发展的重要动力。

随着经济全球化、产业结构调整步伐的不断加快，以软件与信息服务外包为代表的现代信息服务业已经成为全球新的经济增长点，软件外包已成为世界软件产业发展的一个重要趋势。外包根据供应商的地理分布状况可划分为两种类型：境内外包和离岸外包。境内外包是指外包商与其外包供应商来自同一个国家，外包工作在国内完成；离岸外包则指外包商与其供应商来自不同国家，外包工作跨国完成。由于劳动力成本的差异，外包商通常来自劳动力成本较高的国家，如美国、西欧和日本，外包供应商则来自劳动力成本较低的国家，如印度、菲律宾和中国。境内外包更强调核心业务战略、技术和专门知识、从固定成本转移至可变成本、规模经济、重价值增值甚于成本减少；离岸外包则主要强调成本节省、技术熟练的劳动力的可用性，利用较低的生产成本来抵消较高的交易成本。在考虑是否进行离岸外包时，成本是决定性的因素，技术能力、服务质量和服务供应商等因素次之。随着中国服务外包业务的增加，相关的从业人员也呈逐年递增的趋势，缓解了社会就业压力。

近年来，随着经济全球化和信息技术与信息产业的迅猛发展，以及计算机人才需求量的与日俱增，给计算机专业人员带来了巨大的机遇，但企业为了适应社会的发展，对计算机从业人员的素质也提出了更高的要求。

19.10　安全政策、法律和计算机犯罪

19.10.1　安全政策、法律

国际标准化委员会将计算机安全定义为："为数据处理系统建立和采取的技术和管理的安全保护，保护计算机硬件、软件、数据不因偶然的或恶意的原因而遭到破坏、更改和泄露。"

随着全球信息化和信息技术的不断发展、信息化应用的不断推进，计算机安全显得越来越重要。计算机安全形势日趋严峻，一方面计算机安全事件发生频率大规模增加；另一方面计算机安全事件造成的损失越来越大。为了确保计算机信息系统和网络的安全，特别是国家重要基础设施信息系统的安全，我国1994年2月发布《中华人民共和国计算机信息系统安全保护条例》，1996年2月1日国务院正式发布《中华人民共和国计算机信息网络国际联网管理暂行规定》，2000年9月国务院发布《互联网信息服务管理办法》，2006年5月国务院发布《信息网络传播权保护条例》，2017年6月我国开始实施《中华人民共和国网络安全法》。2017年工业和信息化部印发《公共互联网网络安全突发事件应急预案》，要求部应急办和各省(自治区、直辖市)通信管理局应当及时汇总分析突发事件隐患和预警信息。2018年11月，公安部发布《公安机关互联网安全监督检查规定》，根据规定，公安机关应当根据网络安全防范需要和网络安全风险隐患的具体情况，对互联网服务提供者和联网使用单位开展监督检查。2020年3月1日，我国开始施行《网络信息内容生态治理规定》，明确规定网络信息内容的使用者、生产者和平台不得开展网络暴力、深度伪造、操纵账号等违法活动。

这一系列重要文件的实施，在保护计算机用户安全的同时，也有效地预防了计算机犯罪。

19.10.2　计算机犯罪

计算机犯罪的概念是 20 世纪五六十年代在美国等信息科学技术比较发达的国家首先提出的。不同国家对计算机犯罪的定义不尽相同：一种定义是指基于计算机技术和知识产权的非法行为；另一种定义是在自动的数据处理过程中，任何非法的、违反职业道德的、未经批准的行为都是计算机犯罪行为。我国公安部计算机管理监察司对计算机犯罪给出的定义是：所谓计算机犯罪，就是在信息活动领域中，利用计算机信息系统或计算机信息知识作为手段，或者针对计算机信息系统，对国家、团体或个人造成危害，依据法律规定，应当予以刑罚处罚的行为。

计算机犯罪可以分为两大类：一类是使用了计算机和网络新技术的传统犯罪，另一类是计算机网络环境下的新型犯罪。前者包括网络诈骗和勒索、侵犯知识产权、网络间谍行为、泄露国家秘密以及从事反动或色情等非法活动等；后者包括未经授权非法使用计算机、破坏计算机信息系统、发布恶意计算机程序等行为。

与传统犯罪相比，计算机犯罪更加容易实施，往往只需要一台连接到网络上的计算机就可以。28 岁的美国迈阿密人冈萨雷斯从 2006 年 10 月到 2008 年 1 月，利用黑客技术突破电脑防火墙，盗取大约 1.3 亿张信用卡和借记卡的账户信息，造成了美国司法部迄今起诉的最大身份信息盗窃案，也直接导致服务巨头 Heartland 超过 1.1 亿美元的损失。2010 年 3 月，冈萨雷斯被判 20 年刑期。2007 年年初，在中国一个名为"熊猫烧香"的病毒不断入侵个人电脑、感染门户网站、击溃数据系统，该病毒会在极短时间内就感染几千台计算机，严重时可以导致网络瘫痪，带来无法估量的损失。病毒制作者李俊在 2007 年被判处 4 年有期徒刑。2013 年 8 月，周某某等人通过控制僵尸网络向国家 CN 域名解析系统持续发起提交该网站的解析请求，占据了解析系统的大量资源，直接阻碍了互联网用户对 CN 域名网站的正常访问，使国家 CN 域名解析系统主节点服务器遭受大规模分布式拒绝服务攻击，造成网络链路拥塞、服务器性能下降，部分 CN 域名网站访问缓慢或中断。同年 9 月，公安机关在山东将周某某等人抓获。2014 年 8 月，江苏省淮安市局网安支队发现，有人使用江苏南京、扬州、淮安等地的三个无线上网卡登录维护管理"上海城市建筑大学"等 46 所虚假高等教育院校网站，涉及 14 个省、直辖市，并伪造该批虚假高等教育院校学历证书、学位证书在网上进行兜售。公安机关快速展开调查，于同年 9 月将史某等犯罪嫌疑人逮捕归案。2018 年 12 月，北京公安机关网安部门接群众报案，"京医通"挂号平台中部分知名医院号源一经放出即被"秒抢"，患者无法通过此渠道正常挂号。专案组经侦查，查明一犯罪团伙利用恶意软件绕过正常验证机制非法抢占号源的犯罪事实。2019 年 1 月，专案组在广东揭阳将非法制作、传播该恶意软件的某软件公司负责人李某某等 4 名犯罪嫌疑人抓获。

19.10.3　计算机犯罪预防策略

一般来说，防范计算机犯罪有以下几种策略。

1. 加强教育，提高计算机安全意识，预防计算机犯罪

一方面，社会和计算机应用部门要提高对计算机安全和计算机犯罪的认识，从而加强管理，不给犯罪分子以可乘之机；另一方面，从许多计算机犯罪的案例中可以看到，不少人特别是青少年常常出于好奇或逞强而在无意中触犯法律，应对这部分人加强计算机犯罪行为危害的教育，提高对其行为后果的认识，减少犯罪行为的发生。

2. 健全惩治计算机犯罪的法律体系

健全的法律体系一方面使处罚计算机犯罪有法可依，另一方面能够对各种计算机犯罪分子起到一定的威慑作用。

3. 发展先进的计算机安全技术，保障信息安全

使用先进的计算机安全技术比如防火墙、身份认证、数据加密、数字签名和安全监控技术、防范电磁辐射泄密等来保障信息安全。

4. 实施严格的安全管理

计算机应用部门应该建立适当的信息安全管理办法，确立计算机安全使用规则，明确用户和管理人员职责，加强部门内部管理，建立审计和跟踪体系。

本 章 小 结

本章介绍了计算的社会环境，分析工具，职业道德，知识产权，隐私和公民自由，专业交流，可持续性，历史，计算经济性，安全政策、法律和计算机犯罪等基本知识。

通过本章的学习，读者应该了解与计算学科有关的文化、社会、经济、法律、可持续性发展和道德方面的各种问题。作为未来的计算机工作者，在这些方面应当具备专业知识和能力，要了解知识产权的法律框架，特别是软件的版权问题，以及发明专利权、商标专利权的界定，熟悉常见的计算机法律规范及安全政策与法律，以免触犯法律。

习 题

一、选择题

1. 伦理学是规范人们生活的一整套规则和原理，包括风俗、习惯和( )等。
   A. 行为规范　　　 B. 道德规范　　　 C. 规则　　　 D. 文化
2. 以下行为中，不遵守职业道德的是( )。
   A. 爱岗敬业　　　 B. 诚实守信　　　 C. 奉献社会　　　 D. 泄露公司机密
3. 风险管理分为三个阶段，以下各项中不属于风险管理的是( )。
   A. 风险评定　　　 B. 风险分析　　　 C. 选择处理方法　 D. 效果评价
4. 计算机用户可以合法复制的软件是( )。
   A. 免费软件　　　　　　　　　　　 B. 共享软件

  C. A 和 B　　　　　　　　　　D. 任何未经允许的复制都是非法的
5. 知识产权具有无形性、专有性、地域性和( )。
  A. 时效性　　　B. 时间性　　　C. 时空性　　　D. 实时性
6. 下列各项中不属于保护私人信息的是( )。
  A. 防火墙　　　　　　　　　　B. 数据加密
  C. 差分隐私　　　　　　　　　D. 未经用户同意，保存用户隐私信息
7. 进行专业交流包括总结技术材料、与利益相关者沟通、( )及利用协作工具。
  A. 团队协作　　　B. 团队沟通　　　C. 团队交流　　　D. 协同工作
8. 下列选项中不是计算机犯罪特点的是( )。
  A. 罪犯趋于知识化、年轻化　　　B. 罪犯国内外勾结共同作案多
  C. 罪犯活动易于发现　　　　　　D. 犯罪行为趋于国际化

二、简答题

1. 简述计算的社会寓意。
2. 简述伦理学的定义。
3. 简述职业道德的四个特点。
4. 简述计算机用户应遵守的道德。
5. 风险评定的内容是什么？
6. 如何对风险管理效果进行评价？
7. 简述知识产权的定义及分类。
8. 保护隐私的技术有哪些？
9. 在计算机技术中如何进行有效的专业交流？
10. 简述防范计算机犯罪的策略。

三、讨论题

1. 社会问题与专业实践是 2020 知识体系的重要组成部分，但是很多高校都没有专门为计算机专业的学生开设这方面的课程，作为读者，你觉得应该怎样掌握这些知识？掌握这些知识对自己的人生会有哪些积极的影响？

2. 计算机技术改变了人们的生活方式的同时，也解放了劳动力，促进了经济发展。近年来，软件与信息外包成为全球经济新的增长点，作为计算机专业的学生，谈一谈外包产业发展对就业环境会产生哪些影响。

3. 近年来，随着计算机技术的发展，计算机犯罪日益猖獗，作为一名有道德的读者，如何利用所学的计算机知识预防计算机犯罪并与计算机犯罪做斗争？

参 考 文 献

[1] Association for Computing Machinery (ACM)，IEEE Computer Society (IEEE CS)．信息技术课程体系指南 2017[M]．ACM 中国教育委员会，教育部高等学校大学计算机课程教学指导委员会译．北京：高等教育出版社，2017.

[2] Association for Computing Machinery(ACM)，IEEE Computer Society (IEEE CS)．计算机工程课程体系指南 2016[M]．ACM 中国教育委员会，教育部高等学校大学计算机课程教学指导委员会译．北京：高等教育出版社，2017.

[3] Association for Computing Machinery(ACM)，IEEE Computer Society(IEEE CS)．计算机科学课程体系规范 2013[M]．ACM 中国教育委员会，教育部高等学校大学计算机课程教学指导委员会译．北京：高等教育出版社，2015.

[4] Association for Computing Machinery (ACM)，IEEE Computer Society (IEEE CS)，Association for Information Systems Special Interest Group on Information Security and Privacy (AIS SIGSEC)，International Federation for Information Processing Technical Committee on Information Security Education (IFIP WG 11.8)．Cybersecurity Curricula 2017[R]．Web link: https://dl.acm.org/citation.cfm?id=3184594，2017.

[5] Joint Task Force on Computing Curricula，IEEE Computer Society，Association for Computing Machinery．Software Engineering 2014：Curriculum Guidelines for Undergraduate Degree Programs in Software Engineering (A Volume of the Computing Curricula Series)[M]．Joint Task Force on Computing Curricula，IEEE Computer Society，Association for Computing Machinery，2015.

[6] 黄国兴，丁岳伟，张瑜，等．计算机导论[M]．4 版．北京：清华大学出版社，2019.

[7] 张小峰，孙玉娟，李凌云，等．计算机与科学技术导论[M]．2 版．北京：清华大学出版社，2020.

[8] 宋晓明，张晓娟．计算机基础案例教程[M]．2 版．北京：清华大学出版社，2020.

[9] 史蒂芬·卢奇，丹尼·科佩克．人工智能[M]．2 版．林赐译．北京：中国工信出版集团，人民邮电出版社，2018.

[10] 吴功宜，吴英．计算机网络应用技术教程[M]．5 版．北京：清华大学出版社，2019.

[11] 瞿中，伍建全，熊安萍，等．计算机科学导论[M]．5 版．北京：清华大学出版社，2018.

[12] 周舸，白忠建．计算机导论[M]．北京：中国工信出版集团，人民邮电出版社，2016.

[13] J. 格伦·布鲁克希尔，丹尼斯·布里罗．计算机科学概论[M]．12 版．刘艺，吴英，毛倩倩译．北京：中国工信出版集团，人民邮电出版社，2017.

[14] 吕云翔．计算机导论[M]．北京：中国工信出版集团，电子工业出版社，2016.

[15] 杨月江，王晓菊，于咏霞，等．计算机导论[M]．2 版．北京：清华大学出版社，2017.

[16] 胡致杰，梁玉英，林显宁，等．计算机导论[M]．北京：清华大学出版社，2017.

[17] 范玉涛．计算机导论(双语版)[M]．北京：清华大学出版社，2017.

[18] 冯裕忠．计算机导论[M]．2 版．北京：清华大学出版社，2016.

[19] 崔丹，罗建航，李千目，等．计算机导论[M]．2 版．北京：清华大学出版社，2016.

[20] 沙行勉．计算机科学导论——以 Python 为舟[M]．2 版．北京：清华大学出版社，2016.